영재가 바라보는

생활 속의 과학

장기완 지음

북스힐

본 저서는 창원대학교 2019~2020년도 자율연구과제 지원에 의해 이루어졌으며,
이에 감사드립니다.

머리말

학생들은 일반적으로 학교 교육을 통하여 새로운 지식을 배우고 익히게 되는 동시에 일상의 경험을 통하여 사회에 적응하고 생활하는 데 필요한 지식이나 지혜를 얻게 된다. 저자의 경험으로는 학생들이 학교에서 배우는 지식과 일상생활의 관찰을 통하여 배우는 지식을 별개로 생각하는 경향이 있으며, 학교에서 배운 지식을 일상생활에 응용하고 적용하는 노력이 부족한 것 같다. 따라서 이 책은 학생들로 하여금 생활 속에서 경험을 통하여 알게 된 실험적 결과들을 과학 분야에 대한 지식으로 변환하여 사용할 수 있는 능력을 배양하는 데 목적을 두고 저술되었다.

즉, 학생들이 수업 또는 일상생활을 통하여 알게 된 내용을 바탕으로 주어진 문제들을 스스로 해결하도록 유도하는 논리적 사고력의 향상에 목표를 두고 있다. 한 예로서 수학시간에 배운 내용을 과학과목에 적용하고 활용하는 능력을 향상시키는 동시에 자신이 알고 있는 지식을 명료하게 논리적으로 설명하기 위하여 수학의 필요성을 간단히 설명하였다.

과학에 흥미를 가진 학생들을 위해 저술되었으나, 과학기술 사회를 보다 잘 이해하고자 하는 인문사회계열 학생 및 예체능계열 학생들에게도 도움이 되리라 판단한다. 학문별로 분리되어 있는 자신의 지식을 통합하여 논리적인 사고력을 바탕으로 융·복합적 사고력을 향상시킴으로서 자연과학분야에서 일어나는 문제점을 해결하고 이를 통하여 새로운 것들을 개발하고 활용하는 능력을 배양하는데 도움이 되었으면 한다.

2020. 2

저자 씀

차 례

CHAPTER

01 일반인들에게 수학은 어떤 모습일까?

일반인들에게 수학은 어떤 모습을 하고 있을까? 이에 대한 답변은 다양하게 나올 수 있을 것이다. 많은 사람들이 수학을 배우지 않아도 일상생활을 하는데 불편함이 없는 데도 불구하고 중·고등학교 때에 왜 그렇게 어려운 수학을 배워야 하는지를 모르겠다고 이야기하기도 한다. 또한 이공계 학생들에게 수학의 의미를 물어보면, 수학이라는 하나의 학문으로만 인식하고 있지 수학시간에 배운 내용을 자신의 수업이나 연구를 위하여 활용하려는 노력은 부족해 보인다. 따라서 1장에서는 우리가 상식적으로 알고 있는 수학에 대한 우리의 생각을 한 번 짚어보고 어떻게 활용하면 좋을 지에 대하여 설명하고자 한다.

1.1 언어로서의 수학-사칙연산의 의미와 활용

독자들에 따라서는 왜 사칙연산의 의미와 활용에 대한 내용을 언급하는 것에 대하여 의아하게 생각할 수도 있다. 하지만 진정한 의미에서 이공계 학생들은 적어도 대학 1학년까지의 수업을 듣는 과정에서 4칙 연산 이상을 다루지는 않는다. 따라서 4칙 연산의 활용에 대해서 잠깐 생각하여 보고자 한다.

한 예로서 과학 100점, 수학 80점을 받았다면 평균점수는 얼마인가?에 대하여 생각하여 보자. 이러한 질문을 하면 우스갯소리로 들릴 수 있으며, 유치원 학생들도 평균점수는 90점이라고 답한다. 그렇다면 어떻게 평균점수가 90점인지를 알았느냐고 다시 질문하면 총점수를 과목수로 나눈 것이라는 답변을 얻게 되며, 이를 좀 더 간단한 수식으로 표현하라고 하면 아래와 같이 식(1.1)로 주어지는 답을 얻게 된다.

$$\text{평균점수} = \frac{\text{총점수}}{\text{과목수}} = \frac{100+80}{2} = 90 \tag{1.1}$$

위의 답변에 대해 이의를 제기하는 학생은 아무도 없다. 다음 질문으로 사과 1개에 1,000원이라고 할 때에 10개를 사기 위해서는 얼마가 필요한가?라는 질문을 하면 질문이 떨어지기가 무섭게 10,000원이라는 답을 듣게 된다. 이를 어떻게 알았느냐고 다시 질문하면, 오늘은 참으로 이상한 선생님을 만났다고 생각할 수도 있다. 이를 수식으로 표현하면 식(1.2)와 같다.

$$\begin{aligned} \text{구매가격} &= (1000\text{원}/1\text{개}) \times (\text{사고자 하는 사과의 갯수}) \\ &= (1000\text{원}/1\text{개}) \times (10\text{개}) = 10{,}000\text{원} \end{aligned} \tag{1.2}$$

좀 지루하기는 하지만, 현재 가격이 2억원인 아파트가 있는데 한 달에 100만원씩 가격이 오르는 경우, 10개월 뒤에 이 아파트를 사기 위해서는 얼마를 지불해야 하는가?에 대해 질문하여 보자. 이러한 질문도 학생들이나 일반인들에게는 매우 쉬운 질문으로 인지되어 있으며, 질문이 떨어지기가 무섭게 2억 1천만원이라는 답을 얻게 된다. 어떻게 쉽게 답을 얻었느냐고 질문하면 눈을 휘둥그레 뜨면서 매우 쉽다는 설명과 함께 과정을 정확히 답변하는 것을 쉽게 경험하게 된다. 종이와 연필을 답변자에게 주면서 과정을 좀 더 정확히 써 달라고 하면 아마도 식(1.3)과 같은 답을 얻게 될 것이다.

$$\begin{aligned} \text{구매가격} &= \text{현재가격} + 10\text{개월 동안 상승가격} \\ &= 200{,}000{,}000\text{원} + (1{,}000{,}000\text{원}/\text{월}) \times (10\text{개월}) \\ &= 210{,}000{,}000\text{원} \end{aligned} \tag{1.3}$$

아파트의 구매가격에 대한 질문을 좀 다음과 같이 질문한다면, 어떤 답변을 얻을 수 있을까? 즉, 현재 아파트 가격이 "b"원인데 매달 "a"원씩 올라가거나 떨어진다면 "x"개월 뒤에는 얼마면 구입이 가능할까?라는 질문에 대한 답변을 요구하면 쉽게 답을 할 수 있을까? 아마도 조금은 망설이겠으나, 종이와 연필을 제공하면 비교적 쉽게 식(1.4)와 같이 답을 하리라 믿는다.

$$
\begin{aligned}
\text{구매가격}(y) &= \text{현재가격}(b) + x\text{개월 동안 상승 또는 하락 가격} \\
&= b + (\pm a\text{원/월}) \times (x\text{월}) \\
&= \pm ax + b
\end{aligned} \tag{1.4}
$$

위에서 제시된 결과는 우리가 수학에서 배운 일차함수와 같은 모양이다. 이러한 것을 볼 때에 수식은 상대방한테 어떤 현상이나 의미를 전달할 때에 가장 간단명료하게 전달하기 위한 하나의 언어라고 보면 될 것이다. 우리가 하나의 새로운 언어를 쉽게 받아들이는 동시에 수학이라는 언어를 받아들이고 활용하기를 어려워할 필요는 없다고 생각한다.

위에서 언급된 내용에 대한 예제로서 현재 대학 1학년이 배우는 일반물리에 나오는 문제를 풀어보자.

Q1 **$t=0$일 때의 처음 속력이 v_0이며 a의 비율로 일정하게 증가한다고 가정하면 t초 동안의 평균속력은 얼마이며, t초 동안에 이동한 거리(s)는 얼마인가?**

평균속력($v_{\text{평균}}$)은 수학과 과학점수의 평균을 구하는 것과 같으며, 나중 속력은 아파트 가격을 구하는 문제와 같이 처음속력에다 t초 동안 증가한 속력을 더해주면 되므로 수식을 사용하여 표현하면 다음과 같이 간단히 표현된다.

$$v_{\text{평균}} = \frac{\text{처음속력} + \text{나중속력}}{2} = \frac{\text{처음속력} + t\text{초 후의 속력}}{2} \tag{1.5}$$

$$v_{\text{나중속력}} = \text{처음속력} + t\text{초 동안 증가한 속력} = v_0 + at \tag{1.6}$$

$$v_{\text{평균}} = \frac{\text{처음속력} + \text{나중속력}}{2} = \frac{v_0 + (v_0 + at)}{2} = v_0 + \frac{1}{2}at \tag{1.7}$$

한편 t초 동안에 이동한 거리(s)를 구하는 문제는 사과 1개가 1000원인데 10개를 사는데 필요한 금액을 구하는 문제에서와 같이 평균속력에다 이동하는 데 걸린 시간을 곱해주면 된다. 이를 수식으로 표현하면 식(1.8)과 같다.

$$S = \text{평균속력} \times \text{시간} = v_{\text{평균}} \times t = (v_0 + \frac{1}{2}at) \times t = v_0 t + \frac{1}{2}at^2 \tag{1.8}$$

식(1.8)을 얻는데 있어 새로운 개념을 사용한 것이 아니라 일상생활에서 얻어진 지식을 생각하면서 정리하였을 뿐이고 정리과정에서 좀 더 간단히 표현하기 위하여 수식을 이용하였을 뿐이다. 일상생활에서의 지식을 활용하려고 조금만 노력한 다면 위에서 주어진 문제를 쉽게 풀 수 있는데도 불구하고 학생들에게 문제를 주고 정답을 요구하면 모두가 옳은 정답을 제시하지 못하기도 하고 단순히 물리가 어렵다고 답하는 경우를 자주 접하게 된다.

이처럼 이공계 학생들이나 일반인들에 있어 수학은 하나의 학문이라고 인식하기보다는 우리가 알고 있는 지식을 상대방에게 좀 더 간단하면서 명료하게 의미를 전달하기 위한 하나의 언어라고 인식하는 것이 보다 중요하리라 생각한다.

1.2 과학에서 미적분의 의미와 활용

고등학교에 다니면서 미분과 적분에 대해서 많이 배우게 되지만, 미분을 배우면서도 미분에서 사용되는 기호들의 의미와 적분에서 사용되는 적분기호의 의미를 생각하지 않고 선생님이 학생들에게 주어지는 하나의 지식으로 생각하고 받아들이는 경향이 일부 있다고 생각한다. 우선 수학이나 이공계의 서적에서 자주 등장하는 기호 중에 하나로 "Δ(델타라고 읽음)"와 같은 기호를 발견하게 되는데, 이 기호는 처음 온도(T_1)와 나중 온도(T_2)의 차이($\Delta T = T_2 - T_1$)와 같이 두 양의 차이를 나타내는 데 주로 사용된다. 또는 ΔV와 같이 어느 정도 크기를 가지는 미소체적을 나타내는 데에도 사용된다.

만약에 온도차가 매우 적은 경우는 어떻게 표현이 가능할까? 이를 말로 표현하면, 일반적으로 온도차가 매우 작다 또는 온도차가 매우 미세하다고 할 것이다. 하지만, 자연과학이나 공학을 전공하는 사람들에게 있어 막연히 온도차가 작다는 표현은 적절치 못하다. 그래서 온도차가 매우 작다는 의미는 온도차가 거의 "0"에 가깝다는 의미로서 온도차가 거의 "0"에 가깝다는 뜻을 수학에서 사용하는 기호를 사용하면, 식(1.9)와 같이 표현이 가능하다.

$$\lim_{\Delta t \to 0} \Delta T = dT \tag{1.9}$$

따라서 ΔT의 의미는 온도차가 어느 정도의 크기를 가지는 경우에 사용하는 기호이고, dT는 온도차가 거의 "0"에 가깝다는 의미로 사용된다.

식 (1.4)에서 $y = ax + b$라는 관계식을 얻었는데 이를 전문용어로 표현하면 1차함수라

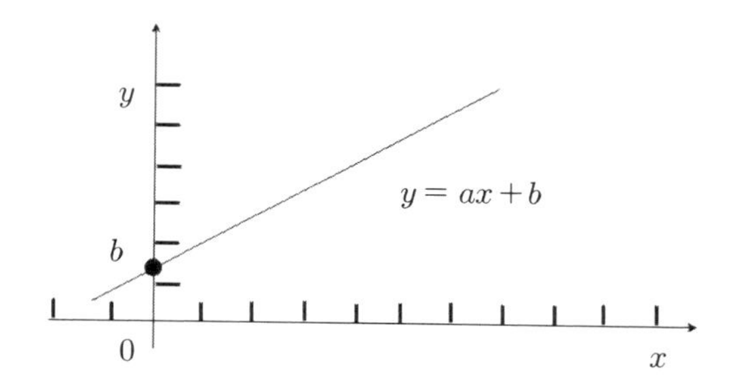

[그림 1.1] $y = ax + b$에 대한 그래프 $(a\rangle 0,\ b\rangle 0)$

고 한다. 이러한 1차함수를 시각적으로 표현하면 그림 1.1과 같으며, 그림 1.1은 편의상 $a > 0$, $b > 0$인 경우를 나타내었다.

앞에서 두 물리량의 차이는 기호(Δ)를 사용하여 나타내었다. 1차함수를 도식적으로 표현한 그림 1.2에서 $\Delta x = x_2 - x_1$을 나타내며, $\Delta y = y_2 - y_1$을 나타낸다. 그림 1.2에 나타내었듯이 Δx 와 Δy 는 어느 정도의 크기를 가진다. 또한 Δy 를 Δx 로 나누면 그림 1.2에 나타낸 1차 함수의 기울기가 된다. 즉, 1차 함수의 기울기는 다음과 같이 표현된다.

$$\frac{\Delta y}{\Delta x} = a \tag{1.10}$$

자, 그렇다면 $\Delta x = x_2 - x_1$가 거의 "0"이 되는 경우에는 어떤 일이 발생할까? 즉, $\lim_{\Delta x \to 0} \Delta x = dx$인 경우에는 Δy의 값도 거의 "0"에 가까워지므로 $\lim_{\Delta x \to 0} \frac{\Delta y}{\Delta x} = \frac{dy}{dx}$로 표현된다. 이를 그림 1.2에 적용하면, 다음과 같은 결과를 얻는다.

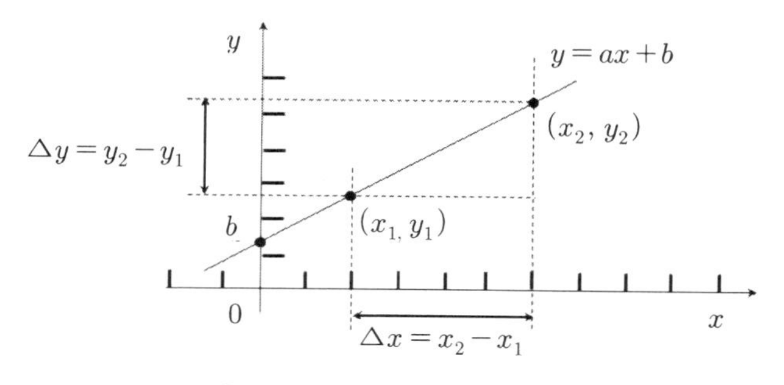

[그림 1.2] 기울기의 의미

$$\frac{dy}{dx} = a \tag{1.11}$$

식(1.10)과 식(1.11)을 단순 비교하면 차이가 없는 것으로 생각하기 쉽다. 하지만, 실험실의 온도가 지속적으로 변하는 경우를 생각하여 보자. 09시에 실험실의 온도가 27°C 이었고 15시에 실험실의 온도가 33°C 이었다면 실험실의 평균온도는 30°C라고 이야기한다. 즉, 거의 6시간 동안의 평균 온도를 이야기한 것으로 이를 수식으로 표현하면 다음과 같다.

$$\frac{33\,°\mathrm{C} - 27\,°\mathrm{C}}{15 - 09} = \frac{6°\mathrm{C}}{6\,\mathrm{h}} = 1\,°\mathrm{C}\,/\mathrm{h}$$

즉, 시간당 1°C의 온도가 상승하였음을 의미한다.

자, 이제는 어떤 주어진 물리량을 더하는 경우를 생각하여 보자. 그림 1.3(a)에서와 같이 길이가 "L"로서 비교적 긴 막대를 Δx_1, Δx_2, Δx_3, Δx_4 및 Δx_5로 5등분하였다가 이들을 모두 더하면 원래의 길이가 된다.

$$L = \Delta x_1 + \Delta x_2 + \Delta x_3 + \Delta x_4 + \Delta x_5 \tag{1.12}$$

하지만, 길이가 "L"인 막대를 100 등분(아니면 10,000 등분)하였다가 이들을 모두 합치는 경우를 생각하여 보자. 물론 모두 합치면 원래의 길이(L)가 되지만, 이를 식(1.12)와 같이 표현하려면 거의 같은 과정을 수없이 반복해야 하므로 비교적 지루한 면이 있다. 그렇다면 상대방이 비교적 이해하기 쉽도록 표현하는 방법은 무엇일까? 이는 바로 수학자들이 개발한 수식을 사용하는 방법이다. 즉, 수학자들이 사용한 기호를 사용하여 표현하면 식(1.13)과 같이 표현된다.

$$\sum_{i=1}^{100} \Delta x_i = L(i = 1 \cdots 100) \tag{1.13}$$

식(1.13)은 식(1.12)과 같은 방식을 사용하는 경우보다 매우 간단, 명료하게 표현이 가능하다는 것을 알 수 있다.

여기서 약속은 Δx_i로 표현되는 양들이 어느 정도의 크기를 가진다는 사실이다. 따라서 기호 "$\sum$"를 사용하여 어떤 물리량을 더하는 경우에는 더해지는 각각의 물리량들이 어느 정도의 크기를 가지는 경우에 사용하는 수학적 약속이다.

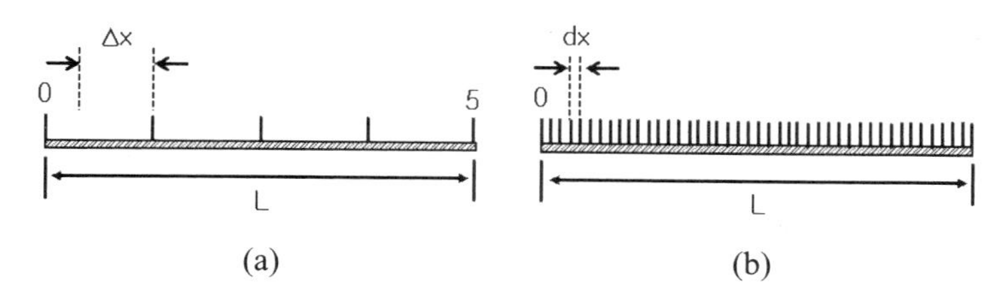

[그림 1.3] 길이가 L인 막대를 5등분한 경우(a)와 무수히 많이 나눈 경우(b)

자, 이제 그림 1.3(b)에서와 같이 길이가 "L"인 막대를 무수히 많은 작은 조각으로 쪼갠 다음에 조각들을 다시 합치는 경우를 생각하여 보자. 무수히 많은 작은 조각으로 나눈다는 말은 작은 조각 하나의 길이가 거의 "0"에 가까울 정도로 작다는 의미로 이를 기호로 나타내면 "dx"로 표현한다. 이처럼 매우 작은 물리량을 더하는 경우에는 "더한다"는 의미인 "summation"의 첫 글자인 "S"자를 아래, 위로 잡아늘린 모양의 "$\int$"와 같은 기호를 사용하게 되며, 전문용어를 사용하면 적분이라고 한다. 길이가 "L"인 막대를 한 조각의 길이가 "dx"로 잘게 나눈 것을 더하면 원래의 막대 길이가 된다. 이를 간단히 수식이라는 언어를 사용하여 표현하면 식(1.14)와 같이 간단히 표현된다.

$$\int_{x_1}^{x_2} dx = L \tag{1.14}$$

물론 식(1.14)에서 x_1은 막대를 자로 측정한 경우에 막대의 왼쪽 끝을 나타내는 자의 눈금이고, x_2는 막대의 오른쪽 끝을 나타내는 자의 눈금을 나타낸다.

위에서 언급한 내용을 바탕으로 설명하면, 어느 정도의 크기를 가지는 물리량을 더하는 경우에는 $\sum$기호를 사용하며, "0"에 가까울 정도로 매우 작은 물리량을 더하는 경우에는 "$\int$"와 같은 기호를 사용하게 되지만, 궁극적으로 주어진 물리량을 더한다는 의미에서는 동일하다. 언어적으로 미분이라는 말은 잘게 쪼갠다는 의미를 가지고 있으며, 적분은 잘게 쪼개진 것을 다시 합친다는 의미를 지니고 있다.

1.3 함수의 최댓값과 최솟값에 대한 조건들의 응용

임의의 주어진 함수 $f(x)$가 특정한 x 값에서 최댓값 또는 최솟값인 극값을 가지는 지를 알아보는 방법은 x에 대해 일차미분을 한 결과 "0"이 되는 조건은 $\frac{df(x)}{dx} = f'(x) = 0$을 이용하여 구한다는 것을 고등학교에서 배우게 된다. $f'(a) = 0$ 이면서 $f''(a) > 0$ 이면 $x = a$ 에서 최댓값을 가지며, $f'(a) = 0$이면서 $f''(a) < 0$ 이면 $x = a$ 에서 최솟값을 가지게 된다. 여기서 $f''(a)$는 함수 $f(x)$를 이차미분하여 x 대신에 a를 대입하여 얻어진 값을 의미한다. 이처럼 어떤 주어진 조건에 대해 최댓값이나 최솟값을 가지는 조건을 알아내는 방법을 배웠으나, 이를 물리적 현상에 적용하여 활용하는 능력은 비교적 약하다. 여기서는 수학에서 배운 내용을 물리현상에 접목하여 활용하는 방법을 예를 들어 설명하고자 한다.

도체 내에서 전자들의 운동에너지(=전기장에 의한 가속으로서 생긴다.)는 도체 내에서의 비탄성 충돌로 인하여 열에너지로 전환된다. 따라서 전류가 흐르는 도체에 단위 시간당 공급된 에너지는 식(1.15)와 같이 표현된다.

$$P(=\text{일률}) = \frac{dW}{dt} = \frac{d}{dt}(QV) = V\frac{dQ}{dt} \tag{1.15}$$
$$= VI = I^2 R$$

여기서 W는 일의 양, t는 시간, Q는 전하량, V는 전압, I는 전류 그리고 R은 도체의 저항을 의미한다. 저항때문에 전기에너지는 열에너지로 변환되며, 변환효율은 식 (1.15)에 의하여 주어지고 일률의 단위는 와트(W)로 주어진다.

그림 1.4와 같이 내부 저항이 r이며 기전력이 V인 전원(예를 들면 건전지)에 꼬마전구를 연결하여, 꼬마전구를 가장 밝게 켜고자 한다고 가정하자. 꼬마전구를 가장 밝게 켜고자 할 때에 꼬마전구의 저항(R)은 얼마이어야 하는가?

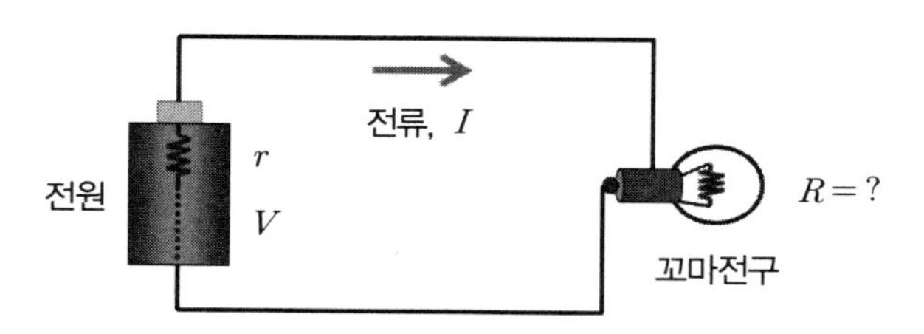

[그림 1.4] 전원에 연결된 꼬마전구

이 문제를 풀기 위해서는 꼬마전구에 전류가 흐를 때, 꼬마전구에서 발생되는 단위시간당 발생되는 열에너지인 일률(=전력)을 구해야 한다. 꼬마전구의 저항을 R이라고 할 때에, 꼬마전구에서 발생되는 전력은 식(1.16)과 같이 주어진다.

$$P = I^2 R = \left(\frac{V}{r+R}\right)^2 \times R = \frac{V^2/R}{(1+r/R)^2} \tag{1.16}$$

여기서 꼬마전구의 저항 값이 매우 작다면, 즉 $R=0$ 인 경우에 $P=0$이 됨을 식 (1.16)으로부터 쉽게 알 수 있다. 또한 $R=\infty$ 인 경우에도 $P=0$이 됨을 식 (1.16)으로부터 쉽게 알 수 있다. 그렇다면 어떤 조건에서 꼬마전구는 가장 밝게 빛날 것인지에 대해서 알아보자. 이러한 조건을 구하기 위해서는 수학시간에 배운 함수가 최댓값과 최솟값을 가지는 조건을 이용하는 방법이다.

임의의 함수 $f(x)$가 최대 또는 최솟값을 가질 조건을 적용하여 꼬마저항에 전달되는 일률이 최대가 될 조건은 식(1.17)과 같이 결정된다.

$$\begin{aligned} \frac{dP}{dR} &= \frac{V^2}{(1+r/R)^4}\left(-\frac{1}{R^2}\right)(1+r/R)^2 \\ &\quad - \frac{V^2/R}{(1+r/R)^4}(2)(1+r/R)(-r/R^2) \\ &= \frac{V^2}{R^2}\frac{2r/R}{(1+r/R)^3} - \frac{V^2}{(1+r/R)^2}\frac{1}{R^2} \\ &= 0 \end{aligned} \tag{1.17}$$

위의 1차 미분의 결과를 정리하면 다음과 같은 결과들을 얻는다.

$$\frac{2rV^2}{R^3}\frac{1}{(1+r/R)^3} - \frac{V^2}{(1+r/R)^2}\frac{1}{R^2} = 0 \tag{1.18}$$

$$\frac{V^2}{R^2(1+r/R)^2}\left(\frac{2r}{R(1+r/R)} - 1\right) = 0 \tag{1.19}$$

$$\frac{2r}{R(1+r/R)} - 1 = 0 \quad \Rightarrow \quad \frac{2r}{R} = 1 + \frac{r}{R} \tag{1.20}$$

식(1.20)으로부터 꼬마전구의 저항(R)이 전원의 내부저항(r)과 같을 때에 전원이 꼬마전구에 가장 효율적으로 에너지를 전달하여 꼬마전구가 가장 빛나게 된다는 사실을 알

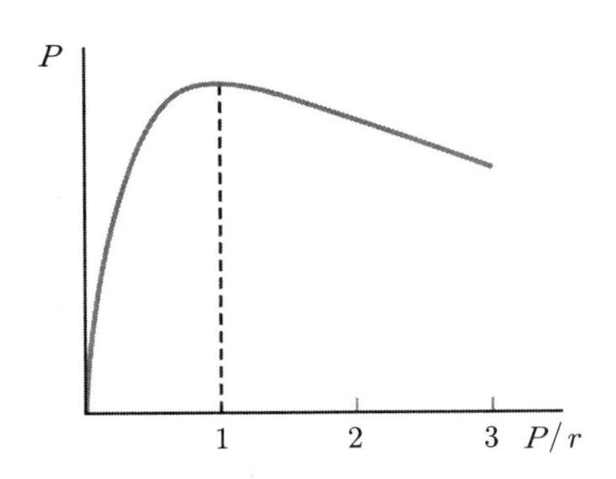

[그림 1.5] 외부저항(R)인 꼬마전구에 전달되는 일률은 $R=r$ 인 경우에 최대이다.(참고자료 1)

수 있다. 한편, 이러한 결과를 꼬마전구의 저항(R)값에 대한 꼬마전구에서 발생되는 일률과의 관계를 그래프로 나타내면 그림 1.5와 같다.

1.4 이공계 분야의 전문가들은 수식을 어떻게 활용하나?

과학자나 공학자들은 일상생활 또는 자연현상에서 일어나는 다양한 종류의 현상을 관찰하고 관찰한 결과를 기록하고 남에게 설명할 기회를 자주 접하게 된다. 자신이 연구한 결과 또는 관찰한 결과를 상대방에게 가능한 간단, 명료하게 전달할 필요가 항상 발생하는데, 이러한 전달방법 중의 하나가 수식을 사용하는 것이다. 과학자나 공학자가 필요한 수식은 수학자들이 이미 개발하여 두었으며, 개발되어 있는 수식을 사용함으로서 관찰 결과나 자연현상을 설명한다.

이절에서는 고등학교나 기타 강의를 통하여 배운 수학지식이 자연과학이나 공학에 어떻게 이용되는 지를 예를 들어가면서 설명하고자 한다. 고등학교에 다니면서 이공계의 대학 진학을 목표로 공부한 학생들은 삼각함수에 대해서 배우게 되는데, 삼각함수를 배우면서 어디에 사용하는 것이야? 라고 의문을 가져 본 경험이 있었을 것이다. 삼각함수 중의 하나인 $y=A\sin\theta$ 에 대하여 생각하여 보자.

1.4.1 $y=A\sin\theta$ 또는 $y=A\cos\theta$ 의 활용

싸인 함수를 그래프로 나타내면 그림 1.6과 같이 표현되며, 싸인함수와 코사인 함수사이에는 위상이 $\pi/2$ 만큼 차이가 난다는 것 외에 기본적인 특성은 서로 같다. 이들 함수의 기본특성은 어떤 주기를 가지고 반복되며 일상생활을 통하여 주기적으로 반복되는 현상들은 자주 접하게 된다. 예를 들면, 그네를 타는 어린이의 운동, 용수철에 매달린 물체의 운동, 또는 시계추의 왕복운동 등 수없이 많다.

그림 1.6에 나타낸 $y = A\sin\theta$ 에 대한 그래프는 어떤 물체가 특정주기를 가지고 운동하는 경우에 물체의 운동을 기술하기에 아주 편리하게 사용되는 수식으로서 진동운동을 비롯한 횡파인 빛의 진행을 비롯하여 사용범위가 매우 넓다. 거의 모든 파동은 이러한 싸인 함수 또는 코사인 함수로 표현되거나 이들의 합이나 차를 이용하여 표현된다.

위에서 주어진 싸인 함수의 응용에 대한 한 예로서 탄성상수 k 인 용수철에 질량 m 인 물체가 매달려 운동하는 경우를 생각하여 보자(그림 1.7 참조). 이때에 물체와 바닥면사이에 마찰이 전혀 없고 공기 등과의 마찰이 없다고 가정한다면 질량 m 인 물체는 특정진동수를 가지고 지속적으로 진동할 것이다.

이처럼 물체가 특정주기를 가지고 진동하는 경우에 이의 운동을 가장 간단하게 표현하는 방법은 질량 m 인 물체의 위치를 시간의 함수로 표현하는 방법일 것이다. 물론 물체의 기준점은 물체에 아무런 힘이 작용하지 않는, 즉 물체에 작용하는 힘이 "0"인 상태로서 원래의 길이에서 늘어나거나 줄어들지 않은 평형위치를 기준점으로 정하는 것이 가장 간단하며, 평형위치에 있을 때 물체의 위치를 나타내는 x 는 $x = 0$의 값을 가지게 된다. 경험을 통하여 알 수 있듯이 질량이 m 인 물체는 $x = 0$를 중심으로 압축과 늘어남을 지속적으로 반복하는데, 이러한 운동을 진동이라고 한다. 이처럼 주기적으로 진동하는 물체의 위치는 식 (1.21)과 같이 수식으로 간단히 표현된다.

$$x = A\sin\omega t \tag{1.21}$$

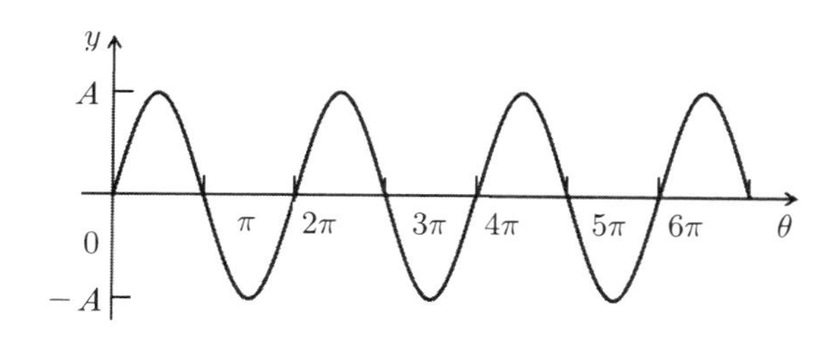

[그림 1.6] $y = A\sin\theta$ 에 대한 그래프

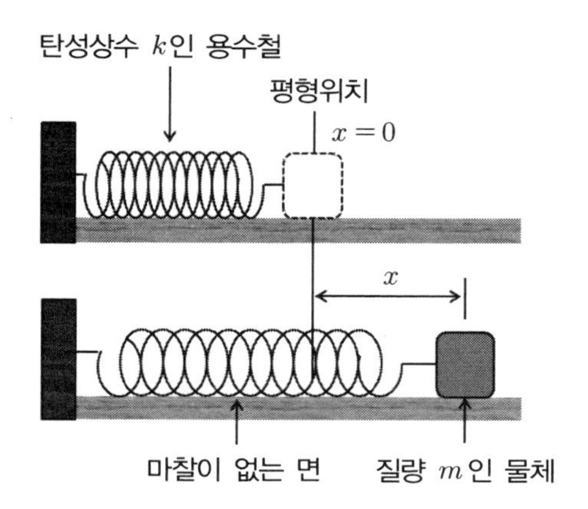

[그림 1.7] 마찰이 없는 면 위에서 용수철에 매달려 운동 중인 질량 m인 물체

식 (1.21)에서 A는 질량이 m인 물체가 최대로 늘어나거나 압축된 길이를 나타내며, ω는 각 진동수를 나타내는데, $\omega=\sqrt{\frac{k}{m}}$와 같이 주어진다. 식 (1.21)로 주어진 함수의 주기를 "T"라고 하면 $\omega T=2\pi$의 값을 가지게 되는데 이는 싸인 함수의 1주기가 2π이기 때문이다. 따라서 앞에서 정의된 각 진동수 "ω"는 $\omega=\frac{2\pi}{T}$와 같이 표현되기도 한다.

1.4.2 $y=Ae^{\alpha x}$ 또는 $y=Ae^{-\alpha x}$의 의미

지수함수에서 사용되는 "e"에 대한 정의는 수학자인 제이콥 베르누이(Jacob Bernoulli)가 복리의 이자율을 계산하는 방식에서 출발한 것으로 알려져 있는데[참고자료 2], 자연계에서 관찰되는 많은 현상들이 $y=Ae^{\alpha x}$ 또는 $y=Ae^{-\alpha x}$(α: 상수)와 같은 지수함수에 의하여 정확히 설명된다는 사실은 매우 놀라운 일이다.

1년에 이자율이 100%인 경우에 1.00 달러를 저금하면 1년 뒤에 총 금액은 2달러가 된다. 하지만 이를 6개월 동안의 이자인 50%(0.5)로 계산하면, 6개월 뒤의 총액인 1.5달러의 1.5^2배로 증가하여 총 금액은 $\$1.0\times(1+\frac{1}{2})^2=1.0\times1.5^2=\$2.25$가 된다. 또한 1년을 4등분하여 3개월 단위의 이자인 25%(0.25)로 계산하면 3개월 뒤 총액(1.25달러)의 1.25^4배로 증가하게 되어 1년 뒤의 총 금액은 $\$1.0\times(1+\frac{1}{4})^4=1.0\times1.25^4=\$2.4414$가 된다.

1년을 12개월로 나눠 복리로 계산하면 총액은 $\$1.0\times(1+\frac{1}{12})^{12}=1.0\times(1+1/12)^{12}$

= \$2.613035 ⋯ 가 된다. 이러한 이유 때문에 1년을 n 등분하여 복리를 계산하면 n 등분한 기간의 이자율은 $100\%/n$ 이 되므로, 1년 뒤의 총액은 $\$1.0 \times (1+1/n)^n$ 이 된다. 1년을 52주로 계산하면 총액은 2.692597 ⋯ 달러가 되며, 365일로 계산하면 2.714567 ⋯ 달러가 된다.

베르누이는 n 값이 큰 경우에 어느 극한 값(2.71828)에 도달한다는 것을 알게 되었다. A 달러로 시작하되 소수로 표시되는 1년의 이자율이 R(년 5%인 경우에 $R = 5/100 = 0.05$)이라고 하면, t 년 후에 총 금액(T)은 $T = Ae^{Rt}$ 이다. 즉, 1달러로 시작하여 $n = \infty$ 인 경우에 총액은 2.71828 달러이며, 이는 $(1+1/n)^n \ (n = 1, 2, 3, \cdots)$ 의 극한 값으로서 $\lim_{n \to \infty}(1+\frac{1}{n})^n$ 이 된다. 이를 하나의 수식으로 표현하면 다음과 같다.

$$e = \sum_{n=0}^{\infty} \frac{1}{n!} = \frac{1}{1} + \frac{1}{1} + \frac{1}{1 \cdot 2} + \frac{1}{1 \cdot 2 \cdot 3} + \cdots \tag{1.22}$$

1.4.3 $y = Ae^{\alpha x}$ 또는 $y = Ae^{-\alpha x}$ 의 활용

지수함수에서 사용되는 "e"에 대한 정의는 한 수학자가 이자율을 계산하는 방식에서 출발한 것으로 알려져 있는데, 자연계에서 관찰되는 현상 중에 많은 현상들이 $y = Ae^{\alpha x}$ 또는 $y = Ae^{-\alpha x}$(α: 상수)와 같은 지수함수에 의하여 정확히 설명된다는 사실은 매우 놀라운 일이다.

예를 들어 축전기(전기 에너지를 저장하는 전기소자)를 충전하는 경우를 생각하여보자. 그림 1.8(a)와 같은 회로에서 스위치를 연결하여 축전기를 충전하는 경우에 축전기에 저장되는 전하량(두 금속판 사이에 전압($V(t)$)으로 측정된다.)을 수식으로 나타내면 그림 1.8(b)와 같다.

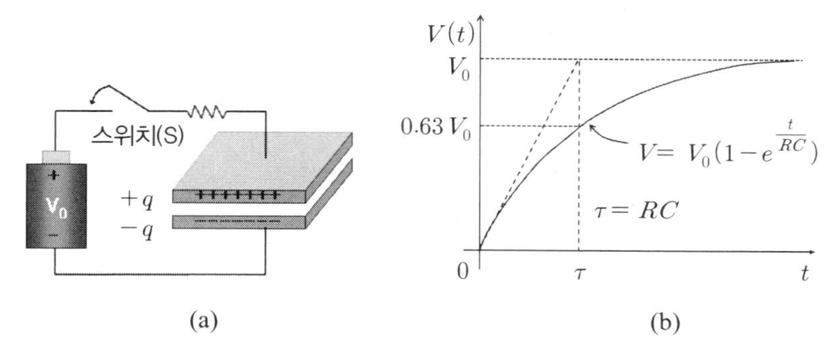

[그림 1.8] 축전기의 충전(a)과 축전지의 두 금속판 사이의 전압(b)

물론 충전된 축전지를 방전시(카메라의 플래쉬는 축전지의 방전을 이용한다.)에는 $y=Ae^{-\alpha t}$ 와 같은 함수의 형태로 축전지의 두 금속판에 저장된 전하량이 방전된다. 이처럼 $y=Ae^{\alpha t}$ 또는 $y=Ae^{-\alpha t}$ 와 같은 유형은 자연현상에서 일어나는 현상들을 잘 설명하여 준다. 또 한 예로서 $y=Ae^{-\alpha t}$ 와 같이 지수 함수적으로 감소하는 물리량으로는 방사성 물질의 방사성 붕괴로서 수식으로 표현하면, $N(t)=N_0e^{-\lambda t}$ (N_0: 처음의 물리량, t:시간)와 같다. 자연 현상적으로 일어나는 많은 물리량이 수학자들이 개발한 수식으로 정확히 기술된다는 사실이 매우 흥미롭다.

1.4.4 $y=A\sin\theta$ 와 $y=Ae^{-\alpha x}$ 를 접목한 활용

앞의 (1.4.1)절에서는 탄성상수 k 인 용수철에 질량이 m 인 물체가 매달려서 운동을 하는 데, 물체와 바닥면 사이에는 마찰력이 전혀 존재하는 않는 이상적인 경우에 대하여 생각하였다. 하지만, 바닥이 매우 매끄럽다고 하더라도 거의 모든 경우에 물체와 바닥사이에는 마찰이 존재하게 된다. 또한 물체와 바닥사이에 작용하는 마찰을 없애기 위하여 용수철을 수직으로 매달고, 수직으로 매달린 용수철에 질량 m 인 물체를 매달아 진동시키는 경우에도 공기와의 마찰이 존재하며 용수철이 늘어났다가 줄어드는 과정에서 용수철에 저장된 탄성에너지의 일부는 열에너지로 소모된다. 이처럼 탄성에너지의 소모 때문에 질량 m 인 물체가 진동하는 폭은 시간에 따라 조금씩 감소하게 된다.

마찰에 의하여 진폭이 감소하는 대표적인 경우는 물체와 바닥사이에 작용하는 마찰

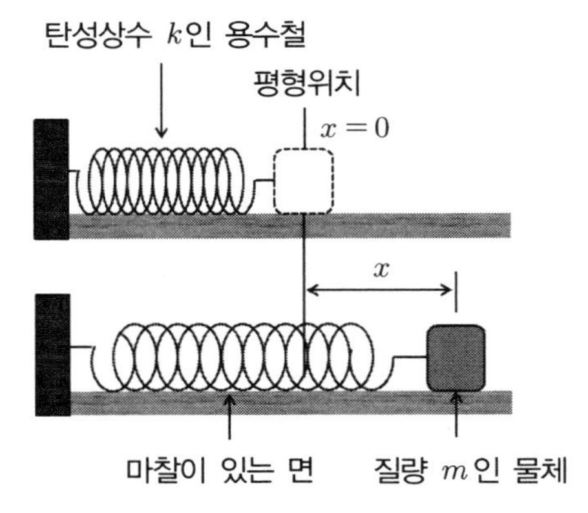

[그림 1.9] 물체와 바닥사이에 마찰력이 작용하는 면 위에서 운동 중인 질량 m인 물체

력이 물체의 속도에 비례하는 경우이다(그림 1.9 참조). 이 경우에 진동하는 물체의 진폭은 지수 함수적으로 감소하게 되며, 이를 수식으로 표현하면 식(1.23)과 같다.

$$x = Ae^{-\gamma t}\sin\omega t \tag{1.23}$$

식 (1.23)을 보면 진동하는 물체의 진폭이 시간에 따라 지수 함수적으로 감소함을 보이고 있다.

따라서 물체는 평형점인 $x=0$를 중심으로 진동하되, 진폭은 시간에 따라 지수 함수적으로 감소한다. 시간에 따라 진폭이 얼마나 빨리 감소하느냐는 물체와 바닥사이에 작용하는 마찰력의 크기에 관계되는 데 마찰력이 작으면 진폭이 천천히 감소하며, 마찰력이 크면 빨리 감소한다. 이처럼 마찰력이 작용하는 경우에 물체의 위치를 표현한 식 (1.23)을 그래프로 나타내면 그림 1.10과 같다.

이처럼 주기적인 물체의 운동을 기술하거나, 마찰력이 존재하여 물체의 진폭이 지수함적으로 감소하는 경우를 간단, 명료하게 기술하기 위해 수식이 매우 유용하게 사용됨을 알 수 있다. 앞에서 언급한 몇 가지 예를 통하여 알 수 있듯이 수식은 자연에서 관찰되는 현상들을 간단, 명료하게 설명하기 위한 유용한 하나의 언어적 기능을 가지고 있다는 것을 알 수 있다. 따라서 이공계의 전문가들은 자신이 관찰하거나 발견한 현상을 간단, 명료하게 표현하기 위하여 수식을 적절히 구사할 능력을 갖출 필요가 있다.

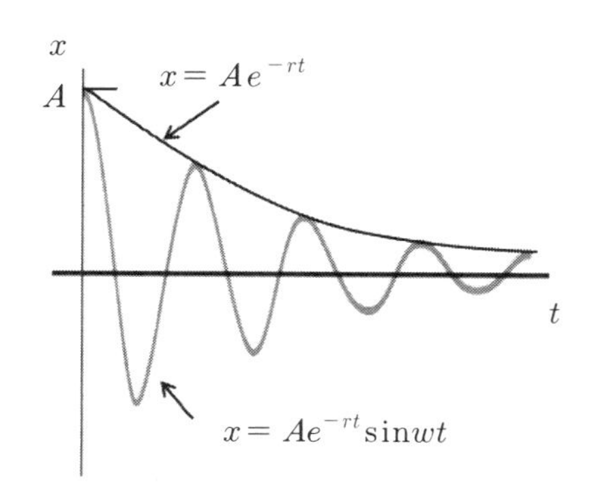

[그림 1.10] 마찰력이 작용하는 물체의 진동

1.5 좌표계는 왜 필요하며 어떤 좌표계가 있는가?

물체의 운동을 설명하기 위해서는 시간에 따른 물체의 위치를 나타내야 한다. 따라서 기준점과 함께 물체의 위치를 나타내는 좌표가 필요하며, 기준점을 포함하여 물체의 위치를 나타내는 기준계를 좌표계라 한다. 이러한 좌표계는 정지한 좌표계, 어떤 기준 좌표계에 대하여 일정한 속도를 가지고 움직이는 좌표계, 그리고 가속도를 가지고 운동하는 좌표계 등이 있다. 정지좌표계 및 일정한 속도로 운동하는 좌표계에서는 뉴턴의 운동법칙을 만족하기 때문에 관성좌표계 또는 관성 기준계라고 하는데 이의 의미에 대해서 생각하여 보자.

ⓐ 그림 1.11에 나타낸 2개의 정지 좌표계에서는 뉴턴의 제1법칙을 만족하기 때문에 이러한 기준계를 관성 기준계라고 한다. 즉, 2개의 기준계에서 물체의 운동을 설명하는 경우에 뉴턴의 제1법칙이 똑같이 성립한다. 다시 말해서 물체에 작용하는 힘의 크기가 똑같다.

그림 1.11에 나타낸 2개의 정지좌표계에서 x, y 및 z 축의 좌표축들이 서로 평행하며, 원점 O, O'는 거리 x_0 만큼 서로 떨어져 있다. 관측자 1이 관측하는 물체의 속도, 가속도를 각각 $\vec{v}$, $\vec{a}$ 라고 가정하면, 관측자 1에 대하여 x_0 만큼 떨어져 있는 관측자 2에 대해서도 물체의 속도, 가속도가 각각 $\vec{v}$, $\vec{a}$ 이 된다. 이처럼 일정한 거리만큼 떨어져 있는 2개의 좌표계에서 한 물체에 대한 속도와 가속도가 동일하게 측정되므로, 물체의 운동을 설명하는 뉴턴의 제2법칙($F = ma$: 뉴턴의 운동방정식이라고도 함)이 같고, 뉴턴의 제2법칙을 만족하므로 관성기준계라고 한다.

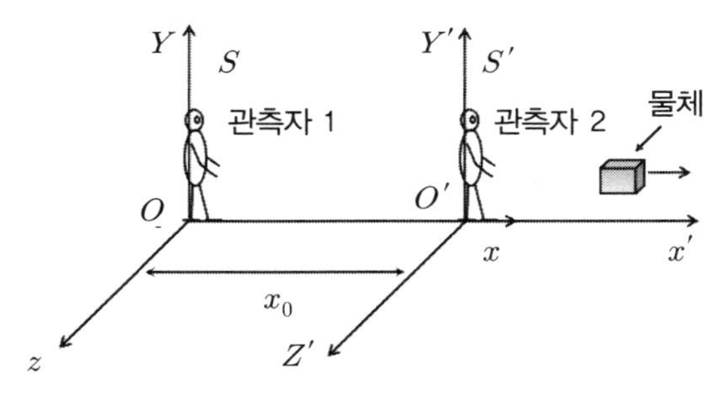

[그림 1.11] 2개의 정지좌표계

ⓑ **일정한 속도로 움직이는 기준계**

그림 1.12는 $t=0$ 인 순간에 두 좌표계의 원점이 일치하였다. 하지만 관측자 1이 속해 있는 S-좌표계는 정지하여 있고, 관측자 2가 속해 있는 S'-좌표계는 일정한 속도를 가지고 수평방향인 x-축 방향으로 이동하고 있다. 따라서 t초의 시간이 지나면, 두 좌표계의 원점사이는 $v_0 t$ 만큼 떨어지게 된다. 두 좌표계에서 y축과 y', 그리고 z축과 z'축은 서로 평행하고 S'-좌표계가 오른쪽으로 일정한 속도(v_0)를 가지고 운동 중이므로 물체에 대한 y, y', z, z'의 값은 변하지 않고, x-축에 관계된 성분들만 변한다.

t 초 후에 정지좌표계에 있는 관측자 1이 측정한 물체까지의 거리는 x이고 운동 좌표계에 있는 관측자 2가 측정한 원점에서 물체까지의 거리는 x'이다. 이들 사이에는 식 (1.21)와 같은 관계가 성립한다.

$$x' + v_0 t = x \quad \Rightarrow \quad x' = x - v_0 t \tag{1.21}$$

또한 두 좌표계에서 측정한 물체의 속도 사이에는

$$v_x{}' = \frac{dx'}{dt} = \frac{d}{dt}(x - v_0 t) = v_x - v_0 \tag{1.22}$$

와 같은 관계가 성립하고, 가속도 사이에는

$$a_x{}' = \frac{dv'}{dt} = \frac{d}{dt}(v_x - v_0) = a_x \tag{1.23}$$

와 같다. 즉, S'-계에 있는 관측자 2가 측정한 물체의 위치와 속도는 S-계에 있는 관측자 1이 측정한 위치 및 속도와 다르지만 가속도는 서로 같으므로, S-계에서 뉴턴의 제2법칙 ($\sum \vec{F} = m\vec{a}$)이 성립하면, S'-계에서도 똑같이 성립한다. 따라서 이들도 관성기준계라고

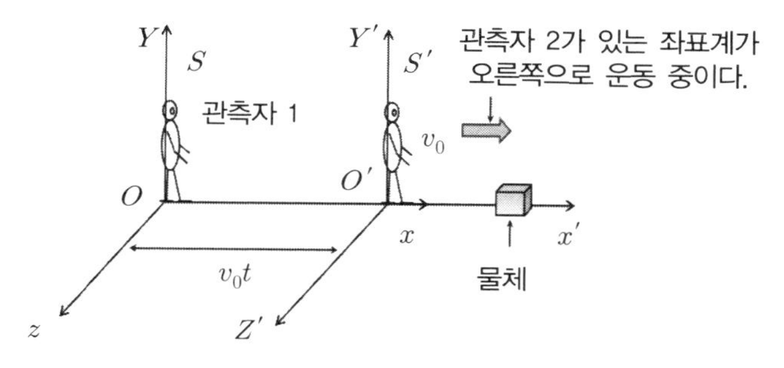

[그림 1.12] 정지좌표계와 일정한 속도로 운동중인 좌표계

한다. 여기서 $\sum$은 물체에 작용하는 모든 힘을 벡터적으로 더해준다는 의미이다.

ⓒ 일정한 가속도를 가지고 운동하는 기준계

그림 1.13은 $t=0$ 인 순간에 두 좌표계의 원점이 일치하였다. 하지만 관측자 1이 속해 있는 S-좌표계는 정지하여 있고, 관측자 2가 속해 있는 좌표계는 일정한 가속도(a_0)를 가지고 수평방향인 x-축 방향으로 이동하고 있다. 따라서 t초의 시간이 지나면, 두 좌표계의 원점사이는 $\frac{1}{2}a_0t^2$만큼 멀어지게 된다. 두 좌표계에서 y축과 y', 그리고 z축과 z'축은 서로 평행하고 S'좌표계가 오른쪽으로 일정한 가속도를 가지고 운동 중이므로 물체에 대한 y, y', z, z'의 값은 변하지 않고, x-축에 관계된 성분들만 변한다.

t 초 후에 정지좌표계에 있는 관측자 1이 측정한 물체까지의 거리는 x이고 가속운동하는 좌표계에 있는 관측자 2가 측정한 원점에서 물체까지의 거리는 x'이다. 이들 사이에는

$$x' + \frac{1}{2}a_0t^2 = x \quad \Rightarrow \quad x' = x - \frac{1}{2}a_0t^2 \tag{1.24}$$

와 같은 관계가 성립한다. 또한 두 좌표계에서 측정한 물체의 속도사이에는

$$v_x{}' = \frac{dx'}{dt} = \frac{d}{dt}(x - \frac{1}{2}a_0t^2) = v_x - a_0t \tag{1.25}$$

와 같은 관계가 성립하고, 가속도사이에는

$$a_x{}' = \frac{dv'}{dt} = \frac{d}{dt}(v_x - a_0t) = a_x - a_0 \tag{1.26}$$

와 같다. 즉, S'-계에 있는 관측자 2가 측정한 가속도는 S-계에서 있는 관측자 1이 측정한 가속도와 서로 다르므로, S-계에서 뉴턴의 제2법칙이 성립한다고 하더라도 S'-계에서는

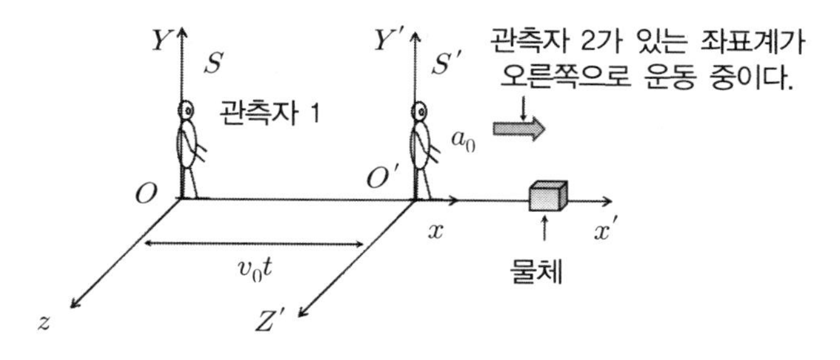

[그림 1.13] 정지좌표계와 가속운동하는 좌표계

별도의 가속도 a_0가 도입되게 된다. 따라서 물체의 질량이 m인 경우에, 가속운동을 하는 좌표계에 있는 관측자 2는 별도의 힘 ma_0를 고려해야 한다. 이것의 한 예가 일정한 속도로 운행하던 버스가 갑자기 멈추거나 정지상태에서 갑자기 출발하는 경우에 버스 안에 있던 승객이 받는 관성력이다. 즉, 가속운동하는 좌표계에서는 물체에 작용하는 원래의 힘($\sum \vec{F} = m\vec{a}$) 외에, 가속운동과 관계되는 별도의 힘인 ma_0을 받으므로 뉴턴의 제2법칙이 성립하지 않게 되므로, 이러한 좌표계는 관성좌표계가 아니다.

1.6 물리량의 표현법

물리량을 표현하는 기본단위 및 물리량을 수식을 사용하여 가능한 간단하게 표현하는 방법에 대해 알아보고자 한다. 일상생활을 통하여 경험한 것이라 하더라도 상대방에게 간단, 명료하게 설명하는 것은 쉽지 않다. 이 절에서는 우리가 일상적으로 경험하거나 알려진 사실을 비교적 간단, 명료하게 표현하는 방법에 대하여 설명하고자 하며, 처음 접하는 수식에 대해서는 부분적으로 어려움이 있을 수 있다. 하지만 차근차근 따져가면서 읽고 이해한다면 논리적 사고력의 증진과 함께 이공계에서 다루는 많은 현상들을 논리적으로 설명하는데 큰 도움이 되리라 판단한다.

1.6.1 물리량의 기본단위

물리량은 ① 길이, ② 질량, ③ 시간의 3 가지를 기본으로 하여 표현되는데, 이러한 3 가지의 물리량을 표현하는 방법도 어떤 종류의 단위를 사용하느냐에 따라 구별된다. 하지만, 여기서는 현재 국제적으로 통용되고 있는 국제단위계를 기본으로 설명하고자 한다.

① 길이(m) : 길이에 대한 표준은 각 나라마다 기원이 서로 다른데, 현재 길이에 대한 기본단위로 사용되는 "미터"에 대해서만 설명하고자 한다. 1미터는 프랑스 파리를 지나는 경도의 적도에서 북극까지 거리의 1/10,000,000로 정의되어 이를 바탕으로 온도에 따른 팽창이나 수축이 잘 안 되는 백금과 이리듐의 합금으로 만든 특수 막대에 두 눈금을 새기어 이를 표준 길이로 사용하였다. 그러다가 1970년대에는 "크립톤 86"이라는 광원에서 방출되는 적황색 빛의 파장의 1,650,763.73배에 해당하는

길이를 1 미터(m)로 정의하여 사용되어 왔다. 1983년 10월부터 현재까지는 진공 속에서 1/299,792,458초 동안 빛이 진행한 거리로 정의되어 사용되고 있다. 이는 진공 속에서 빛의 속력이 299,792,458 m/sec 임을 의미하기도 한다.

② **질량**(kg) : 질량에 대한 표준은 프랑스 국제 도량형국에 보관되어 있는 백금과 이리듐의 합금으로 만든 원통형 막대의 질량으로 정의되었으며, 이러한 표준 질량은 1887년에 설정되어 현재까지 사용되고 있다. 이러한 질량에 대한 표준 원기를 똑같이 복제한 질량 표준이 각국의 도량형 표준 연구원에 배부되어 이를 기준으로 질량에 대한 표준을 만들어 사용하고 있다(그림 1.14 참조).

③ **시간**(sec) : 1960년 이전까지 시간의 표준은 태양이 하늘에서 가장 높게 위치한 시점부터 다음날 가장 높게 위치할 때까지의 시간 간격인 평균 태양일을 이용하여 1초=(1/60)(1/60)(1/24)(1/365)가 정의되었다. 하지만, 지구의 자전운동이 조금씩 변하므로, 1967년 시간의 표준으로 원자번호 133번인 세슘(Cs) 원자의 고유진동수를 기준으로 다시 정의되었으며, 현재는 세슘 원자로부터 나오는 빛이 9,192,631,770 회 진동할 때 걸리는 시간을 1초로 정의하여 사용되고 있다. 미국표준연구원에서 개발된 세슘원자는 2천만년 동안 1초도 틀리지 않으며 세슘원자의 진동수를 시간의 기본으로 사용하는 경우에, 세계 어디서나 같은 값을 가지므로 사용하기에 매우 편리하다.

위에서 설명한 것처럼 물리량을 표현하는 3개의 기본단위는 미터(m), 킬로그램(kg), 초(sec)로 구성되며, 이를 기본으로 구성된 단위계를 M.K.S 단위계(또는 S.I 단위계)라

[그림 1.14] 표준 질량 Kg 원기(참고자료 3)

고 한다.

1.6.2 물리량에는 어떠한 것들이 있는가?

물리량은 크게 2가지로 구분하여 사용되고 있다. 즉, ① 면적 또는 부피와 같이 크기만으로 설명이 가능한 물리량을 "스칼라 량"이라고 하며 ② "오른쪽으로 초당 8 m로 달린다"와 같이 방향과 크기를 모두 언급해야 정확한 설명이 가능한 물리량을 "벡터 량"이라고 한다. 이처럼 물리량은 크게 "스칼라 량 과 벡터 량"의 2가지로 구분하여 사용되고 있다.

물체의 크기나 부피, 질량, 온도, 일 등을 표현하는 경우에는 방향을 함께 표시하지 않아도 상대방이 정확히 이해하는 데에 어려움이 없다. 또한 "자동차는 시속 150 km/h 로 달릴 수 있다거나 비행기는 시속 800 km/h 로 날아갈 수 있어" 등과 같이 단순히 물체의 이동하는 정도가 빠르거나 느린 정도를 표현할 때에도 방향을 표시할 필요는 없다. 이처럼 물체의 크기, 부피, 질량, 속력 및 온도 등에 속하는 물리량처럼 크기만으로도 설명이 충분한 물리량을 스칼라량이라고 한다.

물체에 어떤 힘을 가해주는 경우에 어느 방향으로 얼마의 크기를 가해주었는지 또는 물체를 회전시키는 경우, 회전축으로부터 얼마만큼 떨어진 지점에 힘을 작용하여 시계방향으로 회전시켰는지 아니면 반시계방향으로 회전시켰는지를 표현해야 상대방이 상황을 보다 완벽하게 이해를 하게 된다. 또한 사람이 어디를 갔다고 하는 경우에도 얼마나 빨리 그리고 어느 방향인지를 같이 제시해야 하는 경우도 있다. 이처럼 방향까지 제시해야 상대방이 보다 완전히 이해되는 물리량을 벡터 량이라고 하는데 힘의 경우에 $\vec{F}$ 와 같이 힘(force)을 의미하는 기호 F 위에 화살표를 두어 벡터 량을 표시하고 있다.

1.6.3 물리량을 간단히 수식으로 표현할 수는 없을까?

1.6.2절에서 물리량은 크게 2가지로 구분하였는데 이들을 간단, 명료하게 표현하는 방법은 아마도 서로 간에 약속을 하고 수식을 이용하는 방법이라고 생각한다. 물리에서 수식은 어떤 물리현상을 가장 간단, 명료하게 표현할 수 있는 하나의 언어로 사용되는데, 먼저 물리량을 표현하는 데 있어서 많이 사용되는 수식 표현에 대해서 간단히 설명하고자 한다.

일반적으로 물리량을 나타낼 때는 기호를 사용하게 되는 데, 스칼라량을 나타내는 기호와 벡터량을 나타내는 기호는 약간 다르다. 예로서 온도(temperature), 길이(length) 및 질량(mass)과 같은 스칼라량들은 대부분의 경우에 T, L 및 m과 같이 영어단어의 첫 문자를 사용하여 표시한다. 한편, 힘, 속도 및 가속도와 같은 벡터량들은 해당 단어의 첫 문자위에 화살표를 두어 $\vec{F}$, $\vec{v}$ 및 $\vec{a}$와 같이 표현하는데 화살표는 방향성을 나타낸다. 벡터량은 크기와 방향을 가지는 물리량이라고 하였는데 벡터량의 크기는 단순히 문자만으로 F, v 및 a와 같이 나타내거나 $|\vec{F}|$, $|\vec{v}|$ 및 $|\vec{a}|$ 와 같이 절댓값으로 표현하기도 한다.

어떤 물리량을 더해 주거나 곱함에 있어 스칼라량의 덧셈 및 곱셈은 순서에 관계없이 해당 물리량을 더해주거나 곱해주면 되므로 비교적 간단하다. 즉, 길이가 각각 L_1 인 막대와 L_2 인 막대를 합하면 전체길이(L)는 $L = L_1 + L_2$ 이 되고, 가로 L_1, 세로 L_2 인 직사각형의 면적(S)는 $L = L_1 \times L_2$ 이 된다. 하지만, 크기와 방향을 나타내는 벡터량의 덧셈, 뺄셈 및 곱셈에 대해서는 순서가 중요한데 이에 대해서 알아보자.

(1) 두 벡터량의 덧셈 및 뺄셈

크기와 방향을 가지는 두 벡터량을 그림 1.15(a)와 같이 $\vec{A}$ 와 $\vec{B}$ 로 나타내고, 이들의 덧셈 및 뺄셈에 대해서 알아보자. $\vec{A}$ 와 $\vec{B}$ 를 더하는 경우에 그림 1.15(b)에서와 같이 $\vec{A}$ 의 끝에 $\vec{B}$ 의 시작점을 두어 $\vec{A}$ 의 시작점에서 $\vec{B}$ 의 끝점까지 연결하면 된다. 두 벡터량을 더해서 얻어진 결과는 벡터량이 되며, 방향은 $\vec{A}$ 의 시작점에서 $\vec{B}$ 의 끝점까지 연결한 화살표의 방향이 두 양을 더해서 얻어진 벡터의 방향이 된다.

$\vec{A}$ 에서 $\vec{B}$ 를 빼는 경우에는 그림 1.15(c)에서와 같이 $\vec{A}$ 의 끝에 $-\vec{B}$ 의 시작점을 두고 $\vec{A}$ 의 시작점에서 $-\vec{B}$ 의 끝점까지 연결하면 된다. 물론 두 양을 빼서 얻어진 결과도

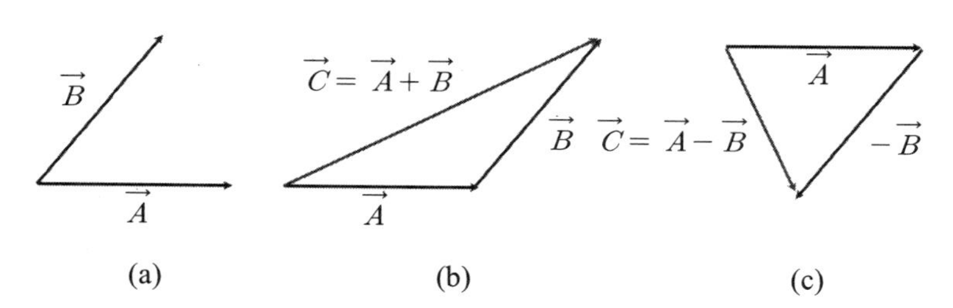

[그림 1.15] (a) 벡터 $\vec{A}$, $\vec{B}$, (b) 벡터 $\vec{A}$ 와 $\vec{B}$ 의 덧셈, (c) 벡터 $\vec{A}$ 와 $\vec{B}$ 의 뺄셈

벡터량이 되며, 방향은 $\vec{A}$ 의 시작점에서 $-\vec{B}$ 의 끝점까지 연결한 화살표의 방향이 두 양을 빼서 얻어진 벡터의 방향이 된다. $-\vec{B}$ 는 $\vec{B}$ 와 크기는 같으나, 방향이 반대인 벡터량을 의미한다는 것을 기억하자.

위에서 언급한 벡터의 덧셈은 다음과 같은 경우에 적용된다. 즉, 처음에 있던 자리에서 동쪽으로 4 km 걸은 후에, 다시 북쪽을 향해서 4 km 걸으면 최종적으로 처음 위치에 대해서 어느 방향으로 얼마만큼 떨어진 곳에 도달하느냐 하는 문제를 다룰 때에 적용된다. 그림 1.16에 나타낸 바와 같이 처음에 동쪽으로 4 km로 걸은 것을 $\vec{A}$ 로 표현하였고, 북쪽을 향하여 4 km로 걸은 것을 $\vec{B}$ 로 표현하였다. 이와 같이 걸으면 처음 위치에 대해서 동북쪽으로 $4\sqrt{2}$ km 떨어진 지점에 도달한다는 것을 알 수 있고 이를 $\vec{C}$ 로 표현하였다. 이때 $\vec{C}$ 의 크기는 $4\sqrt{2}$ km, 방향은 동북쪽을 가리키며, $\vec{C}$ 는 동북쪽으로 $4\sqrt{2}$ km떨어진 곳에 도달한다는 의미를 기호로 나타낸 것이다.

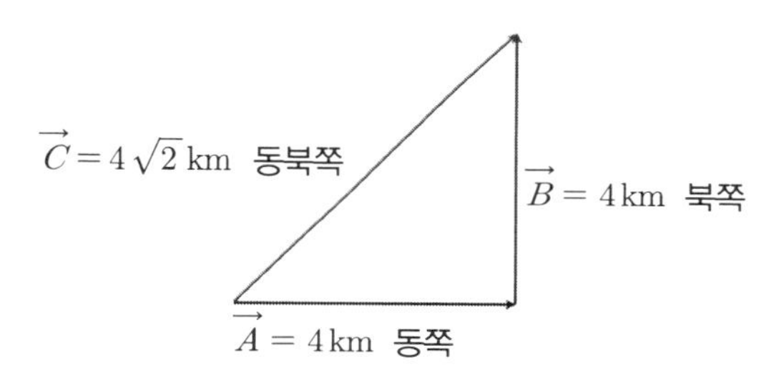

[그림 1.16] 벡터 덧셈의 예

(2) 두 벡터의 곱셈

벡터의 곱셈에는 두 종류가 있다. 하나는 두 벡터를 곱하여 그 결과가 ⓐ 크기만을 가지는 스칼라 곱셈과 ⓑ 크기와 방향을 가지는 벡터 곱이 있는데 이에 대해서는 아래에 예를 들어가면서 설명하고자 한다.

ⓐ 두 벡터의 스칼라 곱셈에 대한 수식 표현

어떤 물체에 힘을 가하여 물체의 위치를 변경하였다고 하였을 때, 물체에 일을 하여주었다고 말한다.

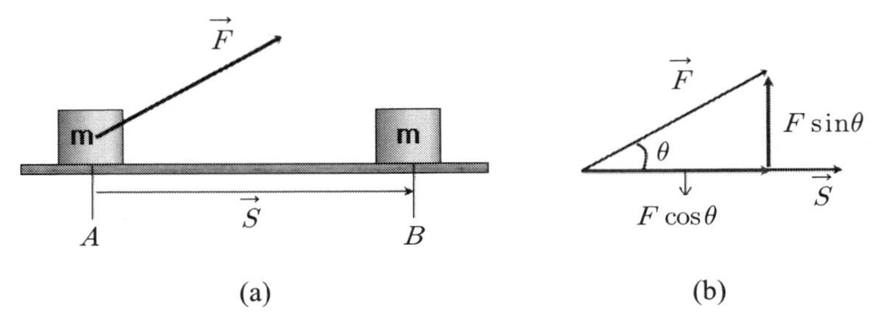

[그림 1.17] 일에 대한 수식 표현

그림 1.17에서와 같이 질량이 m인 물체에 힘($\vec{F}$)을 가하여 오른쪽으로 s (이동거리는 s이지만, 오른쪽이라는 방향이 제시되었으므로 크기와 방향을 나타내는 벡터량으로 $\vec{s}$와 같이 표현한다.)만큼 이동시킨 경우에 한 일을 계산하여 보자.

그림 1.17에서 질량이 m인 물체를 "A"지점에서 "B"지점으로 이동시킨다고 할 때에, 물체에 가해준 힘 중에서 물체의 이동방향과 평행한 $F\cos\theta$라는 힘(그림 1.17(b) 참조)만이 물체의 이동에 기여한다. 물리에서 물체에 일을 하여준다고 할 때에, 하여준 일의 양은 물체를 실제로 이동시키는 데 필요한 힘의 크기와 이동거리(s)를 곱해준다. 따라서 그림 1.17의 경우에 외부에서 물체에 가해준 힘에 의해서 하여 준 일의 양(W)은

$$W = (F\cos\theta)(s) \tag{1.27}$$

와 같이 표현된다. 식 (1.27)의 표현식을 좀 더 간단히 표현하는 방법으로

$$W = \vec{F} \cdot \vec{s} \tag{1.28}$$

와 같이 표현한다. 식 (1.28)이 의미하는 바는 서로 크기와 방향을 가진 2개의 물리량을 곱할 경우에, 식 (1.27)과 같이 서로 평행한 성분들만을 곱하되 그 결과는 크기만을 가지고 방향은 가지지 않는다는 의미로서 이러한 곱셈을 "스칼라 곱"이라고 부른다.

그림 1.17에서와 같이 어떤 물체에 힘을 가하여 일을 해 주는 경우에 "일을 많이 하였다 또는 적게 하였다"라고 표현하면 완벽한 설명이 된다. 즉, 일의 양을 나타낼 때에는 단순히 크기만으로 표현이 가능하며 방향은 고려하지 않는다. 이처럼 어떤 물체에 가해주는 힘($\vec{F}$)은 벡터량이며 물체의 이동($\vec{s}$)도 벡터량이지만, 이들 각각이 물체에 미친 전체적인 영향은 단순히 크기만으로도 설명이 가능하므로 이와 같은 경우를 다룰 때에는 "스칼라 곱"을 사용한다.

그림 1.18(a)의 경우에 크기와 방향을 가진 두 물리량이 서로 평행하므로 이들에 대한 스칼라 곱의 결과는 $\vec{A} \cdot \vec{B} = AB\cos 0 = AB$, 그림 1.18(b, c)의 경우는 두 물리량이 이루는 각이 θ 이므로 $\vec{A} \cdot \vec{B} = A\cos\theta\, B = AB\cos\theta$, 그림 1.18(d)의 경우는 두 물리량이 이루는 각이 90°로서 서로 평행한 성분이 없어 $\vec{A} \cdot \vec{B} = AB\cos 90° = 0$ 이 된다. 여기서 문자 위에 화살표시가 없이 A, B로 표시한 것은 앞에서 설명한 바와 같이 벡터 물리량인 $\vec{A}$ 와 $\vec{B}$ 의 크기를 나타낸 것이다.

따라서 스칼라 곱셈은 다음과 같이 요약할 수 있을 것이다. 두 벡터를 곱해서 그 결과가 크기만을 나타내는 스칼라량으로 주어지는 경우에 사용하는 곱셈으로 두 벡터의 서로 평행한 성분만을 곱한다. 앞에서와 같이 $\vec{A} \cdot \vec{B} = A\cos\theta\, B = AB\cos\theta$ 에서 $A\cos\theta$ 는 벡터 $\vec{A}$ 에서 $\vec{B}$ 에 평행한 성분을 나타내고, $B\cos\theta$ 는 벡터 $\vec{B}$ 에서 $\vec{A}$ 에 평행한 성분을 나타낸다.

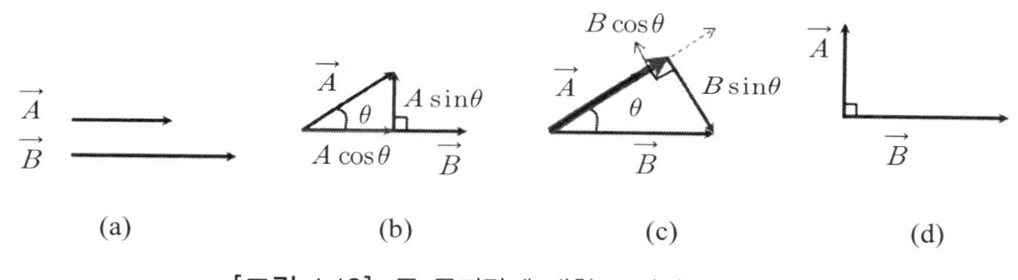

[그림 1.18] 두 물리량에 대한 스칼라 곱의 예

ⓑ 두 벡터의 벡터 곱셈에 대한 수식 표현

그림 1.19(a)는 회전축으로부터 거리 r_2 만큼 떨어진 지점에 질량이 m인 물체가 매달려 있는 경우를 나타낸 것이다. 이 물체를 시계반대 방향으로 회전시키기 위하여 똑같은 크기의 힘($\vec{F}$)을 회전축의 중심으로부터의 r_1 만큼 떨어진 지점에 작용시키는 ①번 경우와 r_2 만큼 떨어진 지점에 작용시키는 ②번 경우를 비교하여 보면, ②번 경우가 더 효율적임을 알 수 있다. 즉, 물체에 똑같은 힘을 같은 방향으로 작용시켜 회전시키는 경우에 회전축으로부터의 거리가 멀수록 보다 회전이 더 잘 된다는 것은 일상생활에서 많이 경험하게 된다. 물론 회전축으로부터의 거리가 같고 그림 1.19(a)에서와 같이 회전축에 대하여 90°의 방향으로 힘을 가해주는 경우에는 힘의 크기가 클수록 물체는 더 잘 회전하게 된다.

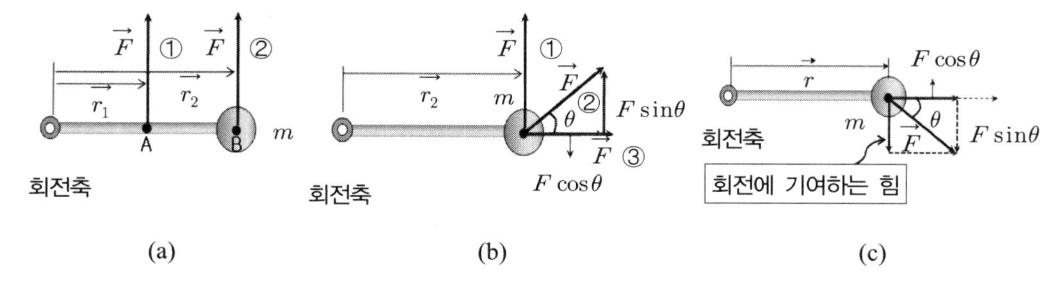

[그림 1.19] 두 벡터량의 곱을 설명하기 위한 그림

그림 1.19(b)와 같이 질량이 m인 물체에 힘을 작용시키면, 작용시킨 전체의 힘 중에서 회전에 기여하는 힘($F\sin\theta$)에 의해 물체는 시계반대방향으로 회전하게 되며, 그림 1.19(c)와 같이 힘을 작용시키면, 물체는 시계방향으로 회전시키게 된다.

그림 1.19로부터 알 수 있는 것은 물체를 보다 효율적으로 회전시키기 위해서는 힘이 작용시키는 지점이 회전축으로부터 거리가 멀고 회전축과 물체를 연결하는 막대에 대하여 90°에 가깝도록 힘을 작용시키는 경우에 물체가 더 잘 회전함을 알 수 있다. 또한 물체에 작용시키는 힘의 방향에 따라서 시계반대방향으로 회전시키기도 하고 시계방향으로 회전하기도 한다는 것을 알 수 있다.

위에서 설명한 내용을 간단히 하나의 수식으로 표현하는 방법은 없을까에 대해서 생각하여 보자. 물체를 보다 효율적으로 회전시킨다는 것은 "회전능률"이라는 말로 표현이 가능하지만 이는 "어느 방향으로 얼마나 잘 회전시키느냐?" 하는 문제이므로 회전능률과 함께 회전방향도 나타내야 보다 완벽한 설명이 가능하다. 회전능률은 기호로는 일반적으로 "$\vec{\tau}$"와 같이 표현하며 우리말로는 "타우"라고 읽고 벡터로 표현되므로 크기와 방향을 가지는 물리량임을 나타낸다. 그림 1.20로부터 알 수 있듯이 어떤 물체에 힘을 가하여 회전시키는 경우에 회전능률은 회전축으로부터의 거리($\vec{r}$)와 작용시킨 힘($\vec{F}$)에 의해서 결정되는데 이는 식 (1.29)으로 간단히 표현된다.

$$\vec{\tau} = \vec{r} \times \vec{F} \tag{1.29}$$

식(1.29)는 어떤 물체에 힘을 가하여 회전시키는 경우에 물체를 얼마나 잘 회전시키느냐를 나타내는 회전능률의 크기가 회전축으로부터 거리($\vec{r}$의 크기)와 가해준 힘의 크기 중에서 회전축과 물체를 연결하는 막대에 수직한 힘(그림 1.20(a, b)에서 "회전에 기여하는 힘"으로 표시)만으로 주어진다는 의미로서 식(1.30)과 같이 표현된다.

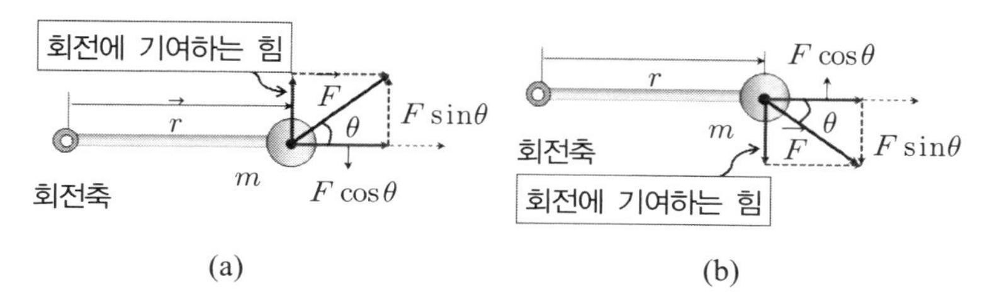

[그림 1.20] 물체의 회전능률을 설명하기 위한 그림

$$\tau = rF\sin\theta \tag{1.30}$$

물체가 "시계방향 또는 시계반대방향으로 회전하느냐?"는 오른손 나사법칙에 따라 정하고 있는데 식(1.29)에서 앞의 벡터인 $\vec{r}$ 에서 뒤의 벡터인 $\vec{F}$ 의 방향으로 오른손 나사를 회전시킬 때 오른손 나사가 진행하는 방향을 회전능률의 방향으로 정하고 있다. 즉, 그림 1.21에서와 같이 $\vec{r}$ 의 시작점에 $\vec{F}$ 의 시작점을 일치시키고, $\vec{r}$ 을 의미하는 화살표에서 $\vec{F}$ 를 나타내는 화살표 방향으로 오른손 나사를 회전시킬 때 오른손 나사의 진행방향이 회전능률의 방향이다.

따라서 그림 1.19(b)에서와 같이 시계반대방향으로 회전하는 물체에 대한 회전능률의 방향은 종이면에 수직 방향이며, 그림 1.19(c)의 경우는 이와 반대이다.

식 (1.29)가 의미하는 바는 서로 크기와 방향을 가진 2개의 물리량을 곱할 경우에, 식 (1.30)과 같이 서로 수직한 성분들만을 곱하되 그 결과는 크기와 방향을 가지며 방향은 오른손 나사법칙에 따른다는 의미로서 이러한 곱셈을 "벡터 곱"이라고 부른다. 이러한 벡터 곱셈에 대한 규칙은 앞으로 전기와 자기학 등에서 물리현상을 설명하기 위하여 많이 사용되므로 잘 익혀두기 바란다.

벡터 곱셈은 다음과 같이 요약할 수 있을 것이다. 두 벡터를 곱한 결과가 크기와 방향을 가지는 물리량을 표현하는 경우에 사용하는 것으로 두 벡터를 곱한 값의 크기는 서로

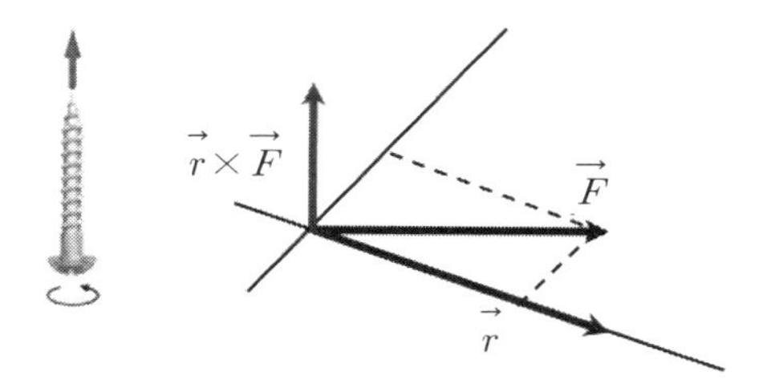

[그림 1.21] 두 벡터 곱의 방향을 설명하기 위한 그림

수직한 성분만을 곱하는 것으로 표현된다. 즉, $\tau = rF\sin\theta$ 에서 $F\sin\theta$ 는 $\vec{F}$ 중에서 $\vec{r}$ 에 수직한 성분을 나타낸다.

1.7 물리현상들을 설명하기 위한 수식들은 어떤 것이 있나?

물리에서 사용되는 표현식들은 크게 2가지로 분류된다. 하나는 이론은 명백하지 않지만 실험의 결과를 바탕으로 얻어지는 실험식이다. 예를 들면, 힘($\vec{F}$)은 질량(m)에 가속도($\vec{a}$)를 곱한 $\vec{F} = m\vec{a}$, 자기장($\vec{B}$) 속에서 전하량(q)을 가진 하전입자가 속도($\vec{v}$)를 가지고 운동하고 있을 때 받는 자기력($\vec{F}$) $\vec{F} = q\vec{v} \times \vec{B}$, 또는 질량이 각각 m_1, m_2 인 두 물체들 사이에 작용하는 만유인력($\vec{F}$)에 대한 식, $\vec{F} = G\frac{m_1 m_2}{r^2}\hat{r}$, 전하량이 각각 q_1, q_2 인 두 전하들 사이에 작용하는 전기력($\vec{F}$)을 나타내는 식, $\vec{F} = \frac{1}{4\pi\epsilon_0}\frac{q_1 q_2}{r^2}\hat{r}$ 등이 있다. 반면에 이론식은 물리적 현상에 대한 이론적인 내용을 바탕으로 얻어지는 식이다. 예를 들면 초속도($\vec{v}_0$)를 가진 물체가 가속도($\vec{a}$)를 가지고 t초 동안 운동한 경우에 t초 후의 속도($\vec{v}$)가 $\vec{v} = \vec{v}_0 + \vec{a}t$ 로 주어지는 것 등이다.

1.8 관찰과 논리적 사고

과학은 어떻게 보면 관찰로부터 시작된다고 생각할 수도 있을 것이다. 하지만 아무 생각 없이 어떤 물체를 보는 것이 아니라 집중적으로 생각하면서 보고, 관찰결과를 이해하려는 노력이 뒤따르는 관찰을 의미한다. 이처럼 생각하면서 집중적인 관찰을 통하여 얻어진 관찰결과를 이해하려는 노력이 순수과학의 한 단면이며, 관찰결과의 이해를 바탕으로 실생활에 응용하기 위해 새로운 것을 창조하려는 노력에 집중하는 분야가 아마도 응용과학으로 이 분야에 종사하는 과학자가 바로 미래사회가 원하는 과학자가 아닐까 생각한다.

관찰을 통하여 연구주제를 설정하는 경우도 생각하여 볼 수 있다. 연구주제를 설정하는 이유는 사회적인 요구가 있는 문제를 해결하거나 연구자의 호기심을 해결하려는 노력, 또는 특정분야에서 자신이 꿈꾸는 목표를 해결하기 위하여 연구를 수행하게 된다. 모든 연구자는 자신의 연구를 통하여 무엇인가 성취하려는 노력을 많이 하게 되며, 비교적 남이 하지 않은 것을 자신만의 연구를 통하여 원인을 밝혀내는 데 자신의 역량을 발휘한다. 관찰을 통하여 연구의 주제를 설정하는 예를 생각하여 보자. 그림 1.22는 어린 시절 동물원에 가면 쉽게 볼 수 있는 동물 중의 하나인 기린의 사진이다.

기린은 목을 길게 위로 올린 상태에서 높은 곳의 나뭇잎을 먹기도 하지만, 땅위에 있는 물을 먹기 위해서는 땅 높이까지 머리를 낮춰야 한다. 높은 곳에 있는 나뭇잎을 먹을 경우에 심장으로부터 머리까지 피를 보내기 위해서는 높은 압력으로 피를 보내야 하지만, 땅위에 있는 물을 먹기 위해서는 매우 낮은 압력으로 피를 심장으로부터 내 보내야 높은 압력으로 인해 혈관이 터지는 일을 방지할 수 있다. 따라서 기린의 이런 모습을 보고 기린의 혈관계를 연구하여 기린의 혈관계는 다른 동물들의 혈관계와 전혀 다른 특이한 혈관계인 원더네트(wonder net)와 정맥판이라는 특수조직이 존재한다는 사실을 찾아낸 연구도 있었다. 이는 사려 깊은 관찰을 통하여 새로운 사실을 밝혀낸 사례로 생각된다. 참고로 사람의 혈압은 80~120 mmHg 인데 비하여 기린은 160~260 mmHg 이다. 앞에서 언급하였듯이 기린은 높은 곳의 먹이를 먹기 위하여 머리를 높이 올려야하는 관계로 혈압이 매우 높다는 사실을 알 수 있었다.

또 다른 예로서 연꽃잎에 맺히는 물방울(그림 1.23 참조)은 많은 사람이 보았지만, 이의 원리를 알아내고 이를 응용하여 방수옷의 개발 및 옷에 묻지 않는 페인트 등의 개발에 활용한 사람은 극히 소수이다.

(a) (b)

[그림 1.22] 높은 곳의 먹이를 먹는 기린(a)과 땅위의 물을 먹는 기린의 모습(b)(참고자료 4~5)

[그림 1.23] 연꽃 잎 맺힌 물방울 (참고자료 6)

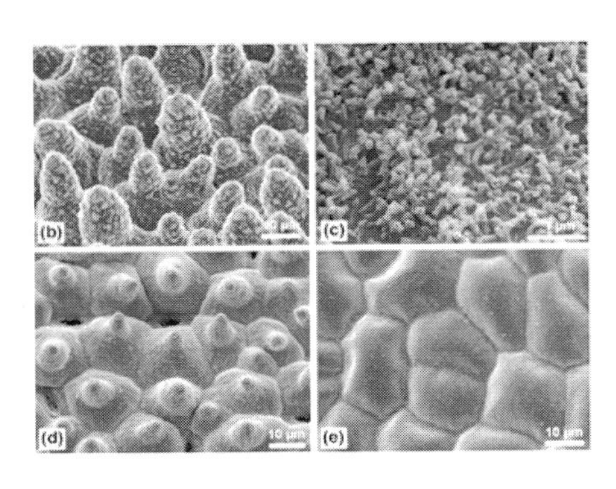

[그림 1.24] 연꽃잎에 대한 전자현미경 사진 (참고자료 7)

일반적으로 우리의 관찰은 오감을 통하여 이뤄지는 데, 오감을 통하여 관찰하는 데에는 한계가 있다. 한 예로서 시각은 아주 작은 것, 아주 멀리 있는 것, 물체의 내부 및 착시에 의해 정확히 관찰이 안 되는 경우를 자주 만나게 된다. 과학기술의 발달에 힘입어 이러한 오감에 의한 한계를 도와주는 관찰기구들이 개발되고 있으며, 확대경, 현미경, 주사전자 현미경(SEM), 초음파 및 MRI 등이 있다. 그림 1.24는 전자현미경을 이용하여 오감에 의한 관찰의 한계를 확장한 하나의 예를 보여준 것이다. 과학기술의 발전은 오감에 의한 관찰의 한계를 극복하고 있을 뿐만이 아니라 관찰에 의한 결과를 복제하는 영역도 확대되고 있다.

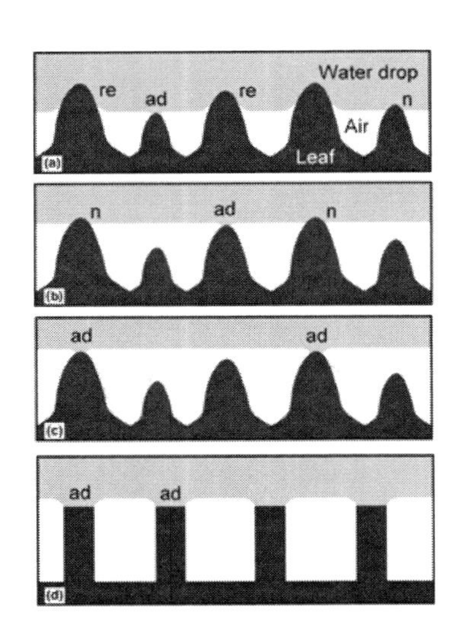

[그림 1.25] 나노기술을 이용한 연꽃잎의 복제(참고자료 7)

그림 1.25는 반 친수성인 연꽃잎의 관찰결과를 나노기술을 이용하여 제작하고, 이들이 연꽃잎에서 보여주는 현상과 같은 반 친수성(물을 배척하려는 성질)을 보여주고 있다는 것을 설명하고 있다. 이처럼 과학기술의 발전에 따라 오감에 의한 관찰이 불가능한 영역까지의 간접적인 관찰이 가능하게 됨은 물론 나노기술의 발전에 따

라 미시세계에 대한 복제도 가능하게 되었다.

과학을 전공하는 이들에게는 생각하면서 집중적으로 관찰하려는 노력이 필요하지만, 논리적이며 창의적인 아이디어를 도출하는 것도 중요하다. 예를 들어 1부터 99까지 더하면 얼마가 될까요?'와 같은 질문을 받는다면 우리는 어떤 반응을 보일까? 사람에 따라 다양한 반응을 보이리라 생각한다. 어떤 이는 계산기를 찾아 1부터 99까지 더하는 사람도 있을 것이고, 어떤 이는 출제자의 의도를 파악하려고 노력하는 이들도 있을 것이다. 또한 어떤 이들은 가능한 간단하고 편리한 방법을 이용하여 정확한 결과를 도출하려는 노력을 하게 될 것이다. 이러한 문제를 푸는 방법으로 그림 1.26과 같은 2단계의 접근법을 사용하여 보자.

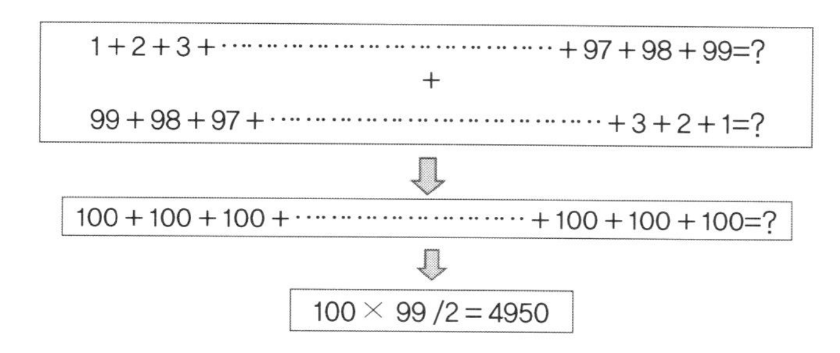

[그림 1.26] 1부터 99까지 더하는 방법

그림 1.26을 통하여 알 수 있듯이 우리가 조금 더 생각하고 논리적으로 전개하는 방법에 익숙해진다면, 많은 시간을 들이지 않고 옳은 답을 제시하는 방법을 도출할 수 있으리라 생각한다. 논리적인 생각을 필요로 하는 또 다른 예로서 원에 직선을 그어 원을 분활하는 방법에 대해서 생각하여 보자.

그림 1.27을 통하여 원 위에 그어지는 직선의 개수가 하나씩 증가함에 따라 원은 2 →

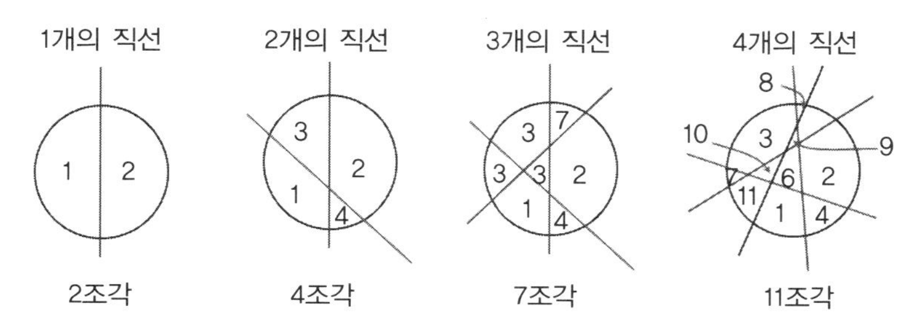

[그림 1.27] 원에 직선을 그어 조각을 내는 방법

4 → 7 →11 → ?와 같이 조각이 생긴다는 것을 알 수 있다. 이를 통하여 그어지는 직선의 개수가 하나씩 증가함에 따라 조각 수는 2 → 3 → 4 → ?와 같은 패턴을 가지고 증가함을 알 수 있다. 이러한 논리적인 분석을 통하여 원 위에 5개의 직선을 그으면 원은 그림 1.28과 같이 16개의 조각으로 분리가 가능하다는 것을 알 수 있다.

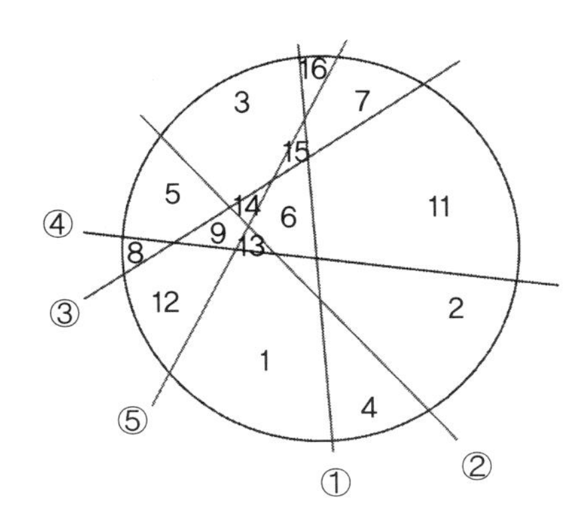

[그림 1.28] 원 위에 그어진 5개의 직선에 의해 갈라진 원의 조각 수

다음의 그림 1.29에서 보여주는 내용은 주어진 상황에 대해 논리적 사고를 바탕으로 결과를 유추하는 숫자 맞추기에 대한 내용이다. 또한, 참고자료 8에 접속하여 보면 다양한 상황에 대한 유사문제들이 제시되고 풀이도 주어져 있으므로 접속하여 자신의 사고력 및 추리력을 체크하여 보는 것도 의미있는 일이라 판단한다.

그림 1.29(a)의 경우에 왼쪽 하단에서부터 시계방향으로 돌면서 각 단계마다 "제곱"의 값이 제시된다. 답을 해야 하는 곳은 4단계에 해당하므로 "16"이라는 숫자가 "?"로 표시된 부분에 들어가야 할 숫자임을 알 수 있다. 또한 그림 1.29(b)의 경우에는 각 세로줄의 합계가 "14"인 유형으로 주어져 있으므로, "4"라는 숫자가 "?"로 표시된 부분에 들어가

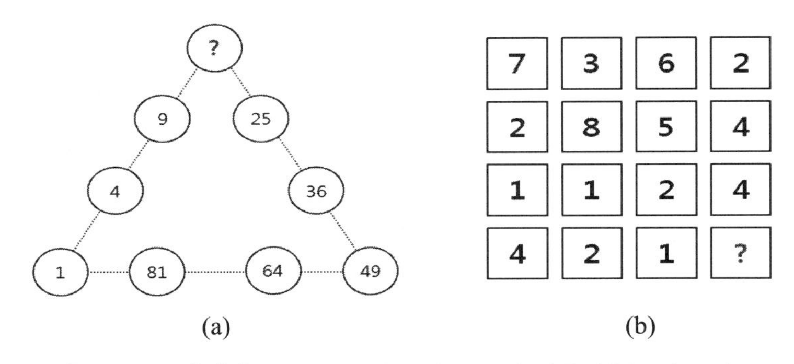

[그림 1.29] "?"가 있는 부분에 대한 숫자 맞추기(참고자료 8)

야 할 숫자임을 알 수 있다.

앞에서 언급한 것과 같이 우리가 조금 더 생각하고, 주변에서 일어나는 일들이나 주변의 물체들에 대하여 일어나는 현상들로부터 무엇인가를 알아보려고 노력한다면, 스스로 생각하고 생각한 결과들을 논리적으로 정리하는 습관이 생기리라 판단한다.

또한 우리들에게는 이러한 관찰의 의미를 되돌아보고 논리적으로 생각하는 사고도 중요하지만, 사물을 보는 시각의 다양화도 중요하다고 생각한다. 그림 1.30은 시각의 다양화에 따른 한 가지 예를 나타낸 것이다. 그림 1.30은 같은 모양의 그림이라고 하더라도 그림 1.30(a)에서와 같이 하나의 물음표로서 볼 수도 있지만, 그림 1.30(b)와 같이 그림을 180° 뒤집어서 생각을 하면 마치 물개가 공을 가지고 노는 모습으로 비쳐질 수도 있다. 이처럼 같은 물체를 보더라도 보는 시각에 따라 다른 결과를 도출할 수도 있으므로 관찰 시에는 시각의 다양화도 필요하다고 생각한다.

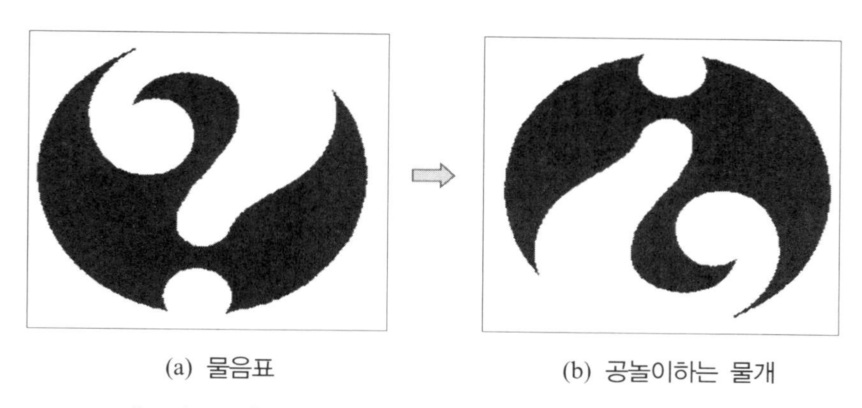

(a) 물음표 (b) 공놀이하는 물개

[그림 1.30] 시각의 변화에 따른 그림의 모양(참고자료 9)

참고자료

1. 물리학교재편찬위원회 역, 제5판 물리학, 청문각, 2006.
2. https://en.wikipedia.org/wiki/Jacob_Bernoulli#Discovery_of_the_mathematical_constant_e.
3. https://en.wikipedia.org/wiki/Kilogram.
4. https://www.reference.com/pets-animals/tall-can-giraffe- 7120e952c537fad1.
5. http://www.onekind.org/education/animals_a_z/giraffe/.
6. https://www.flickr.com/photos/xiangxi/3483035966.
7. J. Nanotechnol. 2011, 2, 152 - 161.
8. http://www.indiabix.com/puzzles/number-puzzles/3.
9. 2016년 7월 23일 창원대학교 영재교육원, 강호감 교수의 특강자료.

CHAPTER

02 과학에서의 힘과 운동

힘은 어떤 의미에서는 육체적인 힘을 의미할 수 있을 것이나, 과학을 공부하는 학생들에게는 힘에 대한 정확한 설명이 필요하다. 학생들에게 "힘이 무엇이냐?"고 질문하면, 힘은 "질량에다 가속도를 곱한 것"이라고 답변한다. 하지만, 이러한 힘에 대한 정의가 어떻게 정의되었는지를 물으면, 답변을 주저하는 경우를 자주 접하게 되는데 이장에서는 과학 분야에서 자주 사용하는 용어들에 대한 정의를 설명하고 일상생활에서 발견되는 현상 및 궁금증에 대하여 질문하고 답하고자 한다.

2.1 우리가 알고 있는 물체의 운동

Q1 물체의 질량은 어떻게 측정할까?

물체가 가지고 있는 고유의 물리량 중에 하나가 질량으로 이는 지구에서나 달에서나 똑같다. 즉, 질량은 물체가 가지고 있는 고유의 물리량으로 어디서나 똑같은 값을 가진다. 하지만, 지구에 살고 있는 우리는 물체와 지구사이에 작용하는 만유인력 때문에 물체의 질량을 측정하는 것이 아니라 물체의 무게를 측정하여 무게에 따라 물체의 가격을 결정하기도 한다.

질량에 대한 표준은 프랑스 국제 도량형국에 보관되어 있는 백금과 이리듐의 합금으로 만든 원통형 막대의 질량으로 정의되었으며, 이러한 표준 질량은 1887년에 설정되어 현재까지 사용되고 있다. 이러한 질량에 대한 표준 원기를 똑같이 복제한 질량 표준이 각국의 도량형 표준 연구원에 배부되어 이를 기준으로 질량에 대한 표준을 만들어 사용하고 있다.

따라서 우리가 일상생활에서 경험하는 어느 정도의 크기가 있는 물체에 대한 질량은 저울로 무게를 측정하여 얻은 값을 지구의 중력가속도(9.8 m/sec^2)로 나눠 얻어진 값이 바로 물체의 질량이 된다.

Q2 지구, 달 또는 별과 같은 유성들의 질량은 어떻게 측정할까?

지구, 달 또는 별과 같은 유성의 질량은 유성의 중력을 측정하는 방법으로 간접적으로 측정하며, 지구의 질량도 이러한 방법으로 측정한다. 지구의 내부에 작용하는 중력에 대해서는 직접 증명이 불가능하지만, 지구표면에 작용하는 중력은 측정할 수 있다. 또는 수많은 별들을 방문하여 유성에서의 중력을 측정하지는 않았다. 따라서 유성의 중력을 측정하는 가장 일반적인 기술은 유성 주위로 궤도운동을 하거나, 유성을 지나치는 물체(별 또는 달)를 관찰하면서 물체의 궤도가 유성의 중력에 의해서 어떻게 영향을 받는 지를 알아보는 것이다. 이러한 방법을 이용하여 별과 같은 특정 유성의 질량을 측정하게 된다.

만유인력과 뉴턴의 운동법칙을 이용하여 지구의 질량은 쉽게 측정가능하며, 만유인력의 법칙은 다음과 같이 표현된다.

$$F_{중력} = GMm/R^2 \tag{2.1}$$

여기서 $F_{중력}$은 물체에 작용하는 중력, G는 만유인력 상수, M, m은 서로 인력이 작용하는 두 물체의 질량 그리고 R은 두 물체의 질량중심 사이의 거리이다. 한편, 뉴턴의 제2운동 법칙은

$$F = ma \tag{2.2}$$

와 같이 표현되며, F는 힘, m은 질량, 그리고 a는 가속도이다. 만유인력상수 G의 값을 알고 있기 때문에 물체를 떨어뜨려 가속도 a를 구하면 $a = GM/R^2$(R: 지구의 반경)을 이용하여 지구의 질량(M)을 구할 수 있다. 여기서 생각해야 하는 것은 실험자가 지구에 살면서 지표면에서의 중력가속도 측정을 통하여 지구의 질

량을 구할 수 있다는 점이다. 물론 지구의 질량은 다른 방법에 의해서도 구해질 수 있다.

그렇다면 실험자가 직접 실험을 하지 않은 달의 질량은 어떻게 측정할까? 중요한 점은 가속도는 가속되는 물체의 질량과는 무관하다는 점이다. 달의 밀도를 지구와 같다고 가정하고 지구의 질량($M_{지구}$)을 달($V_{달}$)의 부피로 환산하면 개략적으로 달의 질량($M_{달}$)을 아래와 같이 구할 수 있다. 즉,

$$M_{달} = (V_{달} / V_{지구}) \times M_{지구} \tag{2.3}$$

물론 식(2.3)을 사용하여 달의 질량을 구하면 실제 값보다 훨씬 큰 값을 얻게 되는데, 실제로 달의 밀도는 지구의 밀도보다는 작은 것으로 알려졌기 때문이다. 과학기술의 발전으로 달 같은 경우에는 우주선을 보내어 지구의 질량을 측정하는 방법과 같은 방법으로 달의 질량을 정확히 측정하는 것이 가능하게 되었다.

행성의 경우에는 지구의 질량을 측정하는 것과 같이 행성에 작용하는 중력을 측정하여야 행성의 질량을 알 수 있다. 그렇다면 인간이 우주선을 보내어 행성에서의 중력을 측정한 적이 없는 별들의 질량은 어떻게 측정할까? 이 경우에 가장 일반적인 방법은 행성 가까이 통과하거나 행성에 대해 궤도운동을 하는 위성의 관찰을 통하여 행성의 중력이 위성의 궤도에 어떠한 영향을 미치는 지를 조사하는 것이다. 한 예로서 행성으로부터 특정거리에서 행성주위를 궤도 운동하는 위성이 있는 경우에, 위성의 주기는 행성의 질량에 의존하게 된다. 즉, 행성의 질량이 크면 클수록 위성에 미치는 인력이 증가하므로 위성의 주기는 더 짧아진다. 따라서 특정기간동안 위성의 운동을 관찰하여 위성의 주기(T)를 알게 되면 행성의 질량을 구할 수 있다. 케플러의 제3운동법칙은 위성의 주기(T)와 궤도반경(r) 사이에 다음과 같은 관계가 있음을 말해주고 있다.

$$T^2 = (4\pi^2 / GM) r^3 \tag{2.4}$$

여기서 M은 행성(예를 들면 지구)의 질량이며, r은 위성(예를 들면 달)의 궤도반경이다. 따라서 위성의 주기와 궤도반경을 안다면, 행성의 질량은 다음과 같이 구할 수 있다.

$$M = (4\pi^2 r^3 / GT^2) \tag{2.5}$$

하지만, 수성이나 금성은 위성이 없으므로 수십년 전만 하여도 정확한 질량을

알 수 없었다. 따라서 인간이 만든 우주선이 개발되기 전에는, 이들이 다른 행성들의 궤도에 미치는 영향을 조사하여 중력을 구하는 것이 유일한 방법이었다. 하지만, 인간이 우주선을 개발하여 금성에 보내어 금성을 지나는 동안 우주선의 경로가 얼마나 바뀌는 지를 조사함으로서 금성의 질량을 비교적 정확히 구할 수 있었다. 이는 1974년 Mariner 10 우주선이 수성근처로 지나쳤을 때에 수성의 질량을 알아내는 데에도 적용되었다. [참고자료 1]

Q3 전자와 같이 매우 작은 물체의 질량은 어떻게 측정할까?

전자는 전자의 질량(m)에 대한 전하량(e)의 비, 즉, e/m을 측정하여 질량을 측정할 수 있다. 즉, e/m은 자기장 내($\vec{B}$)에서 곡선 운동하는 전자의 운동경로, 좀 더 정확한 표현을 사용하면 전자가 운동하는 곡률반경을 측정하여 분석함으로서 전자의 질량이 구해진다. 전하량이 q인 하전입자(전기를 띠고 있는 아주 작은 알갱이)가 자속밀도가 $\vec{B}$인 자기장 내에서 속도 $\vec{v}$를 가지고 운동하는 경우에 하전입자가 받는 자기력($\vec{F}$)은 $\vec{F}= q\vec{v}\times \vec{B}$로 주어진다.

질량(m)이 일정한 경우에 전하량이 크고 자기력이 강할수록 곡률반경은 작아지며 질량이 클수록 가속도가 작아지므로 곡률반경은 커진다. 자기장과 수직인 방향으로 속도 $\vec{v}$를 가지고 운동하는 전자의 곡률반경(R)은 $R = mv/eB$로 주어진다. 따라서 전자의 운동속도 $\vec{v}$와 자속밀도 $\vec{B}$를 알고, 곡률반경을 측정하면 전자에 대한 e/m의 비율을 알 수 있다. 전자의 전하량(e)이 $e = 1.60\times 10^{-19}C$이므로 곡률반경을 알면 전자의 질량을 알 수 있다.

이러한 측정법은 전자의 질량을 구하는 간접적인 측정방법이다. 한편, 전자의 전하량은 밀리컨의 기름방울 실험을 통하여 구할 수 있다. 전하량 q로 대전되고 질량이 m인 작은 기름방울들을 전기장($\vec{E}$) 내에 넣으면, 대전된 기름방울에는 지구중심으로 향하는 중력($m\vec{g}$)과 함께 중력과 반대방향으로 전기력(=$q\vec{E}$)이 작용한다. 전기력과 중력의 크기가 서로 같고 방향이 서로 반대이면 기름방울에 작용하는 알짜 힘이 "0"이 되어, 기름방울이 공중에 머물러 있는 상태가 된다. 이때에 전기장의 세기를 측정하고 기름방울의 질량을 알면, $qE = mg$의 관계를 이용하여 전자의 전하량을 측정할 수 있다. 물론 전기력이 지구의 중력과 반대방향이 되도록 전기장을 실험 장치에 가해준다.

Q4 탄성상수가 k 인 용수철에 매달려 진동하는 질량이 m 인 물체의 가속도 크기는 어떻게 될까? 물론 진동하는 동안 마찰에 의한 에너지의 손실은 없다고 가정한다.

물체에 작용하는 힘이 “0”이면 가속도는 “0”이다. 따라서 평형위치(늘어나거나 줄어들지 않은 상태)에서 가속도는 “0”이며, 최대로 압축되거나 늘어난 상태에서 가속도의 크기는 최대가 된다. 따라서 탄성상수가 k 인 용수철에 매달려 진동하는 질량 m 인 물체에 작용하는 힘의 크기는 평형상태로부터 늘어나거나 압축된 길이에 비례하므로 가속도의 크기는 연속적으로 변하게 된다.

Q5 관성이란 무엇인가?

관성이란 물체가 가지고 있는 고유의 운동 상태를 지속적으로 유지하려는 성질을 말한다. 즉, 정지하고 있는 물체는 지속적으로 정지 상태에 있으려고 하고, 운동중인 물체는 지속적으로 운동하려는 성질로서 이러한 물체의 운동 특성을 관성의 법칙 또는 뉴턴의 제1 운동법칙이라고 한다.

이러한 관성은 직선운동을 하고 물체에 작용하는 관성과 회전하고 있는 물체에 작용하는 회전관성으로 구별할 수 있다.

Q6 그림 2.1과 같이 물체의 위와 아래가 같은 종류의 실에 의해 매달려 있다. 손으로 줄을 빨리 잡아당길 때와 천천히 잡아당길 때에 실 (a)와 (b)의 어느 부분이 끊어지는지를 이유와 함께 설명하세요.

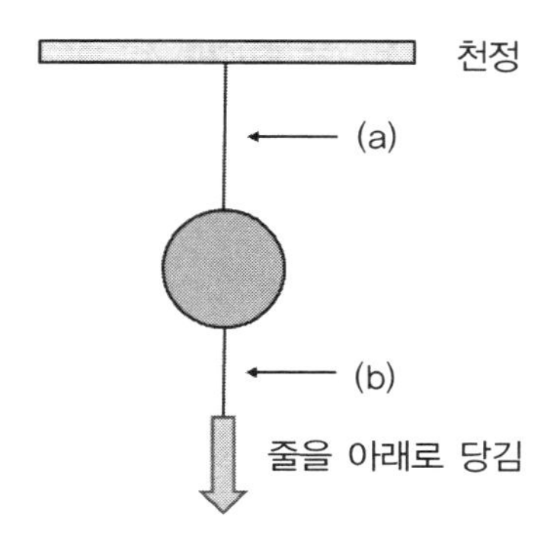

[그림 2.1] 물체에 작용하는 관성력

실을 천천히 아래로 잡아당기면 무거운(질량이 큰) 물체의 속도가 천천히 변하므로 전체 실에 같은 힘이 작용하는데, 물체 윗부분의 실에는 물체의 무게가 더 가해지므로 (a)로 표시된 부분의 실이 끊어질 확률이 훨씬 높다. 하지만, 실을 매우 빨리 아래쪽으로 당기면 물체의 속도가 급격히 변하면서, 물체에 관성력이 작용하여 물체는 원래의 정지상태를 유지하기 위하여 움직이지 않으려고 한다. 그러므로 힘이 아랫부분의 실에 더 많이 작용하므로 아랫부분((b)로 표시된 부분)의 실이 끊어진다.

Q7 중력이 작용하지 않는 우주에서 볼링공과 같이 속이 찬 금속구와 축구공처럼 속이 비어있는 금속구를 발견하였다. 두 금속구의 재질과 반경이 같다고 할 때에 절개하지 않고, 속이 비어 있는 금속구가 어느 것인지를 어떻게 알 수 있을까?

두 금속구가 같은 재질로 되어 있고 반경이 같으므로 속이 비어 있는 금속구의 질량이 더 작다. 속이 빈 금속구의 질량이 작으므로 운동의 변화에 대한 저항, 즉, 관성이 속이 차 있는 금속구에 비하여 더 작다. 속이 비어있는 금속구에 대한 관성이 작게 되어 정지상태로부터 보다 잘 움직이게 된다. 이러한 사실로부터 속이 비어있는 금속구를 구별할 수 있다.

Q8 그림 2.2와 같이 금속구가 같은 종류의 실에 의해서 천정에 매달려 있다. 줄을 천천히 당기면 윗줄이 먼저 끊어지고 재빨리 당기면 아래의 줄이 끊어진다. 어떤 조건을 만족할 때에 이러한 일들이 일어나겠는가?

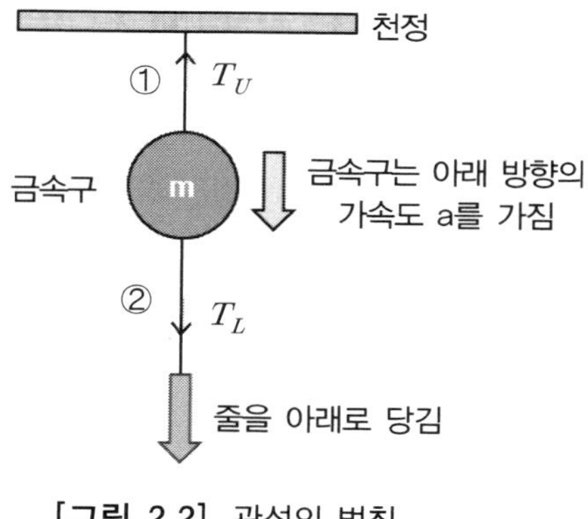

[그림 2.2] 관성의 법칙

이 문제는 금속구에 작용하는 관성력에 대한 질문으로, 갑자기 잡아당기면 금속구는 가속된다. 뉴턴의 제2법칙, $F=ma$(여기서 F는 금속구에 작용하는 알짜 힘이며, 알짜 힘은 물체에 작용하는 모든 종류의 힘을 방향을 고려하여 더한 힘을 말한다.)에 의하면 금속구의 질량이 큰 경우에 금속구가 가속되기 위해서는 많은 힘이 필요하다. 반면에 천천히 잡아당기면 가속은 거의 무시될 정도로 작아지면서, 위쪽의 끈에는 금속구의 무게와 함께 아래 줄에 작용하는 장력을 받게 되므로 보다 많은 힘이 가해지는 위쪽의 끈이 끊어지게 된다.

위쪽의 끈에 작용하는 장력을 T_U, 아래쪽의 끈에 작용하는 장력을 T_L, 금속구의 질량을 m, 중력가속도를 g, 그리고 금속구의 가속도를 a라고 하자. 편리상 위쪽 방향으로 작용하는 힘을 (+), 그리고 아래쪽 방향으로 작용하는 힘의 방향을 (−)로 정하고, 금속구에 뉴턴의 제2운동법칙을 적용하면

$$T_U - T_L - mg = -ma \tag{2.6}$$

와 같은 관계식이 얻어진다. 참고로 식(2.6)의 오른쪽에 (−)가 붙은 이유는 금속구가 아래쪽 방향으로 가속되기 때문에 붙인 것이다. 식(2.6)을 정리하면

$$T_U - T_L = m(g-a) \tag{2.7}$$

와 같이 된다.

따라서 금속구의 가속도 a가 중력가속도 g보다 크면 위쪽의 끈이 끊어지고, 반대의 경우에는 아래쪽의 끈이 끊어진다. 다시 말해서, 가속도 a가 중력가속도 g보다 작으면 $T_U - T_L > 0$임을 의미하며, 이는 위쪽의 끈에 작용하는 장력이 아래쪽의 끈에 작용하는 장력보다 크게 되어 위쪽의 끈(①)이 끊어지게 되는 것이다. 반면에, 가속도 a가 중력가속도 g보다 크면, $T_U - T_L < 0$이 되어 아래쪽의 끈에 작용하는 장력이 위쪽의 끈에 작용하는 장력보다 크게 되어 아래쪽의 끈(②)이 끊어지게 된다. 물론 위쪽의 끈과 아래쪽의 끈은 같은 종류의 끈이다. [참고자료 2]

Q9 그림 2.3과 같이 벽면의 지지대에 저울을 단단히 고정시킨 다음, 저울에 용수철을 수직방향으로 매달고 용수철에 추를 매달았다. 매달린 추를 아래로 조금 더 잡아당겨 실로 바닥에 연결하여 고정시켰다. 추와 바닥을 연결하고 있던 실을 태워 실이 끊어지면 저울의 눈금은 어떻게 되겠는가?

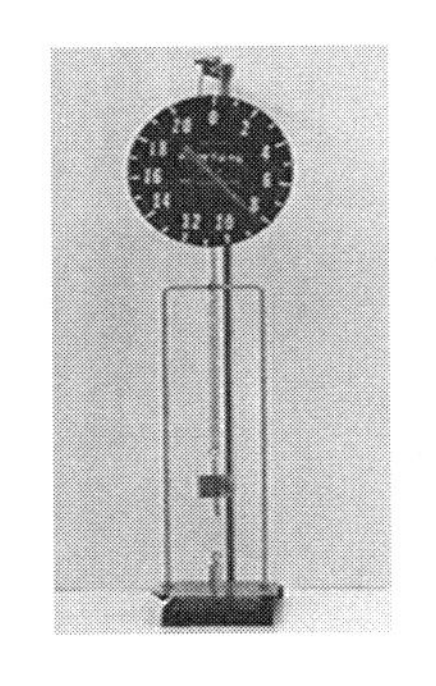

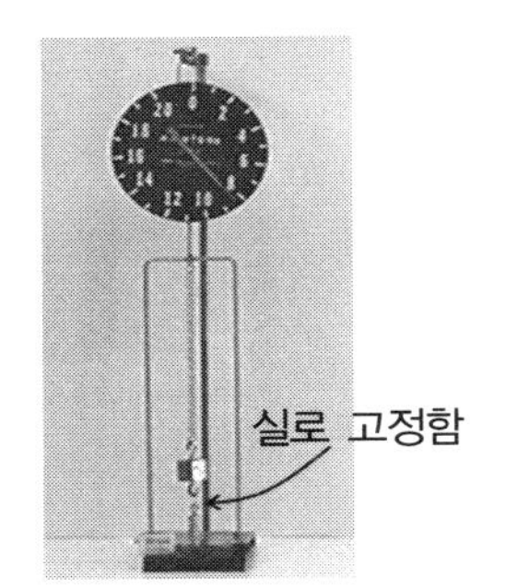

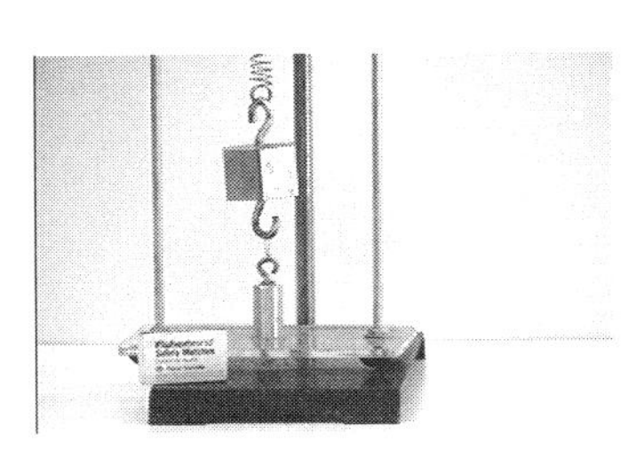

(a) 추가 매달린 상태 (b) 매달린 추를 아래로 당겨 고정시킨 상태

[그림 2.3] 가속 운동하는 계에서의 힘

용수철에 매달린 추를 조금 더 아래로 잡아당겨 실로 바닥에 고정시켰으므로, 용수철이 추를 위쪽방향으로 잡아당기는 힘과 실이 추를 아랫방향으로 잡아당기는 힘이 서로 같다. 하지만 추를 잡아당기고 있던 실을 불로 태우면, 순간적으로 실이 끊어지게 된다. 실이 끊어지는 순간에 추는 정지상태에서 위쪽으로 가속운동을 하게 된다. 즉, 용수철입장에서 보면 추를 위쪽으로 잡아당기면서 추는 정지상태에서 위쪽방향으로 가속운동을 하게 된다.

정지상태에 있던 추가 위쪽으로 가속운동을 하면, 용수철은 추와 반대쪽 끝에 연결되어 있는 저울을 추와 반대방향으로 가속운동을 시키게 된다. 따라서 이러한 가속운동에 의하여 저울은 실로 고정되었을 때에 가리키던 눈금보다 순간적으로 더 큰 값을 가리키게 된다. [참고자료 3]

Q10 헬륨기체가 들어 있는 풍선 A와 입으로 불어 부풀어진 풍선 B를 가지고 아빠 또는 엄마가 운전하는 자동차를 타고 이동 중이라고 가정하자. 자동차의 운동 상태에 따라 이들 풍선은 어떻게 움직일까?

① 풍선 A를 실로 묶은 다음, 실을 바닥에 고정하여 풍선이 차 안의 공중에 떠 있게 한다.

② 차가 정지에서 출발하던지 아니면 일정한 속도로 가다가 정지하는 경우에 풍선 A의 운동 방향을 관찰한다.

③ 풍선 B의 입구를 묶은 다음, 실을 천정에 고정하여 풍선이 차 안의 공중에 떠 있게 한다.

④ ②에서와 같이 차가 정지에서 출발하던지 아니면 일정한 속도로 가다가 정지하는 경우에 풍선 B의 운동 방향을 관찰한다.

⑤ 커브 길을 따라 차가 진행하는 경우에 풍선 A, B의 운동은 어떤가?

⑥ 관찰을 보다 쉽게 하도록 2개의 풍선을 거의 같은 높이에 설치하는 것이 좋다.

차안에는 공기가 있으며, 공기의 밀도는 입으로 불어 부풀어진 풍선 B의 밀도보다는 작다. 즉, 입으로 불어넣은 풍선 안에는 CO_2가 차안의 공기에 비하여 상대적으로 많기 때문에 풍선 B 안쪽의 공기의 밀도는 차안의 공기보다 밀도가 크다. 하지만, 헬륨 기체를 넣은 풍선 A안의 밀도는 차안의 공기보다 밀도가 작다. 따라서 차가 정지상태에서 자동차가 출발하는 경우에 풍선 B는 뒤로 밀리는 반면에 풍선 A는 풍선 B의 운동과는 반대의 방향으로 운동하게 된다.

차가 일정한 속도로 운동하다가 브레이크를 밟아 자동차의 속력이 감속되는 경우에는 풍선 A는 뒤로 움직이는 반면에 풍선 B는 앞쪽으로 쏠리는 운동을 하게 된다. [참고자료 3]의 사이트에 접속하면, 이와 관련된 실험 동영상을 볼 수 있다.

※ 주의사항: 안전을 위하여 복잡한 도로에서는 위의 실험관찰을 절대로 시도하지 마세요.

Q11 그림 2.4와 같이 평면의 수평을 맞추는데 사용되는 수평계가 수평으로 놓여 있으며, 수평계의 액체 속에 있는 공기방울이 중심에 위치해 있다. 수평계를 왼쪽으로 밀면 공기방울은 어느 쪽으로 움직일까? 단, 액체의 밀도는 공기보다 크다.

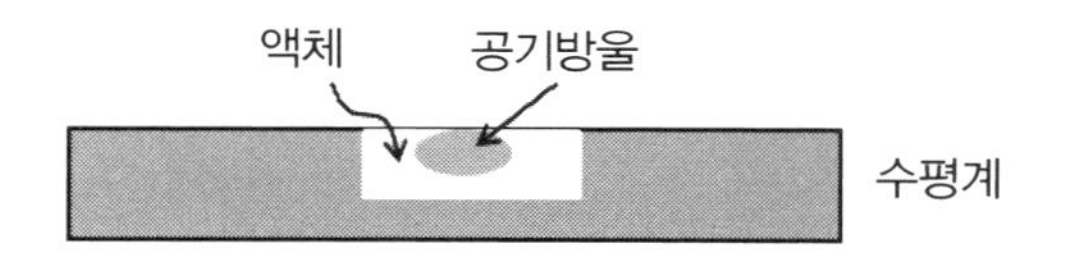

[그림 2.4] 수평계의 공기방울

관성의 법칙에 의하여 왼쪽으로 움직인다. 즉, 공기방울의 밀도가 액체의 밀도보다 작으므로 액체는 오른쪽으로 이동하려고 하므로 상대적으로 밀도가 작은 공기방울은 액체의 운동방향과 반대인 왼쪽으로 움직이게 된다. 차안에 타고 있는 사람의 밀도는 차안의 공기밀도보다 크다. 따라서 차가 정지상태에서 출발하거나 운행 중에 갑자기 정지하는 경우에 우리가 경험하는 현상들을 여기에 적용해 보면 보다 이해가 쉽다.

Q12 그림 2.5와 같이 물속에 스티로폼 볼이 들어 있다. 물병을 정지상태에서 움직이면 (가속시키면) 볼은 물병의 운동방향에 대하여 어느 방향으로 운동하겠는가?

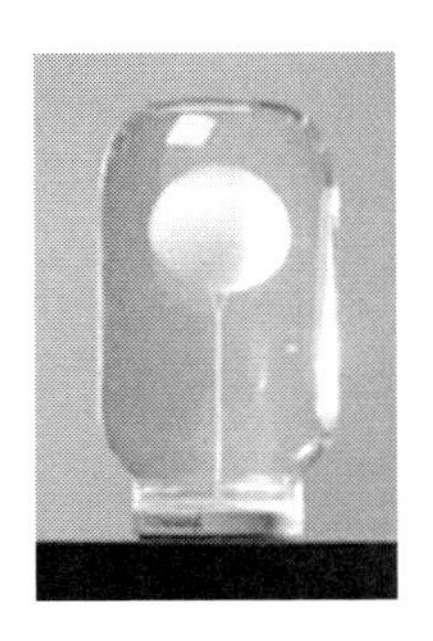

[그림 2.5] 물속에 들어있는 스티로폼 볼

위의 실험은 관성의 법칙에 대한 실험으로 관성이란 운동중인 물체는 원래의 운동상태를 유지하려는 성질을 말한다. 물론 정지하고 있는 물체는 속력이 “0”인 운동상태에 있다는 것을 의미한다. 그림 2.6(a)는 줄로 매어진 스티로폼 공이 물속에 잠겨있는 것을 나타낸 것이다. 스티로폼 공의 밀도가 물의 밀도보다 작기 때문에 줄로 매어 놓지 않으면, 스티로폼 공이 투명 유리그릇의 윗면에 부딪쳐서 실험하기가 매우 어렵다.

그림 2.6(b)에서와 같이 물체를 정지상태에서 화살표의 방향으로 움직이면(정지상태에서 움직였으므로 가속운동을 하게 된다.) 관성의 법칙에 의해서 물과 스티로폼 공은 원래의 상태를 유지하려고 한다. 이는 밀도가 상대적으로 높은 물은 화살표와 반대방향으로 움직이게 된다는 것을 의미한다. 밀도가 높은 물이 화살표와

(a) 정지상태　　(b) 가속운동

[그림 2.6] 물속의 스티로폼 볼에 작용하는 관성력

반대방향으로 이동하므로, 밀도가 작은 스티로폼 공은 화살표와 같은 방향으로 움직이게 된다.

위와 비슷한 현상은 자동차 안에 헬륨가스로 채워진 풍선을 차안의 바닥에 실로 매어 달고, 입으로 공기를 불어 넣은 풍선은 천정에 실로 매달은 상태에서 실험하여 보면 이해하기가 보다 쉬워질 것이다. 자동차가 정지상태에 있을 경우에는 두 풍선은 차안의 중간에 떠 있다가 자동차가 정지상태에서 출발하면, 밀도가 작은 헬륨기체로 채워진 풍선은 자동차의 운동방향과 같은 방향으로 움직이고, 입으로 불어 부풀어진 풍선(풍선 안의 공기밀도는 차안의 공기의 밀도보다 크다)은 자동차의 운동방향과 반대방향으로 움직임을 관찰할 수 있다. 물론 자동차가 직선 위가 아닌 원형모양의 커브 길을 회전하는 경우에는 헬륨기체로 채워진 풍선은 원의 중심 쪽으로 움직이고, 입으로 불어 부풀어진 풍선은 원의 중심에서 멀어지는 쪽으로 움직인다. [참고자료 4]

Q13 회전관성이란?

우리는 관성의 법칙에 대하여 잘 알고 있다. 즉, 외부로부터 물체에 힘을 가해주지 않는 한, 정지해 있는 물체는 계속 정지해 있으려고 하고 운동하고 있는 물체는 직선을 따라 계속 등속도 운동을 하려고 하는 성질을 관성의 법칙이라고 한다.

물체가 회전하는 경우에도 비슷한 현상이 작용한다. 즉, 어떤 축에 대하여 회전하고 있는 물체는 그 축에 대하여 계속 회전하려고 하며, 회전하지 않는 물체는 계속 회전하지 않으려는 상태로 남으려고 하는 성질을 회전관성이라고 한다. 즉, 회전상태가 변하는 것에 대해 저항하려는 물체의 성질을 말한다.

물체의 운동상태를 변화시키기 위해서는 힘이 필요하며, 이를 수식으로 표현하면 $\vec{F} = m\vec{a}$ 와 같다. 운동상태의 변화에 저항하는 성질을 관성이라고 하였는데, m이 바로 운동상태의 변화에 저항하는 정도를 나타내는 물리량으로 질량 또는 관성질량이라고 한다. 마찬가지로 물체의 회전상태를 변화시키려면 회전토크(τ)가 필요하며, 토크는 $\vec{\tau} = I\vec{\alpha}$와 같이 표현되며 I는 회전관성을, 그리고 $\vec{\alpha}$는 회전 각가속도를 의미한다. 뉴턴의 제2법칙인 $\vec{F} = m\vec{a}$에서 관성질량은 항상 일정한 양이지만, 회전관성은 같은 물체라고 하더라도 회전축의 위치에 따라 크기가 달라진다.

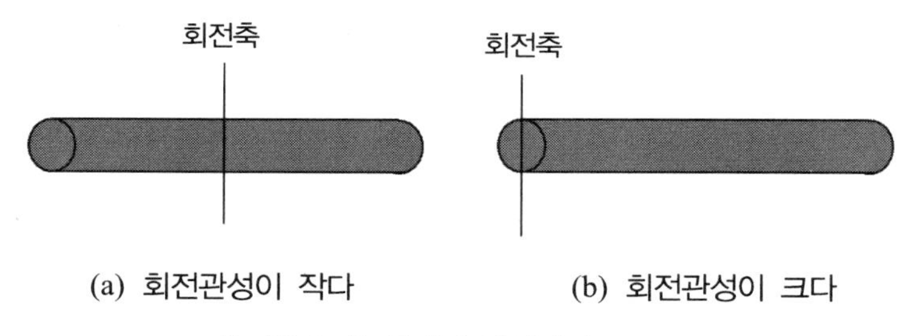

(a) 회전관성이 작다 (b) 회전관성이 크다

[그림 2.7] 물체의 회전관성

그림 2.7(a)에서와 같이 회전축이 막대의 중심에 있을 때의 회전관성은 회전축이 막대의 한쪽 끝에 있는 경우보다 작다. 이처럼 회전관성은 물체의 질량에도 의존하지만, 회전축의 위치에도 의존한다. 그림 2.8은 두 원판의 질량과 두 원판을 연결하는 막대의 질량이 같지만, 회전축으로부터 질량분포의 달라짐에 따라서 회전관성이 달라짐을 보여주고 있다.

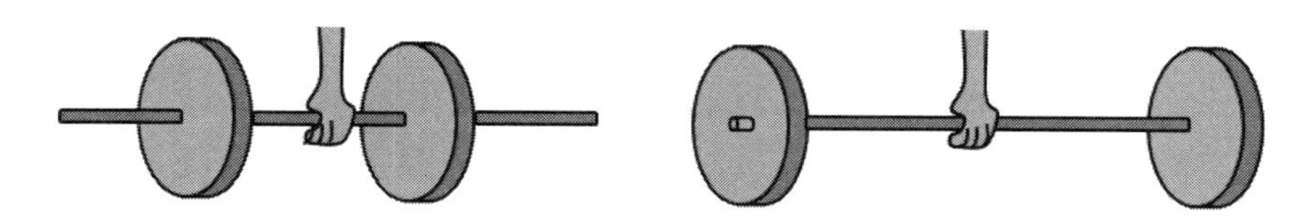

(a) 회전시키기 쉽다. = 회전관성이 작다. (b) 회전시키기 어렵다. = 회전관성이 크다.

[그림 2.8] 질량분포에 따른 물체의 회전관성

Q14 그림 2.9와 같이 모양이 같은 쇠로 된 무거운 원통과 나무로 된 가벼운 원통이 같은 경사면을 따라 미끄러짐이 없이 굴러 내려오는 경우에, 어느 원통의 가속도가 더 클까?

"단위질량당 작용하는 힘"이 같은 물체가 운동하는 경우에, 물체의 가속도($a = F/m$: 단위질량당 작용한 힘)는 모두 같다. 반경과 길이가 같은 쇠로 된 원통과 나무로 된 원통의 질량은 서로 다르기 때문에 회전관성은 다르지만, 단위질량당 회전관성은 서로 같다. 한 예로서 반경이 R, 질량이 M인 원통의 회전관성은 $I = \frac{1}{2}MR^2$으로 주어지므로, 쇠로 된 원통의 질량을 M, 나무로 된 원통의 질량을 m이라고 하면, 단위 질량당 회전관성(I/m)은 $\frac{I}{m} = \frac{1}{2}R^2$으로 서로 같다는 것을 쉽게 알 수 있다.

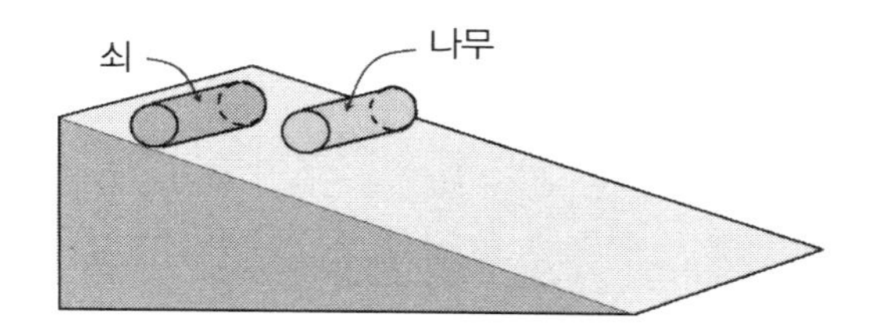

[그림 2.9] 경사면에서의 물체의 가속도

"단위질량당 작용하는 힘"이 같은 경우에 물체의 가속도가 일정하듯이 두 원통의 회전관성은 다르지만, 단위질량당 회전관성이 같으면 경사면을 미끄러짐이 없이 굴려내려는 두 원통의 가속도는 서로 같다. 따라서 똑같은 높이에서 경사면을 따라 미끄러짐이 없이 동시에 구르기 시작하면 수평면에 동시에 도달한다. 또 한 예로서 반경이 작은 원판과 큰 원판이 경사면을 따라 미끄러짐이 없이 굴러 내려오는 경우에 반경이 작은 원판은 큰 원판에 비해서 더 많이 회전하면서 경사면을 굴러 내려오게 되지만, 수평면에 도달하는 데 걸린 시간은 똑같다. 그 이유는 모양이 같은 물체(큰 공과 작은 공, 반경이 큰 원판과 작은 원판 등)는 모두 "단위질량당 회전관성", 다시 말해서 "단위질량당 저항"이 같아 가속도가 같기 때문이다.

그림 2.10에서 접촉점에 대한 원통의 회전능률(토오크, τ)의 크기는 $\tau = RMg\sin\theta$와 같다. 이를 회전관성(I)를 사용하여 다시 표현하면, $\tau = RMg\sin\theta = I\alpha$(α: 각 가속도)와 같다.

한편, 반경이 R이며, 질량이 M인 원통의 회전관성은 $I = \frac{1}{2}MR^2$이므로, $RMg\sin\theta = \frac{1}{2}MR^2\alpha$와 같은 관계식이 성립하여 $2g\sin\theta = R\alpha$와 같이 된다. 그런데 $R\alpha$는 빗면을 따라 내려오는 물체의 가속도인데, 가속도가 $2g\sin\theta$로 주어지므로 나무원통의 질량과 쇠로 된 원통의 질량과 관계없다는 것을 알 수 있다. 따라서 같은 높이에서 동시에 출발하였을 경우에 지면에는 동시에 도착한다.

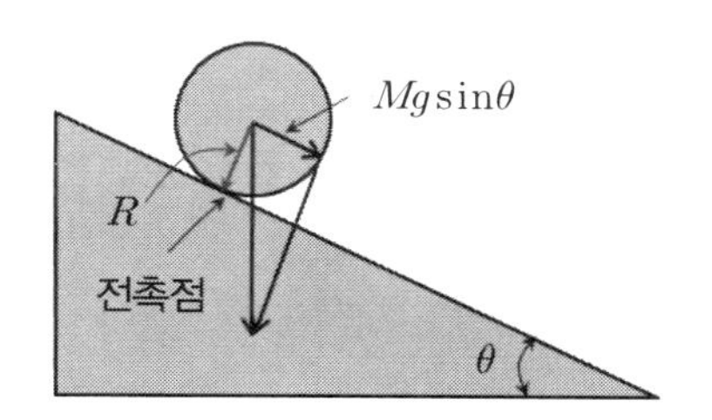

[그림 2.10] 경사면을 따라 굴려 내려오는 원통

Q15 스프링클러가 회전하는 원리는 무엇인가?

질량을 가진 물은 파이프를 통과하면서 스프링클러의 노즐 쪽으로 가속운동을 하므로, 여기에 뉴턴의 제2법칙인 $F = ma$를 적용하면, 물이 힘을 발생시키게 된다는 것을 의미한다. 한편, 뉴턴의 제3법칙인 작용-반작용의 법칙은 물의 가속운동에 의해서 발생되는 힘과 크기가 같고 반대방향의 힘을 노즐에 미친다는 것을 의미한다. 따라서 물이 노즐을 통하여 흘러 나오면서 힘(F)이 발생되고, 이러한 힘과 크기가 같고 방향이 반대인 힘이 발생하게 된다.

즉, 뉴턴의 제3법칙에 따라서 물의 흐름 방향과 반대방향으로 스프링클러에 힘을 미치게 된다. 이러한 힘에 의해서 스프링클러의 회전축과 노즐사이의 거리가 R인 경우에 $\tau = RF$의 회전토크가 발생하여 스프링클러는 물이 뿜어져 나오는 방향과 반대방향으로 회전하게 된다. 따라서 스프링클러는 전기 없이도 회전하게 된다. [참고자료 5]

Q16 힘이란 무엇인가?

힘은 물체의 "질량과 가속도"의 곱으로 $\vec{F} = m\vec{a}$와 같이 표현한다. 비교적 많은 학생들이 "힘이 무엇이냐?"는 질문에 질량에 가속도를 곱한 것이라고 답변을 한다. 답변을 들은 후, 다시 힘이 "질량에 가속도를 곱한 것"으로 표현된 이유에 대해 질문하면 많은 학생이 답변을 하지 못하는 경우를 종종 보게 된다. 아마도 그 이유는 힘에 대한 표현식, $\vec{F} = m\vec{a}$가 어떤 이론으로부터 나온 것이 아니라 실험결과를 바탕으로 얻어진 실험식이라는 것을 잘 모르기 때문일 것이다.

그렇다면, 힘을 왜 $\vec{F} = m\vec{a}$와 같이 표현하는가? 그 이유에 대해서 생각하여 보자. 그림 2.11(a)는 수레와 물체의 질량을 일정하게 유지시킨 상태에서 추의 질량을 변화시켜 실질적으로 수레와 물체에 작용하는 힘을 변화시키면서 가속도를 구하는 실험모형이며, 그림 2.11(b)는 실험을 통하여 얻어진 물체에 가해주는 힘과 가속도 사이의 관계를 그래프로 표현한 것이다. 그림 2.11(b)는 실제 실험데이터를 사용한 그래프가 아니고 개념을 설명하기 위한 모형그래프이다. 그래프 2.11(b)로부터 가속도($\vec{a}$)는 가해주는 힘($\vec{F}$), 즉 추의 무게에 비례한다는 것을 알 수 있는데, 이를 수식으로는 식 (2.8)과 같이 표현되며 식 (2.8)에서 기호 "$\propto$"는 비례한다

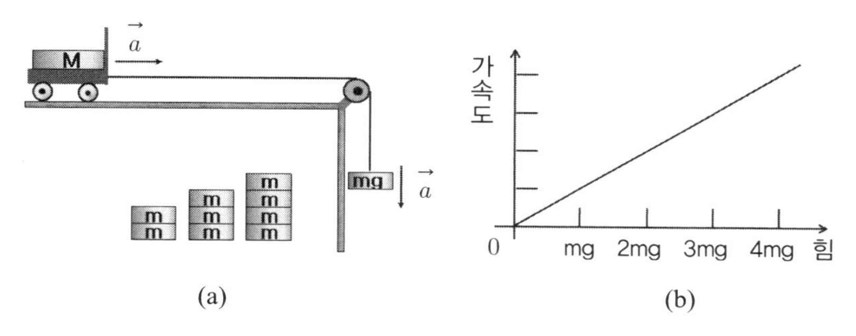

[그림 2.11] 수레와 물체에 가해주는 힘과 가속도의 관계

는 의미이다.

$$\vec{a} \propto \vec{F} \tag{2.8}$$

한편 그림 2.12(a)는 수레와 물체에 가해주는 힘을 일정하게 유지시킨 상태에서 수레 위에 올려놓는 물체의 무게(M)를 변화시키면서 가속도와 질량사이의 관계를 알아보는 실험모형이며, 그림 2.12(b)는 질량의 변화에 따른 가속도의 변화를 그래프로 나타낸 것이다.

그림 2.12(b)의 그래프에서 가로축은 질량의 역수로 표현하였으며, 이의 그래프도 실제의 실험데이터를 바탕으로 그린 것이 아니라 개념을 설명하기 위한 하나의 모형그래프이다. 그림 2.12(b)로부터 가속도의 크기($|\vec{a}| = a$)는 물체의 질량에 반비례 즉, 질량의 역수에 비례한다는 것을 알 수 있는데, 이를 수식으로는 식 (2.9)와 같이 표현된다.

$$|\vec{a}| \propto \frac{1}{m} \tag{2.9}$$

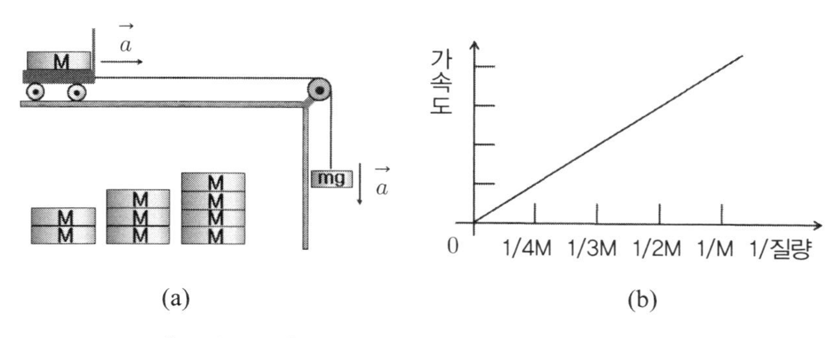

[그림 2.12] 수레와 물체의 질량과 가속도의 관계

위의 실험을 바탕으로 얻어진 결론은 가속도는 가해주는 힘에 비례하고, 질량의 역수에 비례한다는 것이다. 따라서 이를 하나의 식으로는 $|\vec{a}| \propto |\vec{F}|\frac{1}{m}$와 같이 표현되며 비례상수를 "1"로 사용하면 가속도의 크기는 $a = F\frac{1}{m}$와 표현되므로 $F = ma$이 얻어진다.

이처럼 힘을 질량에 가속도를 곱한 값으로 표현한 것은 어떤 하나의 이론에서 출발한 것이 아니라, 실험결과를 바탕으로 만들어진 것이다. 한편, 실험에서 힘은 질량 m 되는 물체를 매달아 작용시켰으므로 힘의 단위는 "kg · m/s^2"이며, 수레의 질량과 수레 위에 올려놓은 물체의 질량을 합한 총 질량은 "kg"으로 표현되므로 비례상수를 "1"로 두면 식 $a = F\frac{1}{m}$에서 왼쪽의 단위와 오른쪽의 단위가 같아지므로 비례상수로서 가장 작은 "1"로 선택하는 것은 매우 합리적이다. [참고자료 6]

Q17 길이가 L이며 탄성상수가 k인 균일한 용수철이 있다. 이러한 용수철의 길이를 정확히 $1/2$로 자른다면 잘려진 용수철의 탄성상수는 얼마일까?

길이가 L이며 탄성상수가 k인 용수철을 x만큼 늘이거나 압축시키는데 필요한 힘의 크기(F)는 $F = kx$이다. 용수철에 일정한 힘(F)을 가했을 경우에 늘어나거나 줄어드는 길이는 용수철의 길이에 비례하므로, 1/2로 잘려진 용수철에 같은 크기의 힘(F)을 가하면 늘어나거나 줄어든 길이(x')는 1/2로 줄어든다. 따라서 1/2로 잘려진 용수철의 탄성상수(k')은 $k' = F/x' = 2\,(F/x) = 2k$로 된다. 즉, 길이가 L인 용수철을 정확히 2등분 한다면, 잘려진 용수철의 탄성상수는 2배로 커지게 되어, 2등분된 용수철의 탄성상수는 $2k$가 된다. [참고자료 7]

Q18 그림 2.13과 같이 한쪽 끝이 고정된 줄에 혼자서 100 N의 힘으로 당기면 줄의 장력은 100 N이다(그림 2.13(a) 참조). 두 사람이 100 N씩 똑같은 힘으로 함께 당기면 줄의 장력은 200 N이 된다(그림 2.13(b) 참조). 그렇다면 두 사람이 줄의 양쪽 끝에서 각각 100 N의 힘으로 당기면((그림 2.13(c) 참조) 줄의 장력은 얼마일까요?

이에 대한 실험으로는 줄의 양끝에 용수철저울을 연결하여 용수철저울의 눈금을 읽는 법이다. 그림 2.13(c)의 경우는 줄의 중심에 용수철저울을 연결하고 줄의 양

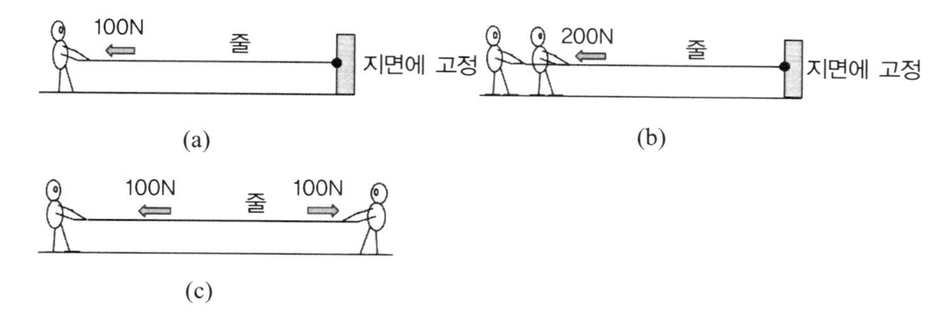

[그림 2.13] 줄에 작용하는 장력

쪽 끝에 용수철저울을 연결하여 양쪽 끝에 연결된 용수철저울이 100 N을 가르칠 때에 가운데 용수철의 눈금을 읽으면 된다.

그림 2.13(c)와 같이 양쪽에서 100 N의 힘으로 당기는 경우에 줄에 작용하는 장력은 100 N이 된다. 직관적으로 생각하면 200 N이라고 답하기 쉬우나 줄에 작용하는 장력은 100 N이 되는데, 양끝에서 100 N의 힘으로 잡아당기는 경우를 그림 2.14에서와 같이 도르래에 연결된 줄에 작용하는 장력으로 바꾸어 생각하면 이해가 비교적 쉽다.

그림 2.14에서 도르래의 마찰이 없다고 가정하면 도르래는 힘의 방향만을 바꾸어주는 역할을 하므로 줄의 양끝에서 100 N의 힘으로 잡아당기는 경우와 똑같은 경우가 된다. 따라서 줄에 작용하는 장력(T)이 100N임을 알 수 있다.

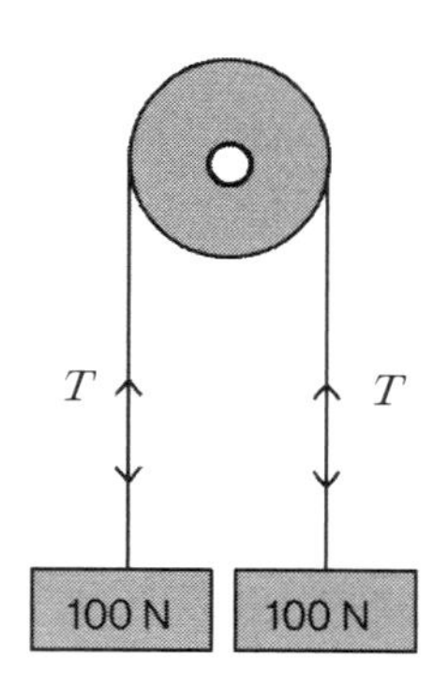

[그림 2.14] 도르래의 양쪽에 매달린 물체

Q19 그림 2.15와 같이 용수철저울에 도르래와 함께 질량이 M인 물체 2개, 그리고 질량이 m인 물체가 매달려 있다. 물체들이 움직이지 않도록 질량이 $M+m$인 부분이 고정용 끈에 의하여 도르래에 묶여 있다. 도르래의 질량과 물체를 매단 실의 질량을 무시한다면, 용수철저울은 $(2M+m)g$의 값을 가리키게 된다. 질량이 $M+m$인 물체가 움직이지 않도록 도르래에 연결된 고정용 끈이 끊어지는 경우에, 저울이 가리키는 눈금은 어떻게 되겠는가?

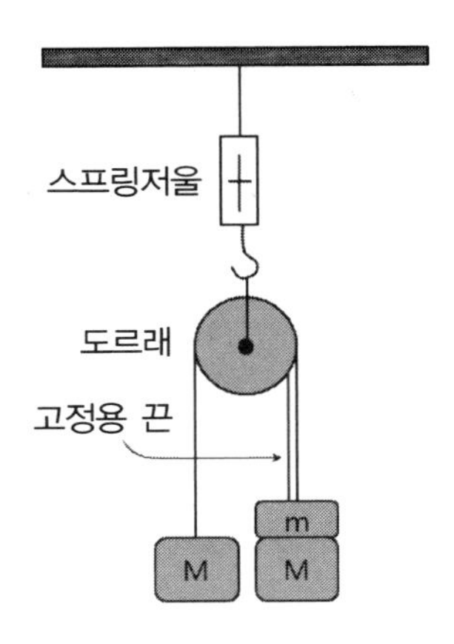

[그림 2.15] 도르래에 매달린 물체의 무게

고정용 끈이 끊어지고 도르래의 질량과 도르래의 회전관성모멘트를 무시하면, 질량이 M인 왼쪽의 물체는 위쪽으로 가속운동을 하게 되고, 질량이 $M+m$인 오른쪽의 물체는 아래쪽으로 가속운동을 한다. 이때 물체들의 가속도를 $\vec{a}$라고 하자. 물론 물체들을 연결하고 하고 있는 끈에 작용하는 장력은 줄을 따라 일정하며, 도르래에 의한 마찰도 없다고 가정한다.

줄에 작용하는 장력을 T라 하고, 질량 M인 물체의 가속도 방향(위쪽방향)을 (+)로 정하면, 다음과 같은 식이 얻어진다.

질량 M인 물체(위쪽방향으로 가속): $T-Mg=Ma$ (2.10)

질량이 $M+m$인 오른쪽 물체(아래 쪽 방향으로 가속):

$$T-(M+m)g=-(M+m)a \quad (2.11)$$

식 (2.10)과 (2.11)로부터 가속도 a를 구하면,

$$a=mg/(2M+m) \quad (2.12)$$

와 같다. 식 (2.12)를 식(2.10)에 대입하여 줄에 작용하는 장력을 구하면,

$$T = \frac{2g(M+m)M}{2M+m} \tag{2.13}$$

와 같이 된다. 따라서 용수철저울이 가리키는 값(S)은 장력의 2배(줄이 2가락이므로)인

$$S = \frac{4g(M+m)M}{2M+m} \tag{2.14}$$

이 된다.

이러한 결과는 다음과 같은 방법에 의해서 풀 수 있다. 물체들이 가속되지 않으면, 용수철저울은 단지 매달린 총질량에 중력가속도를 곱한 $(2M+m)g$ 의 값을 가리킨다. 하지만 고정용 끈이 끊어지면 질량이 M 인 물체는 질량이 $M+m$ 인 물체와 똑같은 순간속력을 가지고 위로 올라가는 반면에 질량이 $M+m$ 인 물체들은 아래로 내려오게 된다. 이때에 질량이 M 인 두 물체는 같은 속력을 가지고 위와 아래로 움직이므로 이들의 질량중심은 변하지 않으나, 질량이 m 인 물체의 질량중심은 가속도 a 를 가지고 아래로 내려오게 된다.

따라서 질량이 m 인 물체의 가속운동에 기인하여 용수철저울이 가리키는 값(D)은 정지상태로 평형상태에 있을 때의 값(mg)보다 ma 의 양만큼 작은 값을 가리키게 된다. 즉,

$$D = m(g-a) = mg - m\frac{mg}{2M+m} = \frac{2Mmg}{2M+m} \tag{2.15}$$

만큼 줄어든다. 따라서 저울이 가리키는 값은 질량이 M인 두 물체의 무게와 질량중심의 변화에 따른 질량 m의 겉보기 무게(D)를 더한 값을 가리키게 된다. 즉,

$$S = (2M+m)g - ma = \frac{4g(M+m)M}{2M+m} \tag{2.16}$$

따라서 저울이 가리키는 눈금은 감소한다.[참고자료 8]

Q20 그림 2.16과 같이 물체들이 막대저울 위에서 평형을 유지하고 있다. 질량 $M+m$ 인 물체를 매달고 있던 끈이 끊어져서 질량 $M+m$ 인 물체가 아래로 가속운동을 하는 동안에. 도르래가 있는 쪽은 어떤 운동을 하겠는가?

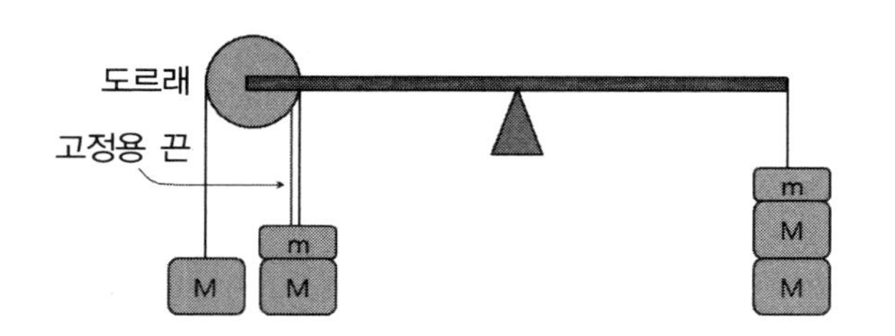

[그림 2.16] 수평으로 놓인 막대 위에서 평형상태로 매달린 물체

문제 Q-19에서 설명한 결과에 따라서 왼쪽의 물체가 위로 올라가게 되며, 이러한 결과는 실험적으로 쉽게 확인된다. [참고자료 8]

Q21 그림 2.17과 같이 수평으로 놓인 막대에 2개의 도르래가 달려있으며, 줄을 통하여 물체들이 서로 연결되어 평형을 유지하고 있다. 고정용 끈이 끊어져서 물체들이 가속운동을 하는 동안에 왼쪽부분은 어떻게 되겠는가?

고정용 끈이 끊어져서 왼쪽의 질량 M인 물체가 위쪽으로 가속운동을 하는 경우에, 질량 M인 물체와 질량이 $M+m$ 인 물체를 연결하는 줄에 작용하는 장력은 줄 전체에 걸쳐서 일정하다.

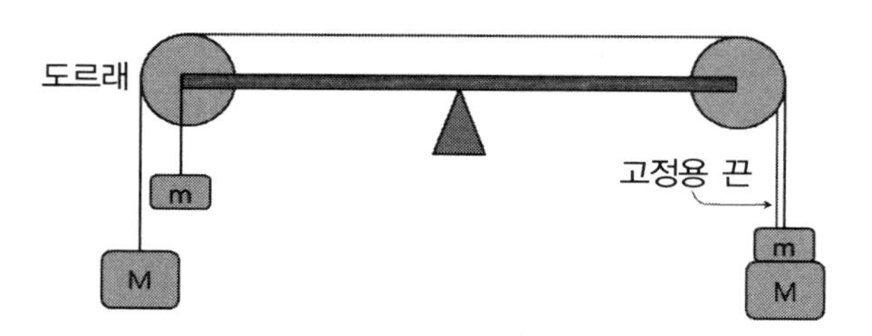

[그림 2.17] 수평 막대 위에서 평형상태로 도르래와 함께 매달린 물체

하지만, 왼쪽 도르래에 고정된 질량 m은 오른쪽에 있는 고정용 끈이 끊어져서 도르래를 통하여 줄로 연결된 물체들이 가속운동을 하더라도 움직이지 않는다. 따라서 왼쪽이 더 무겁게 되어 왼쪽이 아래로 내려오게 된다. [참고자료 8]

Q22 모래시계의 무게는 항상 일정할까. 아니면 시간에 따라 변할까?

모래시계를 전자저울에 올려놓고 어느 정도 시간이 지나면 위쪽의 유리구 안에

있던 모든 모래가 아래쪽 유리구의 안쪽으로 떨어져서 정지하게 된다. 따라서 유리구 안쪽의 모래, 유리구 및 받침대 각각의 무게를 합한 모래시계의 전체무게(W)는 저울을 이용하여 쉽게 측정이 가능하다. 모래시계의 아래와 위를 서로 뒤집어 저울에 올려놓으면, 위쪽의 유리구 안에 있던 모래가 아래로 흘러내리게 되는데, 저울이 가리키는 모래시계의 무게는 항상 일정한지에 대해서 생각하여 보자(그림 2.18 참조).

그림 2.18(b)에서와 같이 위쪽의 유리구 내에 있던 모래가 아래로 떨어지는 동안에 모래시계의 무게는 모든 모래가 아래쪽 유리구의 안에 있을 때와 비교하여 작거나 같거나 또는 더 무거운 지에 대해서 생각해 보자.

이러한 문제에 대한 답을 구하기 위해서는 우선 모래가 아래로 떨어지는 과정을 보다 논리적으로 분석할 필요가 있다. 모래시계를 뒤집어 놓아 모래가 아래쪽의 유리관으로 떨어지기 직전(그림 2.18(a) 참조)에 무게는 뒤집어 놓기 전에 모래시계의 전체무게인 "W"와 같다. 하지만, 모래시계의 위쪽 유리구 안에 있던 모래가 아래로 떨어지기 시작하여 아래쪽 유리구의 안쪽 밑면에 도달하기 직전까지 떨어지는 모래는(그림 2.18(b)에 타원으로 표시한 부분의 모래) 자유낙하를 하고 있으므로 무게에 기여하지 못한다. 따라서 저울은 모든 모래가 아래쪽 유리구 안쪽에 모여 있을 때의 무게에 비하여 작은 값을 가리키게 된다.

이제, 그림 2.18(c)와 같이 떨어지는 모래가 아래쪽 유리구의 안쪽 밑면에 충돌하면서 일어나는 충돌은 거의 완전 비탄성충돌로서 모래의 속도는 순간적으로 거의 "0"으로 감소된다고 할 수 있다. 이러한 충돌에 의해서 떨어지는 모래가 아래쪽 유리구 안쪽 표면에 "충격력"이라고 하는 일종의 힘을 미치게 된다. 충격력이란 비교적 짧은 시간 간격(Δt)동안에 일어나는 운동량의 변화를 의미하는 데, 일

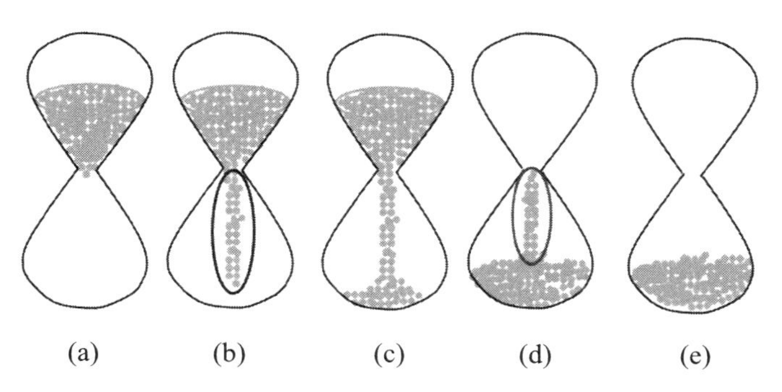

[그림 2.18] 뒤집혀진 모래시계 안쪽에서 떨어지는 모래의 모양

종의 힘과 같다.

모래시계에서 떨어지는 모래에 의해 아래쪽 유리구 안쪽표면에 미치는 충격력은 계단과 같이 급격하게 변화는 모양으로 무게의 증가를 가져오게 된다. 따라서 그림 2.18(c)와 같이 모래가 아래로 떨어지는 동안에는 떨어지는 모래알갱이들이 밑면에 부딪치면서 생기는 충격력을 아래쪽 유리구의 안쪽표면에 미치게 되므로 모래시계의 무게는 원래의 무게와 같게 된다. 즉, 다시 말해서 모래시계의 잘록한 부분으로부터 아래쪽 유리구로 떨어지는 모래(그림2.18(b)에서 타원으로 표시한 부분의 모래)의 무게는 떨어지는 모래가 아래쪽 유리구 안쪽표면에 미치는 충격력과 정확히 같게 된다. 따라서 그림 2.18(c)와 같이 모래가 떨어지는 동안에 모래시계의 무게는 모래가 떨어지기 직전(그림 2.18(a))의 무게와 같게 되어 원래의 모래시계 무게(W)와 같다.

위의 설명을 좀 더 쉽게 이해하기 위하여 다음과 같이 생각하여 보자. 즉, 모래가 일정한 비율로 초당 m kg씩 (m · kg/s)떨어지며, 위쪽 유리구에서 아래쪽 유리구의 안쪽바닥까지 떨어지는 데 걸린 시간을 "T_1"이라고 하자. 위쪽 유리구 안쪽에 있던 모래가 정지상태에서 출발하였다고 가정하면, 아래쪽 유리구의 안쪽바닥에 부딪치기 바로직전에 모래의 속도는 $v = gT_1$(m/s)가 되며 g는 중력가속도로서 $g = 9.8\ \mathrm{m/s^2}$이다. 모래가 아래쪽 유리구 안쪽표면에 부딪치면서 정지하기까지 걸린 매우 짧은 시간(Δt)동안에 떨어지는 모래의 양은 "$m\Delta t$"이 된다. 운동량은 질량에 속도를 곱한 값으로 표현되므로, Δt 동안에 떨어지는 모래에 의한 운동량의 변화는 바닥에 부딪치기 직전의 운동량에서 바닥에 부딪쳐 정지한 순간의 운동량(정지하였으므로 운동량은 "0"이다)을 뺀 값이 된다. 즉, 운동량의 변화(ΔP)는 "$\Delta P = m\Delta t g T_1$"이 되므로 충격력($\vec{F}$)은 "$|\vec{F}| = \left|\frac{\Delta \vec{P}}{\Delta t}\right| = mgT_1$"이 된다. 이러한 충격력은 "$T_1$"시간 동안에 위쪽 유리구에서 아래쪽 유리구로 떨어지는 모래의 무게(그림 2.18(b, d)에 타원으로 표시)와 같으므로 저울은 원래 모래시계의 무게와 같은 값을 가리킨다.

자, 이제 어느 정도의 시간(T_2)이 지나 마지막으로 그림 2.18(d)와 같이 위쪽 유리구 안에 마지막으로 남아있던 모래가 아래쪽 유리구로 떨어지는 순간에는 모래시계의 무게는 어떻게 될까? 물론 이 경우에 아래쪽 유리구와 위쪽 유리구사이에 남아 있던 모래의 양(그림 2.18(d)에서 타원으로 표시)들은 감소하지만, 떨어지는 마지막 모래가 아래쪽 유리구의 바닥에 부딪치기까지는 아래쪽 유리구의 안쪽표면에 가해지는 충격력($m\,T_1 g$)은 지속되고 아래쪽 유리구의 모래는 점점 더 많아지므로, 모래시계의 무게는 가해지는 충격력만큼 더 무거워진다. 떨어지는 마지막 모래가 아래쪽 유리구의 바닥에 부딪치게 되면 가해지는 충격력이 더 이상 존재하지 않으므로 무게는 원래의 값인 "W"로 되돌아온다.

위의 추가적인 실험방법에 대해서는 참고자료 [9]를 참조하기 바란다. 위에서 설명한 내용을 알기 쉽게 [참고자료 [9]의 내용을 바탕으로 하나의 그래프로 그림 2.19에 나타내었다. [참고자료 9]

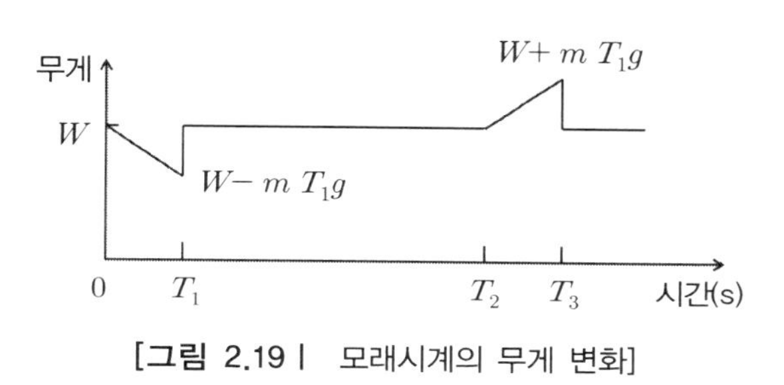

[그림 2.19 | 모래시계의 무게 변화]

Q23 구심력과 원심력은 서로 어떻게 다른가?

원심력과 구심력은 우리 모두가 잘 알고 있다고 생각하는 힘이지만 차이점에 대해서 정확히 알고 있는 사람은 많지 않은 것 같다. 구심력은 어떤 물체가 곡선을 따라 운동하는 경우에 곡선중심(또는 물체가 반경이 R인 원을 따라 일정한 속력을 가지고 운동하는 경우에 원의 중심)쪽으로 향하는 힘이다.

예를 들어 물체를 줄에 매달고 회전시키는 경우에 물체가 달아나지 않도록 줄이 잡아당기는 힘이 구심력이다. 또한 지구가 달을 잡아당기는 중력 때문에 달은 지구 주위를 도는 원운동이 가능하며, 이때 지구가 달을 잡아당기는 중력이 구심력이다. 이처럼 구심력은 회전중심을 향하게 된다. 한편, 원심력을 이해하기 전에 우선 좌표계(또는 기준계)에 대해서 생각하여보자.

좌표계는 2가지로 분류된다. 하나는 정지해 있거나 일정한 속도(정지해 있는 경우는 속도가 "0"인 경우에 해당된다.)로 움직이는 좌표계로 관성기준계라 하며, 관성기준계에서는 뉴턴의 운동법칙이 성립한다. 또 다른 좌표계는 비관성 기준계로서 가속운동을 하는 기준계이다. 가속운동이란 속도가 시간에 따라 변하거나, 속도의 크기인 속력은 일정하나 방향이 변화는 운동을 말하는데 일정한 속력을 가지고 원 운동하는 회전목마도 가속운동을 한다고 할 수 있다. 물론 비관성 기준계에서는 뉴턴의 운동법칙은 성립하지 않는다.

가속운동하는 좌표계에서는 관성기준계에 있는 사람이 느끼지 못하는 신비스러운 가상의 힘이 존재한다. 예를 들어서 자동차가 정지상태에서 갑자기 출발하는 경우에 차안에 있는 사람은 뒤로 밀리는 일종의 "신비한 힘"인 관성력을 느끼게 된다. 관성력이라고 불리는 이러한 "신비한 힘"은 가속운동하는 기준계에서는 존재하지만 정지 또는 일정한 속도로 움직이는 관성 기준계에서는 존재하지 않는다.

앞에서 설명한 현상이 회전목마처럼 회전운동하는 좌표계에서도 일어난다. 즉, 회전목마를 타고 있는 사람은 위에서 설명한 "신비한 힘"을 느끼게 되지만, 땅에서 회전목마를 쳐다보고 있는 사람에게는 전혀 어떤 힘이 작용하고 있다고 생각하지 않는다. 즉, 지면에 서 있는 사람은 회전목마를 타고 있는 사람이 단지 원운동을 하고 있으며, 회전목마를 타고 있는 사람을 원의 중심으로 잡아당기는 힘은 원의 중심과 회전목마를 연결하여 놓은 스프링의 탄성력이며, 이 힘이 구심력이라고 생각한다. 하지만, 회전목마를 타고 있는 사람은 원의 중심으로부터 멀어지는 방향으로 작용하는 힘을 느끼게 되는데 이 힘이 원심력이다.

따라서 정지좌표계(또는 일정한 속도로 움직이는 좌표계)인 관성기준계에는 존재하지 않는 "신비한 힘"이 가속운동을 하는 좌표계에서는 존재하게 되며, 이러한 힘은 회전이나 곡선운동을 하는 경우에 원의 중심이나 곡선의 중심으로부터 멀어지는 방향으로 작용하는데, 이 힘을 원심력이라 한다. 또 다른 예로서 직선을 따라 진행하던 차가 갑자기 오른쪽으로 회전하는 경우에, 차안에 있는 승객은 회전중심으로부터 멀어지는 방향, 즉 왼쪽으로 쓰러지는 힘을 받게 되는데 이 힘 또한 원심력이다.

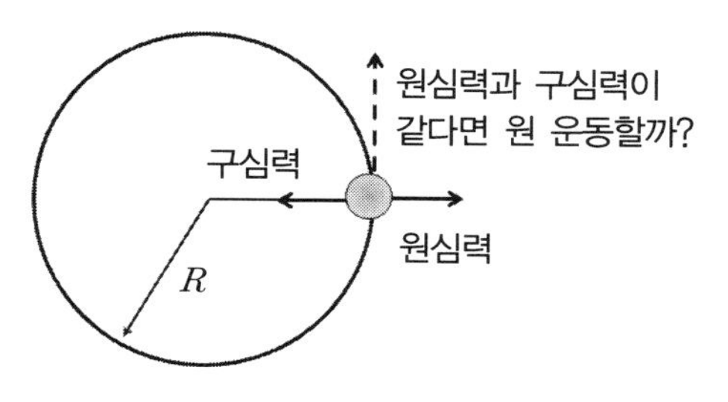

[그림 2.20] 구심력과 원심력

정리하여 보면 구심력은 관성기준계에 있는 관측자가 관측하는 실제의 힘이며, 원심력은 곡선이나 원운동을 하는 비관성 기준계에서만 존재하는 힘이다. 일반적으로 알고 있듯이 구심력과 원심력은 단지 크기가 서로 같고 방향이 서로 반대인 힘이라고 생각하는 것은 잘못된 생각이다. 그림 2.20에서와 같이 원심력과 구심력이 단지 크기가 같고 방향이 반대라면, 물체에 작용하는 알짜 힘이 "0"이 되므로 원운동을 하지 않고 점선모양의 화살표 방향으로 직선운동을 할 것이기 때문이다.

Q24 **키가 큰 사람과 작은 사람들로 팀을 구성하여 줄다리기 시합을 하려고 한다. 양팀 구성원들이 줄을 잡아당기는 능력이 똑같으며, 같은 종류의 신발을 신고 있다고 가정한다. 어떤 방법으로 키 큰 사람과 작은 사람들을 배치하여 시합을 하면 경기에서 이길 수 있을까?**

이 문제를 풀기 위해서는 신발과 지면사이의 마찰력을 생각해야 한다. 줄다리기 시합에서 어느 한쪽 방향으로 일단 움직이기 시작하면 같은 방향으로 움직이게 된다. 따라서 움직이기 직전까지 선수와 지면사이에 생기는 정지마찰력을 고려하면 된다.

정지마찰력(F_f)은 지면과 신발바닥의 정지마찰계수(μ_s)에다 지면을 수직으로 누르는 힘(N)을 곱한 것으로 수식적으로는 다음과 같이 표현된다.

$$F_f = \mu_s N \tag{2.17}$$

두 팀에 대해서 모든 선수들이 줄을 당기는 힘 또는 지면과의 마찰력 등과 같은 요소들이 모두 동일하다고 생각하면 게임을 이기기 위한 방법으로 키가 큰 선수들과 키가 작은 선수들의 배열을 생각하여 볼 수 있다. 가장 키가 큰 선수가 맨 앞에 그리고 가장 작은 선수가 맨 뒤에 배치한 경우와 반대의 경우를 생각하여 보자(그림 2.21 참조).

그림 2.21로부터 왼쪽 팀의 경우에, 맨 앞에 있는 키가 가장 큰 선수는 자신의 몸무게 외에 당기는 줄에 의해 생긴 아랫방향의 추가적인 힘이 작용하게 되어 정지마찰력이 증가한다. 하지만, 오른쪽 팀의 키가 가장 작은 선수는 당기는 줄에 의해 생긴 위쪽 방향의 힘 때문에 지면을 수직으로 누르는 힘(N)이 작아지므로 정지마찰력이 감소한다. 따라서 줄을 당기는 힘이 같고 지면과 마찰계수가 같은 경우에 키가 큰 사람과 작은 사람 2명이 줄다리기를 하는 경우에는 키가 큰 사람이

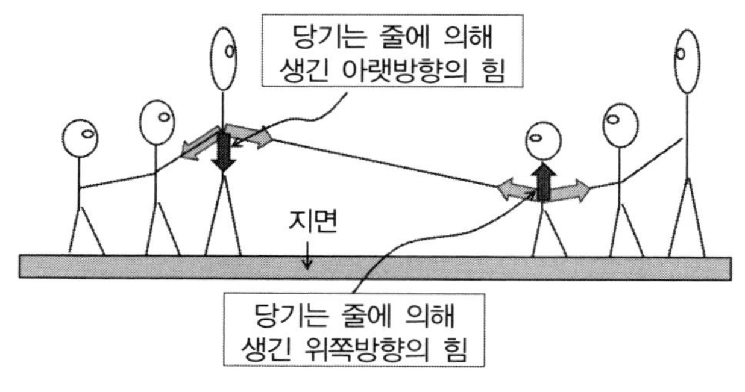

[그림 2.21] 줄 다리기

유리하다.

하지만, 그림 2.21에서와 같이 팀으로 구성된 경우에 왼쪽 팀의 뒤에 있는 키가 작은 선수 또한 위쪽 방향의 힘이 작용하므로 마찰력이 작아진다. 또한 오른쪽 팀의 키가 작은 선수는 당기는 줄에 의해 생긴 위쪽 방향의 힘 때문에 마찰력이 작아지나, 뒤에 있는 키가 큰 선수는 오히려 마찰력이 증가한다. 따라서 줄다리기의 정확한 규칙이 없다면 키가 작은 선수는 줄의 높이를 증가시키고 지면과 마찰력을 증가시키기 위하여 줄을 어깨 너머로 잡아당기는 방법을 택하는 것이 물리적으로 보면 경기를 이기는 방법 중의 하나라고 판단된다.

경기는 힘의 경기이기도 하지만, 선수들의 사기에 의한 심리적적인 면이 강하여 물리적으로만 판단하기는 어려운 문제라고 판단된다.

Q25 운동량이란 무엇인가?

운동량은 물체의 질량과 속도를 곱한 것으로, 운동하고 있는 물체가 가지는 고유의 물리량이다. 수식으로는 $\vec{P} = m\vec{v}$ 와 같이 표현하는데, 글자 위의 화살표는 운동량($\vec{P}$)이 크기와 방향을 가진다는 의미이다. 속력과 속도를 일상생활에서 많이 사용하는 데 속력은 단순히 크기만을 의미하며, 속도는 크기와 방향을 가진다. 따라서 $x-$축 방향으로 시속 4 km/h 로 걸었다고 할 때는 속도를 의미하고 기호로는 $\vec{v} = 4\ \mathrm{km/h}\ \hat{x}$ 와 같이 표현한다. 여기서 4 km/h 는 크기를 의미하고, $\hat{x}$ 는 양(+)의 $x-$축 방향을 의미한다. 이러한 운동량은 외부에서 힘을 가해주지 않는 한 항상 크기와 방향이 일정하게 보존되며 이를 운동량 보존법칙이라고 하는데, 이러한 운동량에 대해서 좀 더 자세히 알아보자.

장난감 자동차와 일상생활에서 실제로 운행 중인 트럭이 같은 속도로 움직이고 있다고 가정하자(그림 2.22 참조). 속도는 같지만, 이 둘은 무엇인지는 몰라도 서로 같지는 않다고 생각하게 된다. 그렇다면 장난감 자동차와 트럭의 차이는 무엇일까? 우선 생각할 수 있는 것으로 질량이 다르다고 생각하게 된다. 이로부터 속도는 같지만, 질량이 다른 두 물체의 경우에 이들이 가지는 물리량이 서로 다르다는 것을 알 수 있다.

[그림 2.22] 같은 속도로 달리는 장난감 자동차와 덤프트럭

또한 크기와 질량이 같은 장난감 자동차라고 하더라도 속도가 작은 것과 큰 것을 생각하여보아도(그림 2.23 참조), 서로 무엇인가 차이가 있다는 것을 알 수 있다. 이와 같이 속도와 질량에 의해서 주어지는 하나의 물리량이 있는데 이것이 바로 "운동량"으로서 질량과 속도를 곱한 값이 된다. 즉, 속도와 질량에 의해서 비례하여 결정되는 물리량을 정의하기 위하여 차원이 서로 다른 속도와 질량을 서로 더할 수는 없는 법이다. 따라서 속도와 질량에 비례하여 결정되는 물리량을 정의하기 위해서는 질량과 속도를 곱해주는 방법 밖에 없다.

운동중인 물체에 힘이 작용하면 어떻게 될까? 한 예로서 달리기를 하는 친구의 등을 뒤에서 밀어준다면 친구는 더 빨리 달리게 되고, 반대로 앞에서 밀면 친구는 잘 달리지를 못하게 된다. 친구의 질량이 변하지 않는다고 가정할 때에 힘을 가해주면, 속도가 빨라지거나 느려지게 되므로 질량에 속도를 곱한 값인 운동량이 변하게 된다. 다시 말해서, 운동량은 운동중인 물체가 가지는 고유의 물리량으로 운

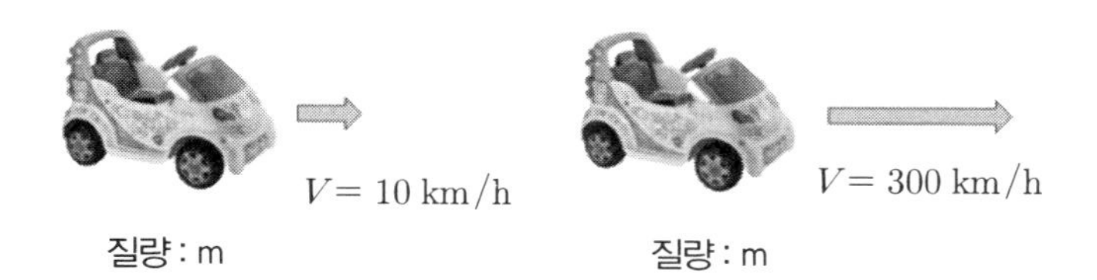

[그림 2.23] 천천히 움직이는 장난감 자동차와 빨리 움직이는 장난감 자동차

동 중인 물체에 외부로부터 어떤 힘이 가해지지 않으면, 운동량은 변화되지 않으므로 항상 보존되는 것이다. 물론 정지해 있는 물체의 운동량은 “0”이다.

Q26 마찰이 거의 없는 매끄러운 빙판에서 어떻게 벗어날 수 있을까?

마찰이 없는 빙판 위에서 벗어나기 위해서는 다음의 2가지 방법이 가능하다.

ⓐ 가지고 있던 물건을 던지는 방법

ⓑ 배터리로 작동되는 선풍기를 이용하는 방법

ⓐ 가지고 있던 물건을 던지는 방법을 이용하는 경우에 빙판을 벗어나는 데 걸리는 시간은 얼마만한 크기의 운동량을 물건에 전달하느냐에 의존한다. 운동량은 물체의 질량에 속도를 곱한 것이다. 예를 들어서 물건의 질량을 0.5 kg 이라고 가정하고 초속 20 m/s 의 속력으로 물건을 던지는 경우에 물건의 운동량은 다음과 같다.

$$P_{\text{물체}} = mv = (0.5\,\text{kg})(20\,\text{m/s}) = 10\text{kg m/s} \qquad (2.18)$$

물건을 던지기 전에 사람과 물건을 합한 전체는 정지해 있으므로 사람의 운동량과 물체의 운동량의 합은 “0”이다. 외부에서 힘이 작용하지 않는 한, 운동량은 항상 보존되므로 물건을 던진 후에 총 운동량도 똑같이 “0”이 된다. 사람의 질량을 50 kg 이라고 하면, 사람의 속력은

$$v_{\text{사람}} = \frac{10\text{kg} \cdot \text{m/s}}{50\,\text{kg}} = 0.2\ \text{m/s} \qquad (2.19)$$

이며, 방향은 물체의 방향과 반대이다. 마찰이 없는 빙판의 반경이 10 m 라고 가정하면, 빙판을 벗어나는 데 50초가 걸리게 된다.

ⓑ 배터리로 작동되는 선풍기를 이용하는 방법에 대하여 생각하되, 선풍기의 날개면적이 100 cm^2 이고, 선풍기에 의한 공기 흐름의 속도(v)가 5 m/s 라고 가정하자. 공기의 밀도는 물의 밀도에 비하여 1000배정도 작으므로, 공기의 빌도(ρ)는 약 $\rho = 10^{-3}\text{g/cm}^3$ 이다. 따라서 선풍기에 의해서 단위시간당 흘러가는 공기의 질량(dm/dt)은 다음과 같다.

$$\frac{dm}{dt} = \rho v A = 10^{-3}\ \text{g/cm}^3 \cdot 500\ \text{cm/s} \cdot 100\ \text{cm}^2$$

$$= 50\ \mathrm{g/s} = 5 \times 10^{-2}\,\mathrm{kg/s} \tag{2.20}$$

힘(F)은 시간에 따른 운동량(P)의 변화량이므로 다음과 같다.

$$F = \frac{dP}{dt} = v\frac{dm}{dt} = 5\ \mathrm{m/s} \cdot 5 \times 10^{-2}\ \mathrm{kg/s} = 25 \times 10^{-2}\ \mathrm{kg\,m/s^2}$$

$$= 25 \times 10^{-2}\ N \tag{2.21}$$

이러한 힘에 의하여 사람이 정지상태에서 가속운동을 하게 되며 가속도는

$$a = \frac{F}{m} = \frac{25 \times 10^{-2} N}{50\,\mathrm{kg}} = 5 \times 10^{-3}\ \mathrm{m/s^2} \tag{2.22}$$

와 같다. 따라서 10 m를 벗어나는데 걸린 시간은

$$t = \sqrt{\frac{2s}{a}} = \sqrt{\frac{2 \times 10\,m}{5 \times 10^{-3}\ \mathrm{m/s^2}}} = 63s \tag{2.23}$$

이다.

Q27 **질량을 제외한 모든 조건이 똑같은 2개의 총에 탄환이 장전되어 있다. 1번 총의 질량은 M_1, 2번 총의 질량은 M_2 이며, $M_1 > M_2$ 이다. 탄환에 들어있는 화약의 폭발력과 총알의 질량이 서로 같은 경우, 동시에 발사된 2개의 총 중에서 어느 총에 들어있던 총알이 더 멀리 날아가겠는가?**

총알이 발사되는 경우에, 총에 작용하는 힘은 총알에 작용하는 힘과 크기는 같고 방향은 반대이다. 또한 이들 힘은 같은 시간동안 작용하기 때문에 총알과 총의 운동량의 크기는 서로 같다. 총의 질량을 M, 속력을 V, 총알의 질량을 m 그리고 속력을 v라고 하자.

총알이 발사되기 전에 총알과 총은 정지하여 있었으므로, 총알과 총의 총 운동량의 크기는 "0"이다. 총알이 발사되는 순간에 총과 총알의 총운동량은 운동량 보존에 의하여 "$MV + (-mv) = 0$"이 되므로 $v = (M/m)V$와 같은 관계식이 얻어진다. 총알의 진행방향과 총의 운동방향이 서로 반대이므로 총의 속도를 "V"라고 하면, 총알의 속도는 "$-v$"가 된다. 총알의 운동에너지($K.E_{총알}$)는 $K.E_{총알} = (1/2)mv^2$ 이며, 총의 운동에너지($K.E_{총}$)는 $K.E_{총} = (1/2)MV^2$ 이 되며 크기는 서로 같다. 이 둘의 관계를 정리하면 다음과 같다.

$$K.E_{총알} = \frac{1}{2}mv^2 = \frac{1}{2}m\left(\frac{M}{m}V\right)^2 = \frac{1}{2}m\frac{M^2}{m^2}V^2$$

$$= \frac{M^2}{2m}V^2 = \frac{M}{m}\left(\frac{1}{2}MV^2\right) = \frac{M}{m}(K.E._{총}) \quad (2.24)$$

총의 질량이 총알의 질량보다 크면 클수록, 즉, $M \gg m$ 일수록 총알은 더 큰 운동에너지를 가지게 된다. 여기서 기호 "≫ " 매우 크다는 의미로서 $M \gg m$ 은 M 이 m 보다 매우 크다는 것을 나타낸다. 따라서 $M_1 > M_2$ 인 관계를 고려할 때에, 1번 총에 들어있는 총알의 운동에너지가 2번 총에 들어있는 총알의 운동에너지보다 더 크므로 1번 총에 들어있는 총알이 더 멀리 날아간다.

Q28 **2개의 총이 있는데 총과 총알의 무게가 똑같으며, 탄환에 들어 있는 화약의 폭발력도 똑같다. 하지만, 1번 총의 총열(총알이 통과하는 길이)의 길이가 2번 총보다 길다고 할 때에 어느 총에서 발사된 총알이 더 멀리 날아가겠는가?**

외부로부터 물체에 힘(f)을 가해 물체가 일정거리(d)만큼 이동한 경우, 물체에 일을 해 주었다고 하며 해 준 일(W)의 크기는 $W = fd$ 로 나타낸다. 평면 위에서 운동 중인 물체에 물체의 운동방향으로 힘을 가하면 물체는 가속되며, 해 준일의 양만큼 물체의 운동에너지가 변하게 된다. 즉, 해준 일(W)=운동에너지의 변화량=$(1/2)mv^2$ 의 변화와 같다.

탄환의 화약이 폭발하면서 생긴 팽창하는 기체는 총알에 힘을 미치게 되며, 이러한 힘은 총열의 길이에 해당하는 거리만큼 총알에 작용하게 되면서 총알에 일을 해주게 된다. 총알에 일을 해 준다는 것은 총알의 운동에너지가 증가한다는 것을 의미한다. 폭발력이 총알에 작용하는 거리가 증가할수록 총알에 해준 일의 양이 증가하므로 총알의 최종 운동에너지가 증가하고, 이러한 운동에너지의 증가는 총알의 속력이 증가함을 의미한다.

따라서 총열이 길수록 탄환의 화약 폭발력이 총알에 해준 일의 양이 증가하게 되면서 총알의 속력이 증가한다. 1번 총의 총열의 길이가 2번 총보다 더 길다고 하였으므로, 1번 총에서 발사된 총알이 2번 총에서 발사된 총알보다 더 멀리 날아간다.

Q29 각운동량이란 무엇인가?

각 운동량은 물체의 회전운동과 관련된 것으로 크기와 방향을 가진 하나의 물리량으로서 외부에서 물체를 회전시키는 힘(간단히 "토크"라고 한다.)이 작용하지 않으면 항상 보존된다. 여러 개의 물체로 이뤄진 계에서의 총 각운동량은 각 물체의 각운동량을 크기와 방향을 고려하여 합한 것이다. 이러한 각 운동량에 대하여 좀 더 자세히 알아보자.

그림 2.24는 회전축으로부터 일정한 거리(r)만큼 떨어진 곳에 물체가 매달려 회전하는 경우를 나타낸 것으로 그림 2.24(a)와 (b)를 비교하여 보자. 그림 2.24(a)와 (b)의 경우에 회전축으로부터 질량이 각각 m, M(m < M)인 물체중심까지의 거리가 서로 같다. 질량이 서로 다른 물체가 회전축으로부터 같은 거리만큼 떨어진 상태에서 같은 속도를 가지고 같은 방향으로 회전하는 경우에 두 물체가 가지는 물리적인 성질이 같을까를 생각하여 보면 뭔가는 다르다는 생각을 하게 된다. 즉, 운동 중인 두 물체를 정지시키고자 하는 경우에 어느 쪽이 더 쉬울까를 생각하여 보면, 질량이 작은 그림 2.24(a)의 경우라는 것을 알 수 있다. 이러한 사실로부터 ⓐ 회전축으로부터 거리와 속도가 같은 경우에, 회전하는 물체의 질량에 비례하는 물리량이 존재한다는 것을 알 수 있다.

이번에는 그림 2.24(a)와 (c)를 비교하여 보면, 두 물체의 질량과 속도는 같은 데 회전축으로부터의 거리가 서로 다르다($\vec{r} < \vec{R}$)는 것을 알 수 있다. 질량이 같은 두 물체가 같은 속도로 운동 중이므로 회전축으로부터 물체까지의 거리가 짧은 그림 2.24의 (a)가 (c)의 경우에 비하여 정지시키기가 쉽다는 것을 알 수 있다. 이로부터 ⓑ 회전하는 물체의 질량은 서로 같으나, 회전축으로부터 거리가 증가함에 따라 증가하는 물리량이 존재한다는 것을 알 수 있다. 또한 두 물체가 질량과 회전축으

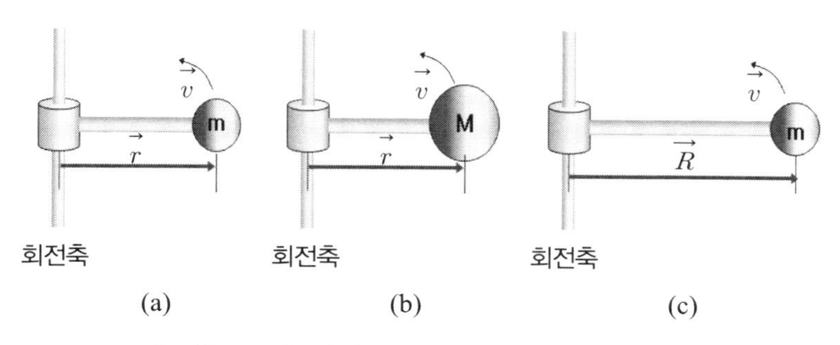

[그림 2.24] 각 운동량을 설명하기 위한 그림

로부터의 거리가 같은 경우에 속도가 크면 클수록 회전하는 물체를 정지시키기가 어려워진다는 것을 알 수 있으며, 이로부터 ⓒ 물체의 회전속도에 비례하는 물리량이 존재한다는 것을 알 수 있다.

그림 2.24에 대한 고찰로부터 회전하는 물체는 ⓐ 물체의 질량, ⓑ 회전축으로부터 물체중심까지의 거리 및 ⓒ 회전속도에 비례하는 물리량이 존재하는 데 이러한 물리량을 "각운동량"이라고 한다.

그림 2.25에서는 ⓐ 물체의 질량, ⓑ 회전축으로부터 물체까지의 거리 및 ⓒ 속도의 크기인 속력(v)이 같지만, 물체의 회전방향이 서로 다르다. 따라서 단순히 물체의 질량, 회전축으로부터 물체까지의 거리 및 속력만을 가지고 물체의 회전운동을 정확히 설명하기는 부족하므로 보다 완벽히 물체의 회전운동을 설명하기 위해서는 회전방향도 함께 고려해야 한다는 것을 알 수 있다.

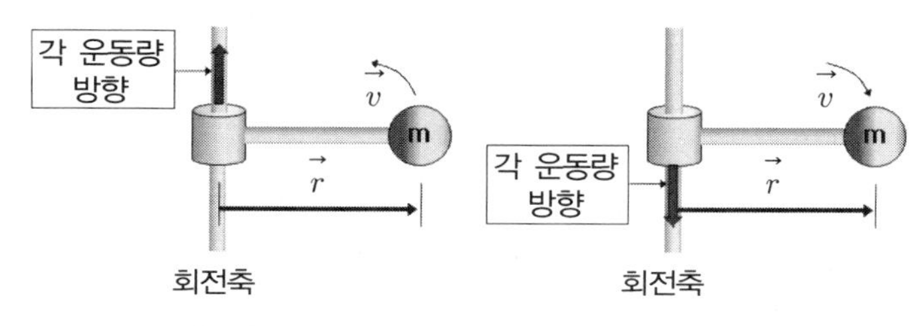

(a) 반 시계방향으로 회전 (b) 시계방향으로 회전

[그림 2.25] 각 운동량의 방향

위에서 설명한 바와 같이 회전하는 물체의 운동을 정확히 설명하기 위해서는 회전축으로부터 물체까지의 거리($\vec{r}$), 물체의 질량(m) 및 속도($\vec{v}$)를 고려해야 됨을 알았는데, 이들을 수식으로 표현하면 식(2.25)와 같다.

$$\vec{L} = \vec{r} \times (m\vec{v}) = \vec{r} \times \vec{P} \qquad (\vec{P} = m\vec{v}) \tag{2.25}$$

식 (2.25)에서 $\vec{L}$을 각운동량, $\vec{P}$를 운동량이라고 하며, 기호 위의 화살표는 이들이 방향을 가지는 물리량이라는 것을 나타내기 위함이다. 여기서 곱하기 기호인 "×"를 사용하는 규칙이 있는데, 앞에서 이미 설명한 오른손 나사 법칙에 따른다. 즉, 회전축의 중심에서 시작하여 물체의 중심까지의 거리 $\vec{r}$을 그린 다음, $\vec{r}$의 끝점에서 시작하여 속도 $\vec{v}$의 방향으로 $\vec{v}$를 화살표로 표시한다. 이제 $\vec{r}$에서 $\vec{v}$의 방향으로 오른손 나사를 돌릴 때, 오른손 나사가 진행하는 방향이 각운동량 $\vec{L}$의 방향이 된다. 이를 그림 2.25(a)에 적용하면, 각운동량의 방향이 굵은 색의 화살표로 표시한 것과 같이 위로 향하는 방향이 되고, 그림 2.25(b)에 적용하여 보면, 각운동량의 방향은 아래로 향한다는 것을 알 수 있다. 원운동을 하는 경우에 $\vec{r}$ 와 $\vec{v}$ 는 서로 항상 직각을 이룬다.

이러한 각운동량은 마찰 등에 의하여 외부로부터 회전을 방해하는 요소들이 없으면, 회전운동이 계속 유지되기 때문에 각 운동량은 보존된다. 각운동량이 보존된다는 것은 각운동량의 크기와 방향이 항상 일정하다는 것을 의미한다. 각 운동량의 보존에 대한 한 예로서 회전운동을 하는 스케이트 선수를 생각하여 볼 수 있다 (그림 2.26 참조). 그림 2.26(a)에서와 같이 양팔을 길게 뻗은 상태에서는 회전축 (발끝에서 머리끝을 연결하는 축)으로부터 몸의 질량이 먼 곳에 있도록 분포되어 있는 것으로 생각할 수 있다. 식(2.26)에 이를 적용하면, 회전반경이 크다는 것을 의미하므로 $\vec{r}$ 이 크다는 것을 의미한다.

하지만, 그림 2.26(b)에서처럼 팔을 최대한 몸 쪽에 붙이게 되면 회전반경 $\vec{r}$ 이 작아짐을 의미한다. 스케이트와 얼음과의 마찰이 없다고 가정하면, 외부로부터 스케이트 선수에게 작용하는 외력에 의한 돌림 힘이 작용하지 않아 각운동량은 보존된다. 각 운동량이 보존된다는 말은 팔을 양쪽으로 벌린 상태에서의 각운동량과 몸 쪽으로 최대한 붙인 상태에서의 운동량이 같다는 의미이므로, 그림 2.26(b)의 경우에 회전각속도는 빨라지게 되어 더 빠르게 회전하게 된다.

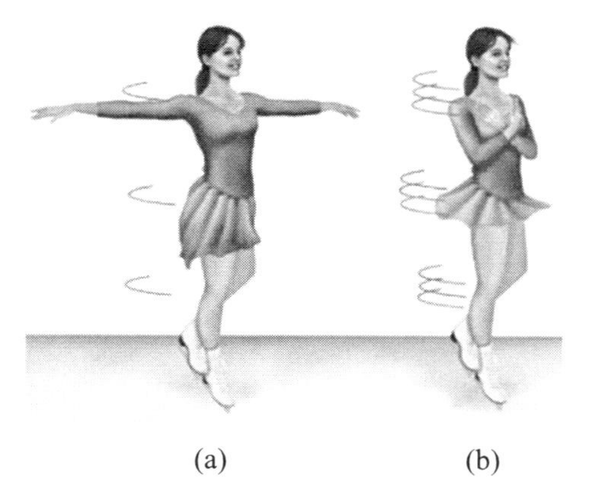

[그림 2.26] 느리게 회전하는 스케이터(a)와 빠르게 회전하는 스케이터(b)(참조자료 10)

Q30 각운동량 보존을 보여주는 예로서 그림 2.27을 생각할 수 있다. 즉, 회전이 가능한 의자에 앉은 사람이 아령을 잡고 팔을 넓게 폈다가 오므리는 경우에 회전속도가 변하는 이유는 무엇일까?

각 운동량(L)은

$$\vec{L}=\vec{r}\times(m\vec{v}) \tag{2.26}$$

와 같이 주어지므로, 질량이 회전축에서 멀수록 각운동량이 커진다는 것을 알 수 있다. 아령을 양손에 들고 팔을 양쪽으로 벌린 상태에서 회전하면 아령의 질량이 회전축으로부터 멀다(그림 2.27(a)참조). 엄밀히 말해서 질량은 사람과 아령, 그리고 회전하는 의자의 질량을 모두 말하지만, 팔을 양쪽으로 벌렸다가 오므리는 과정에서 회전축으로부터 멀어지거나 가까워지는 질량은 아령이다. 한편, 아령을 회전축에 가까이 가져오면 질량(아령의 질량)이 회전축에서 가까워진다.

각운동량이 보존된다는 의미는 아령이 회전축으로부터 멀리 있을 때나 회전축 가까이로 가져올 때나 같음을 의미한다. 따라서 팔을 벌리면 천천히 회전하고(그림 2.27(a)참조) 팔을 몸 쪽으로 오므리면 회전속력이 증가하여 빨리 회전한다(그림 2.27(b)참조).

피겨스케이팅 선수가 스핀을 하기 위해서 처음에는 팔과 다리를 몸쪽으로부터 멀리 벌린 상태에서 회전을 시작하여, 회전속력을 증가시키고 싶을 때는 팔과 다리를 가급적 몸쪽에 가깝게 붙이는 이유도 각운동량 보존과 관계가 있다(그림 2.26 참조). 동전을 굴리면 쓰러지지 않고 굴러가는 이유도 각운동량 보존과 관계되며,

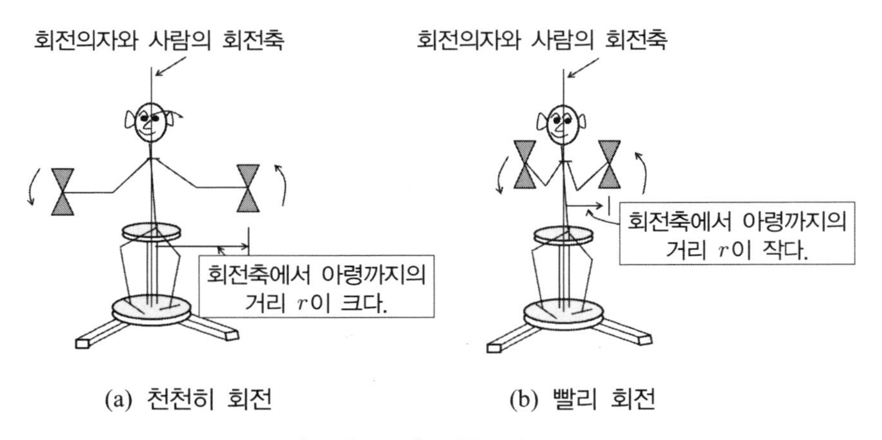

[그림 2.27] 각운동량 보존

자전거를 탈 때에 빨리 달리면 잘 쓰러지지 않는 이유도 각 운동량 보존 때문이다.

[참고자료 6]

참고로 참고자료 11~12에 접속하면 각운동량 보존과 관련된 동영상을 볼 수 있다.

2.2 물체의 평형

물체가 평형상태에 있다는 의미는 물체가 움직이지 않고 정지된 상태를 유지함을 의미한다. 물체가 정지상태에 있기 위해서는 어떤 조건이 필요할까?에 대해서 생각하여 보자. 일반인들에게 물어보면, 일반적으로 물체에 힘이 작용하지 않으면 정지하여 있을 것이라는 답변을 얻게 된다. 하지만, 물체가 정지하여 있다는 의미는 좀 더 정확히 표현하면 물체에 작용하는 알짜 힘이 "0"이라는 의미이다(그림 2.28 참조).

그림 2.28(a)에서와 같이 물체에 작용하는 수직방향의 힘들을 모두 더했을 경우에 이들의 합이 "0"이 되고 수평방향의 힘들을 벡터적으로 모두 더했을 경우에도 "0"이 되면 물체는 이동하지 않고 제자리에 위치하게 된다. 다시 말해서 n 개의 힘이 하나의 물체에 작용한다고 할 때에 이들을 모두 벡터적으로 더한 결과가 "0"이 되면 물체는 제자리에서 움직이지 않게 되며, 이를 하나의 수식으로 표현하면 식(2.27)과 같다.

$$\sum_{i=1}^{n} \overrightarrow{F_i} = 0 \tag{2.27}$$

물론 힘을 더할 때에는 수평성분은 수평성분끼리, 그리고 수직성분은 수직성분끼리 더해야 한다.

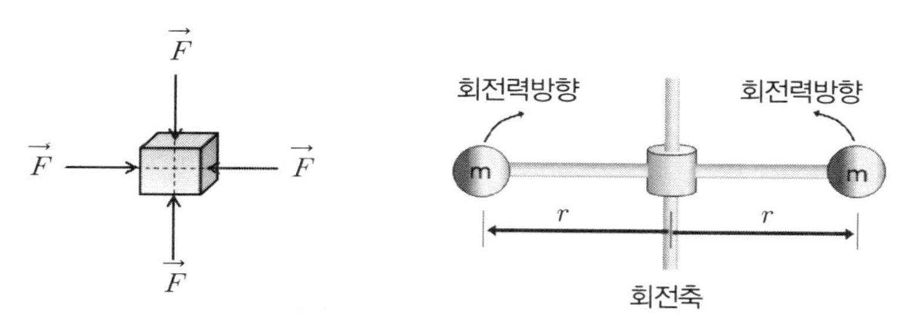

(a) 물체가 움직이지 않을 조건 (b) 물체가 회전하지 않을 조건

[그림 2.28] 물체의 평형조건

물체가 평형상태에 있다는 의미는 전・후와 좌・우로 이동하지 않고 제자리에 위치하면서 회전하지 않는 경우를 의미한다. 식 (2.27)은 물체가 전・후와 좌・우로 이동하지 않는 조건을 의미한다. 그렇다면 물체가 회전하지 않는 조건은 무엇인가? 물체가 회전하지 않을 조건은 그림 2.28(b)에서 보여주듯이 물체를 시계방향으로 회전시키려고 하는 회전능률($\vec{\tau}$)과 반시계방향으로 회전시키려는 능률의 크기가 서로 같은 경우이다. 물체를 회전시키려고 하는 모든 회전능률의 벡터 합이 "0"이 되면 물체는 회전하지 않으며, 이를 수식으로 표현하면 식(2.28)과 같다.

$$\sum_{i=1}^{n} \vec{\tau_i} = 0 \tag{2.28}$$

Q31 그림 2.29과 같이 원뿔형의 물체가 수평상태로 줄에 매달려 정지하고 있다고 할 때에 물체 A와 B의 무게는 서로 같을까? 아니면 다를까?

그림 2.29에서 물체가 평형상태에 있다고 하였으므로 식(2.27)과 (2.28)을 만족하게 된다. 물체가 회전하지 않기 위해서는 물체를 회전시키려는 알짜 회전력이 "0"이 되어야 한다. 그림 2.30에서와 같이 회전축으로부터 물체중심까지의 거리가 각각 $r_{1,}r_2$ 이고, 각각의 물체에 작용하는 중력과 이루는 각이 90° 이므로, 오른쪽 물체에 의한 회전력은 Mgr_1 이 되고, 왼쪽 물체에 의한 회전력은 mgr_2 가 되며 방향은 서로 반대이다. 따라서 $Mgr_1 = mgr_2$ 을 만족하는 조건이 되면, 물체는 그림 2.30에서와 같이 어느 한 쪽으로 기울어지지 않고 수평을 이루게 된다. 즉, 이는 외부로부터 물체에 회전력이 작용하지 않는 것이 아니라, 회전력은 작용하였으나 작용하는 회전력을 모두 더했을 경우에 알짜 회전력이 "0"이 되기 때문이다.

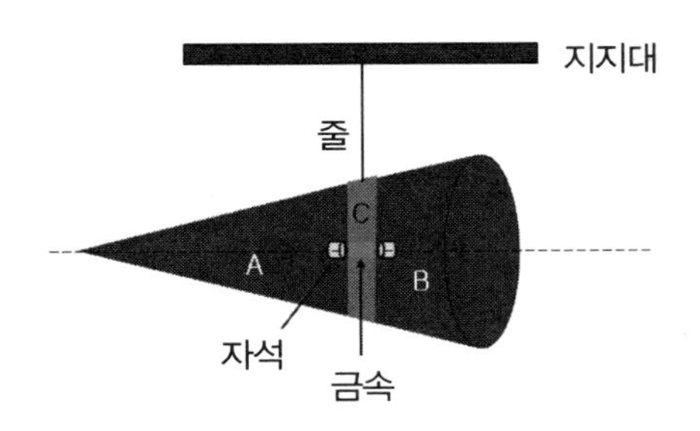

[그림 2.29] 줄에 매달려 수평의 평형상태를 유지하고 있는 물체 A와 B

그림 2.29에서 물체 A, B, C가 수평을 유지하고 있는 것은 물체 A에 의한 회전력과 물체 B에 의한 회전력이 크기는 같고 방향이 서로 반대이기 때문이다. 물체 A는 원뿔형의 물체를 반시계 방향으로 회전시키려 하며 물체 B는 시계방향으로 회전시키려 한다. 이들이 수평상태로 평형을 유지하고 있다는 의미는 시계방향의 회전능률과 반시계방향으로 회전시키려는 회전능률이 서로 같다는 의미이다.

그림 2.29에서 회전축(물체를 매단 줄)으로부터 물체 A의 무게 중심까지의 거리가 물체 B의 무게 중심까지의 거리보다 길다. 따라서 두 물체의 무게에 의한 회전능률이 같이 위해서는 물체 A의 무게가 물체 B의 무게보다 가볍다는 것을 알 수 있다(그림 2.30 참조). [참고자료 6]

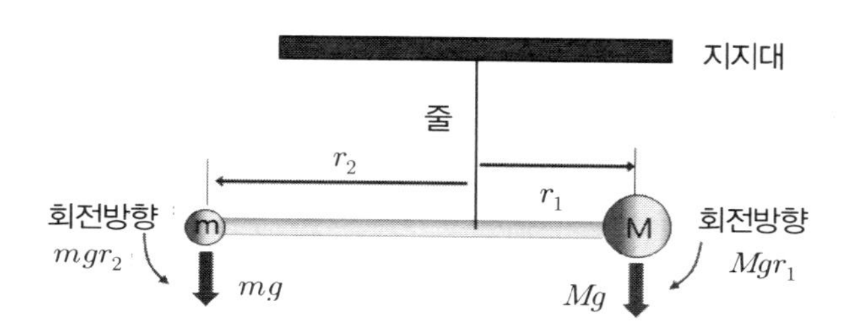

[그림 2.30] 가벼운 물체(m)와 무거운 물체(M)에 의한 회전능률

Q32 700 N의 힘으로 당겨도 끊어지지 않는 튼튼한 줄이 있다. 그림 2.31과 같이 3가지 방법으로 무게가 700N인 물체를 천정에 매달면 줄은 어떻게 될까?

그림 2.31(a)에서와 같이 줄에 물체를 매다는 경우, 줄이 물체를 잡아당기는 힘인 줄의 장력은 물체의 무게와 같은 700N이므로 줄은 끊어지지 않는다. 마찬가지로 그림 2.31(b)에서와 같이 2개의 줄을 연결하면 각각의 줄에 작용하는 장력은 350N이 되므로 이 경우에도 줄은 끊어지지 않는다. 하지만, 그림 2.31(c)에서와 같이 물체를 매다는 경우에 각각의 줄에 작용하는 장력을 구하기 위하여 우선 그림 2.32을 생각하여보자.

물체를 줄에 매달기 위해서는 그림 2.32에서 줄에 작용하는 장력 중에서 수직방향 성분인 $2T_1\cos 70°$의 크기(그림 2.32에서 굵은 화살표로 표시)가 물체의 무게와 같아야 한다. 즉, $2T_1\cos 70° = 700$ 이어야 한다. 이를 이용하여 각각의 줄에 작용하는 장력을 구해보면 다음과 같다.

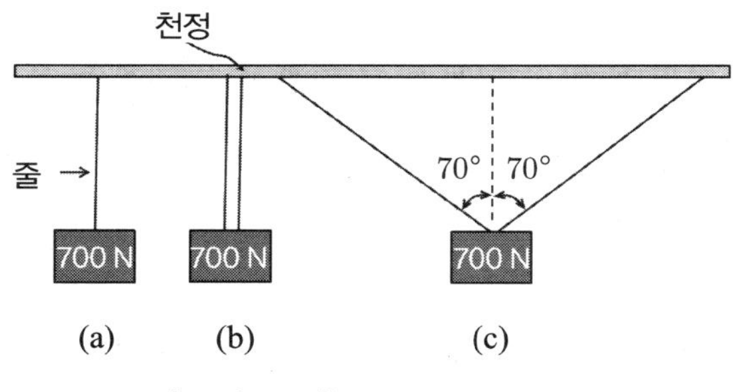

[그림 2.31] 줄에 매단 물체

$$2T_1\cos 70° = 700 \quad \Rightarrow \quad T_1 = 1023\,N \tag{2-29}$$

따라서 각각의 줄에 작용하는 장력은 1,023 N이며, 이는 줄이 끊어지지 않고 견딜 수 있는 한계인 700 N보다 훨씬 크므로 줄은 끊어지게 된다.

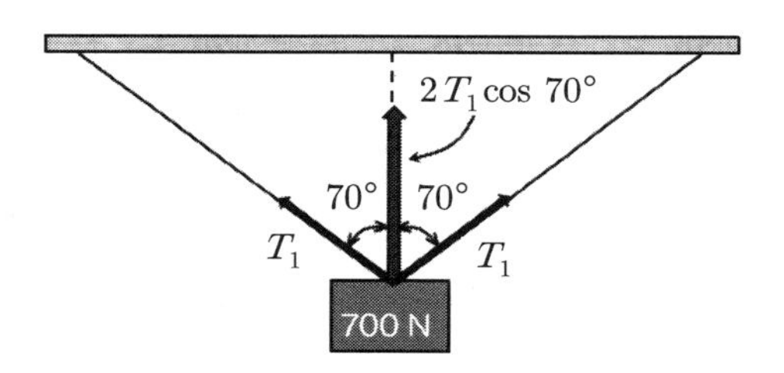

[그림 2.32] 줄에 작용하는 장력

Q33 그림 2.33와 같이 병을 걸쳐놓은 경우에 병걸이가 쓰러지지 않는 이유는 무엇인가?

병을 포함한 병걸이 전체의 무게중심이 받침면 위에 있으면 쓰러지지 않는다. 반면에 외부에서 힘을 가하여 병과 병걸이 전체의 무게중심이 받침면 위(그림 2.34(a)에서 무게중심 범위)를 벗어나게 되면 이들은 쓰러진다. 우리가 잘 알듯이 피사의 탑이 기울어져 있지만 쓰러지지 않는 이유는 탑의 무게중심이 탑과 지면사이의 받침면 위에 있기 때문이다. 만약에 시간이 흘러 피사탑의 무게중심이 받침면을 벗어나면 무너지게 된다. [참고자료 13~14]

[그림 2.33] 병걸이에 걸린 병
[참고자료 13]

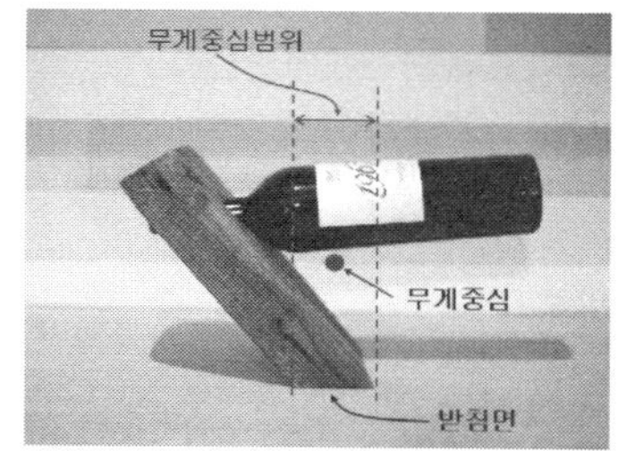

(a)

(b)

[그림 2.34] (a) 병 걸이에 걸린 병과
(b) 피사의 사탑

Q34 **똑같은 모양과 재질로 만들어진 카드를 그림 2.35과 같이 쌓으면 맨 밑에 있는 카드의 오른쪽 끝으로부터 얼마만큼 튀어나오게 쌓을 수 있을까?**

물체의 정적평형을 보여주는 문제로서 물체가 평형상태에 있기 위해서는 다음의 2가지 경우를 고려할 수 있다. ① 물체에 작용하는 알짜 힘이 "0"이 되면 좌우로 움직이지 않게 되어 평형을 유지하게 된다. ② 물체에 작용하는 알짜 회전력이 "0"이면, 물체는 정지된 평형상태를 유지하게 된다.

카드 쌓기에 대한 문제에서 특정카드 위에 놓인 모든 카드들의 무게 중심이 특정카드의 한 부분 위에 놓이게 되면 쌓은 카드는 안정된 평형상태를 유지하게 된다. 맨 위에 놓인 카드의 무게중심(W)은 카드의 정중앙에 있기 때문에 옆으로 카드 길이의 1/2만큼만 튀어나올 수 있다(그림 2.36(a) 참조).

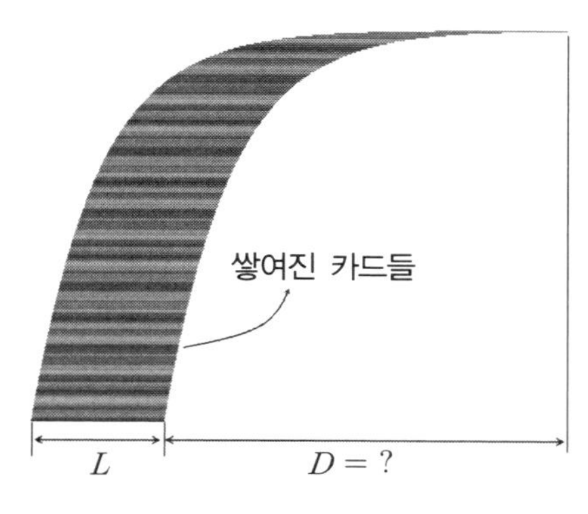

[그림 2.35] 카드 쌓기

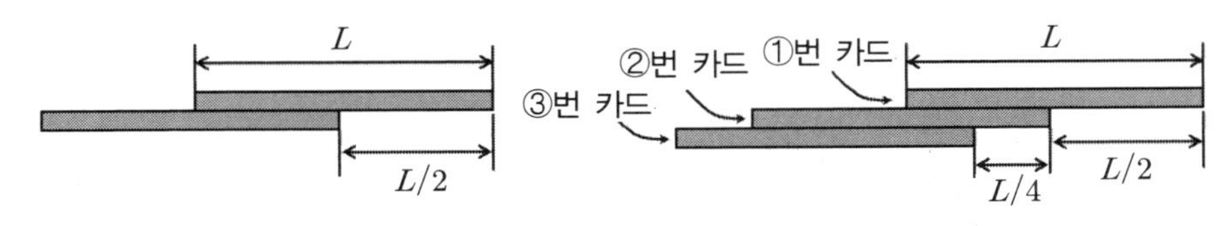

(a) 2장의 카드를 쌓는 경우 (b) 3장의 카드를 쌓는 경우

[그림 2.36] 카드 쌓기

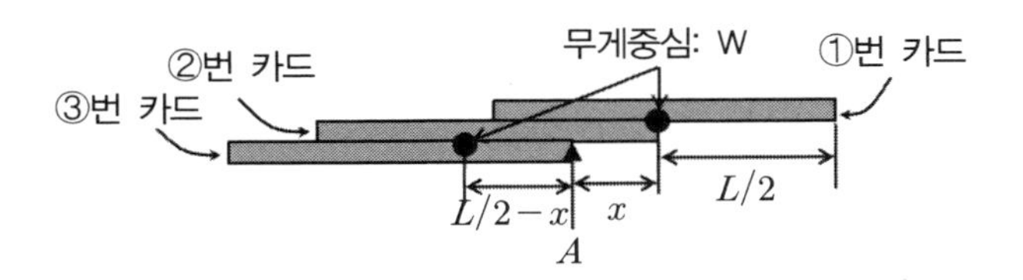

[그림 2.37] 3장의 카드를 쌓는 경우

이러한 방법으로 카드를 쌓게 되면, 맨 위의 2개의 카드는 2번째 카드가 길이의 1/4만큼만 튀어 나오게 된다(그림 2.36(b) 및 그림 2.37 참조).

3장의 카드를 쌓는 경우에, 위에서 2번째 카드가 튀어 나올 수 있는 길이들 구해보자. 그림 2.37에서 화살표 "A"로 표시된 점에 대하여 ①번 카드에 의하여 시계방향으로 회전하려는 회전력은 Wx이며, ②번 카드에 의하여 반시계 방향으로 회전하려고 하는 회전력은 $W(L/2-x)$이다. 카드들이 넘어지지 않기 위해서는 이들이 서로 같아야 한다. 즉, $Wx = W(L/2-x)$와 같이 되며, 이를 풀면 $x = L/4$의 값이 얻어진다. 같은 원리로 맨 위에서 3번째 카드는 길이의 $L/6$, 그리고 4번째 카드는 $L/8$만큼만 튀어 나오게 된다. 따라서 총 N개의 카드를 하나씩 쌓는 경우에는 총 튀어나온 길이는 $L(1/2+1/4+1/6+1/8+\cdots+1/2N)$와 같이 표현되며, 이들을 계산하면 N값이 큰 경우에 $0.5(0.5772+\ln N)$와 같이 표현되는데, 괄호 안의 0.5772는 근사적으로 표현된 Euler–Mascheroni 상수라고 한다.

52장의 카드를 한 장씩 쌓는 경우에 최대로 튀어나온 길이는 원래 카드 길이의 2.27배가 된다. 물론 카드의 표면이 매우 매끄러워서 카드의 면들 사이에 표면장력이 작용하는 경우에는 위에서 계산한 결과보다 더 많이 튀어나오게 하는 것은 가능하다. 중학생의 경우에 $\ln N$에 대해서는 잘 모를 수 있는데 "자연로그 N"이라고 한다. [참고자료 15~18]

Q35 카드를 하나씩 쌓는 경우와 한꺼번에 쌓는 경우에 최대로 튀어나오는 길이의 차이가 발생하는 이유는 무엇인가?

카드를 하나씩 쌓는 경우와 한꺼번에 쌓는 경우에 최대로 튀어나오는 길이를 묻는 질문이다. 3개의 카드를 하나씩 쌓는 경우에 최대로 튀어나오는 길이는 원래 길이(L)의 약 0.916667배이지만, 한꺼번에 쌓는 경우에는 카드 길이와 같은 길이만큼 튀어나오게 쌓을 수 있다. 이러한 결과는 카드를 4장 가지고 하는 경우에도 한꺼번에 쌓는 경우가 더 많이 튀어나오게 할 수 있음을 그림 2.38(b, d)에서 보여주고 있다.[참고자료 19]

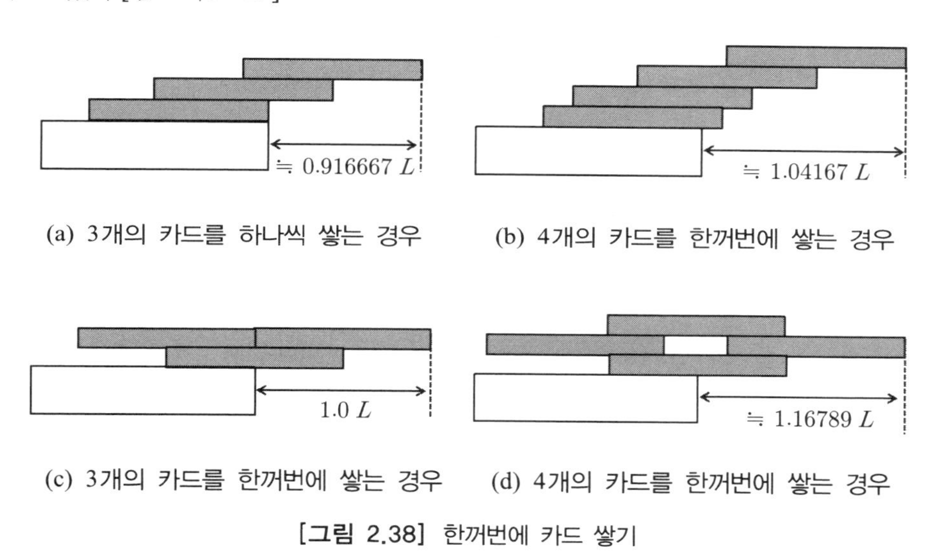

(a) 3개의 카드를 하나씩 쌓는 경우 (b) 4개의 카드를 한꺼번에 쌓는 경우

(c) 3개의 카드를 한꺼번에 쌓는 경우 (d) 4개의 카드를 한꺼번에 쌓는 경우

[그림 2.38] 한꺼번에 카드 쌓기

2.3 가속도 $\vec{a}$를 가지고 운동하는 물체의 최대속도

질량이 m 인 물체에 일정한 크기의 힘이 작용하면 가속운동을 하게 되는데, 이때에 물체가 가질 수 있는 최대속도가 얼마인지에 대해서 생각하여 보자. 뉴턴의 제2법칙은 가속도의 법칙으로 $\vec{F}= m\vec{a}$ 와 같이 표현되며, 이를 가속도로 표현하면 $\vec{a}= \vec{F}/m$ 와 같다. 질량이 m 이고 초속도가 $\vec{v_0}$ 인 물체가 가속운동을 하는 경우에 t 초 후에 물체의 속도는 $\vec{v}= \vec{v_0}+ \vec{a}t$ 와 같다. 일차원적으로 운동하는 경우에 속도에 대한 표현은 속력으로 표현이 가능하므로, 초속도가 "0"($\vec{v_0}=0$)인 경우에 t 초 후의 속력은 $v=at$ 와 같다. 따라서

$t \to \infty$ 이면, $v \to \infty$ (∞은 무한대임을 의미한다.)가 된다는 것을 의미하며 이를 그래프로 표현하면 그림 2.39과 같다.

한편 물체의 질량(m)에 대해서 생각하여 보자. 속력이 v로 운동하는 물체에 대한 질량(m)은 $m = \dfrac{m_0}{\sqrt{1 - v^2/c^2}}$ (m_0: 정지질량, c: 진공에서의 빛의 속력)와 같이 표현된다. 따라서 물체의 속력이 진공에서의 빛의 속력인 c에 근접하게 되면 물체의 질량은 무한대로 증가하게 된다(그림 2.40 참조).

그러므로 물체에 일정한 힘이 가해진다고 하더라도 질량이 무한대로 증가하게 되므로 물체의 속력은 무한대로 증가하지 못하게 된다. 초기 속력이 "0"인 물체에 일정한 힘이 가해져 가속운동을 하는 경우에, 물체의 속력은

$$v = \frac{F}{m}t = \frac{Ft}{m_0/\sqrt{1 - v^2/c^2}} = \frac{Ft}{m_0}\sqrt{1 - v^2/c^2} \tag{2.30}$$

와 같이 표현되며, 이를 다시 정리하면 식(2.31)과 같다.

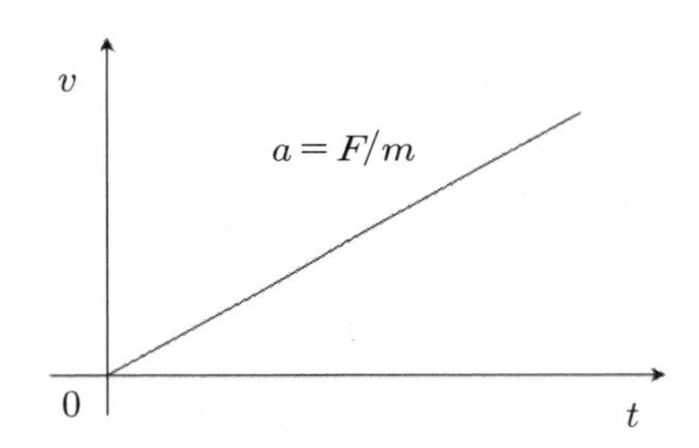

[그림 2.39] 등가속도 운동을 하는 물체의 속도와 시간사이의 관계

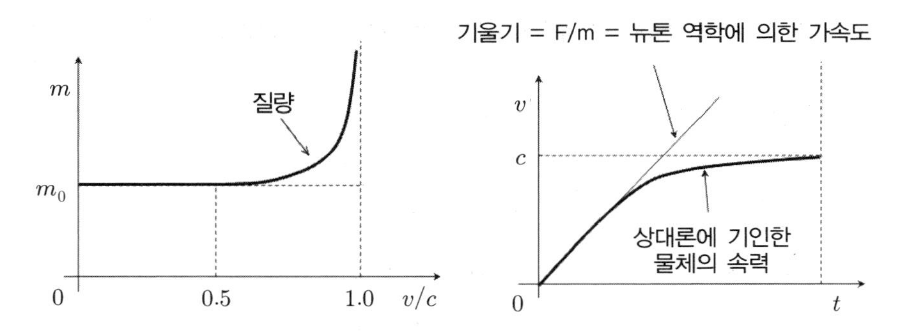

[그림 2.40] 질량, 시간 및 속도와의 관계

$$\Rightarrow \quad v^2 = (\frac{Ft}{m_0})^2 (1-\frac{v^2}{c^2}) = (\frac{Ft}{m_0})^2 - (\frac{Ft}{m_0 c})^2 v^2$$

$$\Rightarrow \quad v^2 [1+(\frac{Ft}{m_0 c})^2] = (\frac{Ft}{m_0})^2 \tag{2.31}$$

$$\Rightarrow \quad v = \frac{Ft/m_0}{\sqrt{1+(Ft/m_0 c)^2}}$$

$$\Rightarrow \quad v(t \to \infty) = \frac{Ft/m_0}{\sqrt{1+(Ft/m_0 c)^2}} = \frac{Ft/m_0}{Ft/m_0 c} = c$$

따라서 정지해 있는 물체에 일정한 크기의 힘이 가해져서 가속운동을 한다고 하더라도 물체의 속력이 무한대로 증가하는 것이 아니라 진공에서의 빛의 속력 c에 접근하게 된다. 위에서 설명한 내용을 정리하면 아래와 같다.

① 입자의 속력은 광속(c)에 접근하게 되면서 뉴턴의 제2법칙이 성립하지 않고, 뉴턴 역학은 아인슈타인의 상대론으로 수정되어야 한다.

② 뉴턴의 운동법칙은 입자의 운동 에너지가 정지질량 에너지($m_0 c^2$)보다 훨씬 작은 경우에만 성립한다.

③ 질량이 m이며, 속력이 v인 물체의 운동에너지는 $K = \frac{1}{2} m v^2$으로 표현된다. 정지질량이 m_0인 물체의 운동 에너지를 물체의 속력, 진공에서의 광속(c)으로 표현하면 다음과 같다.

$$K = \frac{1}{2} m_0 v^2 = \frac{1}{2} m_0 c^2 \frac{v^2}{c^2} = \frac{1}{2} E_0 \frac{v^2}{c^2} \quad (E_0 \text{ : 정지질량 에너지})$$

$$\Rightarrow \quad \frac{v}{c} = \sqrt{\frac{2K}{E_0}} \tag{2.32}$$

2.4 물체의 운동

Q36 지표면에서 물체를 위로 던지면 어느 정도 올라가다가 내려오게 된다. 물체가 올라가는 도중, 물체가 최고점에 도달한 경우 그리고 물체가 내려오는 동안에 물체에 작용한 힘은 어떻게 될까?

질량이 m인 물체가 초속도 v_o를 가지고 수직 위쪽으로 운동을 시작하면 t초 후에 물체의 속도는 $v(t) = v_o - gt$ 와 같이 표현된다. 여기서 $(-)$부호가 붙은 이유는 초속도의 방향과 중력가속도의 방향이 서로 반대방향이기 때문이다. 따라서 이러한 가속도를 가지고 위쪽방향으로 운동하는 동안에 물체의 가속도의 크기는 중력가속도(g)와 같으므로 물체의 무게는 mg 이다. 물체가 가장 높이 올라간 위치에서 물체의 속도는 "0"이 되며, 물체에 작용하는 힘은 중력만이 작용하므로 물체의 무게는 역시 mg 이다. 한편, 최고 높이에서 물체가 순간적으로 정지하게 되므로, 정지상태에서 수직 아래방향으로 내려오는 동안에 물체는 중력가속도 g 를 가지고 가속운동을 하게 되므로, 물체의 무게는 역시 mg 이다. 따라서 물체의 무게는 운동 중에 변하지 않는다.

Q37 모든 물체에 작용하는 중력의 크기는 질량에 비례한다. 무거운 물체가 가벼운 물체보다 더 빨리 떨어지지 않는 이유는 무엇일까?

질량이 m 인 모든 물체에 작용하는 중력의 크기($= mg$)는 떨어지는 물체의 질량에 비례하므로 질량이 클수록 물체의 무게는 증가하여 무거운 물체에 더 많은 힘이 작용한다. 하지만, 뉴턴의 운동 제2법칙인 $F = ma$ 에 이를 적용하여 보면, $mg = ma$ 와 같은 결과가 얻어지므로 물체의 가속도는 $a = g$ 로 물체의 질량과는 관계가 없다. 따라서 무거운 물체와 가벼운 물체에 작용하는 중력의 크기는 서로 다르지만, 가속도가 서로 같으므로 동시에 무거운 물체와 가벼운 물체를 떨어뜨리면 같은 속도를 가지고 떨어지게 된다.

이러한 설명은 물체의 모양이나 공기의 저항을 고려하지 않은 진공 중에서의 물체의 운동에 적용된다. 건물 옥상에서 돌과 종이를 동시에 떨어뜨리는 경우에 돌이 빨리 떨어지는 이유는 공기에 의한 저항력이 서로 다르기 때문이다.

Q38 같은 높이에서 큰 빗방울과 작은 빗방울이 동시에 떨어지면 어느 빗방울이 먼저 지면에 떨어질까?

빗방울의 크기는 보통 0.1~5 mm 의 크기를 가지는 것으로 알려져 있으며, 특별한 경우에는 8 mm 의 크기를 가지는 빗방울도 있는 것으로 알려져 있다. 빗방울의 낙하속도는 직경에 비례하여 크기가 클수록 빨리 떨어진다. 같은 높이에서 크기가 큰 빗방울과 작은 빗방울이 동시에 떨어지는 경우를 생각하여 보자(그림 2.41 참조).

빗방울이 떨어지게 되면 공기의 저항을 받게 되는데 이러한 저항력은 빗방울의 단면적에 비례하며 빗방울의 속력이 증가함에 따라서 공기 저항력도 증가한다. 이러한 공기 저항력과 지구 중심방향으로 빗방울을 잡아당기는 중력의 크기가 같아지면 빗방울에 작용하는 알짜 힘이 “0”이 되므로 빗방울은 등속운동을 하게 된다. 이처럼 빗방울이 등속운동을 시작하는 빗방울의 속력을 종단속력이라고 한다.

빗방울의 크기가 크면, 작은 빗방울에 비해서 무게가 무겁기 때문에 종단속도에 도달할 때까지 가속운동을 더 오랫동안 하게 된다. 큰 빗방울이 오랫동안 가속운동을 하므로, 큰 빗방울의 종단속도가 작은 빗방울의 종단속도에 비하여 크다. 따라서 같은 높이의 정지상태에서 빗방울이 떨어지기 시작하면, 크기가 큰 빗방울이 작은 빗방울에 비하여 더 긴 시간동안 가속운동을 함과 동시에, 종단속도의 크기가 더 크므로 큰 빗방울이 먼저 지면에 도달한다.

여기서 한 가지 의문점이 생길 수 있다. 즉, 공기의 저항력은 빗방울의 단면적에 비례한다고 하였으므로, 큰 빗방울에 더 큰 공기 저항력이 발생하여 속도가 더 작아질 것으로 생각할 수 있다. 빗방울의 밀도(ρ)는 큰 빗방울이나 작은 빗방울이나 같다. 빗방울의 반경을 r이라고 가정하면 단면적은 πr^2으로 반경의 제곱에 비례하지만, 빗방울에 작용하는 중력은 $mg = \rho Vg = \rho \frac{4}{3}\pi r^3 g$ 와 같이 반경의 3제곱에 비례한다. 따라서 빗방울의 반경이 커질수록 공기 저항력에 의한 효과보다는 중력의 효과가 더 커진다.

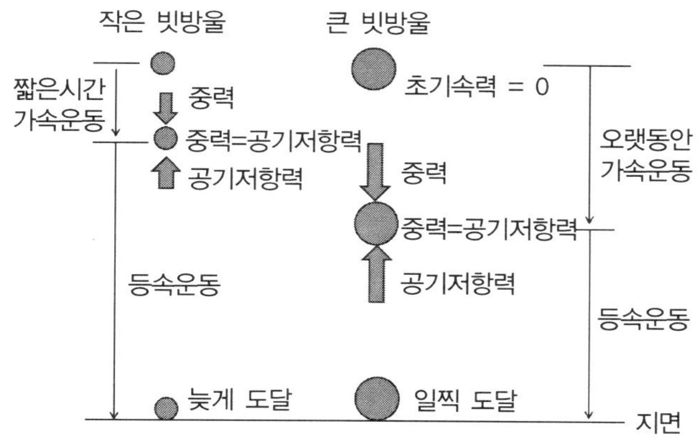

[그림 2.41] 크기가 서로 다른 두 빗방울의 낙하운동

위에서 설명한 바와 같은 유형으로서, 공기 중에서 깃털과 쇠구슬을 같은 높이에서 떨어뜨리는 경우에 쇠구슬이 먼저 지면에 떨어지며, 같은 크기의 낙하산을 타고 내려오는 경우에 몸무게가 많이 나가는 사람이 몸무게가 작은 사람에 비하여 먼저 지면에 도달한다. [참고자료 20]

Q39 직경이 똑같이 5 cm 인 스티로폼(밀도는 공기보다 크다) 공과 쇠공을 바람이 없는 날 5층의 옥상에서 동시에 아래로 떨어뜨리면 쇠공이 먼저 떨어진다. 하지만 공기가 없는 진공에서는 동시에 떨어지는데 그 이유는 무엇인가?

공기 중에서 떨어뜨리면 공기들에 의해 부력이 발생하는데, 공의 크기가 같으므로 부력은 같게 된다. 따라서 공들에 작용하는 힘과 가속도를 구해보면 식 (2.33)과 같다.

$$mg - F_{부력} = ma \quad \Rightarrow \quad a = g - \frac{F_{부력}}{m} \tag{2.33}$$

스티로폼 공의 질량을 m_1, 쇠공의 질량을 m_2라고 하면, $m_2 \gg m_1$의 관계가 성립하여 스티로폼 공의 가속도가 쇠공에 비하여 훨씬 작게 된다. 따라서 쇠공이 먼저 떨어진다. 하지만, 진공에서는 부력이 발생하지 않으므로 가속도가 같게 되어 동시에 지면에 떨어지게 된다.

Q40 무게가 20 g 이고 밀폐된 투명용기가 전자저울 위에 놓여있다. 투명용기의 안쪽 천정에 무게가 5 g 인 벌레가 붙어 있다. ⓐ 벌레가 벽에서 떨어져 투명용기 안쪽의 중간지점에서 날고 있다고 할 때, ⓑ 벌레가 갑자기 죽어서 천정에서 바닥으로 떨어지는 동안에 전자저울이 가리키는 무게는 얼마인가?

밀폐된 용기의 무게가 20 g 이다. 벌레가 용기 안에서 날기 위해서는 날개 짓을 하여 자신의 무게에 해당하는 만큼 아랫방향으로 공기를 밀어내야 한다. 이러한 힘이 공기를 통하여 최종적으로 저울에 전달된다. 따라서 ⓐ 벌레가 벽에서 떨어져 투명용기 안쪽의 중간지점에서 날고 있는 경우에 저울은 벌레와 용기의 무게를 더한 총 25 g 을 가리킨다. 하지만, 벌레가 갑자기 죽어서 천정에서 바닥으로 떨어지는 동안에는 자유낙하를 하게 되므로, 저울에 영향을 미치지 않는다. 따라서 죽은 벌레가 떨어지는 동안에는 저울은 투명용기만의 무게인 20 g 을 가리킨다.

Q41 어떤 사람이 정지상태인 엘리베이터 안에 놓인 체중계 위에 올라갔을 때 몸무게는 60 kg 이었다. 엘리베이터가 정지상태에서 2.0 m/s^2 의 가속도로 올라가는 경우와 내려오는 경우에 저울이 가리키는 사람의 몸무게는 얼마가 되겠는가?

저울이 물체를 떠받치는 힘(무게: W), 물체에 작용하는 중력(mg) 그리고 물체의 가속도에 기인한 힘(ma)을 고려하면 문제에 대한 답을 구할 수 있다.

ⓐ 올라가는 경우에는 $W-mg=ma$ 라는 수식이 만들어지므로 저울이 가리키는 무게는 $W=m(g+a)=60(9.8+2.0)=708\ \mathrm{kg\cdot m/s^2}=708\ N\ (1N=1\mathrm{kg\cdot m/s^2})$이 된다.

ⓑ 내려오는 경우에는 $W-mg=-ma$ 라는 수식이 만들어지는데, 수식의 오른쪽에 (−)부호가 붙은 것은 올라가는 경우에 가속도의 방향을 (+)로 정했으므로, 내려오는 경우는 반대가 되어(−)부호가 붙은 것이다. 따라서 저울이 가리키는 무게는 $W=m(g-a)=60(9.8-2.0)=468\ \mathrm{kg\cdot m/s^2}=468N$ 이 된다.

Q42 적도 부근에서의 몸무게와 남극 또는 북극에서의 몸무게를 비교해 보면 어디에서 더 큰 값을 나타날까? 물론 같은 사람의 몸무게를 측정한다고 가정한다.

질량이 m 인 물체가 반경이 R 인 원을 그리면서 운동하는 경우에, 물체에는 원심력이 작용한다.

지구의 반경이 6,370,000 m 이므로 물체에 작용하는 구심가속도(a)는

$$a=\frac{v^2}{R}=\frac{463^2}{6370\times 1000}=0.034\ \mathrm{m/s^2} \qquad (2.34)$$

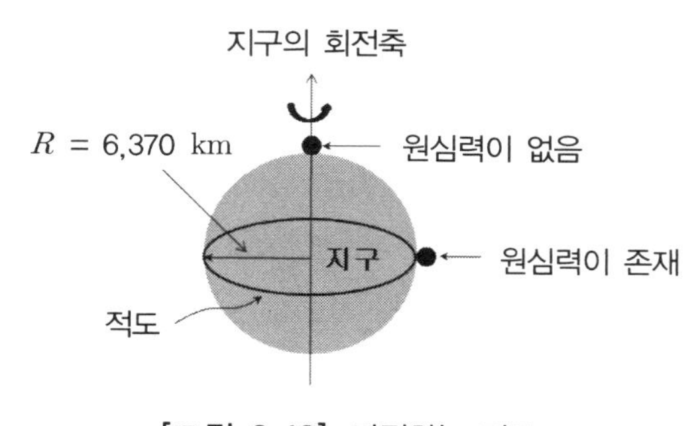

[그림 2.42] 자전하는 지구

으로 지표면에서의 중력가속도 크기의 3.46 %정도이다. 지구가 지구의 회전축을 중심으로 하루에 한 바퀴씩 자전하므로, 적도에 있는 사람은 463 m/s (1666 km/h)의 속력으로 회전하고 있는 결과가 된다. 따라서 적도에 있는 사람은 사람의 질량에 구심가속도를 곱한 크기의 원심력을 받게 된다.

따라서 사람의 질량을 60 kg이라고 하면 적도에서 저울이 가리키는 몸무게는 원심력에 기인한 크기만큼 몸무게가 작아진다. 즉 $60 \times (9.8 - 0.034) = 585.96\ N$이다. 하지만 북극 또는 남극에서는 원심력이 작용하지 않으므로 원래의 몸무게인 588 N을 가리키게 된다.

Q43 **지표면 근처에서 물체를 그림 2.43와 같이 초속도 v_0로 수평면과 30°의 각도로 발사하였더니, 발사지점으로부터 수평거리가 R인 지점에 도달하였다. 발사각도를 θ_1으로 변경하여 발사하더라도 같은 지점에 도달하였다고 할 때에 θ_1은 얼마일까? 물론, 공기의 저항은 무시한다.**

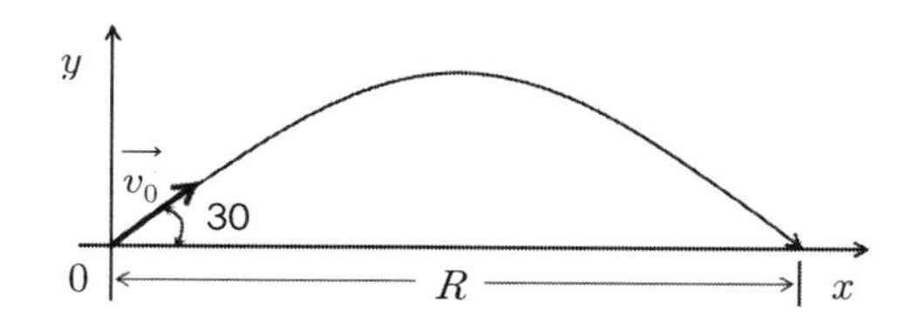

[그림 2.43] 수평면과 30°로 발사된 물체의 운동경로

수평면과 30°의 각을 이루면서 초속도 v_0로 발사된 물체의 수평방향의 초기속력은 $v_0\cos 30°$, 수직방향의 초기속력은 $v_0\sin 30°$이다. 따라서 최고 높이에서의 수직방향의 속력(v_y)은 "0"이므로, 최고높이까지 올라가는 데 걸리는 시간은 다음과 같다.

$$v_y = v_0\sin 30° - gt \quad \Rightarrow \quad 0 = v_0\sin 30° - gt \quad \Rightarrow \quad t = \frac{v_0\sin 30°}{g} \qquad (2.35)$$

발사체가 공중에서 날아가는 시간은 최고 높이까지 도달하는 시간의 2배(올라가는 시간과 내려오는 시간은 서로 같다.)이다. 공기의 저항을 무시하면, 수평방향의 속력은 크기가 변하지 않으므로 수평도달거리(R_1)는 수평방향의 속력에다가 비행시간을 곱해주면 식 (2.36)과 같이 얻어진다.

$$R_1 = v_0 \cos 30° \frac{2v_0 \sin 30°}{g} = 2\, v_0 \cos 30°\ v_0 \sin 30° / g \qquad (2.36)$$

이제 발사각도를 60°로 하여 발사하는 경우에 발사체의 수평방향의 속력은 $v_0\cos 60°$, 수직방향의 초기속력은 $v_0\sin 60°$이다. 이 경우에 최고점에 도달하는 시간은 $t = \dfrac{v_0 \sin 60°}{g}$이다. 따라서 수평도달거리($R_2$)는 식 (2.37)과 같이 얻어진다.

$$R_2 = v_0 \cos 60° \frac{2v_0 \sin 60°}{g} = 2\, v_0 \cos 60°\ v_0 \sin 60° / g \qquad (2.37)$$

그런데 $\cos 60° = \sin 30°$, $\sin 60° = \cos 30°$이므로, 식 (2.36)과 (2.37)을 비교하여 보면 R_1과 R_2가 같음을 알 수 있다.

위의 내용을 일반화시켜 $\theta_1 + \theta_2 = 90°$인 경우에, θ_1으로 발사된 물체는 θ_2로 발사된 물체와 수평방향으로 같은 거리만큼 날아가게 된다. 이를 수학적으로 증명하는 일을 어렵지 않으니, 여러분 스스로 하여 보기를 바란다.

Q44 그림 2.44와 같이 전함에서 동시에 포탄 2발을 발사하였다. 전함에서 가까이 있는 적함과 멀리 떨어져 있는 적함 중에서 어느 쪽의 적함에 먼저 포탄이 떨어지겠는가? 단 공기의 저항은 무시하고, $\theta_1 > \theta_2$이다.

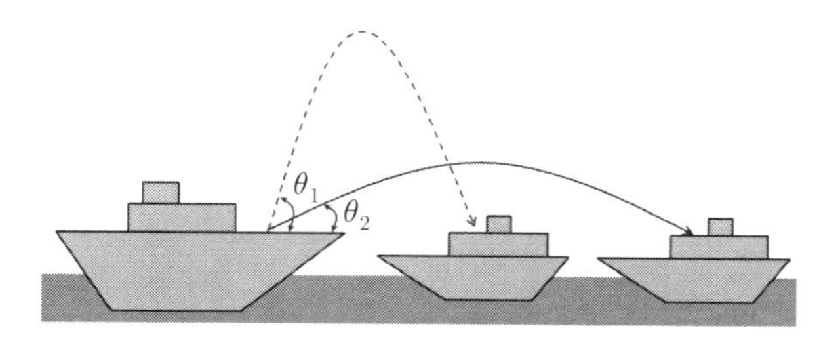

[그림 2.44] 배에서 동시에 발사된 2개의 포탄

문제의 요점이 어느 쪽의 배에 포탄이 먼저 떨어지냐에 대한 문제로 포탄이 공중에 머무르는 시간에 대한 정보만을 요구하고 있다. 따라서 문제의 요지를 잘 파악하느냐에 따라서 쉽게 답을 할 수도 있고 못하기도 한다.

포탄이 초기속력 v_0를 가지고 수평과 θ의 각도로 발사되는 경우에 초기속력의 수직방향 성분은 $v_0\sin\theta$가 되므로 최고 위치에 도달하는 시간(t)은 $v_0\sin\theta/g$로 주어진다. 따라서 공중에 머무르는 시간은 최고점을 향하여 올라가는 시간과 최고

점으로부터 지면으로 내려오는 데 걸리는 시간이 같으므로, 공중에 머무르는 총시간은 최고점에 도달하는 시간의 2배가 된다.

발사각이 클수록 공중에 머무르는 시간이 길어지므로, 문제에서 주어진 조건($\theta_1 > \theta_2$)으로 발사되면, θ_1의 각으로 발사된 경우에 공중에 머무르는 시간이 더 길어진다. 따라서 θ_2의 각도를 가지고 발사되는 경우에 적함에 포탄이 먼저 도달하기 때문에 발사함대로부터 멀리 떨어진 적함에 포탄이 먼저 떨어진다.

참고로 수직 위쪽방향으로 발사하는 경우에 공중에 머무르는 시간은 가장 길다.

Q45 그림 2.45은 원통형 나무 막대와 2개의 원뿔모양의 물체를 결합하여 만든 이중 원뿔형 물체를 똑같은 V–형 나무 목재 트랙 위에 올려놓은 모습을 나타낸 것이다. 원통형 나무 막대는 예상했던 바와 같이 높은 데에서 낮은 곳으로 운동을 한다. 즉, 오른쪽에서 왼쪽으로 굴려 내려온다. 그렇다면 2개의 원뿔모양의 물체를 결합하여 만든 물체는 어떤 운동을 하며. 그 이유는 무엇인가?

그림 2.45(a)에서 원형 점으로 표시된 지점 C는 지점 A보다 지면으로부터 높은 곳에 위치한다. 따라서 원통모양의 물체를 "V"자 모양의 트랙 위에 올려놓으면 지점 C로부터 지점 A쪽으로 굴러간다는 것을 쉽게 알 수 있다. 하지만, 그림 2.45(b)에서와 같이 원뿔모양의 물체를 결합한 2중 원뿔을 "V"자 모양의 트랙 위의 지점 A와 B사이의 중간지점에 올려놓으면 어떻게 될까? 이를 이해하기 위해서는 그림 2.46을 생각하여 보자. 물론 2.45(b)의 경우에도 지점 C는 지점 A보다 평면으로부터 더 높다.

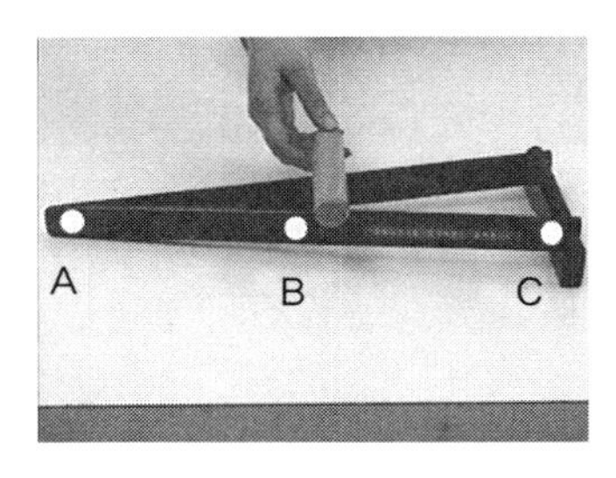

(a) 원통형 막대의 운동

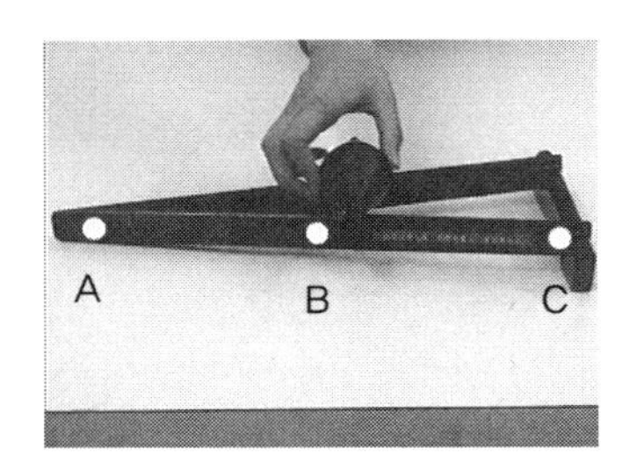

(b) 이중 원뿔의 운동

[그림 2.45] 경사면에서의 물체의 운동 [참고자료 21]

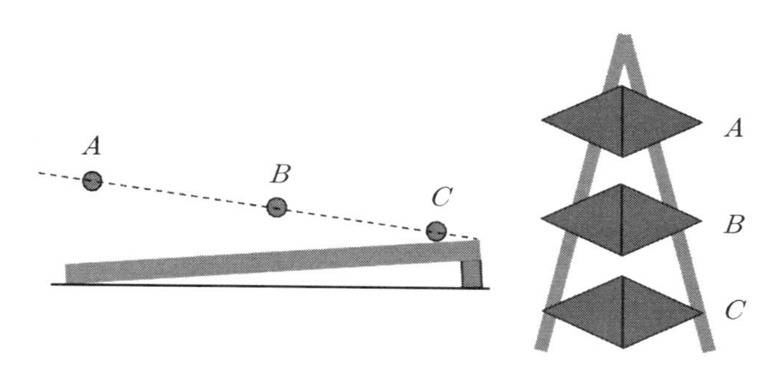

(a) 원뿔의 무게중심 이동　(b) 2개 결합된 원뿔 이동

[그림 2.46] 2개의 원뿔모양의 물체가 결합된 2중 원뿔의 운동

2개 원뿔이 결합된 물체가 트랙을 따라 이동하면 무게중심이 그림 2.46(a)에서와 같이 변하게 된다. "V"자 모양의 트랙에서 지점 C는 지면으로부터 가장 높은 곳에 위치하고 있으나, 2개 원뿔이 결합된 물체의 무게중심은 가장 낮은 곳이 된다.

여기서 주목할 것은 2개 원뿔이 결합된 물체가 "V"자 모양의 트랙 위에서 접촉하는 지점을 생각하여보면 원뿔모양 물체의 무게중심이 그림 2.46(a)에서와 같이 변한다는 것을 알 수 있다. 즉, 2개 원뿔이 결합된 물체가 지점 A에 있으면 무게중심이 지점 B와 C에 비하여 높다. 따라서 원통형 막대는 오른쪽에서 왼쪽으로 이동하지만, 2개 원뿔이 결합된 물체는 원통형 막대의 운동방향과 반대인 왼쪽에서 오른쪽으로 이동하게 된다.

알고 보면 원뿔형 물체도 위로 올라가는 것이 아니라 원뿔형 물체의 각도와 "V"자 모양의 트랙의 구조에 기인하여 실제적으로는 무게중심이 아래로 이동하는 것이다. [참고자료 21]

Q46 그림 2.47과 같이 평면위에 놓인 3물체들 사이의 상대적인 안정도는 어느 물체가 가장 좋을까?

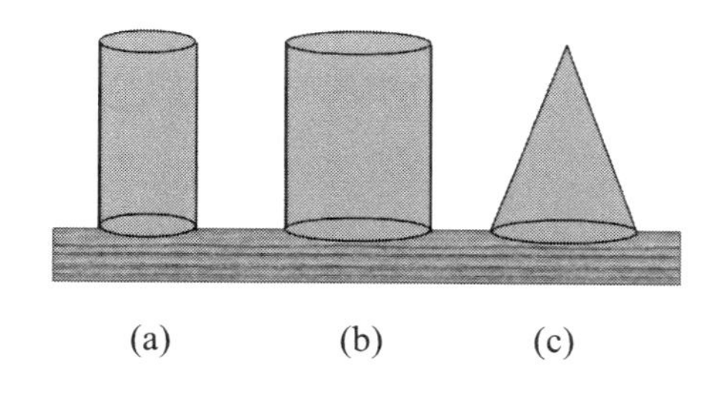

(a)　(b)　(c)

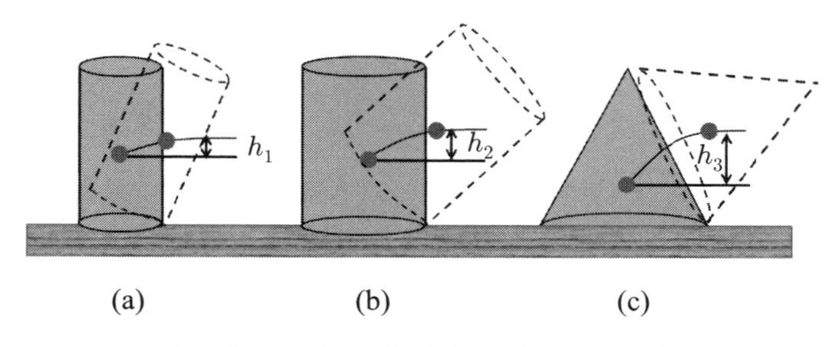

[그림 2.47] 평면 위에 놓인 3개의 물체

주어진 3개의 물체를 각각 옆으로 기울이면 질량중심(원형 점으로 표시)이 올라가게 되는데, 이는 주어진 3개의 물체가 안정상태에 놓여 있다는 것을 의미한다. 이처럼 안정상태에 놓인 물체를 옆으로 기울이면, 각 물체의 질량중심(또는 무게중심)의 변화가 그림 2.47에서 보는 바와 같이 원뿔형의 물체가 가장 크다. 즉, $h_1 < h_2 < h_3$의 관계가 성립함을 알 수 있다. 따라서 무게가 서로 같은 이들 물체를 옆으로 기울여서 넘어뜨리기 위해서는 원뿔형의 물체에 가장 많은 양의 일을 해 줘야 된다는 것을 의미하므로 원뿔형의 물체가 가장 안정한 상태에 놓여 있다는 것을 알 수 있다. [참고자료 22]

Q47 시속 50 km/h 의 속력으로 달리던 자동차가 브레이크를 밟으면 15 m 의 거리를 이동한 후 정지한다. 만약에 자동차의 속력이 150 km/h 로 3배 빠른 경우, 브레이크를 밟으면 얼마의 거리를 이동하여 정지할까?

어떤 물체에 해준 일(W)은 물체에 가해준 힘(f)에 물체의 이동거리(d)를 곱해준 것으로 $W = fd$와 같이 표현된다. 자동차의 브레이크를 밟으면 바퀴와 도로 사이에 마찰력(f)이 생기며, 이러한 마찰력에 의하여 자동차는 정지하게 된다. 자동차 바퀴와 도로 사이에 작용하는 마찰력이 자동차에 해 준 일은 자동차의 처음 운동에너지를 "0"로 변화시키는 것이다.

자동차의 속력이 50 km/h 에서 150 km/h 로 3배 증가하면, 운동에너지($E = \frac{1}{2}mv^2$)는 9배 증가하게 된다. 도로와 자동차 바퀴사이에 작용하는 마찰력은 같고 운동에너지는 9배 증가하였으므로, 마찰력이 한 일도 9배 증가해야 한다. 이는 운동중인 자동차가 정지하는 데까지 이동한 거리가 9배 증가한다는 의미이므로, 15 m 의 9배에 해당하는 135 m 를 미끄러진 후에 자동차는 정지하게 된다.

Q48 그림 2.48은 어떤 물체의 운동을 나타낸 것으로 수평축은 시간(t), 그리고 수직축(y)은 물체의 위치를 나타낸 것이다. 이 그래프를 바탕으로 시간(t)에 대한 물체의 속도(v)를 그래프로 나타내면 어떤 모양일까?

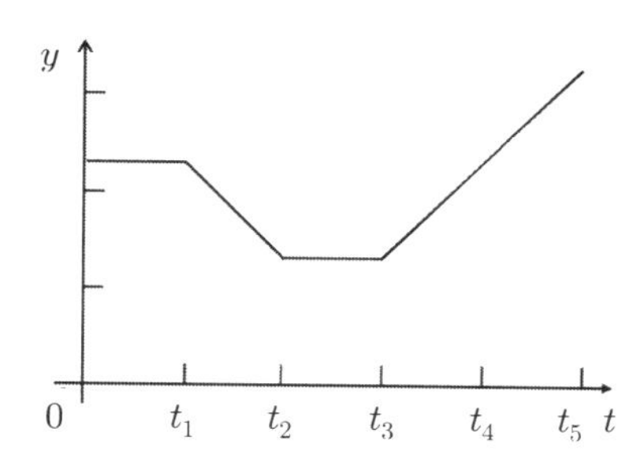

[그림 2.48] 시간에 따른 물체의 위치

그림 2.48에 시간에 따른 물체의 위치가 주어져 있으며, 이를 바탕으로 시간에 따른 물체의 속도를 구하는 문제이다. $t = 0$ 에서 $t = t_1$ 까지는 물체의 위치가 변하지 않았으므로, 물체의 속도는 "0"이다. $t = t_1$ 에서 $t = t_2$ 까지는 원점에서 물체까지의 거리가 일정하게 감소하였으므로, 속도는 등속도로서 (−)값을 가진다. 또한 $t = t_2$ 에서 $t = t_3$ 까지는 물체의 위치가 변하지 않았으므로, 속도는 다시 "0"임을 의미한다. 마지막으로 $t = t_3$ 에서 $t = t_5$ 까지는 원점에서 물체까지의 거리가 일정하게 증가하였으므로, 속도는 등속도로서 (+)값을 가진다는 것을 알 수 있다.

위의 설명을 바탕으로 시간에 따른 물체의 속도를 그래프로 그리면 그림 2.49와 같다.

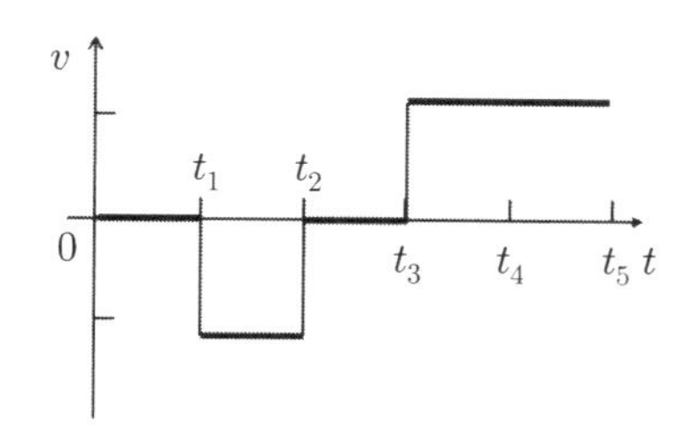

[그림 2.49] 시간에 따른 물체의 속력

Q49 그림 2.50과 같이 뚜껑이 없고 옆에 작은 구멍이 나 있는 물통에 물을 넣어 지면으로부터 높은 곳에서 물통을 자유낙하시키면 물통 속의 물은 구멍을 통하여 흘려 나올까?

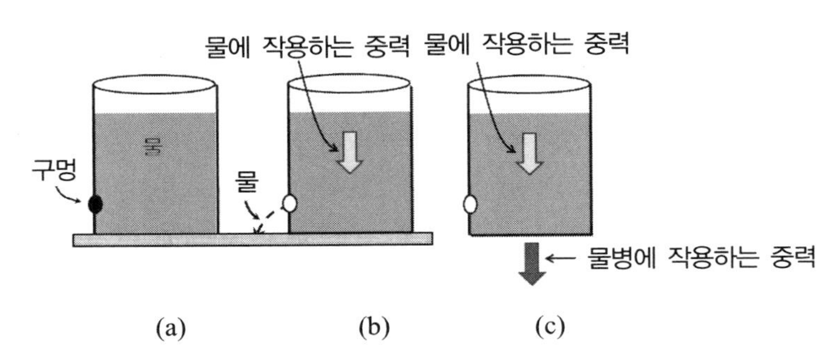

[그림 2.50] (a) 마개를 막은 물통, (b) 정지상태의 물통, (c)자유낙하중인 물통

그림 2.50(b)에서와 같이 막았던 구멍을 열면 물은 구멍을 통하여 흘러 나오게 된다. 이는 중력이 물을 지구의 중심방향으로 잡아당기기 때문이다. 하지만, 그림 2.50(c)에서와 같이 자유낙하하는 동안에 물은 구멍을 통하여 흘러나오지 않는다. 물론 이 경우에도 지구의 중심방향으로 향하는 중력은 작용한다. 하지만 자유낙하하는 경우에 물과 물통이 같은 속도를 가지고 낙하하기 때문에, 물이 구멍을 통하여 흘러나오지 않는 법이다.

이는 엘리베이터 안에 들어 있는 저울에 사람이 올라가 있는 상태에서 엘리베이터 줄이 끊어지게 되면, 엘리베이터, 사람 및 저울이 동시에 똑같은 중력가속도를 가지고 자유낙하를 하게 되어 저울이 가리키는 사람의 몸무게가 "0"이 되는 원리와 같다. [참고자료 23]

Q50 동일 광원으로부터 서로 반대방향으로 움직이는 2개의 광자를 생각하여 보자. 이때, 한 광자에 대한 다른 광자의 상대속도는 얼마가 되겠는가?

그림 2.51에서와 같이 직선 위에서 두 물체가 서로 반대방향으로 같은 크기의 속력(v)을 가지고 운동하고 있다. 물체 1의 속력을 $v_1 = v$라고 표현하면, 물체 2의 속력은 $v_2 = -v$로 표현된다. 따라서 이들의 상대속력을 v_{12}라고 하면, $v_{12} = v_1 - v_2 = 2v$ 이 된다. 하지만, 물체의 속력이 $c/2$보다 크게 되면, 상대속력 (v_{12})은

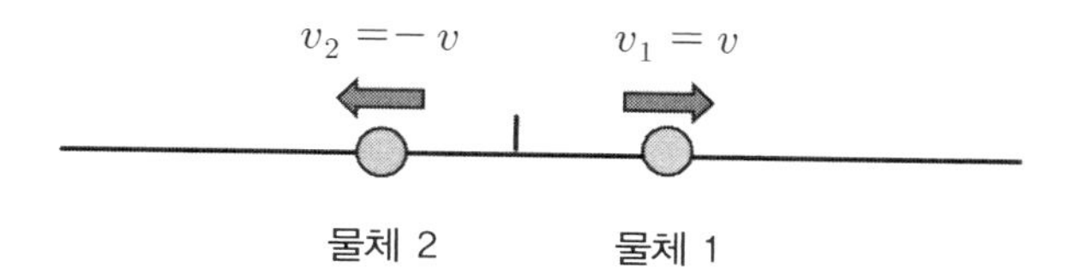

[그림 2.51] 일직선 위에서 서로 반대방향으로 운동하는 두 물체

광속 c보다 크게 된다.

상대성 이론에 의하면 물체의 속력은 기준좌표계에 대해서 광속보다 더 빠를 수는 없다. 따라서 이러한 조건을 만족하기 위해서는 상대속력에 대한 표현식이 수정되어야 하며, 수정된 상대론적 상대속력에 대한 표현식은 식 (2.38)과 같이 표현된다.

$$v_{12} = \frac{v_1 - v_2}{1 - v_1 v_2 / c^2} \tag{2.38}$$

따라서 서로 반대방향으로 같은 속력 v를 가지고 운동하는 두 물체에 대한 상대론적 상대속력은

$$v_{12} = \frac{v_1 - v_2}{1 - v_1 v_2 / c^2} = \frac{2v}{1 + v^2 / c^2} \tag{2.39}$$

와 같다.

일상생활에서 경험하는 속력들(자동차, 야구공, 비행기 등)은 광속보다 매우 작다. 즉, $v_1, v_2 \ll c$이므로, 상대속력에 대한 식 (2.39)의 분모에서 $v_1 v_2 / c^2 = v^2 / c^2 \simeq 0$이 된다. 그러므로 일상생활에서 사용되는 상대속력에 대한 표현식인 $v_{12} = v_1 - v_2 = 2v$은 매우 정확한 근사식이라고 볼 수 있다. 하지만, 물체의 속력이 광속에 가까워지면, 이에 대한 표현식은 맞지 않으므로 상대론적 상대속도에 대한 표현식을 사용해야 한다. 본 문제에서와 같이 일직선 위에서 서로 반대방향으로 c의 속력으로 운동하는 두 광자에 대한 상대론적 상대속력은 식 (2.40)과 같다.

$$v_{12} = \frac{v_1 - v_2}{1 - v_1 v_2 / c^2} = \frac{2c}{1 + c^2 / c^2} = c \tag{2.40}$$

식 (2.40)에서와 같이 상대론적 상대속도에 대한 표현식을 이용하여 상대속력을 구하면, 서로 반대방향으로 광속 c를 가지고 운동하는 두 광자에 대한 상대속력이

c가 되어 상대론에 위배되지 않는다. [참고자료 24]

Q51 일직선 위에서 일정한 속도로 운동하는 자동차 안에서 수직 위쪽으로 공을 던지면, 공은 어디에 떨어질까? 물론 자동차의 속도는 일정하며, 공에 작용하는 공기에 의한 마찰력은 없다고 가정한다.

이 문제는 물체의 운동에서 수평방향의 운동과 수직방향의 운동은 서로 연관이 없다는 것을 설명하여 준다. 수평으로 놓인 일직선 위에서 일정한 속도로 운동하고 있는 자동차에서 공이 수직위쪽으로 던져졌기 때문에 공은 자동차와 똑같은 수평방향의 속도를 가지게 된다. 따라서 공은 수평방향으로 자동차와 같은 속도를 가지고 운동하게 되므로 자동차와 항상 같은 위치에 있게 되어, 자동차에서 수직 위쪽으로 던져진 공은 던져진 원래의 위치로 되돌아온다.

이러한 현상은 일정한 속도로 움직이는 자동차 안에서 손에 잡고 있던 공을 위로 던지면, 던진 손으로 공이 다시 되돌아오는 것을 통하여 알 수 있다. 즉, 자동차 안에 있는 사람(그림 2.52에서 관측자 A)이 공을 보면, 공은 똑바로 위로 올라갔다가 똑바로 아래로 떨어지는 것을 관측하게 된다. 하지만, 자동차 바깥의 땅 위에 서있는 사람(그림 2.52에서 관측자 B)이 보았을 경우에, 공은 포물선 운동을 한다고 관측하게 된다. [참고자료 25~26]

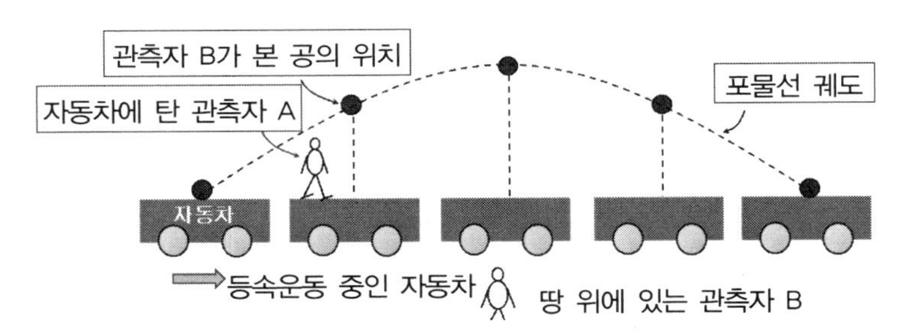

[그림 2.52] 자동차 안에서 수직 위로 던져진 물체의 운동경로

Q52 실험자 A는 지면으로부터 높이가 h 인 곳에서 단단한 볼을 수직 아래로 자유낙하시켰다. 반면에 실험자 B는 수평방향으로 일정한 속도 v_0 로 달리는 자동차의 창문을 통하여 돌맹이를 아래로 떨어뜨렸으며 돌멩이를 떨어뜨린 곳의 높이는 지면으로부터 h 이다. 두 실험자가 실험을 수행한 곳의 중력가속도(g)는 일정하고 공기의 저항을 무시한 경우에 ⓐ 돌맹이와 볼 중, 어느 것이 먼저 바닥에 떨어지는가? ⓑ 바닥에 부딪치는 순간속력은 어느 쪽이 더 크겠는가? ⓒ 두 물체가 바닥에 부딪치기 전에 이동한 거리는 어느 쪽이 더 크겠는가?

ⓐ 이는 상대속도에 대한 문제로서 땅에 서 있는 관측자 C가 보았을 때에, 실험자 A가 떨어뜨린 볼은 자유낙하하게 된다. 지면으로부터의 높이가 h 라고 하면, 볼이 땅에 떨어지는 데 걸린 시간(t_A)은 $t_A = \sqrt{2h/g}$ 이다. 한편, 실험자 B는 수평방향으로 등속운동을 하는 자동차에서 떨어뜨렸으므로, 돌맹이가 땅에 떨어지는 것은 자유낙하운동에서와 같다. 따라서 땅에 떨어지는 데 걸린 시간(t_B)은 볼이 땅에 떨어지는 데 걸린 시간과 똑같은 $t_B = \sqrt{2h/g}$ 이다.

ⓑ 관측자 A가 떨어뜨린 볼은 정지상태에서 떨어지기 시작하였고 일정한 중력가속도 g를 가지고 가속운동을 하므로 땅에 부딪치는 순간에 순간속력(v_A)은 $v_A = \sqrt{2gh}$ 가 된다. 한편, 지면에서 정지한 관측자 C가 보았을 때, 관측자 B가 떨어뜨린 돌맹이는 수평방향의 속력(v_0)과 수직방향의 속력(gt)을 가지므로 식 (2.41)과 같이 표현된다.

$$\vec{v}_B = v_0\,\hat{x} + g t\,\hat{y} \tag{2.41}$$

식(2.41에서 화살표는 속도(v_B)가 벡터임을 의미하고, $\hat{x}$ 는 수평방향, 그리고 $\hat{y}$ 는 수직방향을 의미한다. 벡터라는 것은 어떤 물리량이 크기와 함께 방향을 가지고 있다는 의미이다. 따라서 돌이 땅에 부딪치는 순간의 순간속도의 크기는 $v_B^2 = v_0^2 + (\sqrt{2gh})^2$ 이 되므로 바닥에 부딪치는 순간에 돌맹이의 순간속력이 볼보다 더 크다.

ⓒ 볼이 떨어지면서 이동한 수직거리는 h 이다. 하지만, 돌맹이가 같은 시간동안에 이동한 거리(s)는 등가속도 운동하는 물체에 대한 식을 사용하여 구하면 식(2.42)와 같다.

$$\vec{s} = v_0 t\hat{x} + \frac{1}{2} g t^2 \hat{y} \quad \rightarrow \quad s^2 = v_0^2 \left(\frac{2h}{g}\right) + h^2 \tag{2.42}$$

따라서 돌맹이가 같은 시간동안에 더 많이 이동하였음을 알 수 있다.

Q53 같은 재질로 만들어진 2개의 풍선이 있다. 그림 2.53과 같이 같은 재질의 큰 풍선과 작은 풍선이 튜브를 통하여 연결되어 있으며, 튜브의 중간에 공기의 흐름을 차단하는 밸브가 있다. 밸브를 열어 두 풍선 사이에 공기의 흐름이 자유롭게 되면, 어떤 현상이 일어날까?

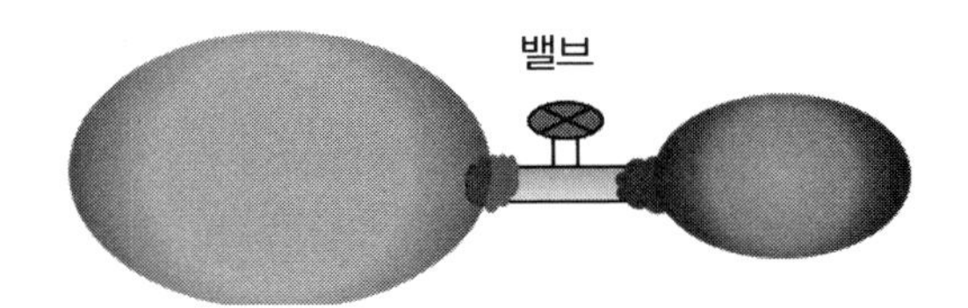

[그림 2.53] 서로 연결된 2개의 풍선

크기가 서로 다르나 같은 재질로 만들어진 2개의 풍선이 튜브로 연결되어 있다. 2개 풍선사이의 공기흐름은 튜브에 연결된 밸브에 의하여 조절되는데, 밸브가 열리면 일반인들이 생각하듯이 서로 공기를 주고받으면서 크기가 같아질 것이라는 생각과는 달리 작은 풍선은 더 작아지고 큰 풍선은 더 커진다. 이러한 현상에 대해서는 1978년 David Merritt과 Fred Weinhaus에 의하여 이론적으로 설명되었다.

그림 2.54는 이상적인 고무풍선의 크기에 따른 풍선의 압력관계를 나타낸 곡선으로, r_0는 공기를 넣기 전에 풍선의 반경을 의미하며, r은 공기를 넣었을 때의 반경이다. 그림 2.54에서 최대 압력은 풍선의 반경(r)이

$$r = r_p = 7^{1/6} r_0 \approx 1.38\, r_0 \tag{2.43}$$

인 경우이다.

그림 2.54에서와 같이 풍선에 공기를 넣으면, 풍선의 크기가 커지면서 압력이 최고치까지 갑자기 증가하다가, 공기를 더 넣으면 압력은 오히려 떨어지기 시작한다. 그림 2.54에서 2개의 원형모양의 점은 크기가 서로 다른 2개의 풍선에 대한 조건을 의미하여, 크기가 작은 풍선의 압력이 더 높음을 알 수 있다. 밸브가 열리면, 공기는 압력이 높은 곳에서 낮은 곳으로 흐르게 되어 압력이 낮은 곳의 풍선은 더

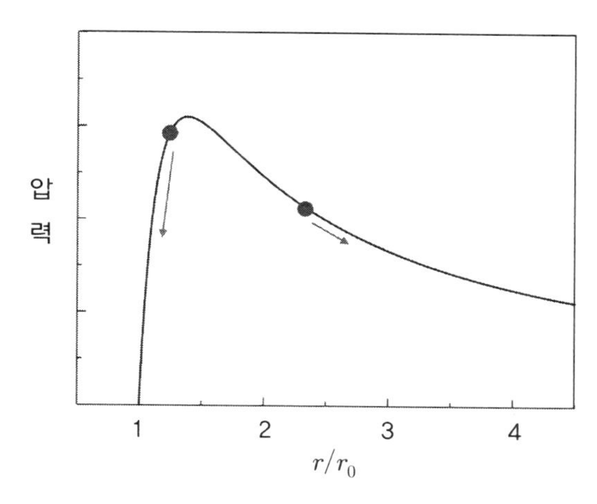

[그림 2.54] 풍선의 반경에 따른 풍선의 압력 [참고자료 28]

커지게 된다. 그림 2.54에서와 같이 작은 풍선의 압력이 큰 풍선의 압력보다 더 크므로 밸브가 열리면, 작은 풍선은 더 작아지고 큰 풍선은 더 커지게 되며, 두 풍선의 압력이 같을 때 두 풍선사이의 공기의 흐름은 중지된다.

작은 풍선의 압력이 더 크다는 것은 경험을 통하여 알 수 있다. 즉, 풍선을 입으로 불 때에, 처음에는 풍선을 부풀리기가 어려우나 어느 정도 크기가 커지면 쉽게 커지는 것을 보통은 경험하였을 것이다. 작은 풍선이 더 작아지고, 큰 풍선이 더 커지는 현상은 크고 작은 비눗방울들이 합쳐지는 과정을 조심스럽게 관찰하여 보면, 작은 비눗방울이 작아지면서 없어지고, 큰 비눗방울이 더 커지는 현상을 볼 수 있는 것과 같은 현상이다. 또한, 위의 내용과 관련된 동영상은 아래의 참고자료 27을 참조하기 바란다. [참고자료 28]

Q54 **그림 2.55와 같이 넓은 평판 위에 압축된 용수철을 사이에 두고 질량이 각각 m, M ($M > m$)인 두 물체가 놓여 있으며, 넓은 평판은 수평상태를 유지하고 있다. 이 상태에서 용수철이 팽창하여 두 물체가 서로 반대방향으로 움직이면, 평판은 수평상태를 유지할까? 물론 질량이 각각 m, M인 두 물체와 평판사이의 마찰계수와 같은 물리적 성질은 같다고 가정한다.**

용수철이 팽창하여 두 물체가 이동하더라도 물체의 평형조건인 ① 받침대의 뾰족한 끝에 작용하는 알짜 힘이 "0", ② 받침대의 뾰족한 끝에 작용하는 알짜 회전 능률이 "0"인 조건을 만족하게 된다. 압축된 용수철이 팽창하면서 질량이 각각 m,

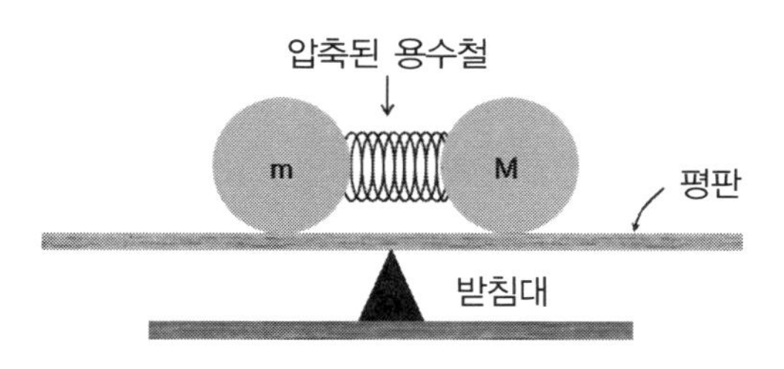

[그림 2.55] 받침대 위의 평판이 놓인 두 물체

M인 물체를 서로 반대방향으로 미는 힘은 서로 같다.

따라서 용수철이 미는 힘(F)에 기인한 질량 m인 물체의 가속도를 a, 그리고 질량이 M인 물체의 가속도를 a'이라고 하면, 질량이 각각 m, M인 물체의 가속도는 각각 $a = F/m$ $a' = F/M$와 같으며 용수철이 완전히 팽창한 t초 후에 각 물체가 이동한 거리는 $x_m = \frac{1}{2}at^2$, $x_M = \frac{1}{2}a't^2$ 와 같다.

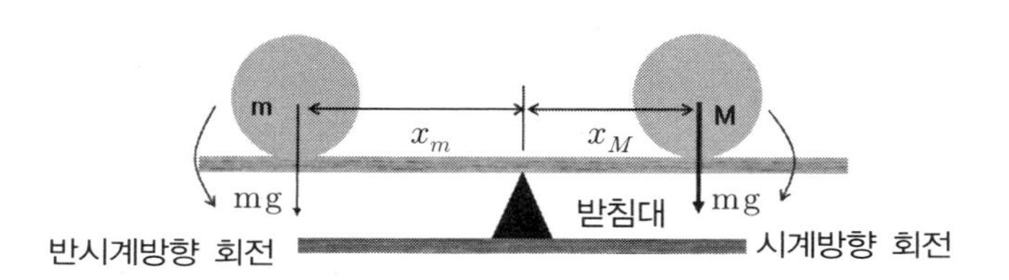

[그림 2.56] 용수철이 팽창한 후의 두 물체의 평형

따라서 t초 후에, 질량이 m인 물체가 반시계방향으로 회전하려는 회전능률(τm)은 $\tau_m = x_m mg = \frac{1}{2}at^2 mg = \frac{1}{2}\frac{F}{m}t^2 mg = \frac{1}{2}Fgt^2$이다(그림 2.56 참조). 이는 질량이 M인 물체가 시계방향으로 회전하려는 회전능률(τ_M) $\tau_M = x_M mg = \frac{1}{2}a't^2 mg = \frac{1}{2}\frac{F}{M}t^2 Mg = \frac{1}{2}Fgt^2$ 와 크기가 서로 같다.

이러한 사실로부터 압축된 용수철이 팽창하더라도 처음의 평형조건이 그대로 유지되므로 평판은 수평을 원래대로 유지하게 된다. 즉, 두 물체사이의 무게중심이 변하지 않으므로 평판은 수평을 원래대로 유지한다.

Q55 어떤 물체의 운동량이 "0"인데도 불구하고 에너지를 가지는 것이 가능한가? 또한 에너지가 "0"인데도 불구하고 운동량을 가지는 것은 가능할까?

질량이 일정한 물체의 총 역학적 에너지(E)는 운동에너지(K)와 위치에너지(U)의 합으로 주어지며, 운동량($\vec{P}$)은 물체의 질량(m)과 속도($\vec{v}$)의 곱으로 주어진다. 따라서 물체가 정지해 있으면 물체의 속도는 "0"이므로 운동량도 "0"이다. 하지만, 물체를 기준면(보통은 지면을 기준면으로 정한다.)으로부터 높이 "h"만큼 올려놓으려면, 외부에서 물체에 일을 해줘야 되며, 이때 해준 일($W = mgh$)은 물체의 위치에너지($U = mgh$)로 저장된다(그림 2.57(a) 참조).

한편 용수철을 압축하기 위해서는 외부에서 일을 해 줘야 되며, 압축시키면서 해준 일은 용수철의 탄성에너지로 저장된다. 마찬가지로 용수철을 원래의 길이보다 x만큼 잡아당기기 위해서는 용수철에 일을 해 줘야 되며, 이때 해준 일($= \frac{1}{2}kx^2$)만큼 용수철은 탄성위치에너지($= \frac{1}{2}kx^2$)를 가지게 된다(그림 2.57(b) 참조). 이처럼 물체가 정지하여 있어 운동량이 "0"이라고 하더라도 물체는 에너지를 가질 수 있다. 따라서 "운동량없이 에너지(E)를 가질 수 있는가?"라는 질문에 대한 대답은 "예"이다.

운동에너지(K)와 운동량(P)사이의 관계는 $K = \dfrac{p^2}{2m}$으로 주어지므로 $P = 0$일 때, $K = 0$이다. 하지만 물체의 에너지(E)는 $E = K + U = 0 + U$이므로 $P = 0$이면, 물체는 위치에너지를 가질 수 있다. 물론 이때 위치에너지는 "0"이 될 수도 있으며, "0"이 아닐 수 있다. 따라서 "에너지 없이 운동량을 가질 수 있는가?"의 질문에 대한 대답도 "예"이다.

앞에서 설명하였듯이 물체의 "총 역학적 에너지(E)=운동에너지(K)+위치에너지(U)"로 주어진다. 총 에너지(E)가 "0"이면, 운동에너지와 위치에너지의 합이 "0"임을 의미한다. 즉, 이는 $K + U = 0$ 임을 의미하므로 운동에너지와 위치에너지

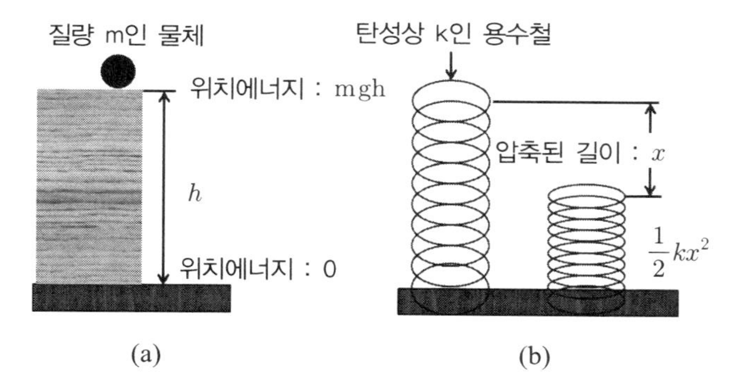

[그림 2.57] 중력위치에너지(a)와 탄성위치에너지(b)

모두가 “0”이거나, $K=-U$임을 의미한다. $P=\sqrt{2mK}$로 주어지므로, $K=0$인 경우에만 운동량(P)은 “0”이지만, $K=-U$일 때 운동량은 “0”이 아니다. 한편 물체가 운동량을 가지고 있으면 물체는 특정한 크기의 속도를 가지게 된다. 이는 물체가 운동하고 있다는 것을 의미하므로 운동에너지를 가지게 된다. [참고자료 29~30]

Q56 그림 2.58과 같이 무게가 W이며, 길이가 L인 균일한 막대가 서로 반대 방향으로 회전하는 회전체 위에 놓여있다. 회전체가 그림 2.58(a)와 같이 회전하는 경우와 2.59(b)와 같이 회전하는 경우에 막대는 어떤 운동을 하겠는가? 회전체가 회전을 시작하기 전에 막대의 무게중심(W)은 두 회전체 사이의 중심으로부터 한쪽 방향(x)으로 치우쳐 있으며, 두 회전체와 막대사이의 마찰계수는 같다고 가정한다. 만일 막대의 무게중심이 두 회전체사이의 정 중앙에 있는 상태에서 회전체를 같은 속력으로 회전시키면 어떻게 될까?

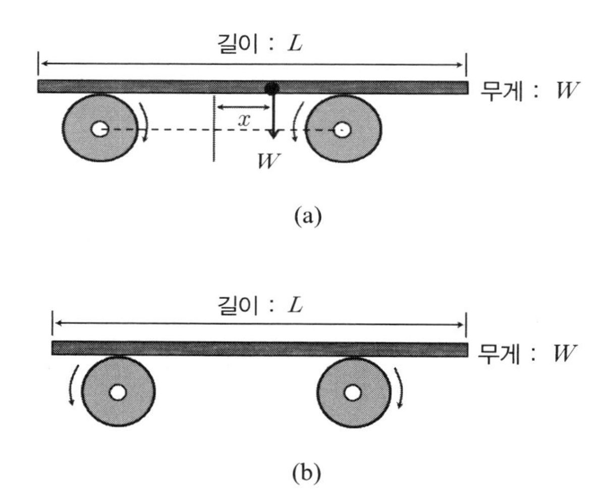

[그림 2.58] 서로 반대방향으로 회전하는 회전체 위에 놓인 막대

그림 2.59에서 두 회전바퀴에 대한 질량중심으로부터 각 바퀴의 회전중심까지의 거리는 각각 d이다. 막대와 회전하는 두 바퀴로 구성된 실험장치에는 ⓐ 막대와 바퀴면 사이의 마찰력, ⓑ 두 바퀴의 질량중심에 대한 회전력이 작용하게 된다.

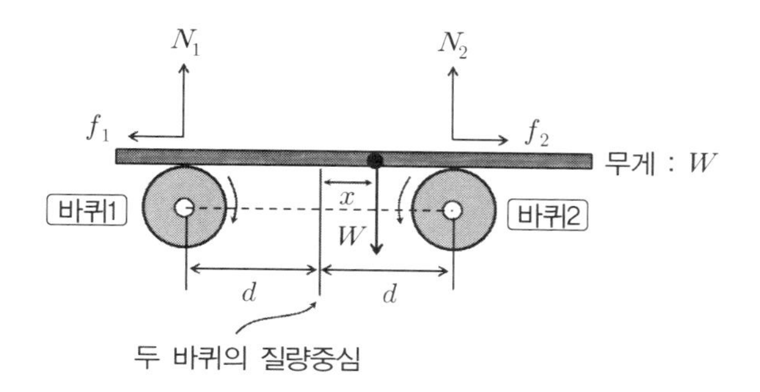

[그림 2.59] 회전하는 두 바퀴의 질량중심

ⓐ 막대와 바퀴사이에 작용하는 마찰력

바퀴가 회전함에 따라 바퀴 위에 놓인 막대와 바퀴사이에는 마찰력이 작용하며, 회전하는 바퀴와 막대사이에 작용하는 마찰력은 서로 반대 방향이다. 각각의 바퀴에 작용하는 마찰력을 각각 f_1, f_2라고 할 때에 이들의 크기는 각각

$$f_1 = \mu N_1, \quad f_2 = \mu N_2 \tag{2.44}$$

와 같다. 여기서 N_1은 바퀴 1에 작용하는 막대의 수직력이며, N_2는 바퀴 2에 작용하는 막대의 수직력이다. 따라서 막대와 두 바퀴로 이뤄진 실험장치에 작용하는 알짜 힘(F)은

$$F = f_1 - f_2 = \mu N_1 - \mu N_2 = \mu(N_1 - N_2) \tag{2.45}$$

이다.

ⓑ 두 바퀴의 질량중심에 대한 회전력

회전토크의 경우에 전체 알짜회전토크는 "0"이며, 시계방향의 회전토크를 (+)로 가정하면, 다음과 같이 표현된다.

$$\sum \tau = Wx - dN_2 + dN_1 = 0 \quad \Rightarrow \quad d(N_1 - N_2) = -Wx \tag{2.46}$$

식 (2.46)을 식(2.45)에 대입하면, 막대에 작용하는 알짜 힘은

$$F = \mu(N_1 - N_2) = -\frac{\mu}{d}Wx = -kx \left(k = \frac{\mu}{d}W\right) \tag{2.47}$$

와 같이 표현된다. 이는 탄성상수가 k인 용수철에 질량 m인 물체가 매달려 있을

때, 질량 m 인 물체에 작용하는 힘에 대한 표현식 $F=-kx$ 와 같은 유형이다. 따라서 막대는 탄성상수가 k 인 용수철에 매달린 질량 m 인 물체와 같이 일정한 진동수를 가지고 단진동을 하게 된다.

만약에 회전방향이 반대가 되면, 마찰력의 방향이 반대가 되면서 막대에 작용하는 알짜 힘은

$$F=\mu(N_2-N_1)=\frac{\mu}{d}Wx=kx\left(k=\frac{\mu}{d}W\right) \tag{2.48}$$

와 같이 표현된다. 따라서 막대에 작용하는 알짜 힘은 두 바퀴의 중앙으로부터 길이에 비례하여 증가하면서 한쪽 방향으로 가속운동을 하게 되어 곧바로 바퀴에서 떨어져버리게 된다. [참고자료 29~30]

2.5 물체의 충돌

Q57 똑같은 2대의 차가 서로 반대방향으로 100 km/h 의 속력을 가지고 진행하다가 정면충돌하였다. 각각의 차에 작용하는 충격력의 크기는 차가 얼마나 빠른 속력으로 단단한 벽과 부딪치는 경우와 같겠는가?

2대의 똑같은 차가 같은 속력을 가지고 마주 보고 진행하다가 정면충돌하였으므로, 뉴턴의 제3법칙인 작용과 반작용의 법칙에 따라 각각의 차가 받은 충격력은 크기가 같고 방향이 반대이다. 이는 충격력이 100 km/h의 속력으로 진행하다가 단단한 벽에 부딪치는 경우에 받는 충격력과 같음을 의미한다.

충격력과 관련된 물리적 현상으로 충격량(impulse)이 있는데 충격량(I)은 충격력에 충돌시간(t)을 곱한 것으로 충격량의 크기는 $I=|\vec{F}|t$ 와 같이 정의된다. 야구에서 캐처가 투수의 공을 받을 때, 글러브를 끼고 받는 경우와 맨손으로 받는 경우에 충격량은 서로 같다. 하지만, 글러브를 끼고 받으면 공이 멈추기까지 걸린 시간이 길어지므로 충격력이 작아진다. 하지만, 맨손으로 잡으면 공이 멈추는데 걸린 시간이 짧아지게 되어 상대적으로 충격력이 커지게 되므로 손을 다칠 위험이 있다.

똑같은 원리가 자동차에 설치된 에어백, 그리고 운동선수가 높이 뛰어 올랐다가 떨어질 때 선수보호를 위한 매트리스 등도 충격력을 줄이기 위한 도구들이다.

Q58 자동차가 충돌하는 경우에 운전자와 탑승자를 충돌로부터 보호하는 에어백에는 어떤 물리현상이 들어 있을까?

이를 이해하기 위해서는 충격량에 대한 개념을 이해할 필요가 있다. 질량이 m 인 자동차가 속력 v 로 달리고 있으면 자동차는 운동량 mv 를 가지고 있다고 말한다. 이러한 자동차가 ⓐ 쿠션이 좋은 물체에 부딪치면서 정지하는 경우와 ⓑ 단단한 콘크리트 벽에 부딪쳐서 정지하는 경우를 생각하여 보자.

자동차가 정지하였다는 말은 운동량이 “0”라는 말이다. 따라서 속력 v 로 달리다가 물체에 부딪쳐서 정지한 경우에 운동량의 변화는 두 경우 모두 mv 가 된다. 이러한 운동량의 변화를 충격량(I)이라 하며, 수식으로 표현하면 식(2.49)와 같다.

$$I = Ft \tag{2.49}$$

식 (2.49)에서 F를 충격력이라 하며, t 는 충격력이 작용한 시간을 의미한다. 자동차의 경우에 ⓐ 쿠션이 좋은 물체에 부딪치어 정지한 경우, ⓑ 단단한 콘크리트 벽에 부딪치어 정지한 경우에 운동량의 변화는 서로 같다. 따라서 식 (2.49)에서 충격량은 같은데, 쿠션이 좋은 물체에 부딪치면서 정지하는 경우에 멈추는 데까지 걸린 시간이 길다. 따라서 충격력(F)가 작은데 비하여, 콘크리트 벽에 부딪쳐서 정지하는 경우에는 멈추는 데까지 걸린 시간이 짧으므로 충격력이 크다.

위와 같은 원리로 달리던 자동차가 충돌하면 운전자는 관성에 의하여 앞으로 갑자기 쏠리게 된다. 이때에, 에어백에 몸이 부딪치면 정지하기까지 시간이 많이 걸리므로 충격력이 작아진다. 반면에 에어백이 없는 경우에 단단한 물체에 몸이 부딪치면, 정지하기까지 걸리는 시간이 매우 짧으므로 충격력이 커지게 되어 많이 다칠 수 있다.

고층건물의 화재 시에 창문을 통하여 사람을 재빨리 대피시키기 위해서는 지상에 쿠션이 매우 좋고 두께가 매우 두꺼운 에어쿠션을 설치하여 사람을 대피시키는 것도 충격력을 줄이기 위함이다.

Q59 그림 2.60과 같이 2개의 공을 같은 높이에서 떨어뜨렸더니, 공 A는 높이 튀어 올랐으나, 공 B는 매우 작은 높이만큼만 튀어 올랐다. 물론 2개의 공이 떨어진 지면은 같은 종류의 재질로 되어 있다. 이러한 실험결과로부터 어떤 결론을 얻을 수 있을까?

물체가 바닥으로 떨어져 충돌할 때, 소모되는 에너지의 양은 물체의 재질에 의존한다. 충돌 시에 소모되는 에너지가 아주 작다면, 공은 떨어뜨린 원래의 높이 가까이 튀어 오르게 되며, 이러한 충돌은 탄성충돌에 가깝다고 한다. 완전탄성충돌은 충돌 시에 에너지의 소모가 전혀 없는 경우를 말하는데, 충돌 시에 소리도 발생되는 않는 이상적인 경우를 말한다. 왜냐하면 소리도 일종의 에너지이기 때문에 소리가 발생했다는 것은 에너지가 소모되었음을 의미한다.

한편, 충돌 시에 많은 에너지가 소모되었다면, 공은 아주 작은 높이만큼만 튀어 오르게 되며, 이러한 경우는 비탄성 충돌에 가깝다고 이야기한다. 한 예로서 네오프렌(neoprene)이라는 합성고무로 만든 공은 에너지 소모가 적어 많이 튀어 오르지만, 노보렌(Norbornene: 에틸렌 사이클로펜타디엔(ethylene cyclopentadiene)으로 합성된 폴리머)으로 만들어진 공은 충돌 시에 많은 에너지를 소모하는 관계로 조금만 튀어 오른다. [참고자료 31]

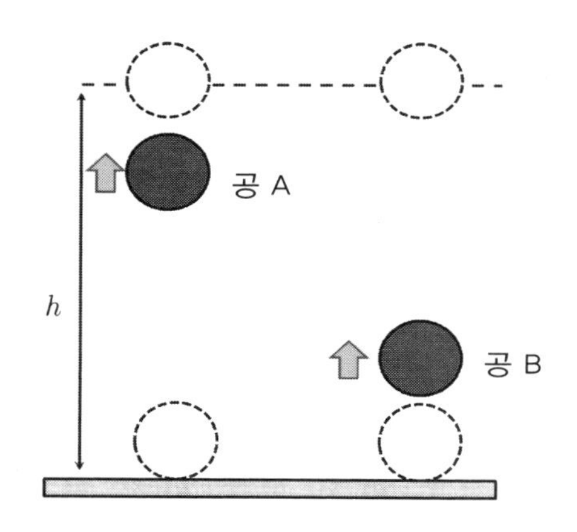

[그림 2.60] 같은 높이에서 떨어뜨린 2개의 공

Q60 큰 볼(예를 들면 농구공) 위에 작은 볼(예를 들면 테니스 공)을 올려놓고 단단한 지면에 떨어뜨리면 작은 볼은 원래의 높이에 비하여 얼마나 높이 튀어 오를 수 있을까?

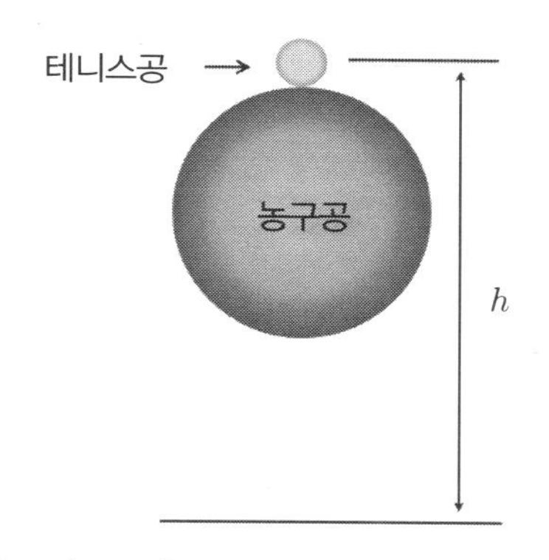

[그림 2.61] 큰 공위에 놓은 작은 공

농구공 위에 테니스공을 올려놓고 정지상태에서 떨어뜨리는 경우에 테니스공은 놀랄 정도의 매우 빠른 속력을 가지고 튀어오른 것을 볼 수 있다. 이러한 현상은 농구공이 바닥에 부딪쳐 튀어오르면서 운동방향이 바뀌는 과정과 바닥에 부딪쳐 튀어오르는 농구공이 테니스공과 부딪치면서 테니스공을 높이 날려 보내는 2개의 과정으로 분리하여 생각하면 이해가 비교적 쉽다.

지면으로부터 높이가 h 인 곳에서 물체를 떨어뜨리면, 충돌과정에서 중력위치에너지의 손실이 발생되어 일반적으로 h 보다 낮은 높이만큼 튀어오른다. 공기저항이 없고, 공과 바닥사이의 충돌이 완전탄성충돌인 경우에만 원래의 높이인 h 만큼 튀어 오르게 된다. 테니스공과 농구공의 운동과정에서 에너지 손실이 없고, 2개의 공이 각각 바닥과 부딪치는 속력이 v 라면, 농구공은 v 의 속력을 가지고 먼저 바닥에 부딪치면서 약간 변형된 후, 위쪽으로 튀어오르게 된다[그림 2.62(b) 참조].

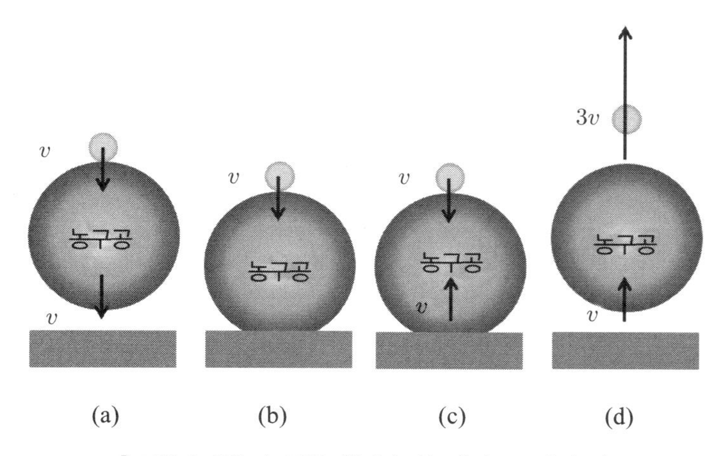

[그림 2.62] 농구공 위에 놓인 테니스공의 속력

농구공이 바닥에 부딪쳐서 뛰어오르는 순간에도 테니스공의 질량중심은 아래쪽으로 떨어지고 있으므로 농구공에 대한 테니스공의 상대속력은 $2v$ 이다[그림 2.62(c) 참조]. 농구공이 v 의 속력으로 바닥으로부터 뛰어오르면서 테니스공과 부딪치므로 지면에 대한 테니스공의 상대속력은 약 $3v$ 의 속력으로 날아오르게 되어 원래의 높이보다 9배되는 높이까지 뛰어오르게 되는 것이다[그림 2.62(d) 참조].

지면에서 약 $1m$ 의 높이에서 떨어뜨리는 경우에, 농구공과 테니스공이 지면에 도달하는 속력은 약 $4.4\ \mathrm{m/s}$ 이다. 따라서 농구공이 바닥에 부딪친 후에, 테니스공이 농구공에서 반발되는 속력은 약 $13.2\ \mathrm{m/s}$ 가 된다. 실제적으로 부딪치는 과정에서 중력위치에너지의 손실이 발생하므로, 테니스공이 농구공에서 반발되는 속력은 약 $8\ \mathrm{m/s}$ 정도가 되며, 원래의 높이보다 약 4배 정도인 $4\mathrm{m}$ 정도 높이 뛰어오르게 된다.

위의 실험은 정지해 있는 화물기차를 향해 공을 던져서 뛰어나오는 경우와 화물기차가 매우 빠른 속도로 달려오는 경우에 공을 던져서 화물차에 부딪친 후, 뛰어나오는 경우를 상상하면 보다 이해가 잘 될 것이다. 화물자의 질량은 공의 질량에 비하여 매우 크므로, 공이 부딪친다고 해서 화물차의 진행속력이 느려지지 않는다고 가정하고 문제를 생각한다. [참고자료 32~33]

참조 : 이 실험을 위해서는 반드시 농구공과 테니스공을 사용할 필요는 없다. 밑에 있는 공의 무게가 위쪽의 공보다 무거울수록 관찰이 비교적 잘 된다는 것이다. 테니스공 대신에 탁구공을 사용해도 효과를 실감할 수 있다. 양면테이프를 사용하여 두 개의 공을 살짝 붙여서 떨어뜨리는 방법이 좋을 듯하다.

2.6 만유인력과 중력

Q61 그림 2.63에서 작은 물체에 작용하는 만유인력이 가장 큰 경우와 가장 작은 경우는 어떤 경우일까? 물론 물체의 밀도는 균일하며, 같은 종류의 물질로 이뤄졌다고 가정한다.

질량을 가진 두 물체사이에는 만유인력이 작용하는데 만유인력의 크기는 두 질량(m_1, m_2)의 곱에 비례하고 두 질량 중심사이의 거리(r)의 제곱에 반비례한다. 이를 수식으로 나타내면 다음과 같다.

$$F = G\frac{m_1 m_2}{r^2} \tag{2.50}$$

여기서 G는 만유인력상수이다.

따라서 작은 물체에 작용하는 만유인력이 가장 큰 경우는 그림 2.63(a)이며, 가장 작은 경우는 그림 2.63(c)이다. 그림 2.63(c)의 경우는 큰 물체에 의하여 작은 물체에 작용하는 만유인력이 모든 방향으로 균일하게 작용하므로 알짜 만유인력은 "0"이 된다. 반면에 그림 2.63(b)의 경우는 작은 물체가 큰 물체와 중간크기의 물체의 중앙에 위치하므로, 큰 물체가 왼쪽으로 잡아당기는 만유인력과 함께 중간크기의 물체가 오른쪽으로 당기는 만유인력이 함께 작용하므로 알짜 만유인력은 "0"이 되지는 않지만, 그림 2.63(a)의 경우보다는 매우 작게 된다.

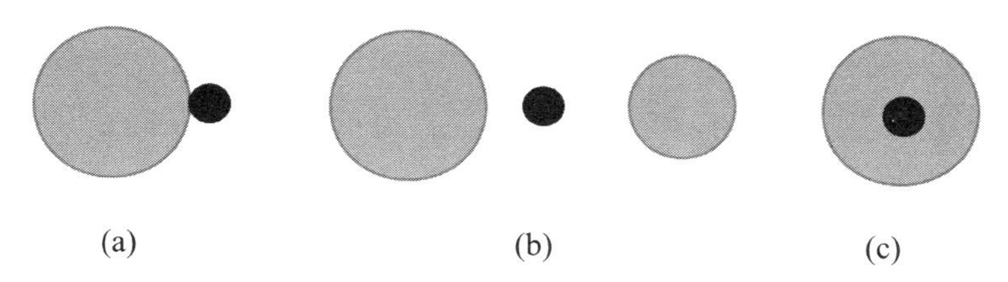

[그림 2.63] 두 물체 사이에 작용하는 만유인력

Q62 지구의 중심을 통과하는 구멍을 북극에서 남극으로 뚫은 뒤에, 구멍에 공모양의 물체를 떨어뜨리면 물체는 어떻게 운동할까? 지구의 중심부분도 뜨겁지 않고, 지구의 밀도는 균일하다고 가정한다.

지구가 반경이 6,378 km 인 구라고 가정하면 지구의 둘레는 약 40,054 km 이다. 지구는 하루에 한 바퀴 자전을 하므로 지구의 자전속도는 1,669 km/h 이 된다. 즉, 지표면에 있는 우리는 시속 1,669 km/h 의 속력을 가지고 운동 중임을 의미한다(그림 2.64 참조).

하지만, 지구의 중심에 가까이 갈수록 지구중심으로부터의 거리가 짧아지므로 지구의 자전에 의한 속도는 줄어들다가 지구의 중심에서 자전에 의한 속력은 "0"이 된다. 따라서 구멍을 북극에서 남극(또는 남극에서 북극) 방향 외의 다른 방향으로 뚫린 구멍으로 물체를 떨어뜨리면, 물체는 구멍을 따라 내려가면서 구멍의 벽에 부딪치게 된다. 구멍을 북극에서 남극방향으로 똑바로 뚫고 난 후에, 물체를

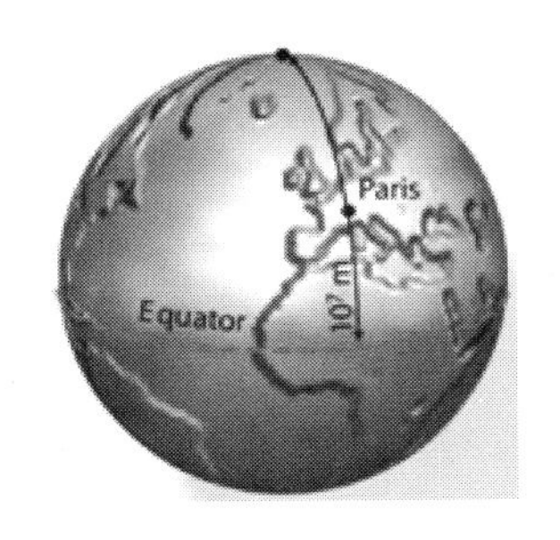

[그림 2.64] 자전중인 지구

구멍에 떨어뜨리면 공기저항에 의해 가열되면서 유성(별똥별)과 같이 타 버릴 것이다.

하지만 터널 내의 공기를 모두 뽑아내어 진공으로 만든 다음에, 북극에서 물체를 자유낙하시키면 지구의 중심을 지날 때까지는 가속운동을 하면서 점점 더 빨라지다가 지구의 중심을 지나면 가속도의 방향이 바뀌게 되어 점점 느려지다가 남극에 있는 구멍으로 간신히 나오게 되며, 지구를 통과하는 데에는 약 1시간이 소요된다.

한편, 남극에 있는 구멍을 통하여 나온 물체는 다시 구멍을 통하여 가속운동을 하면서 지구중심을 통과한 후, 속력이 줄어들면서 북극에 있는 구멍을 통하여 원래 물체를 떨어뜨린 위치로 되돌아온다. 원래의 위치로 돌아온 물체는 다시 구멍 속으로 가속되어 중심을 통과한 후에 반대쪽 끝에 도달하였다가 다시 원래의 위치로 되돌아오는 운동을 반복하게 된다. 즉, 물체는 구멍사이를 왔다갔다하면서 진동하게 된다. 지구에 의한 중력가속도의 크기는 지구표면에서 가장 크며, 지구중심쪽으로 갈수록 줄어들어 지구의 중심에서는 "0"이 되며, 중심을 지나면서 중력가속도의 크기는 증가하지만 방향은 처음의 방향과 반대이다.

그림 2.65에서와 같이 물체에 작용하는 만유인력을 살펴보면, "A"부분에 있는 지구의 질량은 물체를 북극방향으로 잡아당긴다. 반면에 "B"부분에 있는 지구의 질량은 물체를 남극방향으로 잡아당기므로 물체에 작용하는 알짜 힘이 감소하게 되어, 지구에 의한 중력가속도의 크기가 줄어든다.

한편 "C"와 "D"부분에 있는 질량들에 의한 힘은 물체의 운동방향에 대하여 좌, 우측으로 작용하므로 볼의 운동방향으로 작용하는 알짜 힘이 "0"이 되어 가속도에는 영향을 미치지 못한다. 물론 지구의 중심에서는 물체에 작용하는 알짜 만유인력이 "0"이 되므로 중력가속도의 크기는 "0"이 된다. [참고자료 34]

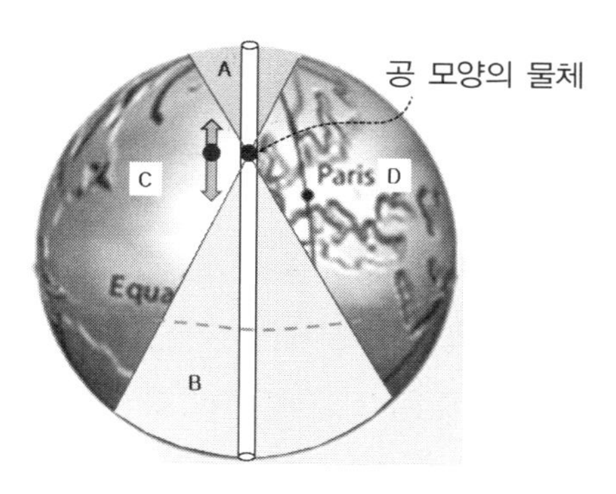

[그림 2.65] 공 모양의 물체에 작용하는 알짜 힘

2.7 회전운동

Q63 그림 2.66과 같이 롤러코스터가 회전운동을 하고 있다. 롤러코스터를 타는 사람이 떨어지지 않기 위해서는 롤러코스터가 얼마의 속도를 가지고 회전해야 할까?

뉴턴의 제1법칙인 관성의 법칙은 어떤 물체가 외부로부터 힘을 받지 않는 한, 운동중인 물체는 같은 속도를 가지고 운동을 유지하려고 한다는 것을 설명하고 있다. 또한 원운동을 하고 있는 물체는 구심력에 의하여 원형궤도로 운동을 지속하게 되는데, 구심력은 물체가 운동하고 있는 원형궤도의 중심을 향하는 힘을 말한다.

원운동 중인 물체의 속력이 순간마다 증가되지 않더라도 물체는 원형궤도의 중

[그림 2.66] 롤러코스터

심을 향한 가속운동을 하게 된다. 이때에 물체의 질량에 가속도를 곱한 구심력은 물체의 운동방향만을 지속적으로 변화시키지만, 속력의 증가나 감소를 일으키지는 않는다. 원운동하는 물체의 가속도를 구심가속도(a_c)라고 하며, 구심가속도는 물체의 속력(v) 및 원의 반경(R)과는 $a_c = v^2/R$와 같은 관계가 있다. 롤러코스터를 타는 사람이 떨어지지 않기 위하여 롤러코스터가 얼마나 빨리 운동해야 되는지를 알기 위해서는 어떠한 종류의 힘이 사람에게 작용하는 지를 이해할 필요가 있다.

그림 2.67에서 수직으로 놓인 원형궤도의 가장 높은 위치인 위치 "A"에서 원형궤도의 중심을 향하는 총 힘($\sum F_y$: 구심력)은 사람의 몸무게($W = mg$)와 의자가 사람을 떠받치는 힘(N_T)이다. 롤러코스터에 타고 있는 사람은 원운동을 하고 있으므로 원심력을 가지게 된다.

사람이 느끼는 원심력에서 몸무게를 뺀 만큼의 힘으로 의자를 위로 밀어내므로, 뉴턴의 제3법칙인 작용과 반작용의 법칙에 따라 의자는 사람을 N_T의 힘으로 떠받치게 되는 것이다. 따라서 위치 "A"에서 원의 중심을 향하는 힘(=구심력)에 대한 관계를 뉴턴의 운동 제1법칙으로 표현하면 다음과 같다.

$$\sum F_y = mg + N_T = ma_y \tag{2.51}$$

여기서 주의해야 할 사항은 위치 "A"에서 사람한테 작용하는 힘이, ① 사람의 몸무게, ② 의자가 떠받치는 힘, 그리고 ③ 구심력으로 3종류의 힘이 동시에 작용한다고 생각하기 쉬운데, 이는 잘못된 생각이다. 여기서 구심력은 사람의 몸무게와 의자가 떠받치는 힘을 합한 힘이다. 한편 사람이 가장 낮은 위치인 위치 "B"에 도달하였을 경우에 원형궤도의 중심을 향하는 힘은 구심력으로 구심가속도는

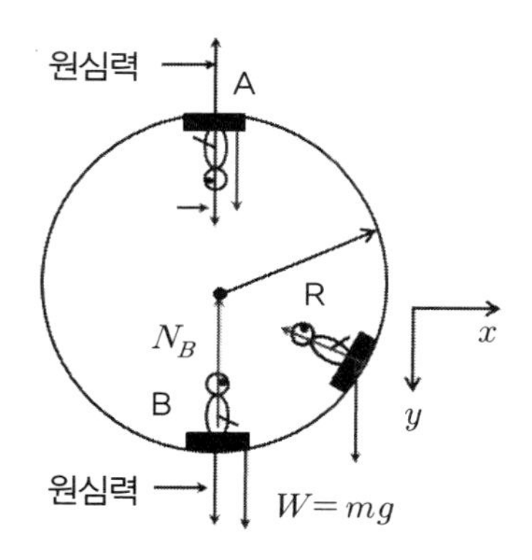

[그림 2.67] 롤러코스터를 타는 사람에게 작용하는 힘

$$a_y = a_c = v^2/R \tag{2.52}$$

와 같이 주어지며, “v”는 롤러코스터의 속력, 그리고 “R”은 원의 반경을 의미한다. 식 (2.52)를 식 (2.51)에 대입하면

$$mg + N_T = mv^2/m \tag{2.53}$$

와 같은 관계식이 얻어진다.

롤러코스터를 타고 있는 사람의 몸무게가 원심력의 크기와 똑같아지면 어떤 일이 일어날까? 롤러코스터를 타고 있는 사람은 원심력을 느끼게 되나, 땅위에서 롤러코스터를 타는 친구를 바라보는 친구의 입장에서는 원심력은 없다고 관측하게 된다. 따라서 사람의 몸무게가 원심력의 크기와 똑같아지면 의자가 사람을 떠받치는 힘(N_T)은 “0”이 되므로, 식 (2.53)으로부터 다음과 같은 관계식이 얻어진다.

$$mg + 0 = (mv^2)/R \;\Rightarrow\; mg = (mv^2)/R \;\Rightarrow\; g = v^2/R$$
$$\Rightarrow\; v = \sqrt{gR} \tag{2.54}$$

롤러코스터를 타는 사람이 떨어지지 않기 위해서, 롤러코스터는 식 (2.54)를 만족하는 속력을 가지고 운동해야 한다. 이러한 속력은 롤러코스터의 반경과 중력가속도에 의해서만 결정되므로, 몸무게가 무겁다고 하여 떨어지고 가볍다고 하여 떨어지지 않는 일은 발생하지 않는다.

한편, 롤러코스터가 식 (2.54)를 만족하는 조건으로 회전하는 경우에, 그림 2.67에서 위치 “B”를 지나는 순간에 의자가 사람을 떠받치는 힘은 얼마나 될까? 위치 “B”'에서는 사람의 몸무게($W = mg$)와 원심력$(mv^2)/R = mg$)를 합한 크기의 힘($2mg$)만큼 사람을 떠받치게 된다. 따라서 위치 “A”에서는 사람의 엉덩이에 가해지는 힘이 하나도 없으나, 위치 “B”에서는 몸무게보다 2배 크기의 힘이 엉덩이에 가해지게 된다. 다시 말해서 엉덩이 밑에 저울을 두고, 식 (2.54)로 주어지는 속력을 가지고 원운동을 하는 경우에, 그림 2.67의 위치 “A”에서는 저울의 눈금이 “0”을 가리키고 위치 “B”에서는 저울의 눈금이 사람의 몸무게의 2배인 “$2mg$”를 가리키게 된다.

참고로 자동차를 타고 원형궤도를 그리면서 운동장을 회전하는 경우에, 자동차를 타고 있는 사람(실제적으로는 가속운동을 하고 있다.)은 바깥쪽으로 쏠리는 원심력을 느끼게 된다. 하지만, 운동장에 서 있는 친구는 이러한 힘을 느끼지 못하며,

원형궤도를 유지하도록 하는 힘은 자동차의 바퀴와 지면사이에 작용하는 마찰력이다. 마찰력의 방향은 원형궤도의 중심을 향하게 되며, 이러한 마찰력이 구심력이 되는 것이다. [참고자료 35]

Q64 그림 2.68과 같이 스풀(실패모양의 물체)에 끈을 감아 잡아당기면, 스풀은 어느 방향으로 움직이겠는가?

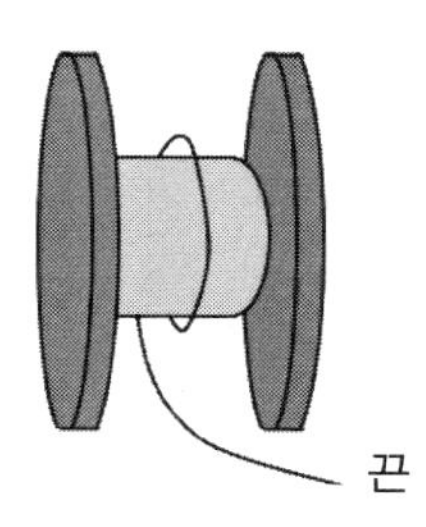

[그림 2.68] 스풀

이 문제에 답하기 위해서는 스풀의 회전이 이뤄지는 회전점(pivot point)이 어디에 위치하는 지에 대해서 먼저 생각하여 볼 필요가 있다. 끈이 감겨진 스풀의 회전점이 어디에 위치하는지에 대해, 대부분의 사람들은 스풀의 중심이라고 이야기 하지만, 이는 잘못된 것이다. 회전점은 실제로 스풀과 지면이 접촉하는 점으로 접촉점(그림 2.69의 점 C)이라고도 불린다. 토크가 이점 주위로 가해지면, 3가지의 가능한 결과들이 나타난다. 즉, ① 끈을 당기는 사람으로부터 멀리 굴러가는 경우, ② 끈을 당기는 사람 쪽으로 굴러오는 경우, 그리고 ③ 끈을 당기는 사람 쪽으로 미끄러져 움직이는 경우이다.

스풀이 어느 방향으로 구르거나 미끄러지는 것은 모든 스풀에 존재하는 특이 각도인 임계각 θ_c에 의존하며, 임계각은 스풀의 크기에 의해 결정된다. 임계각은 그

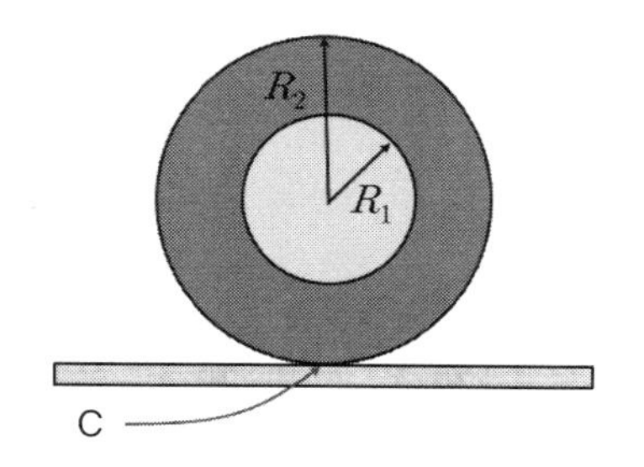

[그림 2.69] 스풀과 접촉점 C

림 2.70에서와 같이 스풀의 중심을 지나면서 접촉점 C를 연결하는 수직선과 안쪽 반경 R_1 사이의 각을 의미하며, 수식적으로는 $\theta_c = \sin^{-1}(R_1/R_2)$와 같이 표현된다.

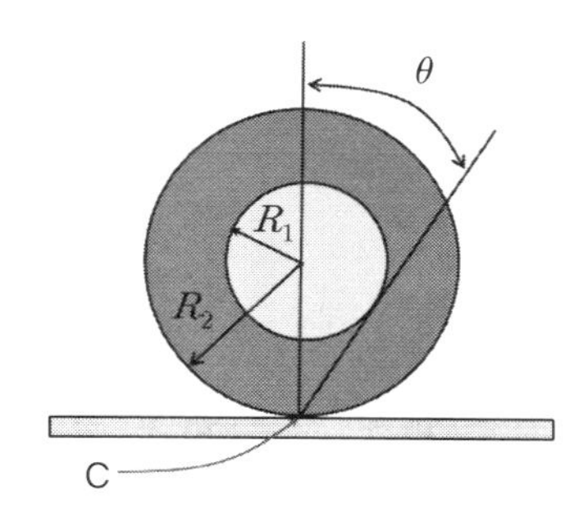

[그림 2.70] 스풀에서의 임계각

그림 2.70에서 θ가 θ_c가 되는 임계각의 방향으로 끈을 잡아당기면, 회전축(점 C를 지나며, 지면과 평행한 축)과 작용하는 힘 사이의 거리가 "0"이 되므로 회전토크가 "0"이 되어 스풀은 회전하지 않는다. 따라서 이 경우에는 스풀이 회전하지 않고 미끄러지면서 위치만 변하는 운동을 하게 된다.

임계각 θ_c보다 큰 각으로 힘을 작용시키면, 그림 2.71에 나타낸 바와 같이 τ_+ 방향의 회전토크가 작용하는 관계로 반시계방향으로 회전하면서, 끈을 잡아당기는 사람으로부터 멀어지는 방향으로 굴러가게 된다. 반면에 임계각보다 작은 각으로 힘을 작용시키면, 그림 2.71에 나타낸 바와 같이 τ_- 방향의 회전토크가 작용하는 관계로 시계방향으로 회전하면서, 끈을 잡아당기는 사람 쪽으로 방향으로 굴러가게 된다.

끈은 그림 2.72에서와 같이 스풀의 아래쪽으로 향하도록 매어준다. [참고자료 36]

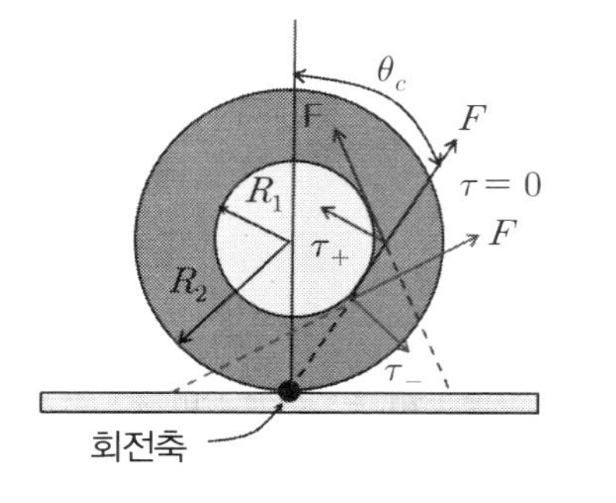

[그림 2.71] 가해주는 힘의 방향에 따른 스풀의 운동

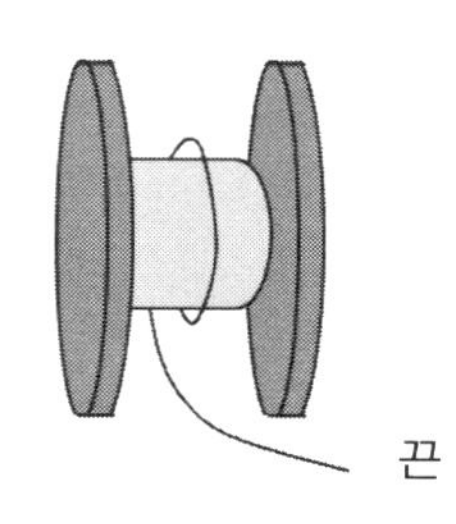

[그림 2.72] 스풀에서의 끈의 연결

2.8 무중력 상태에서 일어나는 현상과 인공위성

Q65 무중력상태에 있는 액체는 어떤 모양을 하고 있을까?

무중력상태에서 액체에 작용하는 유일한 힘은 표면장력이다. 표면장력 때문에 액체는 표면적이 최소가 되도록 하려는 경향이 있다. 따라서 구의 표면적이 최소이므로, 중력이 작용하지 않는 무중력상태에서 액체는 공 모양을 가지게 된다. 참고로 물과 수은을 작은 방울형태로 스프레이하기에는 물이 훨씬 더 잘되는 이유는 물의 표면장력이 수은의 표면장력보다 훨씬 더 작기 때문이다.

Q66 별과 행성들은 왜 둥근 모양을 하고 있을까?

작은 물체의 모양은 사람들이 원하는 형태로 만들 수 있다. 하지만, 질량을 가지는 물체의 크기가 커질수록 물체가 만드는 중력장은 커지게 된다. 매우 높은 빌딩을 건설하기 위해서는 기초가 튼튼해야 하며, 기초가 튼튼하지 않으면 빌딩의 무게(지구의 중심방향으로 향하는 중력에 의한 힘)에 의하여 기초가 붕괴됨으로서 건물은 무너지게 된다.

행성이 마치 정육면체의 모양을 하고 있다고 하면, 정육면체의 모서리는 행성의 다른 부분에 대해서 매우 높다. 행성은 매우 크므로 정육면체의 모서리의 높이는 우리가 높은 건물을 상상하는 것 이상으로 높다. 따라서 정육면체의 모서리의 높이를 지탱하도록 인위적으로 기초를 만들어 주지 않는 이상 정육면체의 모서리는 행성자체에 의한 중력에 의해서 무너지게 된다. 즉, 행성의 중심방향으로 작용하는 중력에 의해서 정육면체의 모서리들은 무너지게 되어 있다. 따라서 모서리가 바위와 같은 단단한 물질로 되어 있다고 하더라도 천천히 오랜 시간동안 중력에 의해서 움직임으로서 구형의 모양으로 바뀌게 된다. 하지만, 행성들은 자전을 하므로 행성의 적도부분은 다른 부분에 비해서 약간 튀어 나온 모양을 가지게 된다.

Q67 작은 공기방울들이 들어있는 물방울이 무중력상태에서 회전하면, 물방울 속의 공기방울들은 왜 중심에 모이게 되는가?

중력이 작용하지 않으므로, 물과 함께 회전하는 공기방울에 작용하는 유일한 힘은 원심력이다. 물의 밀도는 공기보다 크기 때문에, 물에 작용하는 원심력이 공기방울에 작용하는 원심력보다 크다. 따라서 공기방울이 속에 들어있는 물방울이 회전하면, 공기방울은 중심에 모이고 물은 공기방울을 감싸는 형태를 가지게 된다. 참고자료 37에 접속하여 보면 이에 대한 동영상을 볼 수 있다. [참고자료 37]

Q68 일상적으로 사용하는 커피 컵을 무중력상태에서 사용할 수 없는 이유는 무엇인가?

우리가 일상적으로 사용하는 커피 컵을 무중력상태에서 사용하는 경우에 물방울들은 컵의 바닥이나 옆면에 달라붙는다. 다시 말해서 중력이 작용하지 않으므로 물을 그릇에 담기가 매우 어렵다. 또한 물을 홀짝홀짝 마시듯이 작은 교란(충격)을 컵에 가해주면 액체는 컵에서 쏟아지게 된다. 따라서 표면장력이 물을 컵 안에 가둬주지 못하면, 물은 컵에서 쏟아져 주위를 떠돌아다니게 된다.

무중력상태에서 사용하는 컵(Space-Cup)의 경우에 액체는 작은 각도(Θ)로 서로 접혀진 부분에 작용하는 모세관현상에 의하여 컵의 바닥에 있는 액체가 컵의 입구로 올라오므로 컵의 입구(그림 2.73의 원형부분)에 입을 대고 마시게 되면 컵에 들어있는 모든 커피를 마시게 된다. 참고자료 39의 웹사이트에 접속하면 이와 관련된 동영상을 볼 수 있다.[참고자료 38~40]

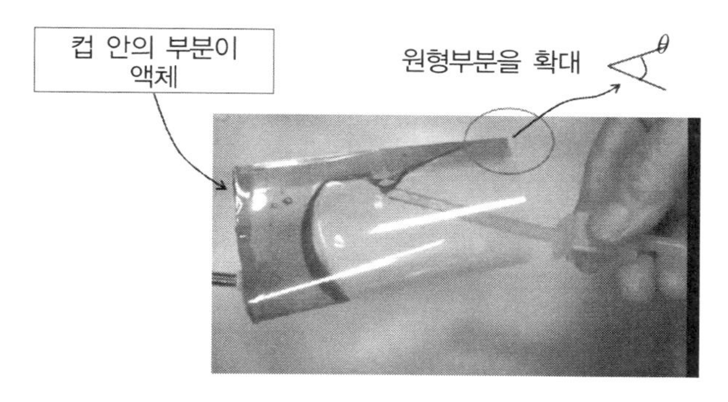

[그림 2.73] 무중력 상태에서 사용하는 컵

Q69 무중력인 우주에서 물체의 무게는 어떻게 측정하나?

결론부터 이야기하면 무게를 측정할 수 있는 방법은 없다. 무게라는 것은 하나의 힘으로서 지구 또는 다른 천체가 물체를 잡아당기는 힘을 말하는데, 중력이 작용하지 않는 곳에서는 물체의 무게라는 것이 존재하지 않는다. 하지만, 물체를 구성하고 있는 물질의 양인 질량은 지구 또는 무중력상태의 우주 어디에서나 똑같이 존재하는 물체고유의 물리량이다. 무게는 물체의 질량에 중력가속도를 곱한 하나의 물리량으로서 같은 질량을 가진다 하더라도 중력가속도가 클수록 무게는 더 크다. 한 예로서 어떤 물체에 대한 달에서의 무게는 지구에서의 무게의 약 1/6인데 이는 달에서의 중력가속도가 지구표면에서의 중력가속도보다 약 1/6 작기 때문이다.

지구표면에서의 중력가속도를 알고 있으므로, 지구에서는 일반저울을 사용하여 물체의 무게를 측정하여 측정된 물체의 무게를 중력가속도로 나누면 바로 물체의 질량을 알 수 있다. 하지만 무중력인 우주에서는 질량이 아무리 크다고 하더라도 물체의 무게를 측정할 수 있는 방법이 없다.

우주에서 질량을 측정하기 위해서는 관성저울을 사용하는데 관성저울이란 측정하고자 하는 물체를 매단 용수철저울을 말한다. 탄성상수가 k 인 용수철로 만들어진 용수철저울에 물체를 매달고 진동시키면 물체는 탄성상수와 물체의 질량에 의해 결정되는 특정 진동수를 가지고 진동을 하게 된다(그림 2.74 참조).

그림 2.74에서 질량이 m 인 물체가 평형위치로부터 x 만큼 늘어난 상태에서 놓으면 진동을 하게 되며, 진동수는 다음과 같다.

$$f = \frac{1}{2\pi}\sqrt{\frac{k}{m}} \tag{2.55}$$

위의 원리와 마찬가지로 무중력상태의 우주에서 탄성상수 k 인 용수철저울에 물

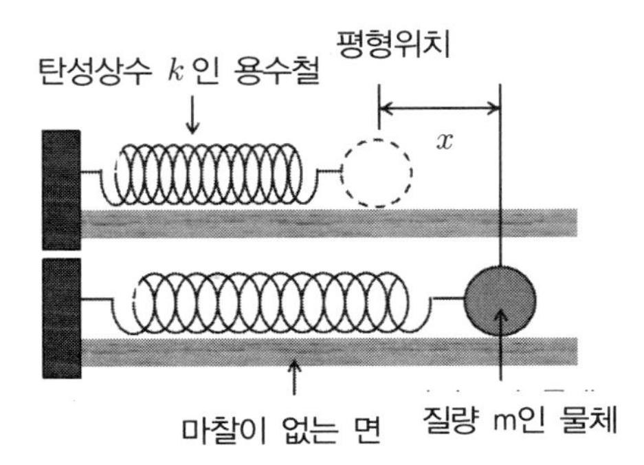

[그림 2.74] 탄성상수 k 인 용수철에 연결된 질량 m 인 물체

체를 매달고 진동을 시킨 후에, 진동수를 측정하여 위의 식에 대입하면 물체의 질량을 알 수 있다. 사람도 이러한 방법으로 질량을 측정한 다음에 지구의 중력가속도를 곱해주면, 지구에 있을 때의 몸무게와 비교가 가능할 것이다. [참고자료 41]

Q70 우주선을 타고 있는 우주 비행사의 몸무게는 어떻게 측정할까?

[그림 2.75] 우주 비행사

일반사람들이 생각하는 것과는 반대로, 지구궤도를 돌고 있는 우주선에 탑승하고 있는 우주 비행사는 지구에 있을 때와 거의 같은 몸무게를 가지고 있다. 왜냐하면 일반적으로 지구주위의 궤도를 회전하고 있는 우주선까지의 높이는 지표면으로부터 약 400 km 로서 이곳에서의 중력가속도는 지구표면에서의 중력가속도의 약 90 %정도(8.82 $\mathrm{m/s^2}$)이며, 이러한 중력가속도가 우주비행사에게 항상 작용하기 때문이다. 하지만 우주비행사들은 우주선과 같이 자유낙하를 하고 있기 때문에 우리가 몸무게를 재듯이 저울 위에 올라가서 몸무게를 측정할 수는 없다.

이처럼 몸무게를 직접 측정할 수 없기 때문에, 간접적인 방법으로 몸무게를 측정해야 한다. 다시 말해서 우주 비행사의 질량을 측정하여 지구에서의 중력가속도의 크기를 곱하여 몸무게를 알아내는 방법이다. 질량은 우주비행사의 관성을 측정한다는 의미이며, 관성이란 물체를 가속시키는 데에 대한 어려움을 말한다. 즉, 일정한 속력으로 운동하고 있는 무거운 물체는 같은 속력을 가지고 운동하고 있는 가벼운 물체에 비하여 정지하는 데까지 더 많은 시간이 걸리는 이유는 서로 질량이 다르기 때문이다. 일정한 속력으로 운동하다가 정지한다는 것은 가속운동을 한다는 의미로, 질량이 다르면 가속운동을 하기가 서로 다르다는 의미를 가진다. 이러한 차이를 질량으로 구분하고 있으므로 때에 따라서는 질량을 관성질량이라고도 부른다. 질량과 무게는 주어진 장소에서 서로 비례하므로, 한 가지 양을 측정하면 다른 양을 알 수 있는 것이다.

우주비행사의 질량은 움직이는 기계의 도움으로 측정이 가능하다. 즉, 기계에 사람을 묶고 기계를 앞뒤로 흔들어주면, 기계와 사람의 관성을 측정할 수 있다. 특정 가속도를 얻는데 얼마의 힘이 필요한지를 측정함으로서 기계만 작동시켰을 경우와 사람과 같이 작동시켰을 경우의 차이를 계산하여 우주 비행사의 질량을 계산하게 된다. 질량이 계산되면, 여기에 지구에서의 중력가속도를 곱하여 몸무게를 알 수 있게 된다. [참고자료 42]

Q71 **왜 인공위성은 지표면으로부터 약 150 km 의 높이까지 높이 올라가, 정해진 인공위성 궤도에 안착되면 별도의 추진 장치를 사용하지 않아도 지속적으로 위성궤도를 돌고 있는 이유는 무엇인가?**

대기권에서 물체가 빠른 속도로 운동하면 대기와의 마찰 때문에 타 버리게 된다. 지구의 대기를 스쳐 지나가는 운석들은 대기와의 마찰 때문에 불타면서 유성으로 보이게 된다. 따라서 인공위성들은 이러한 대기와의 마찰을 없애기 위하여 지표면으로부터 150 km 이상 되는 곳으로 쏘아 올리게 된다. 그렇다면 인공위성이 정해진 궤도에 안착되면 별도의 추진 장치를 사용하지 않아도 지속적으로 위성궤도를 돌고 있는 이유를 이해하기 위해서는 그림 2.76에서와 같이 주어진 상황에 대한 물체의 운동을 생각하여 보자.

그림 2.76에서와 같이 4.9 m 높이의 탑 위에서 물체를 놓으면 지구의 중력 때문에 물체는 수직 아랫방향으로 떨어지면서 약 1초 뒤에 지면에 도달하게 된다. 하지만, 수평방향으로 v_0 의 속도로 던지는 경우를 생각하여 보자. 중력이 작용하지 않으면 수평 직선을 따라 운동을 지속하게 되지만, 중력 때문에 아래로 향하는 포물선 운동을 하게 된다. 따라서 1초가 지나면 물체는 수평선으로부터 4.9 m 아래의 지면에 떨어진다. 물체의 속력이 2배로 증가하면 물체는 1초 만에 수평도달거리가 2배인 지점에 도달하며, 물체의 속력이 3배가 되면 1초 만에 수평도달 거리가 3배인 지점에 도달하게 된다.

물체의 속력을 매우 빠르게 하여 물체가 운동하는 운동경로의 반경이 지구의 반경과 같아지면 지속적으로 지구의 중심을 향하는 중력으로 인하여 자유낙하를 하

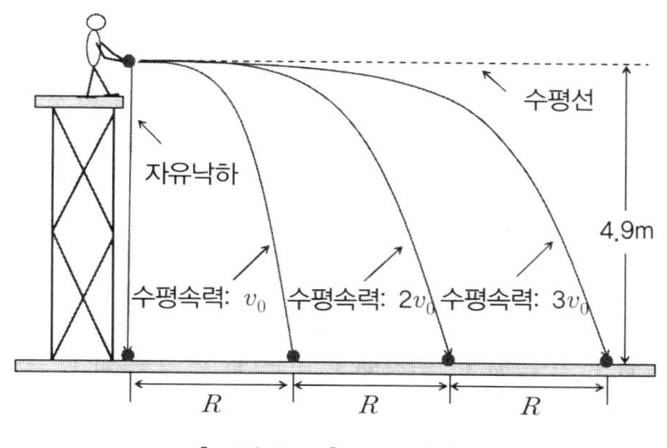

[그림 2.76] 포물선 운동

지만, 운동경로의 반경이 지구의 반경과 같기 때문에 지표면으로 떨어지지 않고 지구 주위를 지속적으로 회전하게 된다. 따라서 지표면으로부터 150 km 높은 곳에는 대기가 없기 때문에 공기와의 마찰에 의한 저항이 없으므로 지속적으로 지구 주위를 회전하게 된다(그림 2.77 참조).

따라서 인공위성은 지속적으로 자유낙하하는 물체로서 위성의 운동경로가 지표면과 평행하기 때문에 지구를 향해 수직으로 떨어지지 않고 지구주위를 돌게 되는 것이다. 인공위성은 중력에 의해 지속적으로 자유낙하를 하므로, 추진장치가 필요 없게 된다. 즉, 인공위성이 별도의 추진장치 없이 지구 주위를 회전하는 추진력은 지구와 인공위성 사이에 작용하는 중력이다.

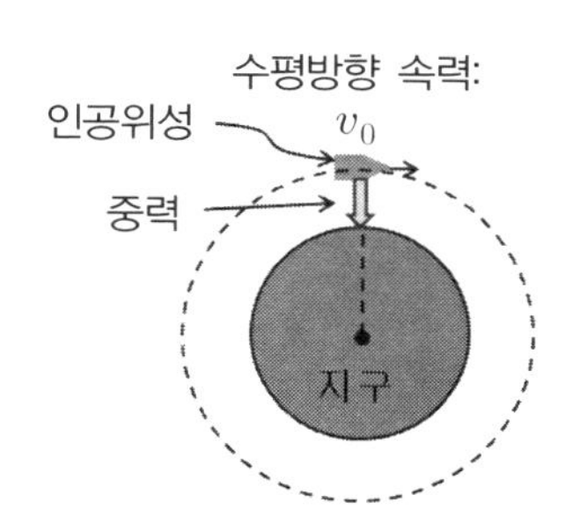

[그림 2.77] 위성의 운동

Q72 무중력 상태가 된다는 것은 무엇을 의미하는가? 우주선 안에 있는 스프링 저울을 이용하여 몸무게를 재는 경우에 저울이 가리키는 눈금은 "0"을 가리킨다. 이의 원인은 무엇인가?

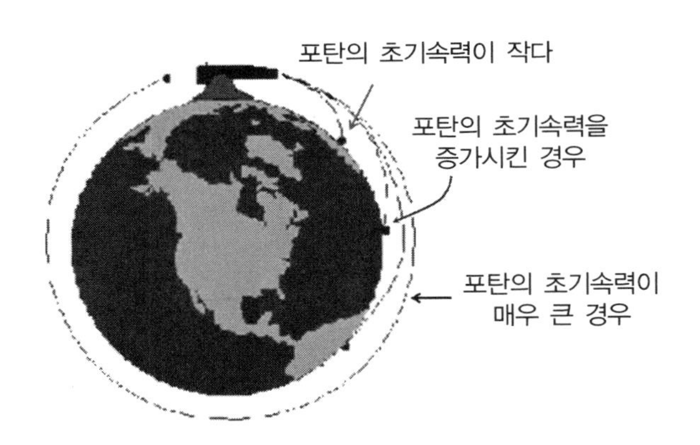

[그림 2.78] 자유낙하 중인 포탄의 운동경로

우주선을 타고 비행하고 있는 우주비행사가 우주선 안에 있는 저울을 이용하여 몸무게를 측정하면 저울은 "0"을 가리킨다. 저울이 가리키는 눈금이 "0"이라는 것은 중력이 없다는 것을 의미하는가? 그렇지는 않다.

그림 2.78에서 포탄의 초기속력이 작으면, 어느 정도 날아가다가 지구표면으로 떨어진다. 하지만 포탄의 속력이 충분히 큰 경우에는 포탄은 지표면으로 떨어지지 않고 지속적으로 자유낙하운동을 하면서 지구주위를 회전하게 된다. 이와 같은 원리로 지구주위를 돌고 있는 우주선이 위성의 궤도에 진입하면 연료공급 없이 지속적으로 지구주위를 회전하는 이유는 우주선이 계속 자유낙하를 하고 있기 때문이며, 우주선을 궤도 내에서 운동하도록 붙잡고 있는 힘은 지구가 우주선을 잡아당기는 중력이다(그림 2.79 참조).

일반적으로 우주비행사를 태운 인공위성의 높이는 지표면으로부터 약 400 km로서 이곳에서의 중력가속도는 지구표면에서의 중력가속도의 약 90 %정도(8.82 m/s^2)이다. 이러한 중력가속도가 작용하고 있음에도 불구하고 우주비행사가 몸무게를 측정하는 경우에 저울이 가리키는 눈금이 "0"인 이유는 그림 2.79에서와 같이 우주비행사와 우주선이 동시에 자유낙하를 계속하고 있기 때문이다.

이는 정지된 엘리베이터 안에 설치된 저울 위에 사람이 올라가 몸무게를 측정하면 원래의 몸무게를 가리키지만, 엘리베이터를 붙잡고 있던 줄이 끊어져서 엘리베이터가 자유낙하를 하는 경우에 사람과 저울이 동시에 자유낙하를 하므로, 사람이 저울을 내려누르는 힘이 없게 되어 저울이 가리키는 사람의 몸무게가 "0"이 되는 경우와 동일하다. [참고자료 43]

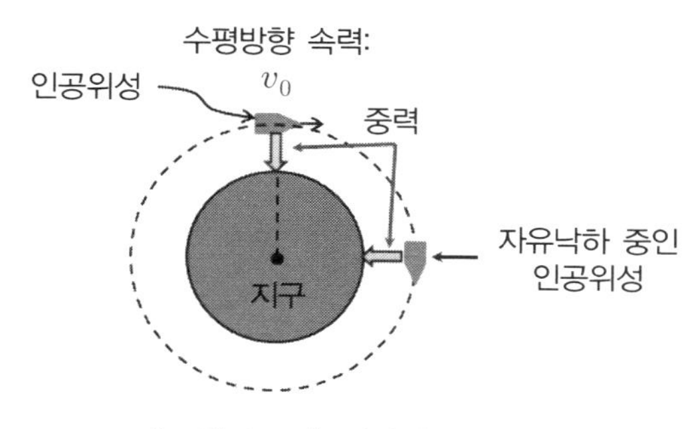

[그림 2.79] 위성의 운동경로

Q73 **우주선이 계속 자유낙하를 한다면, 우주선의 낙하속력이 계속 증가하지 않는 이유는 무엇인가?**

인공위성이 궤도에 진입한 후에, 엔진으로부터 주어지는 추진력없이 지속적으로 우주공간에서 머무르면서 움직이는 이유는 그림 2.80에서 보여주는 바와 같이 지속적으로 자유낙하를 하고 있기 때문이다. 이처럼 위성이 중력가속도 g 를 가지고 가속운동을 하므로 위성의 속력이 점점 증가하리라고 생각할 수도 있으나, 이는 잘못된 생각이다.

물체가 지구의 중심을 향하여 높은 곳에서 낮은 곳으로 중력가속도 g 를 가지고 자유낙하 운동을 하는 경우에 물체의 속력은 증가한다. 다시 말해서 높은 곳에서 낮은 곳으로 떨어지게 되면, 지구중심으로부터 측정된 물체의 중력위치에너지는 감소하면서 감소된 중력위치에너지만큼 운동에너지가 증가하게 된다. 따라서 위치에너지와 운동에너지의 합인 물체의 총 에너지는 변하지 않으므로 에너지 보존법칙을 만족하게 된다.

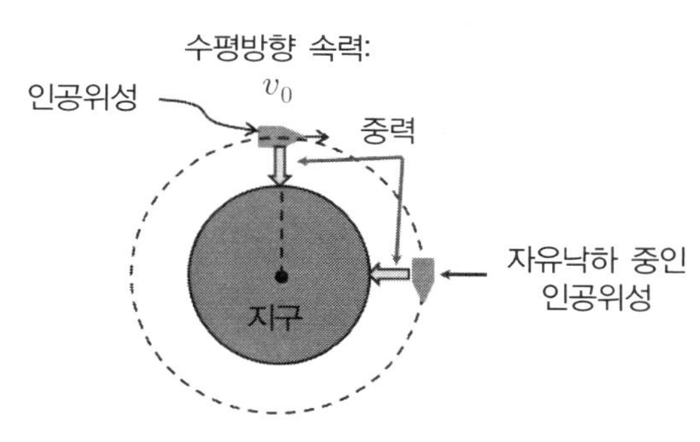

[그림 2.80] 위성의 운동

하지만 위성의 경우에는 위성이 지속적으로 자유낙하를 하더라도 지구중심으로부터 위성까지의 거리는 변하지 않고 일정하다. 따라서 위성의 중력위치에너지가 일정하게 유지되므로 위성의 운동에너지도 변하지 않아야 에너지 보존법칙을 만족하게 된다. 따라서 위성이 중력가속도 g를 가지고 계속 가속운동을 하더라도 위성의 속력은 증가하지 않는다. 따라서 중력가속도는 위성이 원운동을 하도록 방향을 지속적으로 변화시켜주는 역할만을 하게 된다. [참고자료 44]

Q74 정지궤도 위성과 극궤도 위성은 어떤 궤도로 운동하고 있으며, 어떤 목적으로 사용되고 있을까?

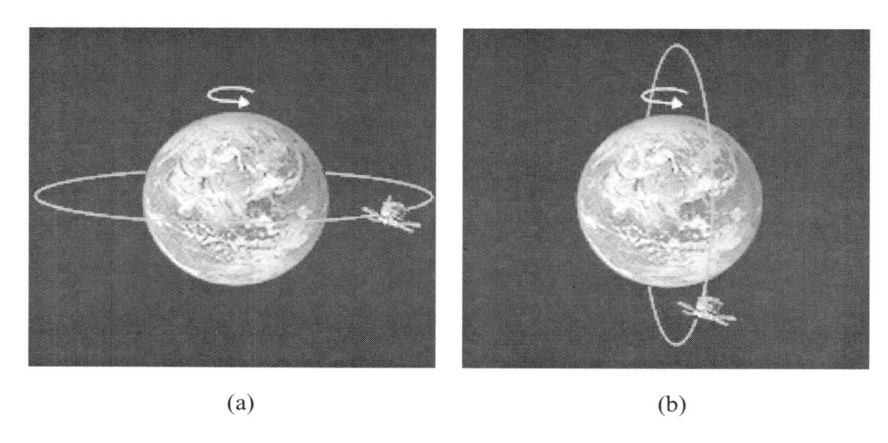

(a) (b)

[그림 2.81] 정지궤도 위성(a)과 극궤도 위성(b)

정지궤도 위성(그림 2.81(a))은 지구가 회전하는 것과 같은 방향으로 적도 주위를 회전한다. 위성이 한 바퀴 궤도를 회전하는데 걸리는 시간은 지구가 회전축을 중심으로 한 바퀴 자전하는데 걸리는 24시간과 같고, 지구 위의 일정한 높이(h)에 위치하고 있다. h에 대한 표현식을 구하기 위해서는 "지구와 위성 사이에 작용하는 만유인력과 위성에 작용하는 구심력이 서로 같다"는 물리법칙을 이용하면 구할 수 있다. 따라서 이를 이용하면,

$$\frac{r^3}{T^2} = G\frac{M}{4\pi} \quad (2.56)$$

의 관계식이 얻어지며, 여기서 r은 지구중심에서 위성까지의 거리, G는 만유인

력상수, M은 지구의 질량, 그리고 T는 위성의 주기이다. 지구가 자전하는 데 걸리는 시간은 $24 \times 60^2 = 86{,}400\,\mathrm{sec}$, 지구의 질량은 $6 \times 10^{24}\,\mathrm{kg}$, 그리고 만유인력 상수 $G = 6.67 \times 10^{-11}\,\mathrm{N\,kg^2 s^{-2}}$ 이다. 이들을 식 (2.56)에 대입하여 위성의 반경을 구하면, $4.23 \times 10^4\,\mathrm{km}$ 가 얻어진다. 따라서 정지위성 궤도를 유지하기 위한 지표면으로부터 위성까지의 높이(h)는 이 값에서 지구의 반경(약 $6.4 \times 10^3\,\mathrm{km}$)을 빼면 $h = 3.58 \times 10^4\,\mathrm{km}$ 와 같다.

한편, 극궤도 위성은 그림 2.81(b)에서와 같이 남극과 북극 위를 지나면서 지구 주위를 회전하는 궤도를 가지고 지구 주위를 회전한다. 극궤도 위성이 지구주위를 회전하는 동안에 지구는 남극과 북극을 연결하는 지축에 대하여 회전하므로, 위성이 지속적으로 궤도를 회전하게 되면 지구의 모든 부분을 내려다보면서 관찰하게 된다. [참고자료 45]

2.9 압력과 부력

Q75 그림 2.82와 같이 못이 많이 박혀있는 판 위에 사람이 누워 있으며, 누워있는 사람의 배 위에 시멘트 벽돌이 놓여 있다. 시멘트 벽돌이 깨어지도록 망치로 세게 때리면 어떤 일이 일어나겠는가? 이때에 벽돌이 가벼운 것과 무거운 것 중에서 어느 것이 사람한테 더 안전할까? 단, 무거운 벽돌이나 가벼운 벽돌 모두, 외부 충격에 의해 부서지는 강도는 같다고 가정한다.

맨발로 평평한 물체 위에 올라가면 발에 아픈 것을 느끼지 못한다. 하지만, 끝이 뾰족한 돌 같은 물체에 올라가면 심한 고통을 느끼게 된다. 평평한 물체 위에 올라가거나 뾰족한 돌 같은 물체에 올라가더라도 우리의 몸무게는 변하지 않는다. 하지만, 발이 물체와 접촉하는 면적이 크고 작음에 따라 발을 통하여 느끼는 느낌은 전혀 다르다는 것을 경험적으로도 알고 있다. 이러한 차이점을 설명하여 주는 것이 압력이란 개념이며, 압력은 물체의 표면에 수직방향으로 단위면적당 작용하는 힘을 말한다.

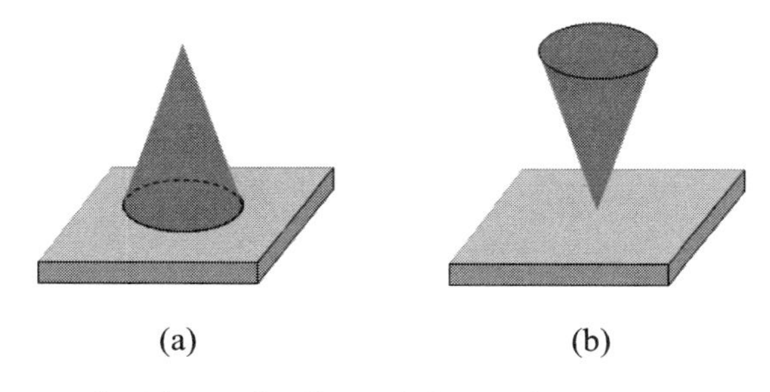

[그림 2.82] 원뿔모양의 물체에 의한 압력

그림 2.82(a, b)에서 원뿔모양인 물체의 무게는 같다. 하지만, 2.82(a)에서 사각형 모양의 받침대가 원뿔모양의 물체에 의해서 받는 단위면적당 힘, 즉, 물체의 무게를 원뿔모양 물체의 밑면적으로 나눈 값은 2.82(b)와 같이 끝이 뾰족한 경우에 사각형 받침대가 받는 단위면적당의 힘보다 훨씬 작다. 즉, 물체의 무게는 같다고 하더라도 물체가 다른 물체와 접촉하는 면적에 따라 다른 물체가 받는 압력은 다르게 된다. 따라서 그림 2.83에서와 같이 못이 많이 박힌 판 위에 사람이 누워도 다치지 않는 것이다.

시멘트 벽돌이 깨어지도록 망치로 세게 때리는 경우에 벽돌이 가벼운 것과 무거운 것 중에서 어느 것이 사람한테 더 안전할까에 대해서 생각하여 보자. 벽돌의 질량이 클수록 못 위에 누워있는 사람 쪽으로 향하는 벽돌의 가속도는 작아지며, 큰 힘으로 휘두른 망치는 벽돌을 깨뜨리게 된다. 따라서 가벼운 벽돌을 올려놓으면 망치가 벽돌을 때릴 때에 사람 쪽으로 향하는 벽돌의 가속도가 증가하여, 벽돌에 가해지는 힘이 바로 사람에게 전달되므로 다치게 된다.

여기서 한 가지 중요한 물리 개념은 벽돌이 무거울수록 관성이 커지므로 무거운

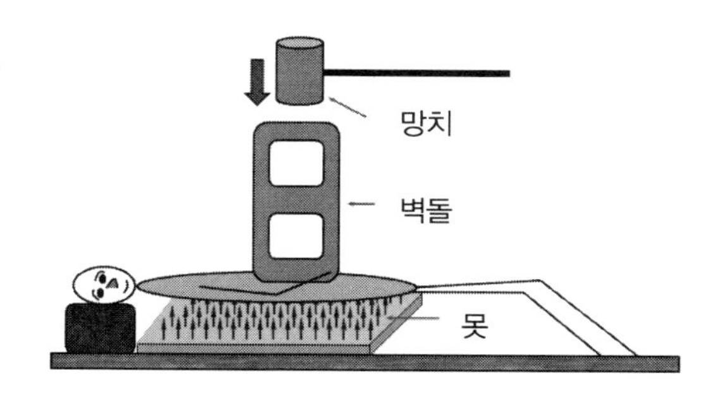

[그림 2.83] 못이 많이 박힌 판 위에 누워있는 사람

벽돌일수록 망치로 가해지는 충격이 사람한테는 적게 전달되면서 망치 충격에 의해서 벽돌이 깨진다는 사실이다. 참고자료 46의 사이트에 접속하면 관련 동영상을 볼 수 있다.

주의 매우 위험한 실험이니 여러분은 동영상을 본 후, 절대로 따라하지 마세요.

Q76 그림 2.84와 같이 똑같은 비커에 같은 종류의 액체가 같은 양만큼 담겨져 있다. 액체 속에 부피가 똑같은 금속구와 플라스틱 구가 잠겨 있다. 금속구는 천정에 줄을 매어서 액체 속에 잠겨 있으며, 플라스틱 구는 비커 바닥에 고정된 줄에 의해서 액체 속에 잠겨있다. 물론 금속의 밀도는 물의 밀도보다 크고, 플라스틱 구의 밀도는 물의 밀도보다 작다. 이때에 저울이 가리키는 무게는 어느 쪽이 더 큰 가? 또는 같은 값을 나타내겠는가? 2개의 구를 매달은 줄의 부피와 무게는 무시한다.

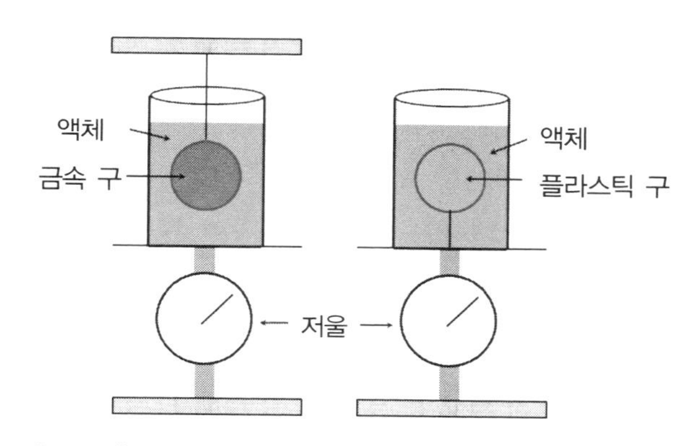

[그림 2.84] 물속에 들어있는 금속구와 플라스틱 구의 무게 측정

문제를 풀기 위해서는 논리적인 접근이 필요하다. ① 용기가 똑같고 액체의 부피도 같다고 하였으므로 용기와 액체에 의한 총 무게는 같다. ② 금속구와 플라스틱구의 부피가 같아 같은 양의 물을 밀어내므로, 물은 용기 바닥에 대하여 같은 높이만큼 올라가게 되어 액체의 높이가 같아지므로 용기바닥에 액체가 미치는 압력은 같게 된다. ③ ①, ②과정에서 저울에 미치는 각각의 알짜 힘은 같게 된다. 하지만 고려해야 할 부가적인 힘이 있다. 즉, ④ 플라스틱 볼이 액체 속에 잠기도록 하기 위하여 용기의 바닥에 고정된 줄에 위쪽 방향으로 작용하는 장력이 존재하게 된다. ⑤ 이처럼 용기의 바닥을 위로 당기는 힘(장력)이 작용하므로, 플라스틱 볼이 잠겨있는 용기의 무게가 더 작게 나타난다. 추가적으로 생각할 것은 플라스틱

볼이 용기의 바닥에 접촉하지 않으므로, 플라스틱구의 무게는 줄의 장력에 이미 반영되어 있다. [참고자료 47]

Q77 물보다 밀도가 큰 금속물질로 만들어진 작은 보트 모양의 물체를 물이 들어있는 비커 안의 물위에 띄어 놓았다. 보트를 막대로 살짝 눌려 보트가 바닥에 가라앉으면 비커 바닥 안쪽 면에서의 물의 압력은 보트가 물위에 떠 있을 때와 비교하여 어떻게 되겠는가? 물론 막대는 보트가 가라앉도록 만든 다음에 치운다.

밀도가 물보다 더 큰 금속물질로 만들어진 작은 보트 모양의 물체가 물위에 떠 있는 경우에 물체의 무게에 해당하는 양만큼의 물을 밀어내게 되면서 보트의 부피보다 많은 양의 물을 밀어내므로 물표면의 높이가 많이 올라가게 된다. 하지만, 보트모양의 물체를 인위적으로 물속에 가라앉히면 물체의 부피에 해당만큼의 물을 밀어내게 된다. 따라서 밀어낸 물의 양은 보트 모양의 물체가 물위에 떠 있을 때보다 작아 물 표면의 높이는 보트모양의 물체가 떠 있을 경우보다 낮아지게 된다.

보트모양의 물체가 물속에 가라앉아 바닥표면에 더 많은 압력(보트의 무게에서 부력을 빼준 힘에 의한 압력)을 주는 대신에 물표면의 높이가 낮아져 수압이 작아지므로 비커바닥의 안쪽표면이 받는 압력은 변화가 없게 된다.

이에 대한 실험은 저울 위에 올려놓은 물이 든 비커에 밀도가 물보다 큰 금속성의 물질로 만들어진 보트모양의 물체를 띄운 상태와 가라앉은 상태의 무게를 관찰함으로서 간단히 실험적으로 입증할 수 있다. 왜냐하면, 보트가 가라앉으면서 보트의 무게에서 보트에 작용하는 부력을 제외한 추가적인 힘이 비커바닥의 안쪽 면에 미치어 더 많은 압력을 가해진다고 하면, 저울의 눈금이 상승해야 하지만 저울의 눈금은 상승하지 않는다. 즉, 저울은 보트가 떠 있을 때나 가라앉아 있을 때에 모두 같은 무게를 나타낸다.

Q78 그림 2.85는 밀도가 서로 다른 두 액체를 투명용기 안에 넣은 것으로 밀도의 차이에 의해 색이 있는 액체와 무색의 액체가 분리되어 있는 현상을 나타낸 것이다. 이를 무중력 상태의 우주로 가져가면 어떻게 될까? 또한 무중력상태에서 용기에 액체를 넣고 밑에서 가열하면, 어떤 일이 일어날까?

밀도가 큰 액체는 아랫부분에 위치하고 밀도가 작은 물질은 윗부분에 위치함으로서 밀도가 서로 다르고 서로 섞이지 않는 두 액체는 분리된 상태로 존재하게 된다. 이 과정에서 밀도가 작은 액체가 위로 올라가고 큰 액체가 아래로 내려오는 것은 실질적으로 두 액체에 작용하는 중력의 차이로 인하여 이러한 분리가 일어나는 것이다(그림 2.85 참조).

[그림 2.85] 밀도가 서로 다른 두 액체가 들어 있는 용기

하지만, 중력이 존재하지 않는 무중력상태로 가게 되면, 밀도차이에 따른 중력의 차이가 생기지 않는다. 따라서 밀도가 크거나 작음에 관계없이 두 물질은 골고루 섞인 상태로 분리가 일어나지 않게 된다.

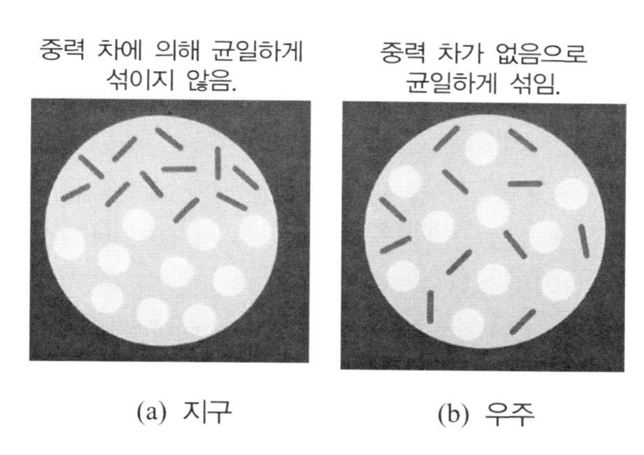

[그림 2.86] 지구와 무중력인 우주에서 밀도가 서로 다른 두 액체의 혼합 모습

또한 용기에 액체를 넣고 가열하면 온도가 올라감에 따라 밀도가 작아지므로, 액체의 밑 부분과 상단사이에 밀도차(엄밀히는 중력의 차)에 의한 대류작용이 일어나게 되어, 전체적으로 잘 가열이 된다. 하지만, 무중력상태에서 가열을 하게 되면 액체의 밑 부분과 상단 부분사이에 밀도 차에 의한 대류가 발생하지 않아 균일하게 가열이 되지 않는다(그림 2.87 참조).

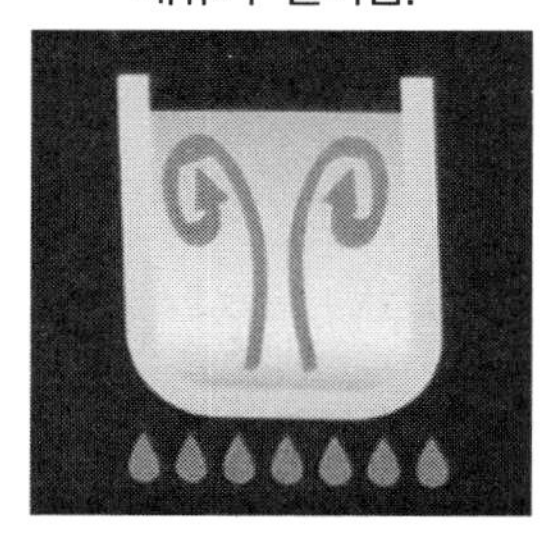

(a) 지구

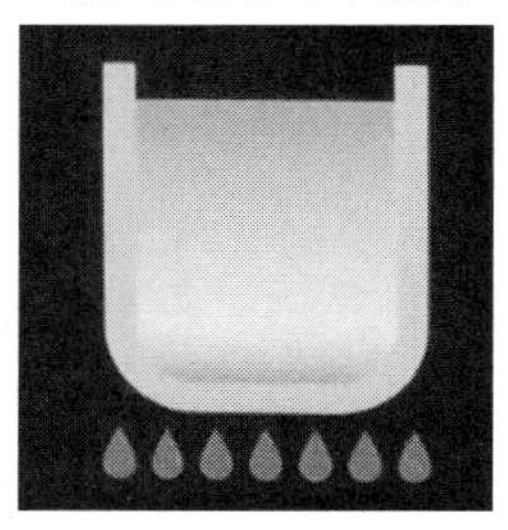

(b) 우주

[그림 2.87] 지구와 무중력인 우주에서 액체를 가열하는 모습

참고자료

1. http://curious.astro.cornell.edu/about-us/37-our-solar-system/the-moon/the-moon-and-the-earth/28.
2. J. S. Miller, Physics Fun and Demonstrations, Central Scientific Company: Chicago (1974).
3. http://www.physics.umd.edu/lecdem/services/demos/demosc4/c4-61.htm.
4. http://www.youtube.com/watch?v=ubZVCcp9j0s.
5. http://wiki.answers.com/Q/What_causes_a_lawn_sprinkler_to_rotate.
6. 장기완, 선생님과 함께하는 영재물리실험, 북스힐, 2012.
7. http://curricula2.mit.edu/pivot/book/ph0605.html?acode=0x0200.
8. http://www.lhup.edu/~dsimanek/scenario/atwood.htm.
9. P. P Ong, Eur. J. Phys. 11, 188(1990).
10. http://www.klikfisika.com/2016/01/mengapa-pemain-ice - skating-berputar.html.
11. http://www.youtube.com/watch?v=8H98BgRzpOM.
12. www.youtube.com/watch?v=UZlW1a63KZs.
13. http://img2.etsystatic.com/005/0/6021094/il_fullxfull.403148706_h1aa.jpg.
14. http://www.britannica.com/blogs/wpcontent/uploads/2011/01/80588-050-8d944bfe.jpg.
15. http://sprott.physics.wisc.edu/demobook/CHAPTER1.HTM.
16. 1. R. Ehrlich, Phys. Teach. 23, 489 (1985).
17. I. MacInnes, Phys. Teach. 27, 42 (1989).
18. J. P. VanCleave, Teaching the Fun of Physics, Prentice Hall Press: New York (1985).
19. http://www.math.dartmouth.edu/~pw/papers/maxover.pdf.
20. http://hypertextbook.com/facts/2001/IgorVolynets.shtml.
21. http://www.physics.umd.edu/lecdem/outreach/QOTW/arch4/q062.htm.
22. http://www.ux1.eiu.edu/~cfadd/3050/Ch08Rot/Hmwk.html.

23. http://www.physicscentral.org/experiment/physicsathome/free-fall.cfm.
24. http://www.physicscentral.org/experiment/askaphysicist/physics-answer.cfm?uid=20130130105151.
25. http://sprott.physics.wisc.edu/demobook/chapter1.htm.
26. H. F. Meiners, Physics Demonstration Experiments, Vol I, The Ronald Press Company: New York (1970).
27. http://www.youtube.com/watch?v=yURomiwg9PE&feature=youtube_gdata_player.
28. http://en.wikipedia.org/wiki/Two-balloon_experiment.
29. http://www.ux1.eiu.edu/~cfadd/3050/Ch07Energy/Hmwk.html.
30. http://physics.stackexchange.com/questions/90231/can-a-particle-have-momentum-without-energy.
31. http://www.ap.smu.ca/demos/index.php?option=com_content&view=article&id=82&Itemid=85.
32. Rod Cross, Am. J. Phys. 75(11), 2009 (2007).
33. http://ajp.aapt.org/resource/1/ajpias/v75/i11/p1009_s1?isAuthorized=no.
34. http://www.ccmr.cornell.edu/education/ask/index.html?quid=574.
35. http://www.ap.smuplore/sots/episode5.cfm.
36. http://www.ap.smu.ca/demos/index.php?option=com_content&view=article&id=167%3Aspoolin-around&catid=46&Itemid=80.
37. http://physicscentral.com/explore/sots/episode5.cfm.
38. http://physicscentral.com/explore/sots/episode2.cfm.
39. http://www.youtube.com/watch?v=nZYsOG60dKQ&feature=youtube_gdata_player.
40. http://icdn4.digitaltrends.com/image/zero-g-cup-650x0.jpg.
41. http://curious.astro.cornell.edu/question.php?number=299.
42. http://www.physicscentral.org/experiment/askaphysicist/physics-answer.cfm?uid=20080505084640.
43. http://www.physicscentral.org/explore/action/fluids.cfm.
44. http://www.physicscentral.org/experiment/askaphysicist/physics-answer.cfm?uid=20130717053916.

45. http://www.splung.com/content/sid/2/page/satellites.
46. http://www.youtube.com/watch?v=K5ayGYUQgtk.
47. http://www.lhup.edu/~dsimanek/scenario/insight.htm.

CHAPTER

03 파동은 어떤 특성을 가지고 있을까?

일상생활에서 우리는 알게 모르게 다양한 종류의 진동을 경험하게 된다. 예를 들어 기다란 줄의 한쪽 끝을 잡고서 흔들 경우에 흔들림이 줄을 따라서 이동하는 경우(1차원 파동), 호숫가를 거닐다가 하나의 작은 돌을 주어 호수에 던질 경우 돌이 떨어진 지점으로부터 동심원을 그리면서 퍼져 나가는 수면파(2차원 파동), 또는 눈으로는 보이지 않지만 라디오로부터 흘러나오는 음악도 일종의 파동(3차원 파동)이다.

이 중에서 소리는 물체가 진동하여 공기를 진동시킴으로서 발생하는 현상으로, 사람이 들을 수 있는 소리는 1초 동안 20번 진동하는 20 Hz 의 소리로부터 약 20,000번 진동하는 20,000 Hz 의 소리까지 들을 수 있다. 이처럼 우리가 들을 수 있는 가청주파수의 폭은 사람에 따라 다르지만 일반적으로 유아기에는 좁았다가 약 17~20세가 되면 가장 넓어 20 Hz 로부터 20,000 Hz 까지의 소리를 들을 수 있는 것으로 알려져 있다. 그리고 노인이 되면 폭이 좁아져서 고음과 저음 등은 잘 안 들리고 중음만을 듣게 된다. 듣는 소리에 따라서 즐겁거나 유쾌하지 않음을 느끼기도 하며, 소리의 세기에 따라 듣기도 하고 듣지 못할 수도 있다.

3.1 파의 운동

Q1 파동은 위치와 시간에 따라 모양이 변한다. 따라서 1차원의 줄을 따라 이동하는 파(예를 들면 펄스)를 설명하기 위해서는 위치(x)와 시간(t)의 좌표가 필요하다. 그림 3.1에 나타낸 모양의 펄스가 일정한 속력 v를 가지고 $x-$축을 따라 놓여 있는 줄을 따라 이동하고 있다. 관측점 P에서 변위 y와 시간 t 사이의 관계를 옳게 그래프로 나타내면 어떤 모양인가?

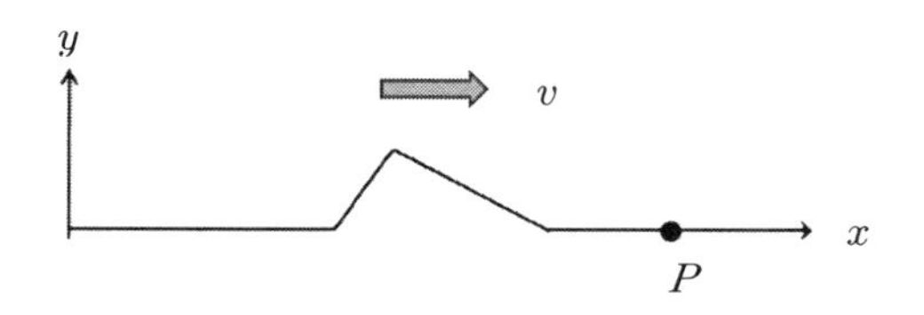

[그림 3.1] $x-$축을 따라 이동하는 펄스

줄을 따라 파가 진행하는 경우에 이를 정확히 설명하기 위해서는 위치와 시간이 필요하다. 한 예로서 줄의 중간 지점에 리본같은 것으로 표시를 한 다음, 줄의 오른쪽 끝을 고정하고 줄의 왼쪽 끝에서 아래, 위로 흔들어주면, 흔들림이 줄을 따라서 오른쪽으로 이동하는 것을 볼 수 있다. 또한 리본의 위치는 변하지 않으면서 시간에 따라 아래, 위로 움직이는 것을 관찰하게 된다. 즉, 파는 오른쪽으로 이동하면서 어느 한 특정지점(리본이 있는 지점)은 시간에 따라 아래, 위로 움직인다. 그러므로 파동을 정확히 설명하기 위해서는 위치는 고정돼 있고 시간에 따라 상하로 움직이는 것을 설명하기 위한 시간이 필요한 동시에 똑같은 시각에 파를 관측하면 위치에 따라서 위로 올라간 부분도 있고 아래로 내려온 부분도 있다. 따라서 파를 설명하기 위해서는 시간과 위치를 나타내는 좌표가 필요하다. 1차원인 하나의 줄을 따라 파가 이동하는 경우에는 위치좌표 x와 시간 좌표 t가 필요하며, 3차원 공간에서 파가 진행하는 경우에는 위치좌표 x, y, z와 함께 시간좌표 t가 필요하다.

본 문제에서는 줄을 따라 진행하는 모양을 흔들리는 정도(y)와 위치(x)로 문제를 제시한 다음, 이를 관측점 P에서 줄이 흔들리는 정도(y)와 시간(t)로 표현한 문제이다. 파동을 개념적으로 잘 이해하고 있다면 그림 3.2와 같은 결과를 얻게 되는데 생각을 많이 필요로 하는 문제라고 볼 수 있다.

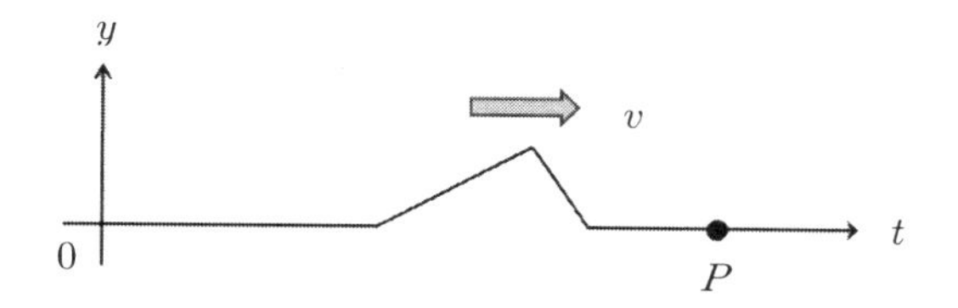

[그림 3.2] 시간에 따른 펄스의 모양

Q2 그림 3.3과 같이 같은 재질로 되어 있으나 단위길이 당 질량이 큰 굵은 줄과 가느다란 줄이 연결되어 같은 크기의 장력(F)을 받는다. 굵은 줄에서의 파장이 λ_1인 주기적인 파형이 형성되어 굵은 줄에서 가느다란 줄로 이동한다고 할 때, 두 줄의 연결점인 점 P를 지나면 파에 어떠한 변화가 일어나겠는가?

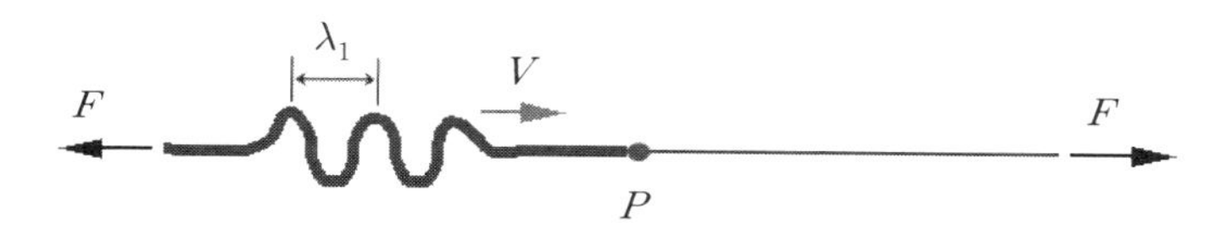

[그림 3.3] 굵기가 다른 줄에서의 파의 운동

팽팽하게 놓인 줄을 따라 파가 진행하는 경우에, 파의 진행속력(v)은 줄을 팽팽하게 잡아당기는 힘인 장력(F)과 줄의 선밀도(μ: 단위 길이당 줄의 질량)와 깊은 관계가 있으며, 다음과 같이 식 (3.1)로 표현된다.

$$v = \sqrt{F/\mu} \tag{3.1}$$

따라서 줄에 작용하는 장력은 같으나, 선밀도가 큰 굵은 줄에서 선밀도가 작은 줄로 파가 진행하다가 점 p를 지나게 되면 파의 진행속력이 빨라진다. 한편 시간에 따라 일정한 주기(또는 진동수가 일정하다고 이야기함)를 가지고 진행하는 파의 경우에, 진행속력(v), 진동수(f) 그리고 파장(λ)사이에는 식 (3.2)와 같은 관계가 있다.

$$v = f\lambda \tag{3.2}$$

따라서 굵은 줄에서 파장이 λ_1인 파의 경우에 점 p를 지나게 되면, 진행속력이 빨라지면서 파장은 λ_2로 바뀌게 된다. 진행속력은 증가하지만, 진동수는 바뀌지 않으므로 점 p를 지나게 되면서 파장이 길어지게 된다. 즉, $\lambda_2 > \lambda_1$ 와 같은 결과가 얻어진다.

Q3 단위길이당 질량이 일정하고 매우 긴 줄이 천정에 수직으로 매달려 있다. 줄에 생긴 파동이 위에서 아래로 진행할 때와 아래에서 위로 진행할 때에 진행하면서 어떤 변화가 일어날까?

팽팽한 줄에 생긴 파동이 줄을 따라 진행하는 속력(v)은 $v = \sqrt{F/\mu}$ 로 주어진다. 여기서 F는 줄에 작용하는 장력이며, μ 는 줄의 선밀도(단위길이당 질량)이다. 줄의 아래 부분에 있는 줄 자체의 무게 때문에 수직으로 매달린 줄에 작용하는 장력은 위로 올라 갈수록 커지므로 줄에 생긴 파가 아래에서 위쪽으로 진행함에 따라 파의 진행속력은 빨라진다.

3.2 정상파

Q4 특정음(예를 들면 "라"음)의 소리가 나도록 기타 줄을 튕겼을 때, "라"음에 대한 기타 줄 위에서의 파장이 "라"음에 대한 공기 중에서의 파장과 같을까 아니면 서로 다를까?

음파 또는 전자기파인 빛의 파장(λ)은 진동수(f) 및 진행속력(v)과 $v = f\lambda$와 같은 관계가 있다. 튕겨진 기타 줄에서 발생된 소리의 진동수는 공기 중에서 진행할 때와 같지만, 파장은 파가 진행하는 매질에 따라 변한다. 팽팽한 기타 줄에서의 파의 진행속력과 공기 중에서의 진행속력이 서로 다르기 때문에 파장은 서로 같지 않다. 공기 중에서 음파의 진행속력은 약 340 m/s 이지만, 물속에서의 속력은 약 1500 m/s 정도이다. 따라서 물속에서의 음파의 파장은 공기 중에서의 파장보다 약 4.4배 더 길다. 물 바깥에서 연주되는 피아노의 "라"음을 물속에 있는 사람도 같은 높이의 "라"음으로 알아듣는 것은 진동수가 변하지 않기 때문이다.

그렇다면, 공기 중에서의 빛의 진행속력보다 느린 유리 속에서의 빛의 파장은 얼마나 될까? 일반적으로 공기 중에서의 빛의 진행속력은 3×10^8 m/s 이지만, 유리 속에서의 빛의 진행속력은 약 2×10^8 m/s 이다. 따라서 공기 중에서의 파장이

514 nm (1 nm = 1.0×10^{-9} m)인 초록색의 빛이 굴절률이 1.5인 유리 속에서는 파장이 342 nm 정도로 짧아진다. 따라서 공기 중에서는 초록색으로 보이지만, 관찰자가 유리 속에 들어가서 통과하는 빛을 관찰하게 되면 보라색 계통의 빛으로 보이게 된다. 사람이 눈으로 인지하는 것은 파장에 따라서 인지하는 것이지 진동수에 따라서 구별하는 것은 아니다.

Q5 진동자의 진동방향과 진동자에 매단 줄의 진동방향이 수직인 경우에 줄에 형성된 정상파의 진동수가 진동자의 진동수의 2배가 되는 이유는 무엇일까?

진동자의 끝에 줄을 매달아 진동시키는 방법에는 2가지가 있다. 즉, ⓐ 진동자의 진동방향과 줄이 수직인 경우(그림 3.4(a)참조), ⓑ 진동자의 진동방향과 줄이 평행인 경우(그림 3.4(b)참조)이다. 하지만, 진동자의 진동방향과 진동자에 매단 줄의 진동방향이 수직이면 진동자의 진동수(f)와 줄에 매달린 추의 무게가 모두 같은데도 불구하고 줄에 형성된 정상파의 진동수가 진동자의 진동수의 2배가 되는 이유는 무엇일까에 대해서 생각하여 보자.

그림 3.4(a)에서와 같이 줄이 진동자의 진동방향과 수직방향으로 연결된 경우에 줄이 최대로 늘어나는 경우는 진동자가 위쪽방향으로 가장 많이 올라간 경우와 가장 아래쪽으로 내려온 경우이다(그림 3.5(a)와 3.5(d)참조).

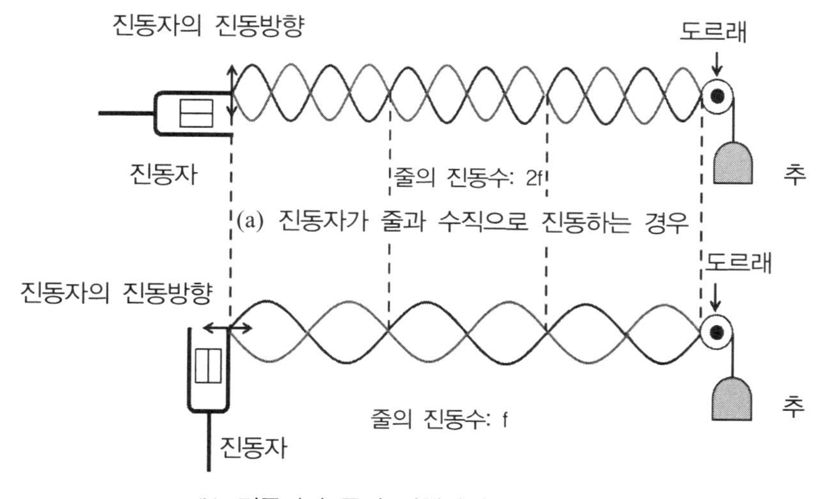

(b) 진동자가 줄과 평행하게 진동하는 경우

[그림 3.4] 진동자와 줄의 연결방법에 따른 줄의 진동

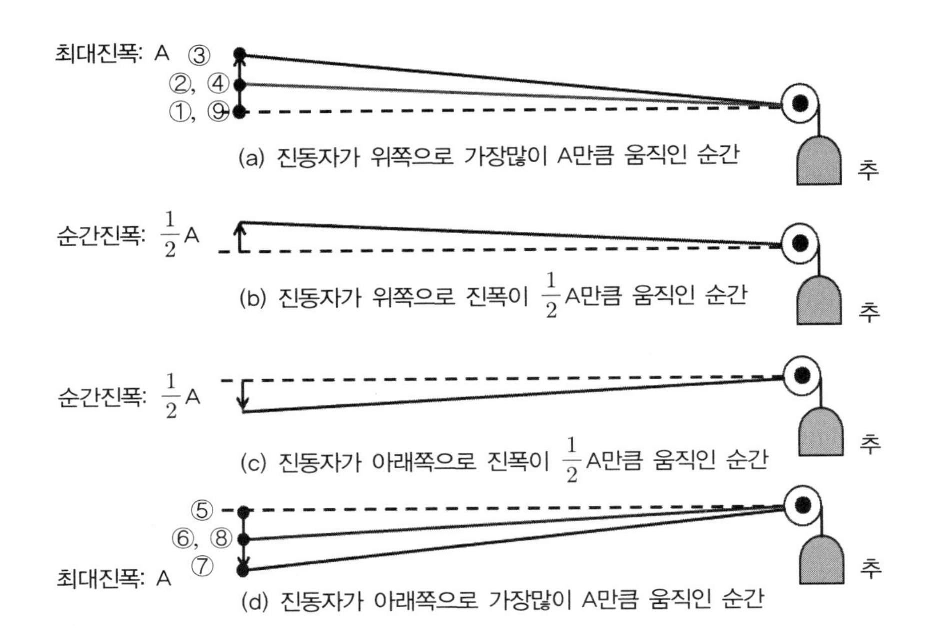

[그림 3.5] 진동자가 줄과 수직으로 진동하는 4가지 경우

진동자의 1회 진동과정을 그림 3.6(a)을 참조로 생각해 보면, ①→②→③→④→⑤→⑥→⑦→⑧→⑨ 과정을 따라 진동하게 된다. 줄의 입장에서 보면, ②와⑥ (또는 ④와 ⑧), ③과⑦은 같은 경우에 해당된다. 따라서 편리상 순간 기준점을 ②로 정하면, 순간 ①은 기준점에 비하여 줄이 약간 줄어든 경우(진폭이 -)이고 순간 ③은 순간 기준점에 비하여 약간 늘어난 상태(진폭이 +)에 해당한다. 또한 순간 기준점을 ⑥으로 정하면 순간 ⑤는 기준점에 비하여 줄이 약간 줄어든 경우(진폭이 -)이고 순간 ⑦은 기준점에 비하여 약간 늘어난 상태(진폭이 +)에 해당한다.

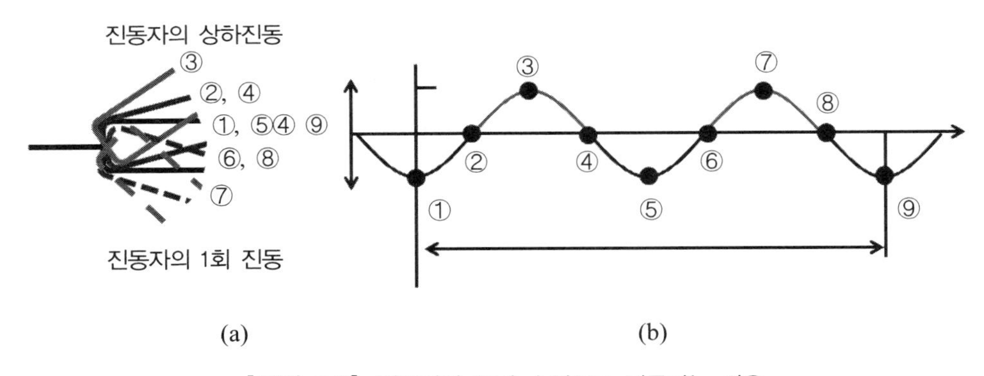

[그림 3.6] 진동자가 줄과 수직으로 진동하는 경우

여기서 순간 기준점을 ②와 ⑥으로 설정한 이유는 줄의 입장에서 보면 똑같은 경우에 해당되기 때문이다. 따라서 진동자가 위쪽으로 진동하는 동안에 순간 기준점을 ②로 설정하고, 진동자가 아래쪽으로 진동하는 경우에는 위쪽으로 진동하는 것의 반복과정으로 이해를 하는 것이 이해하기가 쉽다. 즉, 진동자가 전혀 진동하지 않은 상태를 기준으로 설정하지 않고, 그림 3.5(b) (또는 그림 3.5(d))의 경우를 기준으로 설정하면 보다 이해가 쉽다. 기준점은 물체의 운동을 보다 쉽게 이해하기 위하여 설정하는 것이다.

위에서 설명한 과정을 그래프로 표현하면 그림 3.6(b)와 같다. 진동자는 ①→②→③→④→⑤→⑥→⑦→⑧→⑨와 같은 과정을 거쳐 1회 진동을 마치게 된다. 이처럼 진동자가 1회 진동하는 동안에 줄은 그림 3.6(b)에서 진동자에 나타낸 번호가 같은 과정으로 진동하게 된다. 그림 3.5를 통하여 알 수 있듯이 줄이 진동자의 진동방향과 수직으로 연결되어 진동하는 경우, 진동자가 1회 진동하는 동안 줄은 2번 진동하게 된다.

하지만, 그림 3.4(b)에서와 같이 줄이 진동자의 진동 방향과 나란하게 진동하는 경우에는 줄은 진동자의 진동수와 같은 진동수로 진동하게 되는데, 줄이 진동을 시작하기 전의 위치를 기준점으로 하여 위에서와 같은 방법으로 분석해 보면 쉽게 알 수 있다.

Q6

그림 3.7에서와 같이 한쪽이 막힌 관(예를 들면 관에 채워진 물의 높이 조절이 가능한 유리관)의 끝에서 소리굽쇠를 진동시키면서 물의 높이를 변화시키면 특정높이에서 강한 소리를 들을 수 있는데, 이러한 현상을 기주공명이라 한다. 여기서 기주라는 의미는 유리관 내에 있는 공기기둥을 의미한다. 이러한 기주공명이 일어나는 이유는 무엇인가?

공기 중에서 음파가 진행하다가 장애물을 만나면 일부가 반사하는데, 일상생활에서 쉽게 경험하는 것이 메아리를 생각할 수 있다. 즉, 등산하면서 크게 "야호"하고 외치면 조금 뒤에 "야호"라는 소리가 되돌아오는 경우를 경험하였을 것이다. 이러한 음파의 반사는 "야호"하고 외친 소리가 공기 중에서 진행하다가 맞은편의 산을 만나면, 소리가 전달되는 경로가 공기에서 산으로 바뀌게 된다. 이처럼 음파가 전달되는 매질이 공기에서 산으로 변하게 되면, 매질의 변화에 따른 음속의 차이가 발생하면서 두 매질의 경계면에서 반사가 일어나게 된다.

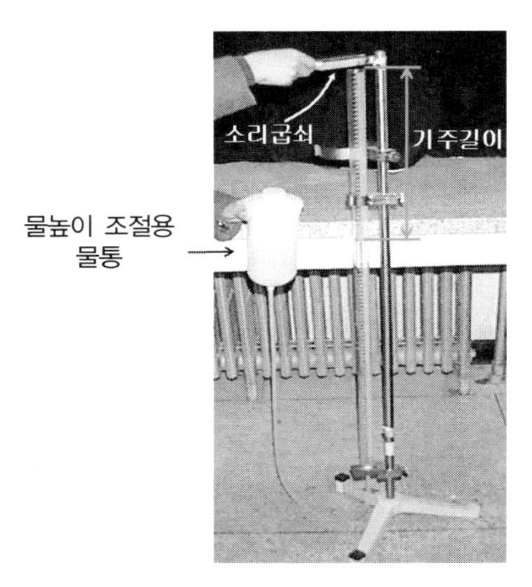

[그림 3.7] 물의 높이 조절이 가능한 투명 유리관

스피커에서 발생된 음파가 그림 3.8에서와 같이 한쪽이 막힌 관속을 진행하는 경우, 음파가 관속으로 입사하는 입사파와 함께 관의 반대쪽 끝에서 반사하는 반사파가 동시에 존재하게 된다. 한쪽이 막힌 관에 음파가 입사하는 경우에 관의 길이가 음파의 파장(λ)과 $\frac{\lambda}{4}, \frac{3\lambda}{4}, \frac{5\lambda}{4}, \cdots = (2n-1)\frac{\lambda}{4}$ 와 같은 관계가 되면, 그림 3.8에 나타낸 바와 같이 관의 열린 끝에서 입사파와 반사파에 의한 공기분자들의 진폭이 가장 크고, 관이 막힌 부분에서는 공기분자들의 진폭이 "0"이 된다.

진폭이 가장 큰 부분을 "배"라고 하고, 가장 작은 부분을 "마디"라고 하는데, 이러한 배와 마디의 위치가 시간에 따라서 변하지 않는다. 이처럼 배와 마디의 위치가 시간에 따라 변하지 않는 파를 정상파라고 하며, 이러한 정상파를 형성하는 음파의 진동수를 공명진동수라 한다. 이러한 관의 공명진동수는 관악기의 제조에 있어서 매우 중요하므로 악기의 연구에서 중요하게 다뤄지고 있다.

그림 3.8에서 관의 왼쪽 끝에 있는 위치 "a"에서는 입사파에 의한 공기분자의 진폭이 오른쪽으로 최대가 되었다가 일정 시간이 지나면 반사파에 의해 공기분자의 움직임이 왼쪽으로 최대가 된다. 하지만, 위치 "b"에서는 입사파가 오른쪽으로 공기분자를 이동시키려고 하는 순간에 반사파가 왼쪽으로 이동시키려하기 때문에 공기분자는 움직이지 못하게 되어 진폭이 "0"이 된다. 이처럼 일정한 조건이 만족되면 관내에 정상파가 형성되어, 입사파나 반사파에 의하여 공기분자의 진폭이 최

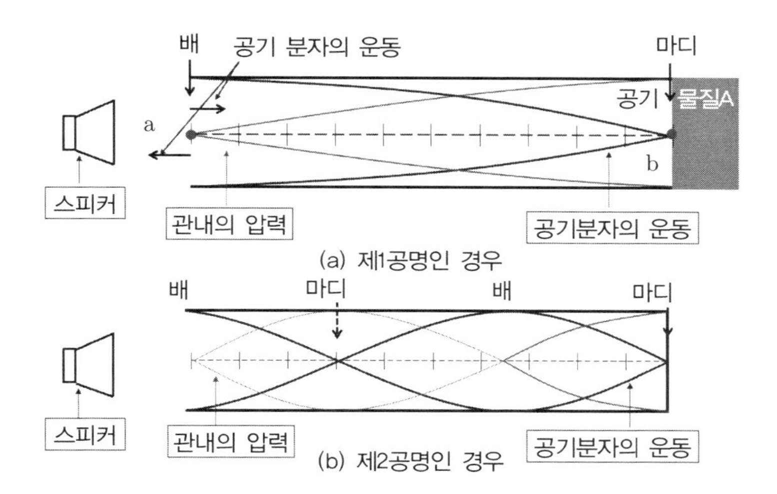

[그림 3.8] 한쪽이 열린 관 안쪽에 음파에 의해 형성된 정상파

대이거나 "0"이 되는 위치가 시간에 관계없이 항상 일정하게 된다,

그렇다면, 위에서 언급한 일정한 조건을 만족하지 않는 음파가 관에 입사하는 경우에는 어떻게 되겠는가? 그림 3.8에서와 같이 한쪽이 열린 관을 예로 든다면, 위치 "a"에서 입사파와 반사파에 의한 공기분자의 진폭이 최대가 되지 못하고 시간에 따라 항상 변하는 동시에 위치 "b"에서는 입사파와 반사파에 의한 공기 분자의 진폭이 항상 "0"이 되지 못하고 커졌다 작아졌다 하는 식으로 계속 변하기 때문에 정상파가 형성되지 못한다.

정상파의 경우에 배와 마디의 위치가 시간에 관계없이 일정하다고 하였는데, 이의 물리적 의미에 대해서 생각하여 보자. 그림 3.8에서 위치 "a"에 있는 공기분자는 입사파에 의해서 오른쪽으로 가장 많이 이동하였다가 반사파에 의해서 가장 많이 왼쪽으로 움직인다. 따라서 위치 "a"에 있는 공기분자는 자유로이 오른쪽이나 왼쪽으로 움직이므로 공기분자가 받는 압력은 "0"이다. 하지만, 위치 "b"에 있는 공기분자는 입사파에 의해서 오른쪽 방향으로 움직이려는 동시에 반사파에 의해서 왼쪽으로 이동하려하기 때문에, 오른쪽이나 왼쪽으로 움직이지 못하므로 마디가 형성되는 대신에 공기분자가 받는 압력은 가장 커진다.

따라서 관안에 형성된 정상파에서 배는 공기분자의 움직임이 가장 크다는 것을 의미하며, 마디는 공기분자의 움직임이 없는 대신에 공기분자가 받는 압력은 가장 크다는 것을 의미한다. 배와 마디에 대한 물리적 의미는 양쪽이 열린 관이나 한쪽이 열린 관에서 모두 같다. [참고자료 1]

Q7 음파(소리)가 진행하다가 매질이 바뀌면 두 매질의 경계면에서 반사파가 생기며, 이러한 현상에 의해서 한쪽 끝이 막힌 관에서 입사파와 반사파의 결합에 의해서 정상파가 형성된다는 것을 알았다. 그렇다면 양쪽이 열린 관속을 따라 음파가 진행하는 경우에 반사파는 왜 생기는가? 양쪽이 열린 관인 경우에 관 내부도 공기이고 외부도 공기이다. 즉, 관 내부를 따라 음파가 진행하다가 관 끝에 도달한다고 하여도 매질도 공기로 매질이 변하지 않았는데도 불구하고 왜 관 끝에서 반사파가 생길까?

정상파의 경우에 배와 마디의 위치가 시간에 관계없이 일정하다고 하였는데, 이의 물리적 의미에 대해서 생각하여 보자. 그림 3.9에서 지점 "a"의 공기분자는 입사파에 의해서 오른쪽으로 가장 많이 이동하였다가 반사파에 의해서 가장 많이 왼쪽으로 움직인다. 따라서 지점 "a"에 있는 공기분자는 자유로이 오른쪽이나 왼쪽으로 움직이므로 공기분자가 받는 압력은 거의 "0"이다. 하지만, 지점 "b"에 있는 공기분자는 입사파에 의해서 오른쪽 방향으로 움직이려는 동시에 반사파에 의해서 왼쪽으로 이동하려하기 때문에, 오른쪽이나 왼쪽으로 움직이지 못하므로 마디가 형성되는 대신에 공기분자가 받는 압력은 가장 커진다. 지점 "c"의 공기분자는 입사파에 의해서 가장 많이 오른쪽으로 이동하였다가 반사파에 의해서 왼쪽으로 자유로이 움직이므로 공기분자들의 진폭이 가장 큰 배가 된다.

소리와 같은 음파는 진행하다가 매질이 변하면 진행속도의 차이가 나게 되는 두 매질의 경계부분에서 반사가 생긴다고 하였다. 관의 한쪽이 막힌 경우에 관내를 진행하던 파가 관이 막힌 부분에 도달하면 매질이 변하게 되어 진행속도의 변화를 가져오므로 관이 막힌 부분에서 반사파가 생기게 된다.

그렇다면 양쪽이 열린 관의 경우에 반사파는 왜 생기는 것일까? 이를 이해하기 위해서는 그림 3.10을 참조하기 바란다.

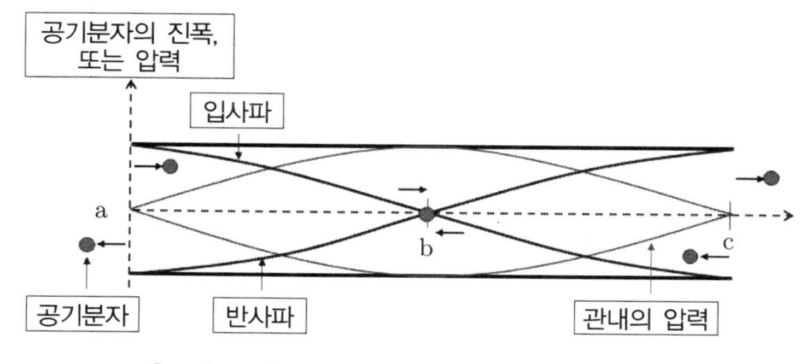

[그림 3.9] 양쪽이 열린 관안에 형성된 정상파

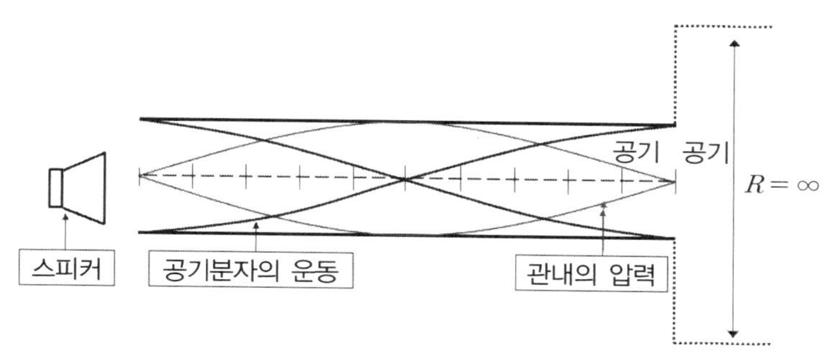

[그림 3.10] 양쪽이 열린 관에서의 정상파

그림 3.10을 보면 양쪽이 열린 관은 관의 양 끝에 반경이 무한대인 관이 연결되어 있다고 생각할 수 있다. 음파가 투명 유리관을 통과하는 경우를 물이 유리관을 통과하는 경우로 바꾸어 생각하자. 이 경우, 물이 관속을 좀 어렵게 통과하다가 오른쪽 끝에 도달하면 반경이 무한대인 관이 연결되어 있어 통과가 훨씬 쉬워진다.

이와 마찬가지로 음파가 그림 3.10에서와 같이 양쪽이 열린 관의 왼쪽에서 오른쪽으로 진행하는 파가 오른쪽 끝 부분(점선으로 표시된 지점)에 도달하게 되면 음파의 전달이 훨씬 쉬워지게 되므로 음속의 차이를 가져와 반사파가 생기게 된다. 따라서 소리를 전달하는 공기매질은 변하지 않는다고 하더라도 진행속력의 차이에 기인한 반사파가 생기게 되며, 이러한 반사파와 입사파가 서로 만나 관내에서 공명을 일으키게 된다.

음파가 잘 전달되느냐 안 되느냐는 전문용어로 음향임피던스라고 한다. 음향임피던스가 크면 소리의 전달이 어려워지며, 음향임피던스가 작으면 소리의 전달이 보다 쉬워진다. 관의 직경이 무한대로 커지면, 음향임피던스가 작아지게 된다.

음파는 소리를 전달해 주는 ① 매질의 종류가 바뀌는 경우, ② 매질의 종류는 바뀌지 않았으나, 관의 직경이 변함으로서 음파의 진행속력의 변화에 기인하여 반사가 생기는 경우가 있음을 알 수 있다. [참고자료 1]

참고 참고자료 2에 접속하면 미국에 있는 타코마 다리가 정상파에 의하여 붕괴되는 과정을 촬영한 동영상을 볼 수 있다. 동영상을 보면서 줄에 다리를 매단 형태의 현수교를 설계할 때 고려해야 할 사항을 생각하는 것도 의미있는 일이다.

Q8 **마이크로웨이브를 머쉬멜로우에 쪼여 줌으로서 형성된 정상파를 이용하여 빛의 속력을 측정할 수 있을까?**

① 작은 메쉬멜로우 과자를 접시 위에 1층 정도로 펼쳐 놓는다.

② 접시가 회전하면 안 되므로 마이크로웨이브 내의 회전 틀을 제거한 후, 머쉬멜로우가 들어있는 접시를 마이크로웨이브 안에 넣는다.

③ 10초 정도 마이크로웨이브를 작동시킨다.

④ 마이크로웨이브가 정지하면, 접시를 꺼낸다. 접시 위의 머시멜로위가 일정한 패턴을 이루면서 녹은 것을 발견하게 될 것이다. 모두 녹거나 전혀 녹지 않았다면 마이크로웨이브의 작동시간을 조절하여 일정한 패턴이 형성되도록 한다.

⑤ 자를 사용하여 녹은 머쉬멜로우 사이의 간격을 측정한다. 측정값이 마이크로파의 ½ 파장에 해당한다.

⑥ 마이크로웨이브에 붙어 있는 스틱커를 보고, 마이크로파의 진동수를 기록한다. 진동수는 약 2,450 MHz 이다. $1\,MHz = 10^6\ Hz$ 이다.

⑦ "빛의 속력 = 2 × 녹은 메쉬멜로우 간격 × 마이크로파의 진동수"을 이용하여 빛의 속력을 측정한다.

⑧ 빛의 속력은 공기 중에서 약 $3 \times 10^{10}\ cm/s$ 이다. 측정값과 비교하여 본다.

주의 가능하다면 부모님과 같이 하며 손이 데지 않도록 특별히 조심한다.

Q9 **벌레들이 날개를 빨리 흔들면 소리가 발생되는 이유는 무엇인가? (그림 3.11 참조)**

[그림 3.11] 날고 있는 벌

모든 파동의 근원은 진동하는 물체로서 진동하는 물체의 진동수와 물체가 만들어내는 파의 진동수는 같다. 예를 들어 큰 땅벌은 1초에 130번씩 날개를 치면서 130Hz 의 소리를 만들어내게 된다. 벌이 날개를 치면, 주위의 공기를 압축하였다가 놓았다가 압축하는 과정을 반복하게 된다. 압축하는 동안에 공기의 밀도는 높아지고, 반대로 날개를 움직이는 과정에서는 공기의 밀도가 낮아지는 효과를 일으킨다. 공기의 밀도가 높고 낮은 현상이 반복되는 것은 공기의 압력이 커졌다가 작아지는 현상이 반복되는 현상으로 음파가 발생되는 것이다. 꿀벌은 1초에 225번씩 날개를 치면서 225 Hz 의 소리를 만들고 모기의 경우에는 600 Hz 의 소리를 발생하는 것으로 알려져 있다.

날개의 움직임이 공기의 압력변화를 일으키면서 음파를 만들어내는 것이다. 즉, 스피커가 앞, 뒤로 진동하면서 주위의 공기에 압력변화를 일으켜서 소리를 발생시키는 것이나, 벌이나 곤충들이 날개를 위, 아래로 움직이면서 공기의 압력변화를 일으켜 음파를 발생시키는 원리는 같다.

3.2 악기에서의 음색

Q10 음의 높이가 같은 피아노 소리와 바이올린 소리를 구별하는 이유는 무엇인가?

그림 3.12는 시간에 따른 소리굽쇠(음차), 클라리넷 및 오보에의 음을 녹음하여 재생한 것이다. 그림 3.12를 보면 이들 모두가 같은 주기로 변화지만, 모양이 서로 다르다는 것을 알 수 있다. 예를 들어 주기가 음악에서 “라”음에 해당하는 440 Hz

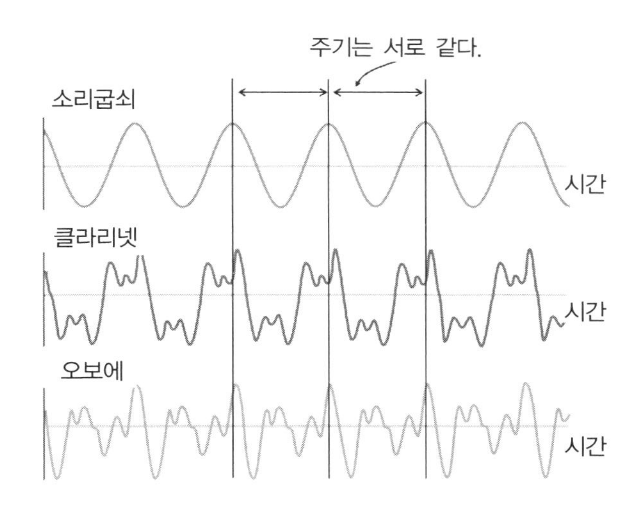

[그림 3.12] 시간에 따른 소리굽쇠, 클라리넷 및 오보에의 파형

라고 하면 이들 모두가 440 Hz 의 주기를 가지고 시간에 따라 변한다는 것을 의미한다. 하지만 이들 모양이 서로 다른 이유는 무엇일까?

그림 3.13은 소리굽쇠, 클리리넷 및 오보에로부터 발생된 소리에 대한 배음들의 상대세기를 나타낸 것이다. 소리굽쇠의 경우에는 기본음만 존재하고 배음이 존재하지 않는다. 따라서 시간에 따른 파형의 변화가 그림 3.12에서와 같이 가장 간단하다.

하지만, 클라리넷의 경우에 기본진동수의 세기가 가장 강하고, 3배 진동수의 음이 2번째로 강하다. 예를 들어서 클라리넷을 440 Hz 의 "라"음으로 연주하고 있다면, 440 Hz 의 음이 가장 강하고, 이의 3배진동수인 1,320 *Hz* 의 음이 두 번째로 강하다는 것을 의미한다. 세 번째로 강한 음은 기본진동수의 5 배와 7 배에 해당하는 2,200 Hz 와 3,080 Hz 를 가진다. 다시 말해서 클라리렛의 "라"음을 연주하면 이들 모두의 음들이 동시와 나오게 되며, 이들을 합하면 그림 3.12에서 보여준 파형을 나타낸다. 오보에의 경우에는 440 Hz 의 2 배음이 기본 진동수인 440 Hz 보다 좀 더 강하게 나온다.

위에서처럼 배음들의 상대세기가 다르기 때문에 같은 "라"음을 연주한다고 하더라도 연주되는 소리를 듣고 악기를 구별할 수 있는 것이며, 이를 전문용어로는 "음색"이라고 한다. 한편, 음의 높고 낮음은 진동수가 높고, 낮음에 따라 결정되는 것이며, 음색은 기본진동수에 대한 배음들의 상대적 세기에 의해서 결정되는 것이다. 그림 3.13에서 보여준, 배음들의 상대적 세기를 가지는 소리를 전자적으로 합성하면 전자악기가 되는 것이다. 전자악기를 만들기 위해서는 그림 3.13과 같은 음의 분석이 반드시 필요하다.

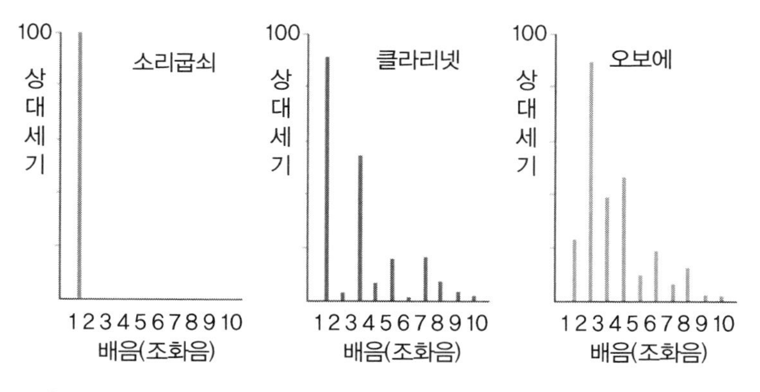

[그림 3.13] 소리굽쇠, 클라리넷 및 오보에의 배음들의 상대세기

Q11 낮에 하는 말은 새가 잘 듣고 밤에 하는 말은 쥐가 잘 듣는다는 속담에 들어있는 과학적 진실은 무엇일까?

음파는 소리를 발생시키는 장치(예를 들면 스피커)의 진동으로 인하여 공기분자들이 받는 압력의 변화 (또는 공기밀도의 변화)로 전달된다. 이렇게 전달되는 소리는 파면의 각 부분들이 다른 속력으로 진행할 때 굴절된다. 여기서 파면이라는 것은 공기분자들이 받는 압력이 높거나 낮은 부분, 또는 같은 시간에 같은 크기의 압력을 받는 부분을 연결한 면을 의미한다. 그림 3.14에서 공기분자들의 압력이 높은 부분 또는 낮은 부분을 연결한 면이 음파에 대한 파면이 된다.

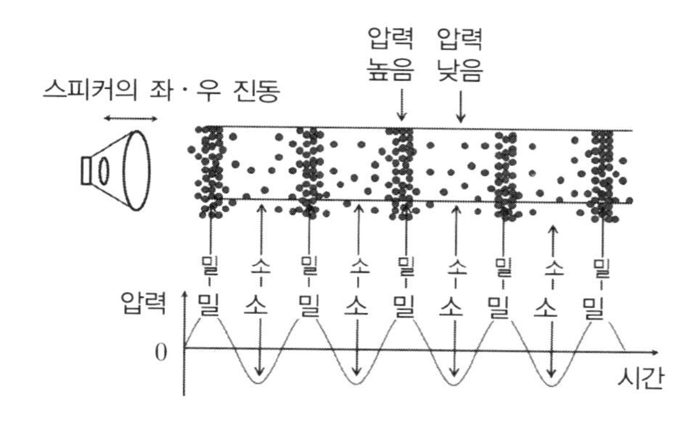

[그림 3.14] 음파의 발생 및 전달

음파의 진행속력은 공기의 온도에 의존하는데, 공기의 온도가 높을수록 빨리 진행한다. 무더운 날 지표면 근처의 공기는 높은 곳의 공기보다 훨씬 따듯하므로 지표면 근처에서의 소리의 속력이 높은 곳에서보다 더 빠르다. 따라서 음파는 따듯한 지표면에서 높은 곳으로 휘어지므로 높은 나무에 있는 새에게는 소리가 잘 전달되지만, 멀리 떨어져 있는 땅위의 쥐에게는 잘 전달되지 않는다(그림 3.15 참조).

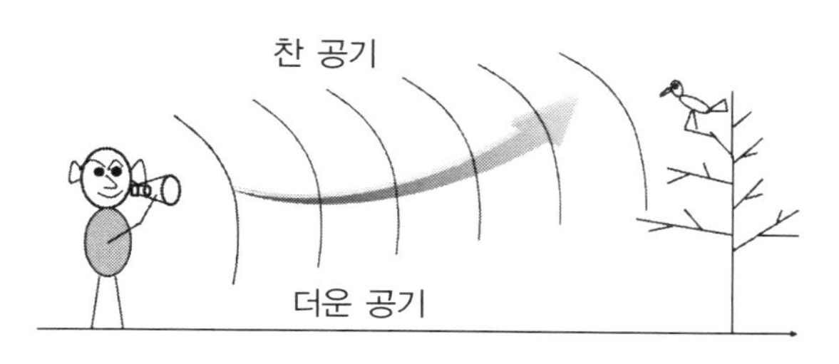

[그림 3.15] 온도에 따른 소리의 굴절

하지만, 추운 날씨나 밤에는 지표면 근처에 있는 공기층의 온도가 상공의 공기보다 더 차가우므로 지표면에서의 속력이 상공에서의 소리의 속력보다 느리다. 따라서 소리는 지표면 쪽으로 휘어지게 되므로 훨씬 멀리까지 전달되면서 땅위에 있는 쥐는 소리를 보다 잘 듣게 된다(그림 3.16 참조).

위에서 설명한 내용이 "낮의 말은 새가 듣고 밤의 말은 쥐가 듣는다."는 속담에 들어있는 과학적 진실이다.

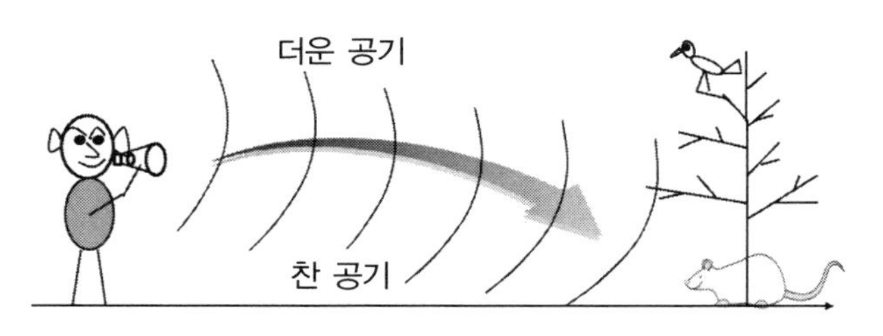

[그림 3.16] 온도에 따른 소리의 굴절

Q12 왜 헬륨기체는 사람의 목소리를 변화시키는가?

헬륨기체가 사람의 목소리를 변화시키는 이유를 이해하기 전에 먼저 알아둬야 할 것은, 헬륨기체를 많이 흡입해서는 안 된다는 것이다! 헬륨기체가 목소리를 변화시키는 효과를 재미로 시도하다가 사망하는 사례들이 보고된 경우도 있다. 이는 헬륨이 유해해서가 아니며, 헬륨은 다른 원소들과 가장 반응을 잘 안하는 성질을 가지고 있어 헬륨기체를 많이 마시게 되면, 사람이 필요한 산소가 헬륨으로 대체되어 위험해질 수 있기 때문이다. 따라서 높은 압력으로 캔 안에 압축된 헬륨가스를 직접 마시지 말고 낮은 압력상태에서 조금 들여 마셔야 된다.

헬륨이 목소리에 어떠한 반응을 보이는 지를 이해하기 위해서는 먼저 목소리가 발생되는 원리를 알아야한다. 우리가 말을 하기 위해서는 성대가 위, 아래로 진동을 일으킨다. 성대의 진동에 의해서 목과 입안에 있던 공기밀도의 높고 낮음이 반복적으로 일어나면서 진행하는 파동을 만들게 되는데, 이것이 바로 음파이다. 누군가의 소리를 들었을 때에는 진동수로 소리를 인식하게 되며, 진동수가 증가함에 따라 소리의 높이는 높아진다.

다음으로 알아야 할 것은, 말을 할 때 씰룩씰룩 아래, 위로 진동하는 성대가 하나의 진동수만 발생시키는 것이 아니고 동시에 다양한 진동수를 가진 음파들이 발생된다는 점이다. 또한 다양한 진동수들의 상대적 세기에 따라 음색이 결정되는 것이다. 진동수가 440 Hz인 "라"음을 연주하더라도 피아노 소리와 바이올린 소리를 구별할 수 있는 이유는 음색이 서로 다르기 때문이다. 성대의 진동에 의해서 발생된 다양한 진동수 중에서 특정 진동수의 소리는 다른 것에 비해 더 크게 들리게 되는 데, 이를 공명현상이라고 한다. 예를 들면, 놀이터에서 어린 아이가 탄 그네를 밀어줬을 때, 적당한 타이밍과 적당한 힘을 주면, 그네를 더욱 더 높이 또는 빠르게 움직이게 할 수 있다. 그러나 반대로, 적당치 않은 타이밍에 힘을 주면 그네는 멈추게 되는 경우도 일어난다. 그네의 움직임과 똑같은 타이밍을 가지고 그네를 미는 경우에 그네가 더욱 더 높이 움직이게 되는 현상을 일종의 공명으로 볼 수 있다.

음파의 경우에도 마찬가지로, 파이프 내의 공기의 길이가 발생된 소리의 파장과 알맞은 조건하에서 공명을 일으키게 된다. 즉, 한쪽이 막힌 관의 경우에는 파이프의 길이가 음파의 파장(λ)의 $(2n-1) \cdot \lambda/4$ (n: 정수)인 경우 또는 양쪽이 열린 관에서는 $(2n-1) \cdot \lambda/2$인 경우에 공명이 일어난다. 교회에서 쉽게 볼 수 있는 파이프 오르간의 경우에, 길이가 서로 다른 이유는 길이가 다른 파이프들이 각각 높이가 다른 소리의 파장과 공명을 일으키기 위함이다. 오르간 파이프의 작동원리와 같은 이유로 작동하는 것이 사람의 목과 입이다.

마지막으로 이해해야 할 것은 헬륨에 대한 성질이다. 음파가 전달되기 위해서는 매질이 필요하며, 말을 할 때에 상대방에게 쉽게 소리가 전달되는 것은 공기가 있기 때문이다. 즉, 말을 할 때에 공기입자들이 평형상태(평형상태라 함은 공기의 밀도가 균일함을 의미한다.)에서 이동하여 압축(공기밀도가 커짐)되거나 비압축(공기밀도가 작아짐)되면서 압력의 변화로 소리가 전달되는 것이다. 매질을 구성하고 있는 입자(공기 또는 헬륨입자)들이 가벼울수록 입자들이 보다 쉽게 압축되거나 비압축되므로 가벼운 기체일수록 음파가 잘 전달된다. 평균적으로 헬륨기체의 질량은 공기의 주성분인 질소와 산소의 약 1/4정도이므로 음파는 헬륨기체 속을 훨씬 더 빨리 진행한다.

예를 들어 진동수가 440 Hz 인 "라"음을 발음한다고 할 때에, 성대는 440 Hz 만의 단일진동수의 음을 내는 것이 아니라, 880 Hz , 1,320 Hz 등과 같은 진동수를 가진 음들이 함께 섞인 복합음을 내게 된다. 음파의 진행속력(v), 음파의 파장(λ)

및 진동수(f)사이에는 $v = f\lambda$의 관계가 있으며 헬륨기체 내에서의 음파의 속력이 공기 중에서의 속력보다 약 3 배정도 빠르다. 따라서 성도(성대에서 입술 또는 콧구멍에 이르는 통로)와 공명인 소리의 진동수가 공기 중에서의 공명진동수와 비교하여 증가하게 되면서 높은 진동수의 음이 보다 강화되면서 음색이 변하게 된다.

따라서 헬륨기체를 마시지 않고 말을 할 때와 비교하여, 헬륨기체를 마시고 말을 하면 성대의 떨림에 의한 진동수는 변화지 않는다 하더라도 성대가 보다 높은 진동수를 가지는 음과 공명하면서 공기 중에서보다 높은 진동수의 소리가 강화되어 높은 음의 소리로 듣게 된다. 즉, 성대의 진동은 변화가 없으므로 음 자체의 진동수가 높아지는 것이 아니라 음색이 공기에서의 소리와 비교하여 변하는 것이다. 음색에 대해서는 "피아노 소리와 바이올린 소리"에서 주어진 설명을 참조하기 바란다. 참고로 표 3.1은 여러 매질에서의 소리의 속력을 비교한 것이다.

물론 공기보다 무거운 기체를 들이마시고 같은 목소리를 낸다고 하면, 공기를 마시고 목소리를 내는 경우보다 음색이 변화면서 낮은 음의 소리로 들리는 소리를 듣게 된다. 하지만, 이 경우에도 성대의 진동에 의한 진동수는 변화가 없다.

참고로 표 3.2는 몇몇 기체들의 분자량을 나타낸 것이다. 라돈이 가장 무거운 기체이나 반감기(원래 질량의 1/2로 줄어드는 데 걸리는 시간)이 3.8일밖에 되지 않아 실험하기에는 부적절하며, 육플루오르화황이 적절하다. 육플루오르화황 기체 내에서의 음파의 진행속도는 공기 중에서의 약 1/2이다. 공기보다 훨씬 무거운 육플루오르화황을 사용한 후에는 폐에 이들 기체가 남아있지 못하도록 깊게 숨을 여

표 3.1 여러 매질에서의 소리의 속력

재료	음속 (m/s)
공기(0 °C)	331
공기(25 °C)	346
헬륨(0 °C)	973
헬륨(25 °C)	1,020
수소	1290
물	1490
알루미늄	5,100
납	1,320
고 무	54

러 번 쉴 필요가 있다. [참고자료 3~8]

표 3.2 여러 기체분자들의 분자량

기체	분자량
헬륨	4
공기	29
크립톤	84
제논	131
라돈	222
육플루오르화황	146

Q13 그림 3.17와 같이 스피커에서 나온 소리를 가급적 많이 마이크에 모으려고 한다. 어떤 방법을 사용하면 가능하겠는가? 물론 스피커와 마이크 사이의 거리는 일정하다고 가정한다.

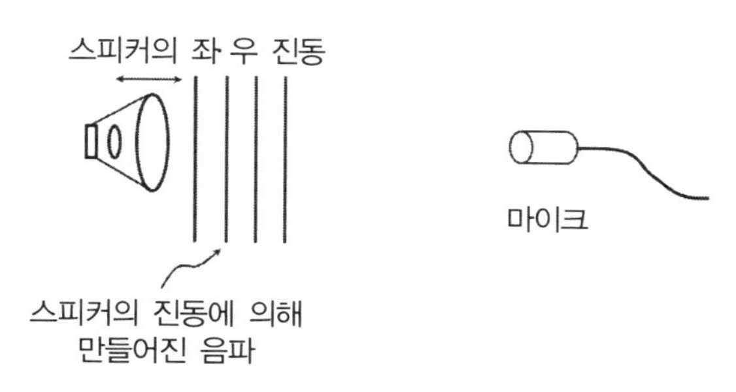

[그림 3.17] 음파(소리)를 한 곳에 모으는 방법

빛을 한 곳에 모으기 위해서는 일반적으로 볼록렌즈를 사용한다. 볼록렌즈를 이용하여 빛을 볼록렌즈의 초점에 모을 수 있는 것은 렌즈에서의 빛의 진행속력이 공기 중에서의 빛의 진행속력에 비하여 느려 렌즈를 만나면서 빛이 굴절되기 때문이다. 따라서 음파를 한곳에 모으기 위해서는 빛을 한 곳에 모으는 볼록렌즈와 같은 역할을 하는 음파렌즈를 사용하면 된다. 음파렌즈에서의 소리의 진행속력이 공기 중에서의 소리의 진행속력보다 느리다면 소리의 굴절에 의하여 소리를 한 곳에 모으는 것이 가능하게 된다.

공기 중에서의 소리의 진행속력보다 느리게 소리가 진행하기 위해서는 공기분자들의 평균분자량보다 무거운 기체를 사용하면 된다. 왜냐하면 기체에서의 소리의 전달속도는 기체매질의 분자량이 작을수록 빠르다. 따라서 공기 중에서의 소리의 진행속력보다 느리게 하기 위해서는 공기의 평균분자량보다 더 무거운 이산화탄소를 사용하면 소리의 전달속력은 느려지게 진다. 따라서 스피커에서 나온 소리를 마이크에 보다 더 많이 모으기 위해서는 이산화탄소를 넣은 풍선(모양이 볼록렌즈와 유사하다.)을 스피커와 마이크 사이에 삽입하면 되며, 소리가 더 많이 전달되었는지에 대한 체크는 마이크 신호의 크기를 오실로스코프 또는 기타 전자기기로 측정하면 알 수 있다(그림 3.18 참조).

보다 좋은 실험결과를 얻기 위해서는 마이크와 스피커를 약 40 cm 떨어뜨리고, 직경이 약 20 cm 인 풍선을 삽입하여 2~4 kHz 의 음파를 음파발생기에서 발생시켜 실험하면 된다. 한편 풍선에 공기보다 가벼운 헬륨기체를 넣으면, 헬륨에서의 소리의 진행속력이 공기 중에서의 진행속력에 비하여 빠르기 때문에 헬륨기체를 넣은 풍선은 빛에서의 오목렌즈와 같은 역할을 하게 되어 소리는 더 퍼지게 된다. [참고자료 9]

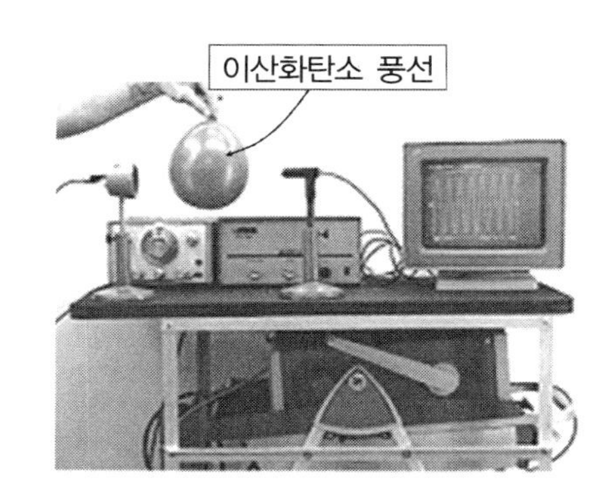

[그림 3.18] 소리를 마이크에 모으는 방법

Q14 달에서도 지구에서와 같이 지진이 일어날까?

지진은 자연적, 인공적 원인으로 인해 지표면이 흔들리는 현상으로 정의되며, 특히 지구에서 일어나는 이러한 현상을 지진이라고 한다. 지구에서 발생되는 이러한 지진은 달에서도 일어나며, 달에서 일어나는 지진을 영어로는 "moonquake"라고 한다. 엄밀하게 번역하면 "달진"이라고나 할까? 하지만 여기서는 편리를 위해 지진이라고 하겠다. 1969년과 1972년 사이에, 우주비행사들은 달에서 일어난 지진에 의해 발생된 지진파를 탐지하여 지구로 보내는 지진계를 달에 설치하였다.

아폴로 12, 14, 15 및 16호가 달에 설치한 지진계는 1977년 이들의 사용이 중지될 때까지, 달에서 일어난 수천 번의 지진을 기록하였다. 달에서 일어난 지진들의 몇몇 특성은 과학자들에게는 놀라운 일이었으며, 아직도 설명되지 않는 부분이 있다. 대부분의 지진은 달 내부 1000 km 지점에서 일어났으며, 지구상에서 일어나는 지진보다 더 깊은 곳에서 발생하였다. 이처럼 깊은 곳에서 발생된 지진은 규모 3 이하의 작은 것이었으며, 몇몇은 규모 5정도로 비교적 얕은 곳에서 발생하였다. 아폴로가 착륙했던 위치들은 비교적 좁은 지역 내에 분포하고 있기 때문에, 달의 모든 부분에서 일어난 지진을 탐지하지 못하였을 가능성도 있다. 따라서 과학자들은 새롭고 성능이 향상되어 달의 전 영역을 탐지할 수 있는 지진계의 설치를 희망하였다.

달에서의 지진은 과학자들에게만 관심이 있는 것은 아니며, NASA는 달에 사람을 보내어 영구기지를 건설할 계획을 세우고 있다. 따라서 달에서 언제 어디서 지진이 일어나는 지에 대한 정보는 영구기지를 건설하고 우주비행사들이 영구기지에서 사는 데에 있어서 매우 중요하다. 달에서 일어난 지진에 의해 기록된 지진파는 현재까지 알려지지 않은 달의 내부구조를 밝혀 줄 것이다. [참고자료 10~11]

참고자료

1. 장기완, 선생님과 함께하는 영재물리실험, 북스힐, 2012.
2. http://archive.org/details/SF121.
3. http://www.ccmr.cornell.edu/education/ask/?quid=1119.
4. http://scienceline.ucsb.edu/getkey.php?key=2055.
5. http://web.physics.ucsb.edu/~lecturedemonstrations/Composer/Pages/44.03.html.
6. http://www.physics.ucla.edu/demoweb/demomanual/acoustics/effects_of_sound/voice_with_helium_and_sf6.html.
7. Halliday, David and Resnick, Robert. Physics, Part One (New York: John Wiley and Sons, 1977), pp. 434-436, 510-514.
8. Crawford, Frank S., Jr. Waves: Berkeley Physics Course – Volume 3 (San Francisco: McGraw-Hill Book Company, 1968), pp. 165-169.
9. http://www.physics.umd.edu/lecdem/services/demos/demosh2/h2-11.htm.
10. http://ko.wikipedia.org/wiki/%EC%A7%80%EC%A7%84%84.
11. http://www.ccmr.cornell.edu/education/ask/?quid=1199.

CHAPTER

04 유체의 특성 및 열과 관련된 현상들은 무엇이 있나?

유체는 공기나 물처럼 특정모양을 지니고 있는 것이 아니라 사용하는 용기에 따라 모양과 압력 등이 변한다. 이러한 유체 내에 들어 있는 물체는 유체에 의한 압력을 받는 동시에 부력을 받게 되며, 유체의 흐름은 유체가 받는 압력 및 이동속도와 관계가 있다.

한편 에너지의 한 종류인 열은 우리의 일상생활에서 매우 중요하며, 열과 관련된 용어 중의 하나가 온도이다. 온도는 물체나 주위 환경의 뜨겁고 차가운 정도를 정량적으로 표현한 하나의 물리량으로서 과학적인 의미는 물체를 구성하고 있는 원자나 분자들의 평균 운동에너지를 나타낸다. 열은 물체간의 온도 차이 때문에 한 물체에서 다른 물체로 전달되는 에너지다.

물체가 뜨거워지거나 차가워지면 물체의 여러 가지 성질 중 일부가 변하게 되는데, 일반적으로 고체나 액체를 가열하면 부피가 늘어난다. 기체의 경우에 압력을 일정하게 유지하면서 가열하면 부피가 증가하고, 부피를 일정하게 유지하면서 가열하면 압력이 증가한다. 이처럼 물체에 열을 가해주면, 부피나 압력이 변하기도 하지만, 구리와 같이 전기가 잘 통하는 도체에 열을 가하면 전기저항이 변하기도 한다.

여기서는 유체의 운동 및 열과 관련되면서 일상생활에서 자주 경험하는 현상들에 대해서 알아보고자 한다.

4.1 부력

Q1 같은 종류의 원소에 대하여 원자 반경과 이온 반경이 다른 이유는?

전기적으로 중성인 원자가 전자를 잃으면 음(−)의 전하량이 감소하면서 양이온이 된다. 원자가 구성하는 원자핵과 전자들 사이에는 서로 당기는 인력이 작용하는데, 그러한 인력의 크기는 두 전하량의 크기에 비례하고 두 전하들 사이의 거리의 제곱에 반비례한다. 따라서 전자를 잃게 되면 음의 전하량이 감소하게 되어 인력이 줄어들게 되어 전기적으로 중성일 때보다 이온반경은 증가하게 된다. 반대로 전자를 얻게 되면 인력이 증가하여 이온반경이 감소된다.

Q2 일정한 부피를 가지는 물체의 무게를 측정하기 위하여 저울 위에 물체를 올려놓았다. 물체가 저울 위에 놓여 있는 동안, 물체와 저울을 놓아둔 방안의 모든 공기가 빠져 나갔다면 저울이 가르치는 물체의 무게는 공기가 빠져 나가기 전의 무게에 비하여 어떤 변화가 일어날까?

이를 이해하기 위해서는 부력이 무엇인지를 이해해야 한다. 우리가 물속에 들어가면 물 바깥에 있을 때보다 가볍게 느껴지는 이유는 부력 때문이다. 물속에 잠긴 물체는 물체에 의해 밀려난 물의 무게와 같은 크기의 부력을 받는다. 같은 원리에 의하여 우리는 항상 공기에 의해 부력을 받고 있는 것이 된다.

사람이 헬륨기체 또는 뜨거운 기체로 채워진 풍선처럼 부력에 의하여 높이 떠 있지 않는 이유는 몸무게에 비해 부력의 크기가 너무 작기 때문이다. 따라서 평소에 부력에 의해 힘을 받고 있다는 사실을 느끼지 못하지만 공기에 의해 위쪽 방향으로 작용하는 부력은 항상 존재한다. 따라서 일정한 부피를 가지는 물체의 무게를 측정하기 위하여 물체가 저울 위에 놓여 있는 동안 방안의 모든 공기가 빠져 나갔다면 공기에 의한 부력이 없어지므로 저울에 나타난 물체의 무게는 원래의 무게와 비하여 증가하게 된다. 물론 공기에 의한 부력의 효과는 아주 작기 때문에, 무게의 변화량은 아주 미세하다. 하지만, 얼마만큼 감소하는 지에 대해서는 공기에 의한 부력을 계산하면 알 수 있다. 공기에 의한 부력(B)은 다음 수식을 사용하여 계산이 가능하다.

$B=\rho Vg$ (ρ: 공기의 밀도, V: 물체의 부피, g: 지구의 중력가속도) (4.1)

Q3 **물이 가득 든 유리컵을 두께가 약간 있는 종이로 덮은 후, 컵을 거꾸로 뒤집으면서 손으로 잡고 있던 종이에서 손을 떼면, 유리 컵 안의 물은 어떻게 될까?**

물 컵을 거꾸로 세워도 컵 속의 물이 쏟아지지 않는 이유는 공기의 압력이 종이를 아래에서 위로 밀어주기 때문이다. 이는 컵 주위에 있는 공기가 컵을 막고 있는 종이에 위쪽방향으로 미치는 공기의 압력이 미친다는 것을 확인할 수 있는 실험이다. 부풀러진 풍선의 입구를 막고 있던 손을 놓았을 때, 모든 방향에서 같이 줄어드는 이유도 기압이 모든 방향에서 작용하기 때문이다.

Q4 **그림 4.1에서와 같이 양팔저울의 왼쪽에는 물이 담긴 비커가 올려져있고, 오른쪽은 저울추가 올려진 상태에서 양쪽이 균형을 이루고 있다. 이때에 왼쪽의 컵 안에 들어있는 물속에 손가락을 물 깊이의 1/2정도 넣으면, 어떤 일이 발생하겠는가?**

[그림 4.1] 물컵과 추에 의해 균형상태에 있는 저울(참고자료 1)

비커에 손가락이 닿지 않도록 조심하면서 손가락의 첫 마디를 비커에 천천히 넣으면, 물이 손가락에 부력을 미치게 되면서 손가락은 물의 부력에 대한 반작용의 힘을 미치게 된다. 처음에 저울의 양쪽이 균형을 이루고 있었으나, 부력에 대한 반작용력이 물에 부가적으로 미치게 되므로, 물이 담겨져 있던 쪽이 아래로 내려가게 된다. [참고자료 1~2]

Q5 그림 4.2와 같이 용기에 물이 담겨있고, 용기바닥 근처의 옆면에 조그마한 구멍이 있으며 구멍의 중심으로부터 물 표면까지의 높이는 h이다. 물이 담긴 용기가 회전하지 않도록 하면서 자유낙하시키면 구멍을 통하여 물이 흘러나올까 아니면 흘러나오지 않을까? 또한 그릇이 회전하지 않으면서 수직 위쪽으로 던져진 경우에는 어떻게 될까? 또한 물그릇이 회전하면서 위쪽으로 던져지거나 아래쪽으로 떨어뜨리면 어떻게 될까?

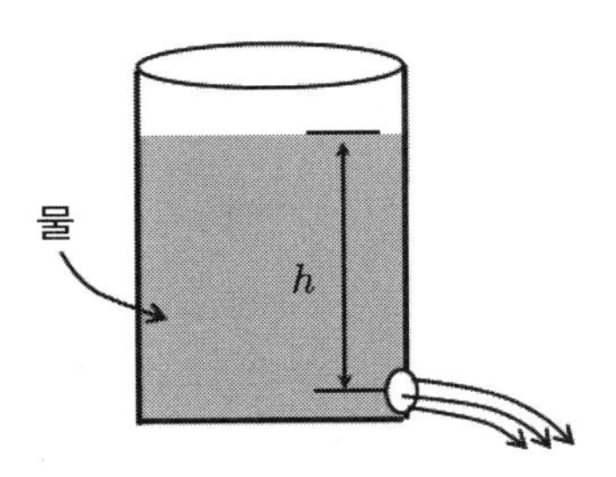

[그림 4.2] 정지상태에서 물이 흘러나오는 물그릇

물이 들어있는 용기의 아랫면 근처에 뚫려있는 구멍을 통하여 물이 흘러나오는 이유는 구멍 안쪽(용기내부)의 압력(대기압과 물에 의한 압력)과 구멍 바깥쪽의 압력(대기압)차이 때문이다. 즉, 용기 안의 압력이 더 크기 때문이며, 흘러나오는 속력은 용기 안과 바깥쪽 사이의 압력차에 의존한다. 예를 들어 구멍의 중심으로부터 물 표면까지의 높이가 h 인 경우에, 구멍을 통하여 흘러나오는 물의 속력(v)은 $v = \sqrt{2gh}$ 이다.

그림 4.2와 같이 물이 들어있고 밑면 근처의 옆면에 구멍이 나 있는 용기를 정지상태에서 떨어뜨리면, 물과 용기가 똑같이 중력가속도 g 를 가지고 자유낙하를 한다. 이 경우에 용기의 내부가 무중력상태가 되면서 용기내부의 모든 곳에서의 압력은 대기압과 같게 된다. 따라서 용기 안과 용기 바깥쪽 사이에 압력차가 발생하지 않아 물이 흘러나오지 않는다.

그러면 물이 든 용기를 위쪽으로 던지면 어떻게 될까? 그릇을 손으로 잡고 위쪽으로 가속시키면서 던지는 순간까지는 용기 내부의 압력이 외부보다 크므로 구멍을 통하여 물이 흘러나온다. 하지만, 용기가 손을 떠나서 위쪽 올라갔다가 어느 정도 시간이 지나면 최고점에 도달하여 순간적으로 정지하였다가 다시 아랫방향으로 떨어지게 된다. 일단 물이 들어있는 용기가 손을 떠나게 되면, 물이 들어 있는 용기는 물과 함께 아랫방향으로 향하는 중력가속도 g를 가지게 되면서 자유낙하하는 경우와 똑같은 상황(올라가는 중이거나 최고점에 도달한 경우를 포함)에 처하게 된다. 따라서 용기 내부와 외부사이(엄밀하게 표현하면, 구멍의 안쪽과 바깥쪽)에 압력차가 발생하지 않게 되므로 물은 흘러나오지 않게 된다.

만약 물그릇이 회전한다면, 물에 원심력이 작용하므로 구멍을 통하여 물은 흘러나오게 된다.

Q6

그림 4.3과 같이 물통에 물을 넣고, 물통의 바닥근처에 옆면으로 물이 흘러나올 수 있는 작은 구멍이 있다. 물통은 덮개가 있으며 공기는 유리관을 통해서만 흘러들어가거나 나올 수 있다. 유리관의 한쪽 끝은 물속의 일정한 깊이에 잠겨있다. 바닥근처에 있는 물구멍을 통하여 흘러나오는 물줄기의 속력 v_1과 v_2중에서 어느 쪽이 더 클까? 아니면 같을까? 단, 그림 4.3에서 h_0는 서로 같으며, $h_1 < h_2$이다.

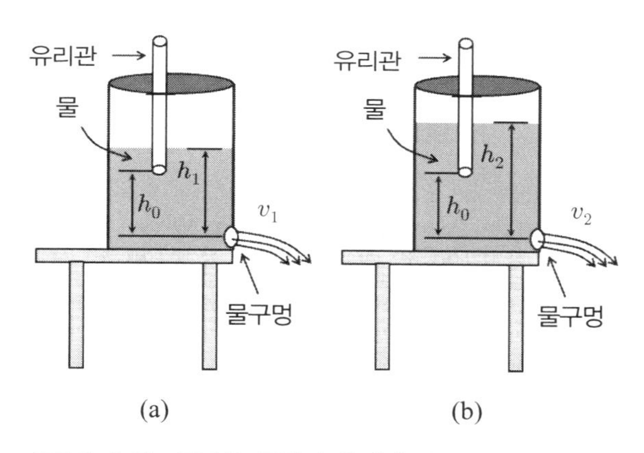

[그림 4.3] 구멍을 통하여 흘러나오는 물줄기의 속력

물통의 밑바닥 근처에 만들어진 구멍을 통하여 흘러나오는 물의 속력은 물줄기가 떨어지는 수평도달거리의 측정을 통하여 알 수 있다. 물의 높이가 낮아지더라도 물줄기의 수평도달 거리가 일정하면 물줄기의 속력은 서로 같다고 할 수 있다. 그림 4.3에서 물구멍의 중심으로부터 유리관 아래쪽 끝까지의 높이는 h_0로서, 유리관을 통하여 대기와 연결되어 있다. 따라서 물구멍의 중심으로부터 높이가 h_0인 지점에서의 압력은 대기압과 같게 된다.

그림 4.3의 (a), (b)의 경우에 물구멍으로부터 유리관 아래쪽 끝까지의 높이가

h_0로 서로 같기 때문에 물구멍의 중심부분에 걸리는 물의 압력은 서로 같다. 그러므로 물구멍을 통하여 흘러나오는 물줄기의 속력은 서로 같다. 만약에 물의 높이(h_1 또는 h_2)가 h_0보다 작아지면 물줄기의 속력은 h_1 또는 h_2가 감소함에 따라 줄어들지만, 물높이가 물속에 잠긴 유리관 아래쪽 끝보다 높으면, 물줄기의 속력은 일정하게 유지된다. [참고자료 3]

Q7

우유를 잘 마시는 수퍼맨이 매우 긴 빨대(빨대는 어떠한 경우에도 찌그러들거나 모양이 변하지 않는다.)를 이용하여 대기 중에 있는 우유를 마시려고 한다. 수퍼맨으로부터 수직 아래 방향으로 15 m 되는 지점에 우유가 있다고 가정할 때에 수퍼맨은 빨대를 이용하여 우유를 마실 수 있겠는가? (수퍼맨이 우유를 빠는 힘은 빨대 속을 완전 진공으로 만들 정도로 강력하다고 가정한다.).

사람들은 흔히 빨대로 각종 음료를 마실 수 있는 이유는 사람이 빨대로 빨아들일 때 작용하는 흡입력 때문이라고 생각하지만, 사실 흡입력이라는 힘은 존재하지 않는다. 우리가 일반적으로 흡입력이 작용한다고 생각하는 현상들(진공청소기가 먼지를 빨아들이는 것, 빨대로 우유를 마시는 것 등)은 압력의 차이로 인해 발생하는 힘의 불균형으로써 마치 어떤 진짜 힘이 작용해 빨려 들어가는 것처럼 보이는 것이다. 여기서는 빨대에 국한시켜 생각해 보자. 단순히 빨아들이는 힘이 세다고 길이가 15 m인 빨대로 우유를 마실 수 있을까? 결론부터 말하면, 이는 "불가능하다"라는 것이다.

앞에서 설명하였듯이 빨대를 통해서 무엇을 마신다는 것은 단순히 빨아들이는 힘에서가 아니라 빨아들일 때 발생하는 빨대 속의 압력감소로 오는 힘의 불균형에 기인한다. 다시 말해서 우유의 외부 표면에 작용하는 대기압이 빨대의 내부압력보다 커서 빨대 위로 향하는 알짜 힘 때문에 우유가 빨대를 따라 올라가게 되는 것으로 대기압이 액체를 위로 미는 것으로 생각하면 보다 이해가 쉽다.

그런데 흡입력이 아주 커서 빨대 속을 진공으로 만들 수 있는 슈퍼맨의 경우는 어떨까? 이때에도 대기압이 액체를 밀어 올리는 것으로 빨대 속의 우유를 밀어 올리는 힘은 빨대내부의 압력과 외부 대기압과의 차이에 따라 결정된다. 우유가 얼마나 높이 올라갈 것인가 하는 것은 똑같은 힘으로 빨아들인다고 했을 때, 대기압에 따라 달라진다는 의미이다. 대기압은 같은데 세게 빨아들인다고 무한히 액체가 올라오는 것은 아니고 대기압의 크기에 의해서 높이가 결정된다.

빨대의 바깥에서 우유 표면을 단위면적당 공기가 누르는 힘을 "공기의 압력" 또는 "기압"이라고 한다. 대기압은 1기압으로, 슈퍼맨의 흡입력이 매우 커서 빨대 속을 완전진공으로 만든다고 가정해도 빨대 속의 우유의 무게와 대기압이 힘의 균형을 이루는 약 10 m 가량 밖에 올라가지 않는다. 따라서 슈퍼맨이 아무리 강하게 빨 수 있다고 해도 우유는 10 m 이상 올라오지 않는다.

수퍼맨은 우유가 있는 위치에서 15 m 높은 곳에 있다. 수퍼맨이 빨대를 빨아 빨대 안이 완전 진공이 되는 경우에도 수은은 약 76 cm 까지 올라간다. 수은의 밀도는 물의 밀도보다 약 13 배 크므로 물의 경우에는 약 10.33 m 정도만 올라가고 더 이상은 올라가지 못한다. 우유의 밀도는 엄밀히 말하면 물의 밀도와 다르겠지만, 질문에서 물의 밀도와 같다고 가정하였으므로, 위에서 설명한 이유에 의해서 수퍼맨은 우유를 마시지 못하게 된다.

Q8 **그림 4.4와 같은 모양의 음료수 컵에 일정량 이상으로 음료수를 부으면 밖으로 모두 흘려 나와 마실 음료수가 없도록 설계된 피타고라스 컵이다. 즉, 정해진 양 이하는 마실 수 있으나, 그 이상이 되면 모두 흘려 나와 하나도 마실 수 없는 상황이 발생하게 되는 데 그 이유는 무엇인가?**

[그림 4.4] 피타고라스 컵

이 문제를 이해하기 위해서는 컵의 구조와 사이펀의 원리를 이해할 필요가 있다. 피타고라스에 의해 발명된 피타고라스 컵은 피타고라스가 자신의 학생들에게 확실하게 같은 양의 포도주를 마시도록 고안되었다고 한다. 따라서 정해진 양 이상으로 액체를 컵에 부으면, 컵의 바닥에 있는 구멍을 통하여 모두 흘러나오게 설계되어 있다.

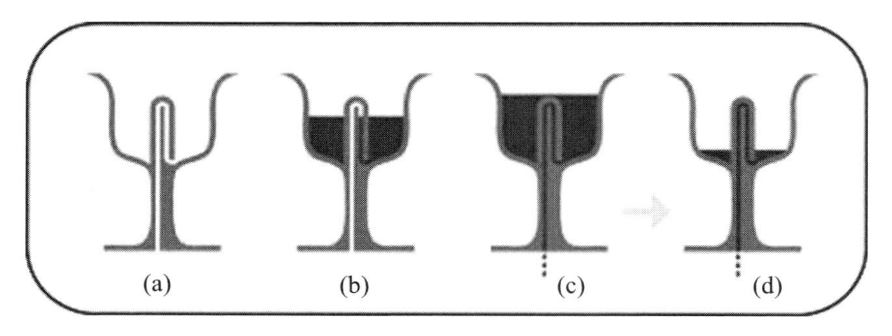

[그림 4.5] 피타고라스 컵의 내부 구조

그림 4.5(a)는 피타고라스 컵의 내부구조를 나타낸 것이다. 그림 4.5(b)는 음료수의 높이가 사이펀 튜브(컵의 중앙에 있는 관)의 꼭대기까지 올라오지 않은 관계로 컵 안에 음료수가 그대로 있는 경우를 나타낸 것이다. 하지만, 그림 4.5(c)에서와 같이 음료수의 높이가 사이펀 튜브의 꼭대기보다 높아지면 사이펀의 원리에 의해 액체가 관을 통하여 흘러나오게 되며, 그림 4.5(d)는 음료수가 관을 통하여 거의 모두 흘러나온 상태를 나타낸 것이다. 즉, 사이펀 관이 완전히 채워지면 모든 음료수가 컵에서 흘러 나와 컵에 남는 음료수는 없게 된다.

이러한 피타고라스 컵에 대한 보다 자세한 정보 및 사진은 인터넷에서 "Pythagorean cup"을 검색하면 관련된 많은 자료를 찾을 수 있으며, 피타고라스 컵에 대한 그림 4.4는 참고자료 5에서 인용하였다. [참고자료 4~6]

Q9 부력이란 무엇인가?

부력이란 무엇이냐고 물으면 "액체 속에 잠긴 물체를 액체가 밀어 올리는 힘"이라고 많은 학생들이 대답한다. 한 번 더 생각해서 이러한 부력의 근원이 무엇이냐고 질문하면 답변을 잘 못하는 경우가 있다. 부력은 액체의 압력이 ⓐ 깊이가 증가함에 따라서 증가한다는 사실, ⓑ 액체에 의한 압력은 모든 방향으로 힘을 미치게 된다는 사실에 기인한다. 따라서 액체 속에 잠긴 물체의 밑 부분에 작용하는 액체의 압력이 물체의 윗부분에 작용하는 액체의 압력보다 크기 때문에, 물체의 윗부분과 밑 부분에 압력의 차이가 발생하게 됨으로서 부력이 생기는 것이다.

Q10 그림 4.6과 같이 물이 담겨있는 비커에 배 모양의 물체가 떠 있으며 배 모양인 물체는 물의 밀도보다 큰 재질로 만들어져 있다. 또한 이들은 그림 4.6에서와 같이 저울 위에 놓여 있다. 배 모양의 물체가 비커의 바닥에 가라 않으면, 비커의 바닥에 작용하는 물의 압력은 증가할까, 감소할까 아니면 변화가 없을까?

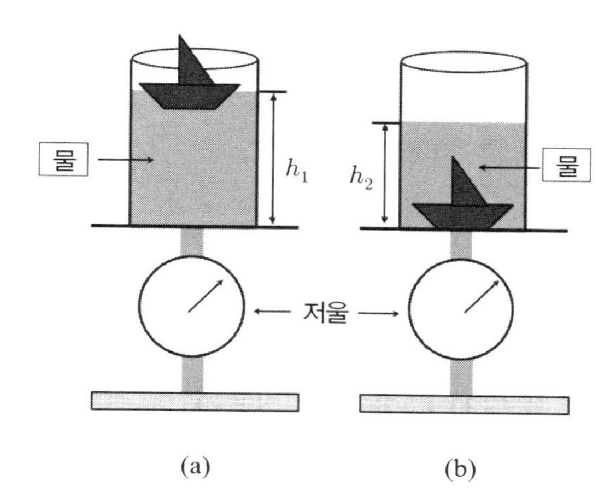

[그림 4.6] 물 위에 떠 있는 배(a)와 물속에 가라앉은 배(b)

떠 있는 배 모양의 물체는 물체의 무게에 해당하는 물의 부피를 밀어내며, 물속에 가라 앉아 있을 때에는 물체의 부피에 해당하는 만큼의 물을 밀어내게 된다. 물체의 밀도가 물의 밀도보다도 더 크다고 하였으므로 물체가 물 위에 떠 있을 때의 물의 높이는 물체가 물속에 가라앉았을 때에 비교하여 더 높아진다(그림 4.6(a)참조). 따라서 물체가 떠 있을 때에 비커의 바닥표면에 작용하는 물의 압력이 더 크다. 그림 4.6(b)에서와 같이 물체가 가라앉으면, $h_2 < h_1$ 의 관계가 성립되어 물의 높이 감소에 따른 물의 압력이 감소하는 대신에 공기 중에서의 물체의 무게에서 부력을 뺀 값만큼 바닥에 미치는 힘은 증가한다.

따라서 저울이 가리키는 눈금은 비커, 물 및 물체의 무게를 모두 함께 나타낸다는 사실을 고려하면, 물체가 떠 있을 때나 가라앉을 때나 같은 값을 가리키게 된다.

Q11 염료가 들어있는 물속에 볼을 넣으니 그림 4.7(a)와 같이 일부만 잠겨 있다. 하지만, 볼을 물과 혼합되지 않는 액체 A에 넣으면 가라앉는다. 볼을 물속에 넣은 상태에서 액체 A를 물 위에 부으면 볼은 어떤 상태로 있을까?

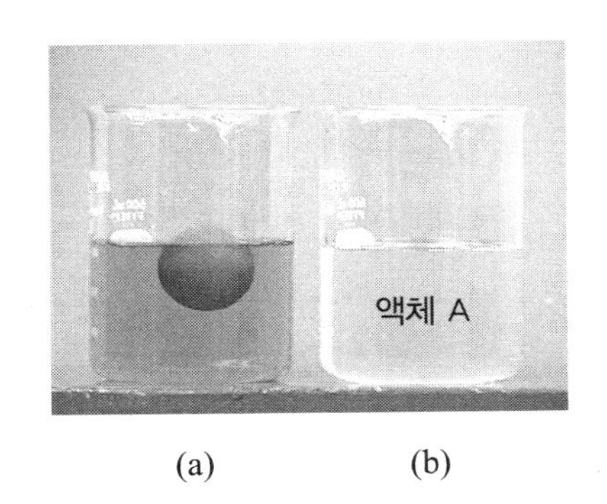

(a) (b)

[그림 4.7] 물속에 일부가 잠긴 볼(a)과 투명액체 A(b)

볼을 물속에 넣으면 그림 4.7(a)에서와 같이 뜨고 액체 A에 넣으면 가라앉기 때문에 액체 A의 밀도는 물의 밀도보다 작다. 따라서 물과 혼합이 안 되는 액체 A를 물 위에 천천히 부으면, 액체 A의 밀도가 물의 밀도보다 작기 때문에 액체 A는 물 위에 위치하게 된다. 그림 4.7(a)에서와 같이 볼이 물 위에 떠 있는 상태에서 액체 A를 천천히 물위에 부으면, 그림 4.7(b)에서와 같이 볼은 원래보다 물위로 더 떠오르게 된다. 이는 볼의 윗부분에 있는 액체 A가 볼에 추가적인 부력을 제공하기 때문이다.

그림 4.7(a)에서와 같이 볼이 물 위에만 떠 있는 경우에, 볼의 윗부분은 공기 속에 잠겨있는 형태가 되며, 공기의 밀도는 액체 A의 밀도보다 훨씬 더 작다. 따라서 공기가 볼에 작용하는 부력은 액체 A가 볼에 작용하는 부력보다 훨씬 작다. 이러한 이유 때문에 액체 A를 물위에 부으면, 볼은 원래의 위치보다 더 떠오르게 된다(그림 4.8 참조). [참고자료 7]

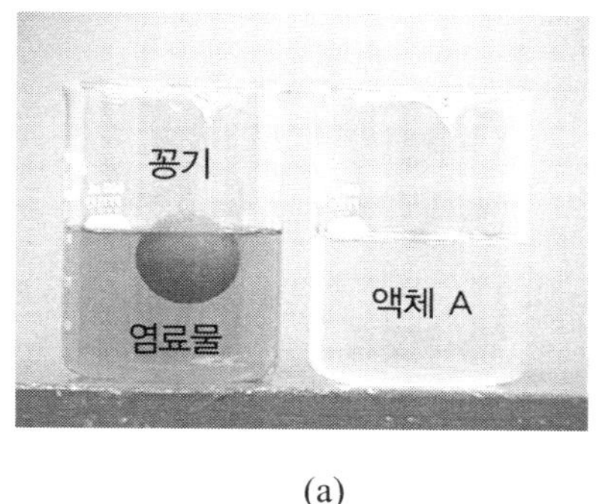

(a)

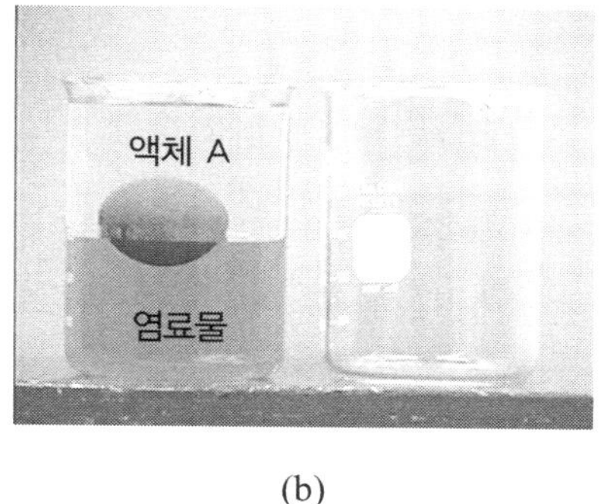

(b)

[그림 4.8] 물속에 일부가 잠긴 볼(a)과 물과 액체 A 속에 잠긴 볼(b)

Q12 **그림 4.9와 같이 직경이 일정한 관을 통하여 공기를 불어주면 공기가 나오는 관의 끝 부분에 놓인 탁구공이 뜨는 것을 볼 수 있다. 탁구공이 공기가 흘려가는 위치로부터 옆으로 벗어나지 않고 공기가 흐르는 부분에 떠 있는 이유는 무엇인가?**

탁구공이 공기가 흐르는 중심으로부터 벗어나지 않고 공중에 떠 있는 현상을 이해하기 위해서는 물, 공기와 같은 유체의 운동에 대한 기본지식이 필요하다. 문제를 간단히 하기 위하여 관내를 흐르는 유체가 이상유체라고 가정하자. 이상유체는 유체의 밀도가 변하지 않는 비압축성 유체로서 소용돌이 같은 회전운동을 동반하지 않고 서서히 흐르며, 점성(또는 유체마찰)이 없기 때문에 에너지의 소모가 일어나지 않는 유체이다. 물론 공기 또는 물과 같은 실제의 유체는 이상유체는 아니지만, 특별한 경우를 제외하고는 이상유체로 취급하여도 큰 문제는 없다.

이상유체의 운동을 설명하는 방정식을 베르누이 방정식이라고 하며, 이는 에너지 보존법칙을 이용하여 유체에 작용하는 압력과 속력과의 관계를 설명하는 방정식으로 다음과 같다.

$$P + \rho g y + \frac{1}{2}\rho v^2 = \text{일정} \tag{4.2}$$

여기서 P는 압력, ρ는 액체의 밀도, g는 중력가속도, v는 유체의 속력 그리고 y는 기준점으로부터 관측위치까지의 높이를 의미한다.

[그림 4.9] 관내에 흐르는 공기를 이용한 탁구공 띄우기

식 (4.2)로부터 이상유체는 같은 높이에서 유체의 속력이 증가하면 압력이 감소해야 한다는 것을 알 수 있다. 송풍기에서 나오는 바람은 이상유체는 아니지만, 압력과 공기의 흐름이 매우 크지 않으므로 이상유체로 취급하여도 큰 문제는 없다.

그림 4.10에서 공기가 빨리 흐르는 위치 "A"에 탁구공을 놓으면, 어떤 일이 벌어질까? 아마도 탁구공이 공기가 흐르는 부분으로부터 옆으로 벗어나서 떨어지지 않을까 생각할 수도 있을 것이나 실제로는 떨어지지 않고 공중에 떠 있게 된다. 탁구공이 놓인 위치 "A"에서 공기는 빠르게 움직이므로 베르누이의 정리(식 4.2))로부터 알 수 있듯이 "A"근처에서의 압력은 공기의 흐름이 거의 없는 "B"근처보다 상대적으로 낮다. 따라서 원형 점으로 표시된 "B"영역의 압력이 상대적으로 높아 탁구공을 공기가 빨리 흐르는 "A"근처로 밀어 넣으므로 탁구공은 공기가 빨리 흐르는 "A"근처에 머물면서 공중에 떠 있게 된다. [참고자료 8~9]

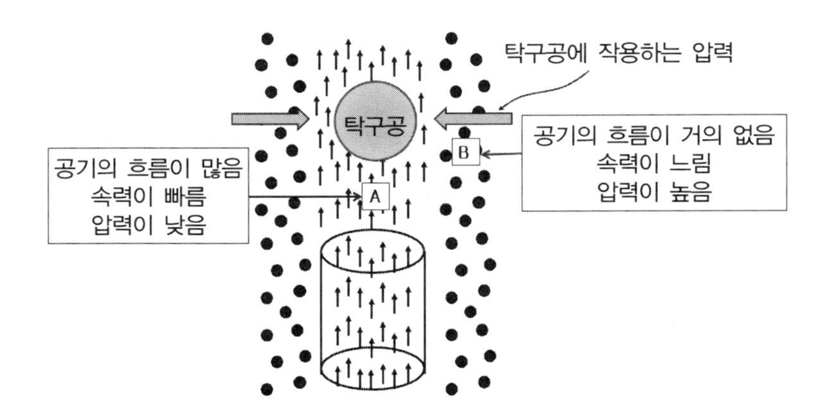

[그림 4.10] 공중에 떠 있는 탁구공이 받는 압력

Q13 물의 밀도는 섭씨 약 4 ℃ 에서 가장 크다. 수온이 4 ℃ 보다 올라가면 올라갈수록 물의 밀도는 작아진다. 마찬가지로 섭씨 4 ℃ 보다 내려가도 밀도는 작아지는데, 물이 어는 온도는 섭씨 0 ℃ 이다. 만약에 물의 밀도가 0 ℃ 에서 가장 크고 0 ℃ 에서 얼기 시작한다면 어떤 일이 벌어질까?

호수에 있는 물을 생각하여 보자. 가을이 지나면서 대기의 온도가 내려가면 호수표면의 온도가 내려가기 시작한다. 물의 온도가 내려가면 물의 밀도가 커지므로, 표면에 있던 물 분자들이 물속으로 내려가고 표면보다 아래에 있던 물 분자들이 표면으로 올라오면서 상·하 간에 대류가 일어나며, 이러한 일은 기온이 4 ℃ 가 될 때까지 일어난다. 하지만, 기온이 4 ℃ 보다 내려가면 물의 밀도가 작아지기 때문에 상·하간에 물 분자들의 이동이 일어나지 못하게 된다. 온도가 계속 내려가면서 0 ℃ 가 되면 물이 얼기 시작하므로 호수는 표면부터 얼게 된다. 만약에 물의 밀도가 0 ℃ 에서 가장 크고 0 ℃ 에서 언다면, 물은 표면부터 어는 것이 아니라 바닥부터 얼게 되어 고기들이 살지 못하는 대재앙이 일어날 것이다. 물의 밀도가 4 ℃ 에서 가장 큰 것은 하나의 큰 축복이다.

4.2 온도와 열

Q14 용기 A에는 헬륨기체가 들어 있고, 용기 B에는 산소가 들어 있다. 두 용기의 온도가 서로 같다고 할 때에, 헬륨원자와 산소분자의 평균속력은 서로 같을까?

온도는 물질을 구성하는 있는 원자나 분자들의 평균운동에너지에 대한 하나의 척도이다. 이리저리로 돌아다니면서 운동하는 입자(작은 알갱이)들의 운동에너지는 입자의 질량과 평균속력에 의존한다. 온도는 서로 같으나 서로 다른 두 기체의 운동을 비교하는 경우에, 질량이 큰 기체의 평균속력이 질량이 가벼운 기체에 비해서 느리다. 헬륨과 산소의 경우에, 헬륨(He: 4.002602 g/mol)은 산소분자(O_2: 31.9988 g/mol)에 비해서 약 1/8 정도로 가벼우므로 헬륨원자들이 산소분자에 비하여 훨씬 더 빠른 속력을 가지고 운동하게 된다.

Q15 온도와 열은 무엇을 의미하는가?

온도는 물질을 구성하고 있는 원자나 분자들의 평균 운동에너지에 대한 하나의 척도로 평균운동 에너지가 크거나(뜨거운 정도) 작은(차가운 정도) 정도를 수치로 표현한 것으로, 이들을 측정하는 것이 온도계이다. 기체와 같은 물질은 공간상에서 이리저리로 이동하면서 운동을 하게 되는데, 이처럼 시간에 따라 위치가 변하는 운동을 병진운동이라고 한다.

헬륨과 같은 단원자 기체의 경우에 온도는 원자들의 병진운동이 온도를 결정하게 된다. 한편, 이산화탄소와 같은 기체는 그림 4.11에서와 같이 병진운동, 회전운동 그리고 진동운동을 하게 된다. 이 경우에 이산화탄소 기체의 온도는 병진운동에너지, 회전운동에너지 그리고 진동운동에너지를 모두 더한 평균운동 에너지에 대한 측정값을 말한다.

단원자 기체인 헬륨기체가 50 ℃ 인 용기와 20 ℃ 인 용기 내에 들어있는 경우에, 50 ℃ 인 용기 내에 있는 헬륨원자의 속력이 20 ℃ 인 용기 내에 있는 헬륨원자들보다 더 빠른 속력으로 운동하고 있다는 것을 의미한다. 고체인 경우에는 고체를 이루고 있는 원자나 분자들의 평균진동 에너지가 온도를 결정하게 된다. 한편, 물과 같은 액체의 경우에도 병진운동에너지, 회전운동에너지 및 진동에너지를 가지나, 기체에서와 같이 병진운동에너지가 차지하는 비율은 작아진다.

물질 내에서의 원자와 분자들은 항상 모두 같은 속력으로 운동하는 것은 아니다. 예를 들어, 기체의 경우에 기체를 구성하고 있는 분자(또는 단원자 기체인 경우에 원자)들의 경우에 어떤 분자들은 빠르게, 그리고 어떤 분자들은 느린 속력으로 임의의 방향으로 운동하게 된다. 온도는 물질에서의 원자 또는 분자들의 평균

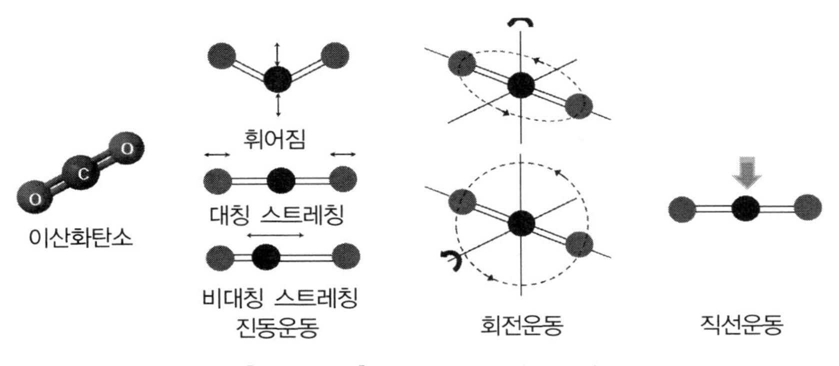

[그림 4.11] 이산화탄소의 운동모양

운동에너지에 대한 하나의 척도로서 평균값을 측정한다. 따라서 온도는 물질 내에 있는 원자나 분자들의 수에 의존하지 않으므로 물질의 크기에 의존하지 않는다. 그림 4.12에서와 같이 용기에 담긴 끓는 물의 양이 서로 달라도 물의 온도는 서로 같다.

한편, 열이란 온도가 높은 물체로부터 온도가 낮은 물체로 전달되는 에너지로서 대류, 복사 및 전도의 방식으로 온도가 높은 물체에서 온도가 낮은 물체 또는 주위로 전달된다. 온도는 물체의 뜨겁거나 차가운 정도를 나타내기도 하지만, 두 물체 사이에 열을 전달할 수 있는 능력을 의미하기도 한다. 즉, 같은 조건이라면, 두 물체사이의 온도차가 클수록 온도가 높은 물체에서 온도가 작은 물체로 열은 더 잘 이동한다.

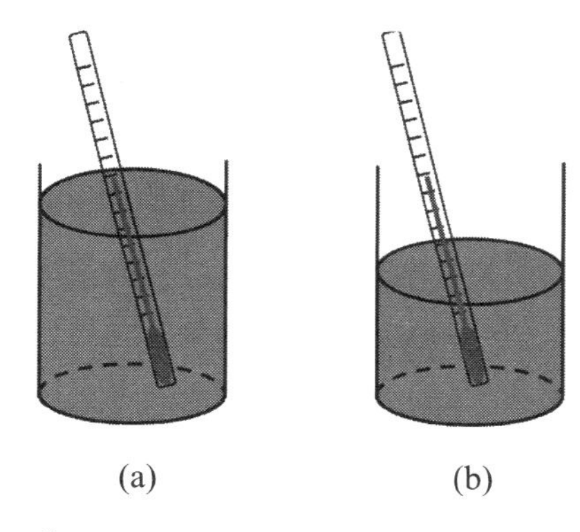

[그림 4.12] 많은 양의 끓는 물(a)과 적은 양의 끓는 물(b)

Q16 비눗방울과 같은 방울들은 차가운 날씨와 더운 날씨 중에서 더 오래 동안 방울의 크기가 유지될까?

공기 중에 있는 비눗방울과 같은 방울들은 증발에 의하여 터지므로, 차가운 날씨에서 더 오랫동안 터지지 않고 남아있게 된다. 비눗방울 또는 기타 액체들에 의하여 만들어진 방울들은 서서히 증발하다가 어느 정도 지나면 균형을 잃으면서 터지게 된다. 한 예로서 비눗방울을 오랫동안 관찰하면, 시간이 지남에 따라 비눗방울의 색이 변한다는 것을 알 수 있다. 비눗방울에 나타나는 색깔들은 비눗방울의 안쪽 면과 바깥 면으로부터 반사된 가시광영역의 빛에 의한 간섭에 의해 생기는 것이다. 비눗방울을 이루고 있는 분자들이 증발함에 따라 방울 막의 두께가 얇아지므로 방울 막의 양쪽 표면에서 반사된 빛들의 간섭에 의해 생기는 색깔들이 변하게 된다.

낮은 온도에서는 비눗방울을 형성하고 있는 분자들의 증발이 느려지므로 비눗방울은 더 오랫동안 터지지 않고 남게 된다. 또한 습도가 높으면, 증발되었던 분자들이 원래 증발되었던 비눗방울로 되돌아오는 경향 때문에 비눗방울이 더 오랫동안 터지지 않고 남게 된다. [참고자료 10]

Q17 물이 어떤 과정을 거쳐 끓고 어는지에 대하여 여러분은 얼마나 이해하고 있을까? 일반적으로 압력이 감소할수록 액체의 끓는 온도가 내려간다는 것은 경험을 통하여 잘 알고 있다. 즉, 산꼭대기에서 끓는 온도는 산 밑에서보다 내려가는데 이는 산꼭대기에서의 대기압이 산 밑에서보다 낮기 때문이다. 또한 압력밭솥은 솥안의 압력을 증가시켜 높은 온도에서 끓도록 만든 것이다. 이런 것들을 생각하면 물은 실온(약 30°C)에서도 끓을 수 있을까?

액체(예를 들면 물)의 증기압(지속적으로 발산하는 증기 분자들의 압력)이 대기압과 같아질 때에 액체는 끓기 시작한다. 물 주위의 대기압이 물이 발산하는 증기의 압력보다 높기 때문에 일반적으로 물 분자들은 액체상태로 존재하게 된다. 하지만 액체상태와 증기상태사이에 평형이 형성되는 상태가 존재할 수 있는데, 이 경우에 일정하게 액체의 표면에서 빠져나와 증기를 형성하는 분자들이 존재하게 된다. 온도가 증가함에 따라서 액체를 벗어나는데 필요한 에너지를 가지는 분자들의 수가 증가한다. 따라서 온도가 증가함에 따라 좀 더 많은 증기들이 형성됨으로서 액체의 증기압이 올라가게 되고, 액체의 끓는점에 도달함에 따라 액체의 표면으로부터 빠져 나가는 증기들에 의한 압력이 대기압과 같아진다.

그 결과 액체를 액체상태로 유지하도록 액체에 대항하여 미는 현상이 사라지게 된다. 따라서 액체 표면이 아닌 내부에 있는 분자들은 충분한 에너지를 가지고 급격히 액체의 표면을 떠나게 된다. 액체 주위의 압력을 낮추면, 액체/증기 사이의 평형에 변화를 가져오게 되어 좀 더 많은 분자들이 증기로서 빠져 나오게 되는 것이다. 즉, 액체표면을 벗어나는데 많은 에너지를 필요로 하지 않기 때문에 끓는 온도는 좀 더 낮아진다.

실온에서 물 분자들은 지속적으로 공기 속으로 수증기의 형태로 갔다가 액체인 물로 되돌아온다. 물을 가열하는 것은 물이 좀 더 높은 압력을 가지고 빠져 나오는 수증기를 만드는 것이다. 압력이 주위의 공기 압력과 같아지면, 수증기의 방울들이 액체 속에 형성되면서 공기에 대항하여 밀고 나오는 것이며, 이러한 일이 발생되면서 액체는 끓게 되는 것이다.

진공용기 내의 공기와 수증기(water vapor)를 제거하면, 수증기들은 액체로 되돌아가지 못한다. 실제로, 액체상태에서 빠져 나오는 수증기들은 액체 내에 방울을 만들만큼 충분한 압력을 가지게 된다. 이러한 이유 때문에 물이 실온으로 유지된 진공용기 안에서 끓는 것이다.

Q18 **수증기와 끓는 물의 온도는 서로 같은 데에도 불구하고, 수증기가 피부에 닿으면 끓는 물이 닿는 경우에 비하여 더 많은 상처를 입게 되는 이유는 무엇일까?**

물질은 일반적으로 고체, 액체 및 기체상태로 분류되기도 하지만 제4의 물질인 플라스마 상태를 포함하면, 크게 4가지 상태로 분류된다. 어떤 물질이 상태 "A"에서 상태 "B"로 변하게 되면 상변화(상태의 변화를 줄임말)라는 과정을 겪게 된다. 한 예로서 액체상태인 물이 기체상태인 수증기로 변하면 상변화가 일어났다고 한다. 이러한 상변화를 일으키기 위해서는 많은 에너지가 필요하며, 액체상태의 물이 기체상태로 변하는데 필요한 에너지는 기화열이라고 한다. 이때, 액체인 물을 기체상태의 수증기로 변화시키기 위해서는 외부에서 기화열에 해당되는 에너지를 공급하여 주어야 한다. 반면에 수증기인 상태에서 액체상태로 변하면, 액화열에 해당되는 에너지를 방출하게 된다. 수증기(기체상태의 물)가 피부에 닿게 되면, 액체상태로 상변화를 일으키면서 많은 에너지를 방출하게 된다. 이러한 많은 양의 에너지의 방출은 같은 양의 끓는 물이 피부에 닿아 온도가 떨어지면서 발생되는 열보다 훨씬 많으므로 피부에 훨씬 더 큰 손상을 미치게 된다.

100 ℃ 의 수증기는 100 ℃ 의 물로 변한 후, 온도가 떨어지면서 최종적으로는 피부온도로 떨어지게 된다. 끓는 물이 피부에 닿으면 물의 온도는 떨어지지만 상변화가 일어나지 않으므로 상변화와 동반하여 방출하는 열이 없다. 수증기가 피부에 닿으면서 수증기로부터 방출되는 액화열의 방출은 매우 빠르면서 좁은 영역에서 일어나므로, 피부에 화상을 일으키게 된다.

참고로 물질의 온도는 변화지 않으면서 상태를 변화시키는 데 필요한 열을 잠열이라고 한다. 즉, 액체상태인 물이 수증기인 기체상태로 변하는데 필요한 기화열도 잠열의 일종이며, 수증기인 상태에서 액체인 물로 변하는데 필요한 액화열도 잠열

의 한 종류이다. 물론 고체에서 기체로 변하는데 필요한 승화열도 잠열의 일종이다. [참고자료 12]

4.3 압력, 온도 및 부피사이의 관계

압력 P, 온도 T 그리고 부피가 V인 용기에 들어 있는 기체의 특성에 대하여 알아보자. 일반적으로 상태방정식이라 불리는 이들 사이의 상호관계에 대한 방정식은 매우 복잡하지만, 만일 기체가 비교적 낮은 압력(낮은 밀도)로 유지되면 상태방정식은 비교적 간단하게 설명이 가능하다. 이처럼 낮은 밀도의 기체를 일반적으로 이상기체(ideal gas)라고 하며, 실온과 대기압 하에서의 대부분의 기체는 근사적으로 이상기체처럼 행동한다.

여기서는 기체를 이상기체라고 가정하고 이들 사이의 압력 P, 온도 T 및 부피 V 사이의 관계를 우리가 알고 있는 일반상식 및 논리적 생각을 바탕으로 알아보고자 한다. 그림 4.13에서와 같이 크기가 같은 용기 안에 들어있는 기체분자(원자)의 개수가 같다고 할 때에 이들 기체분자가 용기의 벽에 미치는 압력은 온도가 높아짐에 따라 증가한다는 것은 쉽게 유추된다. 왜냐하면 용기 안의 온도가 높으면 기체분자들의 운동이 보다 활발하게 되고, 기체분자들의 운동이 활발할수록 기체분자들의 속력이 증가하여 용기의 벽에 부딪치는 횟수가 증가한다. 이처럼 기체분자들이 용기의 내부 벽에 부딪치는 횟수가 증가하면, 용기 내부의 압력은 증가하기 때문이다. 따라서 이러한 결과를 하나의 수식으로 표현하면 다음과 같다.

$$P \propto T \tag{4.3}$$

자, 이번에는 그림 4.14와 같이 큰 용기와 작은 용기에 같은 종류의 기체분자들

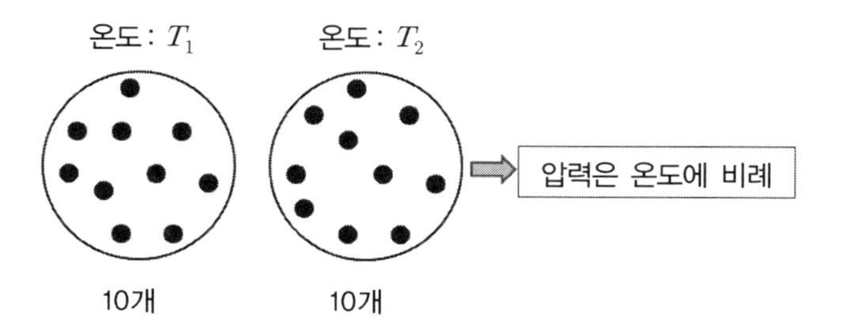

[그림 4.13] 압력과 온도와의 관계

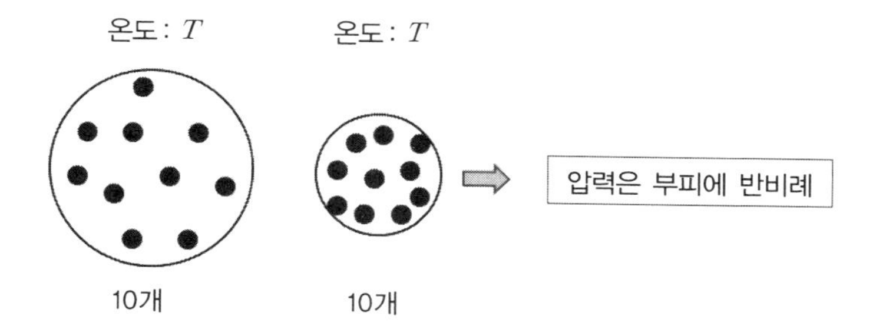

[그림 4.14] 압력과 부피와의 관계

이 같은 개수만큼 들어 있는 경우를 생각하여 보자. 그림 4.14에서 두 용기의 온도가 같다는 의미는 용기 속에 들어있는 기체분자들의 속력이 같다는 의미이다.

기체분자들의 속력이 같으므로 기체 분자들이 용기내부의 벽과 부딪치는 확률은 용기가 작을수록 증가하게 되며, 용기내부의 벽과 부딪치는 숫자가 증가할수록 압력은 높아진다. 이러한 점을 고려한다면, 용기 내의 압력은 부피에 반비례함을 알 수 있으며, 이를 간단히 하나의 수식으로 표현하면 다음과 같다.

$$P \propto \frac{1}{V} \tag{4.4}$$

자, 이번에는 그림 4.15와 같이 두 용기의 크기와 온도는 서로 같지만 용기 안에 들어있는 기체분자들의 수가 서로 다른 경우를 생각하여보자. 온도가 같다는 의미는 기체분자들의 평균속력이 같다는 의미이다. 용기의 크기가 같으므로 용기내의 기체분자들이 운동하면서 용기의 내부 벽에 부딪칠 확률은 기체분자들의 수(n)가 많을수록 높아진다. 이를 하나의 수식으로 표현하면 다음과 같다.

$$P \propto n \tag{4.5}$$

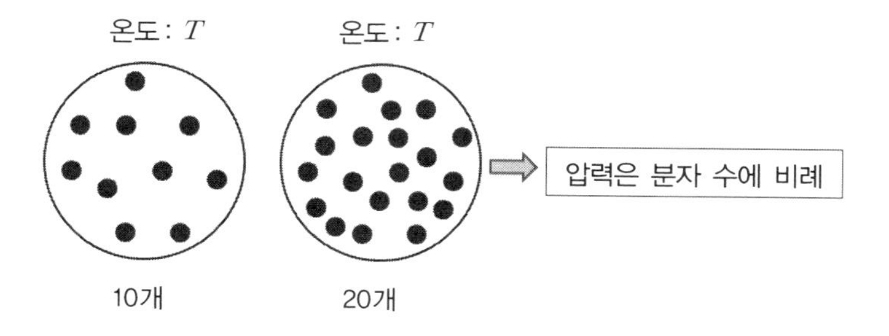

[그림 4.15] 압력과 분자 수와의 관계

차원이 서로 다른 양들이 서로 비례관계에 있을 때 이를 표현하는 방법은 서로 곱해주는 방법 밖에 없으므로 위에서 얻은 결과들을 차원을 고려하여 하나의 수식으로 표현하면 다음과 같다.

$$P \propto n \frac{1}{V} T \tag{4.6}$$

용기 안에 들어있는 기체분자들이 단원자 기체인지 아니면 다원자로 이뤄진 분자(즉, 기체 원자 또는 분자의 질량)인지에 따라 용기의 안쪽 벽에 부딪치는 압력은 변하게 된다. 이러한 특징을 나타내는 상수를 보편기체상수(universal gas constant)라고 하고 기호로는 "R"로 나타내며 크기는 $R = 8.31\, J/mol \cdot K$의 값을 가진다. 식(4.6)에서 비례상수를 "R"로 나타내면 다음과 같은 이상기체상태 방정식이 얻어진다.

$$PV = nRT \tag{4.7}$$

Q19 그림 4.16과 같이 재질은 세라믹이며, 내부가 비어있는 인형에 작은 구멍이 나 있다. 이 작은 구멍을 통하여 인형 내부로 물을 빨리 넣거나, 내부에 들어있는 물을 빨리 뺄 수 있는 방법은 무엇일까?

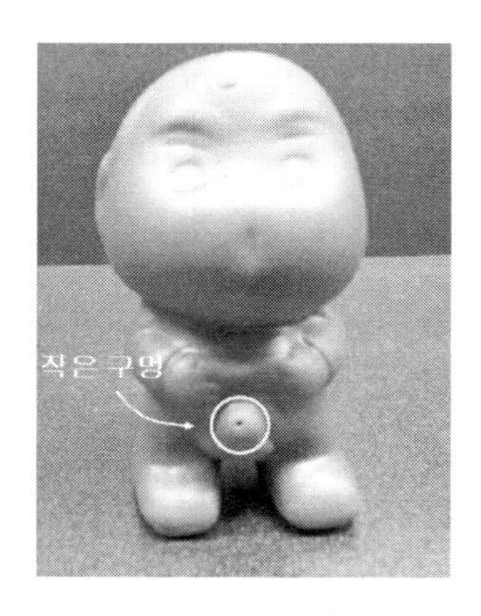

[그림 4.16] 속이 비어있는 세라믹 인형

세라믹 재질로 만들어진 인형의 작은 구멍을 통하여 인형 내부로 물을 넣거나 인형 내부로부터 빼기 힘들다는 것은 일상의 경험을 통하여 잘 알고 있을 것이다. 인형을 물속에 넣는다고 하더라도 물이 인형내부로 잘 들어가지 않는 이유는 인형

내부에 들어 있는 공기에 의한 압력이나 인형 외부의 압력(대기압과 물에 의한 압력)이 서로 같기 때문이다. 즉, 내부와 외부사이에 압력차이가 없기 때문이다. 따라서 물을 인형내부로 빨리 넣기 위해서는 인형내부의 압력을 외부의 압력보다 적게 만들고, 반대로 인형내부에 있던 물을 외부로 빨리 나오게 하기 위해서는 압력을 높이는 방법이다. 이처럼 인형내부의 압력을 낮추거나 높이는 방법은 열에너지를 이용하는 것이다.

인형을 뜨거운 물속에 넣는다고 하더라도 재질이 세라믹인 인형의 부피는 거의 팽창하지 않지만, 뜨거운 물로부터 전달되는 열에 의해서 인형내부에 있는 공기는 활발한 운동을 하게 되어 내부의 압력은 증가한다. 따라서 뜨거운 물속에 있는 인형의 내부압력은 인형외부에 미치는 압력보다 커지게 된다. 이처럼 인형내부와 외부의 압력차가 커지게 되면서 내부에 있던 공기 중의 일부는 외부로 빠져 나오게 되어 실질적으로 내부의 공기의 양은 줄어들게 된다.

뜨거운 물속에 있던 인형을 꺼내어 빨리 차가운 물속에 넣으면 활발하게 운동하던 공기분자들의 운동이 느려지면서 내부의 공기압력은 외부의 압력에 비해 매우 작아지므로 내부와 외부사이에 생기는 큰 압력차가 뜨거운 물속에 넣었을 때와 반대로 된다. 이러한 큰 압력차에 의해서 물이 작은 구멍을 통하여 인형내부로 쉽게 들어간다.

인형내부에 들어간 물은 구멍이 작기 때문에 쉽게 밖으로 빠져 나오지 못한다. 따라서 내부의 압력을 외부보다 높게 해주어야 내부와 외부의 압력차에 의해서 작은 구멍을 통하여 물이 밖으로 쉽게 나오게 된다. 내부의 압력을 높이기 위한 방법은 내부 공기를 가열하는 방법으로 인형의 몸통에 뜨거운 물을 부어주면 열이 몸통 안쪽으로 전달되어 인형 내부공기의 운동이 활발하게 되면서 내부압력이 높아지게 되어 물이 밖으로 잘 빠져 나오게 되는 것이다. [참고자료 9]

Q20 같은 온도에 있는 금속은 나무보다 왜 차갑게 느껴지나?

금속성의 물체가 나무와 같은 물체보다 차갑게 느껴지는 이유는 금속의 열전도와 관계가 있다. 실내온도가 25 ℃ 이고 문을 열어 환기를 시키지 않으면, 실내에 있는 모든 물체의 온도는 25 ℃ 이다. 하지만, 실내에 있는 사람의 체온은 아파서 몸에서 열이 나지 않는다고 가정하면 36.8 ℃ 를 유지하게 된다. 따라서 실내에 있는 물건을 건드리게 되면, 체온은 물체보다도 온도가 더 높으므로 열은 사람의 피부를 통하여 금속성 물체나 나무와 같은 물체로 흐르게 된다. 이때에 금속의 열전도성이 나무보다는 약 5,000배 정도 더 좋으므로 나무보다는 금속을 통하여 더 빨리 열이 흐르게 된다.

따라서 나무를 건드리는 손가락보다 금속을 건드리고 있는 손가락에 남은 열이 더 작게 되며, 손가락의 신경세포는 금속을 건드리고 있는 손가락이 더 차다고 느끼게 되어 금속이 더 차게 느껴지는 것이다. 참고로 알루미늄의 열전도도는 204.3-205 $W/m^{-1}k^{-1}$인데 비하여 건조한 나무는 0.04-0.55 $W/m^{-1}k^{-1}$이며, 열전도도는 측정된 두 지점의 온도차에 의존한다. [참고자료 13]

Q21 상승하는 공기는 왜 차가워지는가?

바람을 불어 넣은 일정한 크기의 풍선이 하늘 높이 올라가면 대기압이 낮아지기 때문에 팽창한다. 이와 같은 원리로 상승하는 공기덩어리(크기가 매우 큰 풍선에 들어 있다고 가정하자)도 해수면으로부터의 높이가 증가함에 따라 부피가 팽창한다. 이러한 부피의 팽창은 공기덩어리가 냉각되는 효과를 가져 오는데 이는 공기를 압축시킬 때에 일어나는 현상과 정반대이다.

공기의 온도는 공기분자들의 운동속력과 관계가 있다. 즉, 공기분자들이 큰 속력을 가지고 활발하게 운동하면 온도가 높지만, 낮은 온도에서는 보다 천천히 운동한다. 그렇다면 공기덩어리가 팽창하면 어떤 일이 벌어질까? 공기가 팽창하면 냉각되는 이유를 알아보기 위하여 공기분자를 작은 공이라고 가정하자. 속력이 느린공이 빠른공과 충돌하면 느린공은 빨라지고 빠른 공의 속력은 느려진다.

그림 4.17에서 공기분자 A가 중심으로부터 멀어지는 방향으로 움직이는 공기분자 B와 충돌하기 위해서는 공기분자 A의 속력이 공기분자 B보다 더 빨라야 한다. 속력이 느린 공기분자 B와 충돌한 공기분자 A의 속력은 느려진다. 이는 날아오는 탁구공을 라켓을 공쪽으로 전진시키면서 탁구공을 치면 공의 속력이 빨라지지만, 라켓을 뒤로 빼면서 치면 공의 속력은 느려지는 원리와 비슷하다. 물론 속력이 느린 공기분자 C가 중심 쪽으로 움직이는 공기분자 D와 충돌하여 속력이 커지는 경우도 발생하지만, 그림 4.17에서와 같이 공기가 팽창하는 경우에는 평균적으로 중심으로부터 멀어지는 공기분자들과의 충돌이 더 많이 일어난다. 따라서 공기가 팽

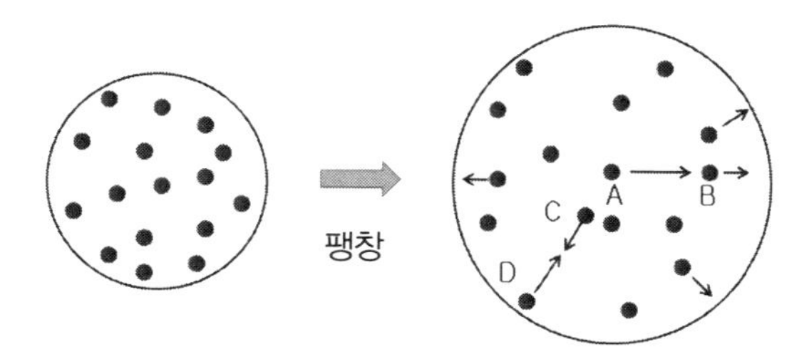

[그림 4.17] 공기의 팽창

창하면, 공기분자들의 평균속력이 작아지므로 공기는 냉각된다.

공기가 냉각되면, "원래의 공기덩어리가 가지고 있던 에너지는 어디로 간 것인가?"라는 의문이 생기게 되는데, 이는 공기가 팽창하면서 주변의 공기를 밀어내면서 주변의 공기에 대하여 해주는 일로 변환되는 것이다.

Q22 **표면이 빛을 잘 흡수하는 검정 색의 캔과 잘 반사시키는 흰색의 캔이 있다(그림 4.18 참조). 이러한 2개의 캔은 표면의 색만 다르고 재질을 비롯한 크기 등은 서로 똑같다. 2개의 캔에 같은 양의 뜨거운 물을 넣어 같은 장소에 놓아두었을 때, 시간에 따른 온도변화는 어떻게 될까?**

이 문제에 답하기 위해서는 먼저 흑체(blackbody)에 대한 이해가 필요하다. 흑체는 입사하는 모든 빛을 흡수하는 물체로서 빛은 이러한 물질을 통과하여 지나갈 수도 없으며, 반사되는 빛이 없기 때문에 완전히 검정색이다. 흑체는 온도에만 의존하는 빛을 방출하는데, 흑체로부터 방출되는 빛을 흑체복사라고 한다. 실온에 있는 흑체는 눈에 보이지 않는 원적외선을 방출하지만, 온도가 섭씨 수백도 정도로 올라가면 온도의 상승과 함께 빨강, 오렌지, 노랑, 그리고 청색 등의 빛을 방출하게 된다.

물체로부터 방출되는 빛의 에너지는 물체의 방사율(들어오는 빛 에너지에 대한 방출되는 빛 에너지의 비율)에 의존한다. 흑체는 들어오는 빛의 에너지를 모두 흡수하는 가장 이상적인 흡수체인 동시에 빛 에너지를 가장 잘 방출하는 이상적인 방출체이기도 하다. 즉, 흑체의 온도가 주위보다 낮으면 입사하는 빛의 파장에 관계없이 모든 종류의 빛을 흡수한다. 또한 흑체의 온도가 주위의 온도와 같으면 입사하는 에너지와 같은 양의 에너지를 방출하면서 주위와 열적인 평형상태를 유지하게 된다. 한편, 흑체의 온도가 주위보다 높으면, 어떤 다른 물체보다도 빛 에너지를 보다 효율적으로 방출한다.

다시 말해서 검정색의 물체는 빛을 잘 반사시키는 반짝거리는 물체보다 보다 더 효율적으로 열을 흡수하거나 방출하게 된다. 이러한 사실로부터 검정색의 캔이 빛을 잘 반사시키는 캔보다 훨씬 더 빨리 냉각된다는 것을 알 수 있다. [참고자료 14~15]

[그림 4.18] 똑같은 크기와 같은 재질로 만들어진 2개의 캔

Q23

히터를 햇빛풍차 가까이에 그림 4.19와 같이 위치시킨 후, 히터를 켜서 햇빛풍차 날개의 회전방향을 면밀히 관찰하면서 날개가 최대속도로 회전할 때까지 기다린다. 최대속도로 회전하도록 약 1분 이상을 기다린 후에, 히터를 끄고 날개의 회전방향을 관찰한다. 히터를 끄기 전과 후에, 햇빛풍차 날개의 회전운동에는 어떤 변화가 기대되며, 그 이유는 무엇인가?

[그림 4.19] 햇빛풍차와 히터

햇빛풍차는 그림 4.20에서와 같이 투명한 유리 용기 내의 중앙에 지지대가 있고, 지지대에 4개의 날개가 회전하도록 되어 있는 장치이다. 각 날개의 한쪽 면은 검정색으로 칠해져 있고, 반대면은 흰색으로 칠해져 있다. 투명 용기 안쪽은 약간의 공

기가 들어 있다. 여기서는 햇빛풍차로 이름을 붙였는데, 인터넷에서 "Radiometer"로 검색하면 관련 사진 및 동영상을 쉽게 찾아볼 수 있다. 햇빛풍차에 열에너지를 가해주면 정지하여 있던 햇빛풍차의 날개가 회전을 시작하면서 회전속도가 점점 증가하다가, 햇빛풍차가 충분히 가열되어 평형온도에 도달하면 회전속도는 느려진다(그림 4.20 참조).

햇빛풍차의 온도가 평형온도에 도달한 다음, 일정한 시간이 지난 후에 히터를 꺼서 햇빛풍차가 냉각하게 되면, 회전날개의 검정색 면이 흰색 면에 비하여 보다 효율적으로 에너지를 방출하므로 흰색 면보다 더 빨리 냉각된다. 물론 히터를 햇빛풍차에 가까이 가져가면, 검정색 면이 흰색 면보다 더 빨리 가열되지만, 냉각하는 경우에는 검정색 면이 흰색 면보다 더 빨리 냉각하게 된다. 따라서 히터를 꺼서 햇빛풍차가 냉각하는 동안 검정색면의 냉각속도가 흰색면에 비하여 빨리 냉각되므로, 가열하는 동안에 회전하던 회전방향과 반대로 회전하게 된다.

이러한 현상은 비교적 빨리 일어나며, 히터를 켠 후 약 1분 동안 햇빛풍차가 가열되면서 회전속력이 증가하다가, 1분정도가 지나면 회전이 느려진다. 그러다가 히터를 끄고 난 후, 약 30초 정도가 지나면 회전을 멈춘 다음, 회전방향이 바뀌면서 약 1분정도 더 회전하게 된다. 실험환경에 따른 영향을 줄이면서 히터의 가열에 의한 효과만을 관찰하기 위해서는 햇빛 또는 다른 불빛을 차단한 후에 실험하는 것이 보다 효율적이다. [참고자료 16]

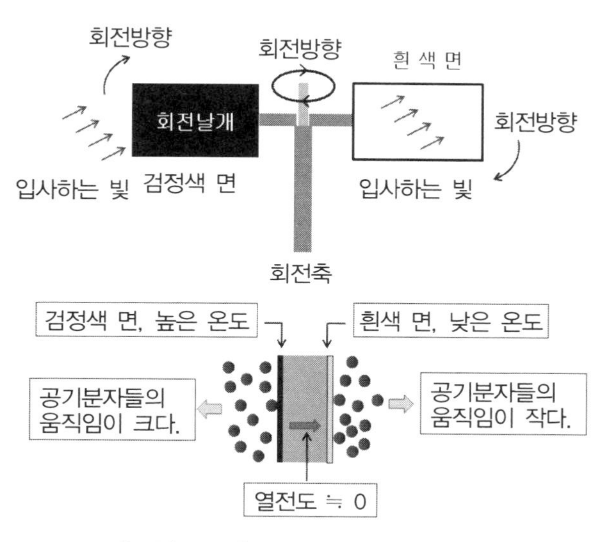

[그림 4.20] 햇빛풍차의 회전원리

Q24 같은 양의 따스한 물과 찬물이 들어 있는 2개의 용기가 있으며 용기의 마개는 열려 있다. 두 용기의 재질, 모양 및 크기는 똑같다. 이들을 물이 어는 온도보다 낮은 바깥에 놓아두었을 때에 어느 쪽 용기의 물이 먼저 얼겠는가?

결론부터 이야기하면 초기에 따듯한 물이 차가운 물보다 광범위한 실험조건하에서 빨리 얼 수 있다는 것이다. 이러한 현상은 상식적으로 이해하기 어려우나, 많은 실험을 통하여 입증되었고 연구되어 온 것이 사실이다. 이러한 현상은 "Mpemba"라고 불리는 탄자니아 고등학교 학생에 의하여 1969년 제기되면서 현대 과학사회에 소개되었다.

따듯한 물이 찬물보다 빨리 어는 현상을 "Mpemba효과"라고 불리는데, 항상 관측되는 것은 아니다. 예를 들어 따듯한 물의 온도가 99.9 ℃ 이고 찬물의 온도가 0.01 ℃ 라고 하면 당연히 찬물이 뜨거운 물보다 빨리 얼어 버린다. Mpemba효과를 상식적으로 이해하기 위하여 한 가지 경우를 생각하여 보자. 즉, 찬물의 온도가 30 ℃ 이고 어는 데까지 10분이 걸린다면, 온도가 70 ℃ 인 뜨거운 물은 일단 30 ℃ 까지 냉각되는데 소요되는 시간(t_1)과 30 ℃ 에서 어는 데까지 10분이 더 소요되므로 전체적으로 $10+t_1$ 의 시간이 걸릴 것이다. 따라서 뜨거운 물이 어는데 걸리는 시간은 찬물이 어는데 걸리는 시간보다 더 걸리게 되며, 이러한 논리적 사고는 오점이 없는 듯하다. 하지만, 이러한 논리적 사고 뒷면에는 물이 어는 과정에서 오직 물의 평균 온도만을 가지고 결론을 얻고 있다는 점이다. Mpemba효과가 왜 일어나는지에 대해서는 정확히 알려지지 않았으나, 지금까지 제기된 원인들에 대해서 고려하여 보면 다음과 같다.

ⓐ **증발** : 처음에 따듯한 물이 차가운 물의 온도로 냉각하는 과정에서 많은 양의 물이 증발됨으로서 질량감소로 인해 물이 냉각되고 어는 것이 보다 쉬워진다. 증발로 인한 질량감소로 인하여 처음에 뜨거운 물이 찬물보다 더 빨리 얼 수 있으나, 질량감소로 인하여 만들어진 얼음의 양은 감소한다. 이에 대한 이론들은 증발이 Mpemba의 효과를 설명할 수 있음을 보여주고 있으나, 증발이 발생하지 않는 덮개를 덮은 용기 내에 물을 넣고 수행한 실험의 결과들을 설명해주지 못하므로, 물의 증발이 Mpemba의 효과를 설명해주는 유일한 이유로는 충분하지 못한다.

ⓑ **용해된 기체** : 뜨거운 물속에 용해된 기체의 양은 찬물보다 적다. 물속에 녹아

있는 기체의 양이 적어 물 분자들 사이의 대류가 찬물보다 더 잘 일어남으로서 좀 더 잘 얼게 하거나, 단위질량당 물이 어는데 필요한 열의 양을 감소시킨다는 것이다. 이러한 주장을 뒷 받침해주는 몇 가지 실험결과들은 있으나, 이를 지지하는 이론들은 아직 없다.

ⓒ **대류** : 물이 냉각되는 과정에 대류가 일어남으로서 물속에서 균일하지 못한 온도분포를 초래하게 된다. 대부분의 온도에서 밀도는 온도증가에 따라 감소하므로, 물의 표면(밀도가 바닥에 비하여 작다.)은 바닥보다 더 따듯하다. 물이 표면을 통하여 열손실이 일어난다고 가정하면, 처음에 뜨거운 물이 찬물의 온도로 냉각되는 속도는 똑같은 평균온도에서의 찬물이 냉각하는 속도보다 빠르다. 실험결과들은 이러한 현상들은 보여주고 있으나, 대류자체가 Mpemba효과를 설명해줄 수 있다고는 알려지지 않고 있다.

ⓓ **과냉각** : 과냉각은 물이 0°C에서 어는 것이 아니라 좀 더 낮은 온도에서 얼 때 생기는 현상이다. 실험결과는 처음에 뜨거운 물이 찬물보다 덜 과냉각됨을 보여주고 있다. 이는 처음에 뜨거운 물이 찬물보다 좀 더 높은 온도에서 얼기 때문에 뜨거운 물이 먼저 언다는 것을 의미한다. 이것이 사실이라고 하더라도 뜨거운 물이 찬물보다 덜 과냉각되는 이유를 분명하게 설명되어져야 하므로, 과냉각 자체가 Mpemba의 효과를 분명하게 설명해 준다고 볼 수 없다.

정리하여 보면, 따스한 물이 찬물보다 더 빨리 어는 것이 불가능한 것은 아니나, 이러한 현상에 대한 일치된 설명이 아직까지 없다는 것이 매우 발달된 현대과학의 입장에서 보면 참으로 아이러니하다.

참고로 위의 설명은 아래의 참고자료에서 발췌하여 정리한 것으로, 아래의 인터넷 주소를 검색하면 좀 더 자세한 설명이나 관련 자료를 찾을 수 있다. [참고자료 17]

Q25 그림 4.21과 같이 투명 유리 용기 안에 물을 조금 넣은 후에, 공기펌프를 이용하여 투명유리 용기 안에 공기를 집어넣었다. 투명유리 용기안의 공기량이 많아짐에 따라, 용기 내부의 압력이 증가하다가 어느 정도 이상이 되면, 단단히 막은 고무마개가 갑자기 빠져나오게 된다. 막았던 공기마개가 순간적으로 빠져 나오게 되면, 용기 안의 공기 온도는 어떻게 될까?

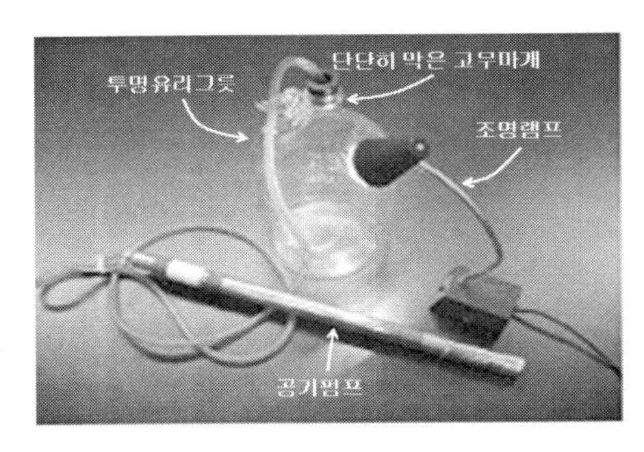

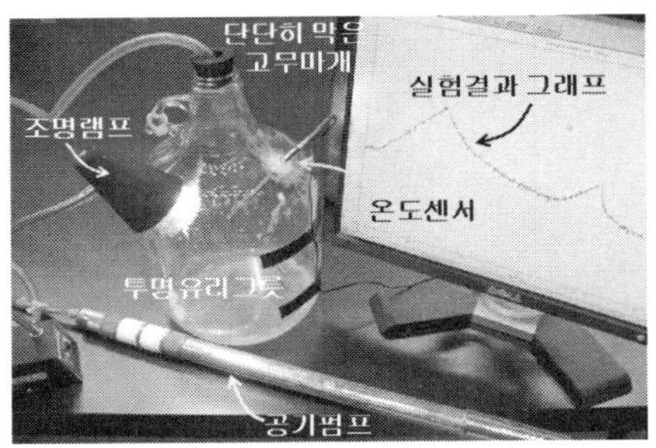

[그림 4.21] 단열팽창 실험 및 결과

실험을 수행하기 전에 투명용기의 바닥에 소량의 물을 넣어 투명용기 안의 공기가 수증기로 포화되도록 병을 흔들어준다. 고무마개로 용기의 구멍을 단단히 막은 후, 공기펌프를 이용하여 투명용기 안에 공기를 넣어 주면 용기 내부의 압력이 증가하다가 너무 커지면, 고무마개가 순간적으로 튀어나오게 된다. 고무마개가 빠지는 순간에 용기 내의 온도는 내려간다.

고무마개가 빠져나가는 순간, 투명용기 내부에 안개가 형성됨을 볼 수 있는데, 이는 고무마개가 순간적으로 빠져 나가면서 공기가 냉각되기 때문이다. 다시 말해서, 고무마개가 순간적으로 빠지면, 투명용기 안의 공기가 순간적으로 팽창하면서 투명용기안의 공기온도가 많이 냉각된다. 이러한 현상은 용기안의 온도가 수증기의 이슬점 온도 이하로 내려가면 공기 중의 물 분자들이 응축되면서 안개를 형성하는 것이다.

고무마개가 터져 나올 때 투명용기 안에 있는 공기의 온도가 내려간다는 사실은 용기 안에 들어있는 온도 감지기가 나타내는 시간에 따른 온도 그래프를 보면 알 수 있다. 용기 안의 공기온도는 고무마개가 터져 나갈 때, 단열팽창으로서 알려진 과정에 의하여 온도가 내려가는 것이다. 이러한 현상은 맥주병이나 탄산음료수 캔을 열 때에, 캔이나 병의 안쪽을 들여다보면 마개가 열리는 순간에 작은 안개(구름)가 형성됨을 관찰할 수 있다.

이러한 현상들은 에너지 보존으로 설명된다. 투명용기 안의 공기가 갑자기 팽창하면, 압력이 높은 곳에서 압력이 낮은 대기의 공기 속으로 공기가 이동한다는 것을 의미하고, 이처럼 일정량의 공기가 이동했다는 것은 결국에 일을 했다는 것을 의미한다. 이러한 일을 하기 위해서는 에너지가 필요한데, 필요한 에너지는 팽창하는 공기 내에 있던 열에너지로부터 얻게 된다. 용기 안에 들어있던 공기 중의 열에너지를 이용하여 일을 한 것이므로, 일을 한 것만큼 열에너지는 감소하게 되며, 이것이 에너지 보존법칙이다. 이러한 과정은 매우 빨리 일어나므로, 팽창하는 공기와 외부 공기사이에 실질적인 열에너지의 교환없이 일어나므로, 단열팽창 또는 단열냉각으로 알려져 있다. 단열이란 외부와의 실질적인 열적교환이 없다는 것을 의미한다.

고무마개를 다시 막고 펌프를 사용하여 공기를 투명용기 안에 넣어주면, 투명용기 안의 공기온도가 상승하면서 안개모양으로 변했던 공기방울들이 수증기상태로 되돌아가게 되어 안개상태의 물방울들이 사라지면서 용기내부의 온도가 상승함을 그래프를 통하여 볼 수 있다. [참고자료 18]

Q26 **비행기의 경우에 비행기 바깥의 온도는 약 -35 ℃ 이지만, 비행기 안의 온도는 앉아서 잠을 자거나 책을 읽기에 적합하다. 비행기 안이 이러한 온도를 유지하는 것이 난방기구 때문일까? 아니면 다른 물리적 이유가 있을까?**

외부로부터 열의 출입이 없이 기체를 압축시키거나 팽창시키는 과정을 전문용어로는 단열과정이라고 한다. 이러한 단열과정은 부피를 빠르게 변화시켜 열이 외부로부터 들어오거나 나가는 시간을 거의 주지 않을 때 일어난다. 예를 들면 자전거펌프 및 디젤엔진을 생각할 수 있다. 디젤엔진의 경우에 디젤엔진 내부로 디젤연료를 기체상태로 분사한 후에 갑자기 압축하면 엔진내부의 온도가 연소에 필요한 온도로 상승하므로 자체 연소하여 큰 출력을 내게 된다. 따라서 디젤엔진의 경우에는 디젤연료를 연소시키기 위한 점화플러그가 따로 없다.

단열압축을 하면 온도가 상승하지만 단열팽창을 하면 온도가 내려간다. 단열팽창과 압축의 예로서 공기의 상승과 하강을 생각하여 볼 수 있다. 하루 중에서 반나절이 지나면, 대기의 변화는 아주 작고, 공기 덩어리는 매우 크기 때문에 온도나 압력이 다른 공기와의 혼합은 큰 공기덩어리의 경계면에서만 일어난다고 생각할 수 있어 전체적으로는 거의 성질이 변하지 않는다. 이러한 공기가 산의 측면을 따라 상승하게 되면, 압력이 작아지므로 팽창하면서 온도가 내려가게 된다. 일반적으로 해수면으로부터의 높이가 1 km 높아짐에 따라, 온도는 약 10 ℃ 씩 내려가는 것으로 알려져 있다. 따라서 지상에서 25 ℃ 인 건조한 공기가 6 km 상승하면 온도는 -35 ℃ 까지 내려간다.

지상으로부터 약 6 km 상공에 매달린 기구안의 공기온도가 -20 ℃ 라고 하자. 줄을 갑자기 잡아당겨 기구가 지면에 도달하게 되면, 압력의 증가로 인하여 기구안의 공기는 30 ℃ 까지 상승하게 된다.

비행기의 경우에도 이러한 원리가 적용된다. 비행기가 해수면으로부터 약 9 km 높이에서 비행하고 있고, 비행기 밖의 온도가 약 -35 ℃ 이라고 하더라도 비행기의 바깥 공기를 해수면에서의 대기압과 같은 크기로 압축시키면, 비행기 내부의 온도는 약 55 ℃ 가 된다. 따라서 압축된 뜨거운 공기를 식히기 위해서는 에어컨을 사용해야 한다. 비행기 안의 온도가 생활하기에 편리한 온도를 유지하는 것은 난방기구 때문이 아니라 공기의 압력 때문이다.

Q27 **베이킹소다 분말을 물과 같은 비율로 혼합하여 물에 완전히 녹인 다음, 면봉 또는 붓을 사용하여 흰색종이에 글씨를 쓴다. 글씨가 완전히 건조한 다음 다리미를 약간 뜨겁게 하여 종이를 문지르는 경우에 보이지 않던 글씨가 나타나는 이유는 무엇인가?**

식초는 약산성이며, 베이킹 소다 분말은 약 알칼리성으로서 이러한 물질은 종이를 약하게 만드는 성질이 있다. 베이킹 소다 분말을 물에 녹여 종이 위에 글씨를 쓰고 물이 완전히 건조하면, 베이킹 소다로부터의 염기가 종이에 남게 된다. 글을 쓴 부분을 뜨거운 다리미로 다리거나 백열전구에 대면, 글씨가 써진 부분의 알카리성 부분이 타거나 갈색으로 변하게 되어 글을 볼 수 있게 된다. 글씨를 보기 위한 또 다른 방법으로는 그레이프 주스(grape juice)를 종이 위에 발라주면, 주스와 베이킹소다가 서로 산-염기 반응을 일으켜 글씨를 볼 수 있게 된다. 투명잉크는 간단히 식초 또는 사과주스를 사용하여 글을 쓴 후에, 뜨거운 다리미로 문지르면 글씨를 볼 수 있다. 세계 1, 2차 대전 중에 전쟁포로들은 외부와의 메시지를 전달하기 위하여, 땀과 침을 사용하였다고 한다.

주의 다리미를 사용할 경우에는 부주의로 화재가 발생하지 않도록 주의하며, 사용한 후에는 반드시 전기다리미의 플러그를 전원에서 뺀다.

Q28 **적도가 극지방보다 뜨거운 이유는 무엇인가?**

적도지방이 극지방보다 뜨거운 이유는 크게 2가지로 압축하여 생각할 수 있는

데 그 중에서 가장 중요한 이유는 지구의 모양이다. 지구가 구형이므로, 태양으로부터 오는 빛은 극지방보다는 적도지방에서 지구의 표면에 거의 수직으로 도달하게 되므로 흡수되면서 열로의 변환이 보다 효율적으로 일어난다. 즉, 지표면에 거의 수직으로 도달하므로, 단위면적당 지표면에 도달하는 빛의 에너지가 극지방보다 더 크게 되어 태양 빛에 의해 지표면을 가열시키는 열적인 효과가 극지방보다 적도지방에서 더 효율적이다.

두 번째로 생각하여 볼 수 있는 이유로는 극지방은 대부분이 흰색의 얼음으로 덮여있어 육지나 바다보다도 햇빛을 보다 많이 반사시킨다. 따라서 얼음으로 덮인 지역이 많을수록 햇빛을 덜 흡수하게 되어 더 춥게 된다.

위에서 설명한 이유들에 의하여 적도지방은 극지방보다 더 뜨겁다. [참고자료 19]

Q29 바닷물이 민물보다 더 쉽게 끓는 이유는 무엇인가?

물체가 얼마나 빨리 가열되는 가는 물체의 열용량과 관계가 있다. 물체의 열용량은 물체 1 g 을 1 K 올리는데 필요한 열의 양을 의미한다. 따라서 같은 양의 열에너지를 가해주면서 물체를 가열하는 경우에 열용량이 클수록 더 천천히 가열된다(온도가 올라간다). 한 예로서 금속인 구리의 열용량은 0.385 J/gK 인 반면에, 25 ℃ 의 물은 4.1813 J/gK 이다. 따라서 같은 양의 열에너지를 가해주는 경우에 금속인 구리는 물보다 훨씬 빨리 가열된다. 20 ℃ 인 민물의 열용량은 4.182 J/gK 인데 비하여 바닷물의 열용량은 3.993 J/gK 이므로 바닷물은 민물보다 같은 양의 열에너지를 가해주는 경우에 더 빨리 가열된다.

앞에서의 설명과 같이 열용량은 물체(또는 물질)의 부피를 기준으로 한 것이 아니라 질량을 기준으로 하여 정의된다. 따라서 같은 양의 열을 가해주고 바닷물과 민물의 질량이 같은 경우에, 바닷물이 민물보다 더 빨리 가열된다는 것을 의미한다. 물론 부피를 가지고 비교하는 경우에는 밀도의 개념을 적용하면 된다. 물의 온도가 20 ℃ 이면서 물속의 염분의 농도가 35 g/kg 인 경우에 바닷물의 밀도는 1024.75 kg/m^3 인 반면에, 같은 온도의 민물의 밀도는 998.21 kg/m^3 이다.

열용량과 밀도의 개념으로부터, 질량이 같은 경우에 바닷물은 민물보다도 5 % 정도 빨리 가열된다. 하지만, 부피가 같은 경우에는 바닷물이 민물보다 약 2 % 정도 빨리 가열된다. 물론 열용량과 밀도는 온도에 의존하기 때문에 염분의 농도가 다르거나 온도가 다른 경우에는 앞에서 주어진 정량적인 차이(5 %정도 또는 2 % 정도)는 약간 변하게 된다. [참고자료 20~22]

Q30 그림 4.22와 같이 용기 안에 높이가 다른 촛불이 켜져 있다. 키가 가장 작은 촛불부터 키가 큰 순서로 촛불을 끄려고 한다. 어떻게 하면 가능할까?

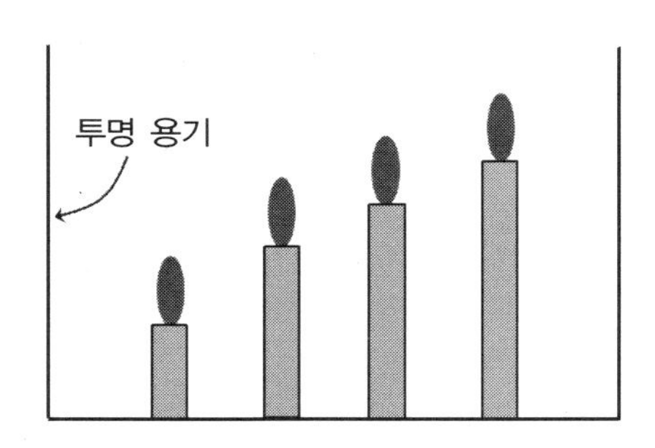

[그림 4.22] 뚜껑이 없는 투명용기 안에 들어있는 촛불

어떤 물질이 연소하기 위해서는 산소가 필요하다는 것을 설명하여주는 실험이다. 이산화탄소가 들어있는 비커를 촛불이 켜진 용기 내에 넣으면 이산화탄소의 무게가 공기보다 약 50 % 더 무겁기 때문에 용기의 밑에서부터 위로 용기를 채우게 되면서 촛불은 작은 것부터 큰 것의 순서로 꺼지게 된다. 소화기의 일부는 이산화탄소를 사용하기도 한다.

이산화탄소는 색이 없으면서 냄새도 나지 않는 기체이므로 투명한 용기 내에 켜져 있는 촛불이 차례로 꺼지는 것을 보게 되면 신기하게 보일런지도 모르나, 그 이면에는 이러한 과학이 숨어있다.

고체상태인 드라이아이스를 투명 유리용기 내에 넣어두면 대기압 하에서도 기체상태의 이산화탄소가 되는데, 고체에서 기체로 변화는 과정을 승화라고 부른다. 고체상태인 드라이아이스는 매우 차기 때문에 드라이아이스를 넣은 용기의 바깥벽에 물방울이 응결될 수 있다. 이를 방지하고 드라이아이스를 보다 빨리 기체로 변화시키기 위해서는 용기를 핫플레이트(일종의 전열기) 위에 올려놓아 따듯하게 유지시켜 주면 보다 쉽게 이산화탄소 기체를 얻을 수 있다. 이러한 드라이아이스는 아이스크림을 보관하는 곳에서 자주 이용된다. 드라이아이스는 -78.5 ℃ 의 매우 낮은 온도에서 승화하고, 맨손이나 피부에 직접 닿으면 동상을 일으킬 수 있으

므로, 피부에 직접 닿지 않도록 주의해야 한다. [참고자료 23]

Q31 그림 4.23에서 보여주는 실험은 B.C.1세기 알렉산드리아 영웅인 그리스 철학자의 이름을 따라 "Hero's engine"이라고도 불리며, ① 각운동량 보존, ② 뉴턴의 제3 운동법칙, ③ 로켓엔진의 원리를 설명하여 주고 있다. 수증기가 분출되면서 크기가 같고 방향이 반대인 힘을 용기에 전달시킴으로서 용기가 수증기의 분출방향과 반대로 회전하게 된다. 또한 열에너지가 역학적 에너지로의 변환을 보여주는 동시에 작은 양의 물(액체)로부터 다량의 수증기(기체)가 방출된다는 것을 시각적으로 보여준다.

[그림 4.23] 간단한 증기엔진 [참고자료 1]

그림 4.23에서 보여주는 실험장치는 탄산 음료수 캔과 회전고리를 이용하여 쉽게 제작이 가능하므로 직접 제작하여 실험하여 봄으로서, 작동원리를 이해하는 것은 재미있으리라 생각된다. 버너는 엔진을 가열하여 수증기를 발생시키며, 버너에 사용되는 연료의 화학적 에너지가 열에너지와 역학적 에너지로 전환될 수 있음을 보여준다.

에탄올을 연료로 사용하는 경우에, 연소 시에 일어나는 반응은 다음과 같다.

$$2C_2H_5OH + 7O_2 \rightarrow 4CO_2 + 6H_2O \tag{4.3}$$

참고로 인터넷에서 "Hero's Engine"으로 검색하면 우리가 자주 마시는 음료수 캔을 이용하여 쉽게 제작이 가능하다는 것을 알 수 있으며, 동영상을 비롯한 자료들이 많이 올라와 있어 이들을 참조하면 쉽게 제작이나 원리 등을 이해할 수 있다. [참고자료 24~27]

Q32 무중력상태이나 공기가 있다면 촛불은 잘 탈 수 있을까?

모든 불꽃은 산소와 연료(가스, 나무, 종이 등 탈수 있는 모든 것)사이에서 일어나는 화학반응의 결과로 생기게 되며, 이러한 화학반응은 열과 빛의 형태로 에너지를 방출한다. 주어진 문제에 답하기 위해서는 촛불이 어떻게 켜지는 지에 대한 이해가 필요하다. 양초에 불을 붙이면, 촛불이 발생하는 열이 양초를 녹이면서 녹은 양초가 연료로서 작용하게 된다. 옷을 입고 물속에 서 있으면 물이 옷을 따라 위로 올라가면서 옷을 적시는 것과 같이 녹은 양초가 심지를 통하여 올라가게 된다. 심지를 따라 올라가는 녹은 양초가 열에 의하여 증발하면서 산소와 결합하여 불이 켜지게 되는 것이다. 이러한 현상은 중력과는 아무런 관계가 없다. 불이 지속적으로 켜지기 위해서는 새로운 산소의 공급이 필요하다. 중력이 작용하는 지구에서는 뜨거운 공기가 찬 공기보다 가볍기 때문에, 촛불 주위의 뜨거운 공기는 위로 밀려 올라가고, 촛불 아래로부터 산소가 풍부한 새로운 공기가 밀려 올라간 뜨거운 공기가 있던 곳으로 이동하게 되는데, 이러한 현상이 대류현상이다. 즉, 대류현상에 의해서 지속적으로 산소가 풍부한 공기의 공급이 가능하다.

무중력상태에서는 대류가 일어나지 않으므로, 뜨겁고 가벼운 공기를 위로 밀어 올리지 못한다. 물론 대류가 기체들을 이동시키는 유일한 방법은 아니다. 예를 들어 냄새가 퍼져나갈 때, 냄새는 공기의 흐름을 일으키지 않으면서 확산(diffusion)에 의해서 일어나게 되는데 이 과정은 대류보다 훨씬 느리다. 확산은 공간상에서 각 기체의 농도를 일정하게 만드는 경향이 있다. 초가 타고 있는 동안에, 촛불 주위의 산소의 농도는 감소하므로 촛불로부터 멀리 있던 산소가 확산과정에 의하여 촛불 쪽으로 확산된다. 문제는 이러한 확산에 의한 산소의 공급이 촛불이 꺼지지 않을 정도의 양을 공급하기에 충분히 빨리 일어나느냐하는 점이다. 확산에 의해 산소가 공급되는 비율이 너무 느리다면, 불꽃이 양초를 녹이기에 충분한 열을 공급하지 못하게 되는 동시에 녹은 양초의 증발이 중단되면서 화학반응이 일어나지 않게 되어 촛불은 꺼지게 된다.

NASA는 우주선 내에서 이러한 실험을 수행하여, 지구상에서보다 훨씬 더 느리게 양초가 타는 것을 확인하였으며, 뜨거운 공기가 위로 올라가는 대류가 없기 때문에, 촛불의 모양은 일상적으로 관찰된 아래-위로 늘어진 모양이 아니라 구형모양이라는 것을 알아내었다(그림 4.24참조). [참고자료 28~30]

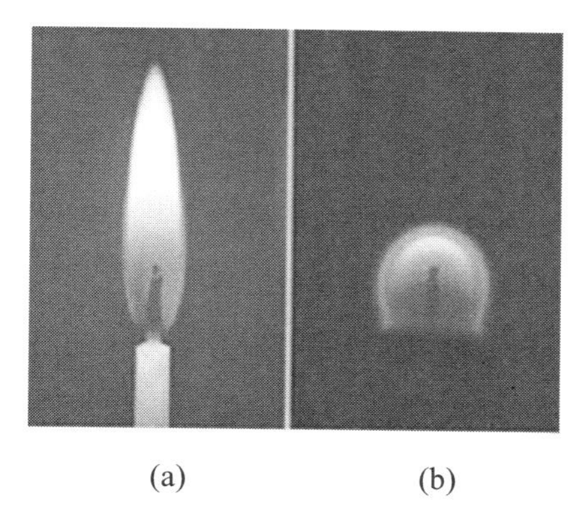

[그림 4.24] 중력이 작용하는 곳(a)과 중력이 거의 "0"인 곳(b)에서의 촛불의 모양

Q33 산소기체가 들어있는 풍선을 액체질소 속에 넣으면 어떤 현상이 발생할까?

공기분자들의 운동은 온도에 의존하므로, 산소기체가 들어있는 풍선을 온도가 매우 낮은 액체질소 속에 넣으면 풍선에 작용하는 압력이 크게 감소한다. 온도가 35 °C (절대온도: 308 K)이며 밀폐된 금속용기 안에 들어있는 산소의 압력이 대기압과 같다고 하자. 이러한 용기를 액체질소 온도인 77 K로 낮추면, 용기안의 압력은 대기압의 약 1/4로 감소한다. 산소기체에 가해지는 압력이 대기압과 같은 경우에는 약 90 K에서 산소기체는 액화된다.

온도가 감소함에 따라 기체가 액화(액체로 변화는 현상)되는 압력은 더 낮아진다. 절대온도와 압력사이의 관계는 비례관계가 아니므로 실험을 통하여 알려진 결과를 정리하여 제시된 표를 참조하여 특정온도에 대한 압력을 찾아야 한다. 따라서 압력이 대기압의 약 1/4인 경우에 산소가 액화되는 온도는 약 78.77 K로서 대기압 하에서 액체질소의 온도보다 약간 높다.

해수면의 높이에서 풍선에 산소기체를 넣으면, 풍선안쪽의 압력과 풍선바깥의 압력은 서로 같으므로 풍선안쪽의 압력은 대기압과 같다. 이러한 풍선을 액체질소 속에 넣으면, 산소기체가 액화되어 풍선의 안쪽 바닥에 모이면서 산소기체가 차지하는 공간이 기체인 경우보다 훨씬 줄어들게 되어, 77 K에서 풍선안쪽의 압력은 대기압의 약 1/5까지 줄어든다. 풍선 안쪽의 압력과 바깥쪽 대기압과의 압력차로 인하여 고무풍선은 액체질소에서 딱딱하게 굳어지게 된다. [참고자료 31]

Q34 그림 4.25와 같이 지우개를 가위로 작게 잘라서 그릇에 넣고 액체질소를 그릇에 부으면. 지우개 조각들에 어떤 일이 일어나겠는가?

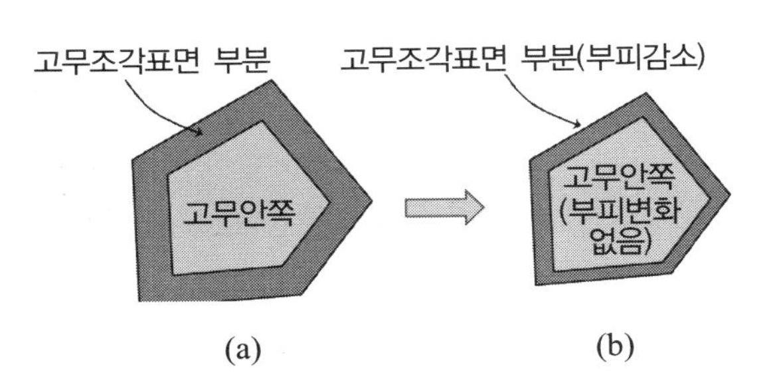

[그림 4.25] 실온에서 있는 고무조각(a)과 액체질소에 넣은 고무조각(b)

지우개는 특수고무로 만들어지는 데, 고무는 열을 잘 전달하지 않는다. 한 예로서 지우개의 한쪽을 가열하기 시작한 후, 어느 정도의 시간이 지나야 지우개의 반대쪽이 따듯해진다는 것을 알 수 있다. 지우개를 길이가 약 5 mm 정도로 잘라 접시 안에 넣은 후에, 액체질소를 부으면 어떻게 될까? 액체질소는 약 -196 ℃에서 끓게 되는데, 이는 실험실온도와 같은 지우개의 온도에 비하여 매우 차갑다.

고무에 열을 가하여 뜨거워지는 데까지 많은 시간이 필요하듯이 고무가 차가워지는 데에도 많은 시간이 필요하다. 이는 고무조각에 매우 낮은 온도의 액체질소를 부으면, 고무조각의 바깥 면은 고무조각의 안쪽보다 훨씬 더 차갑다는 것을 의미한다. 일반적으로 물질은 온도가 내려감에 따라 부피가 감소한다. 따라서 차가운 고무조각의 바깥부분은 수축하게 되고, 안쪽의 따듯한 부분은 수축이 일어나지 않는 관계로 고무조각에 많은 스트레스(변형력)가 발생하게 된다. 이러한 스트레스가 매우 커지게 되면, 스트레스를 없애기 위하여 고무조각들이 깨지거나 부셔지면서 튀어나오게 된다. 고무조각들이 깨어지거나 튀어 오르는 정도는 고무조각의 크기에 의존하므로 고무조각을 다양한 크기로 만들어 실험하는 것이 좋다. 고무조각들이 튀어나오면서 눈을 다칠 수도 있으니, 실험을 수행하기 위해서는 보호안경을 착용해야 한다. [참고자료 32]

Q35 무중력상태에서 물은 왜 볼과 같은 구형의 모양을 하고 있을까?

지구표면에서는 중력이 물을 항상 지구의 중심방향으로 잡아당기므로 물의 모양은 물이 담긴 그릇에 의해서 결정된다. 물에는 항상 표면장력이 작용하는데, 이러한 표면장력은 물의 표면을 최소화시키려는 방향으로 작용한다. 중력이 작용하지 않는 경우에, 물의 표면을 최소화하는 방법은 물이 구형을 취하는 방법이다. 따라서 중력이 작용하지 않는 무중력상태에서는 그림 4.26과 같이 물은 구형(볼의 모양)의 모양을 가지게 된다. [참고자료 33~34]

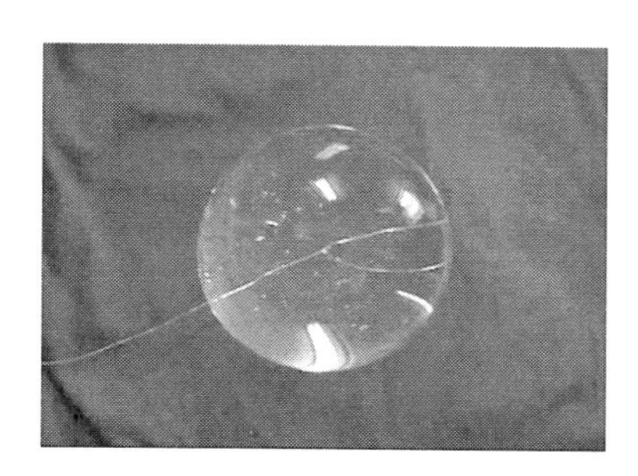

[그림 4.26] 무중력상태에 있는 물방울 [참고자료 34]

Q36 **그림 4.27과 같이 알루미늄 음료수 캔에 물을 조금 넣어 가열한 후, 구멍이 있는 부분을 아래로 하여 갑자기 찬물 속에 넣으면 알루미늄 캔에 어떤 일이 일어나겠는가?**

뚜껑이 열려있는 캔의 내부는 대기의 온도와 압력이 같은 공기를 포함하고 있다. 즉, 공기분자들은 캔의 안쪽 면과 바깥 면에 부딪치면서 대기압과 같은 크기의 압력을 캔의 용기면에 미치게 된다(그림 4.27 참조). 따라서 캔의 내부와 외부공기의 압력은 대기압으로 서로 같다.

이러한 캔 내부에 물을 조금 넣고 그림 4.28과 같이 가열하면, 물이 끓으면서 수증기가 발생하여 캔 내부에는 수증기들로 채워지게 되지만, 캔의 구멍이 열려있기

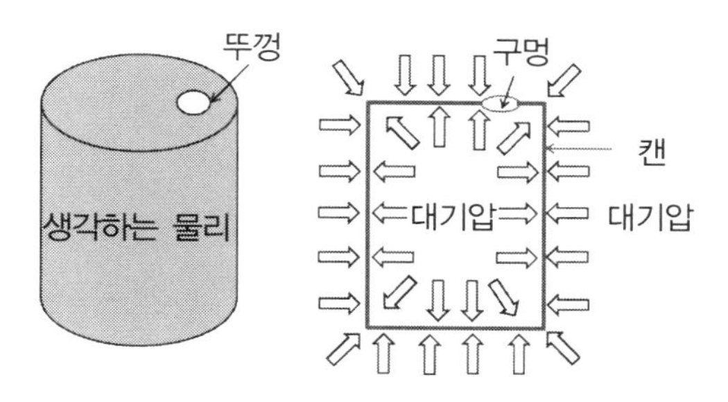

[그림 4.27] 뚜껑이 열려 있는 캔

때문에 캔 내부의 압력은 대기압과 같게 된다.

수증기로 가득 채워진 캔을 뒤집어서 재빨리 찬물 속에 넣으면, 캔 내부의 기체 상태의 수증기가 냉각되면서 액체인 물로 변하게 된다. 액체상태인 물의 부피가 기체상태인 수증기의 부피보다 훨씬 작기 때문에 캔 내부의 압력은 갑자기 감소하게 된다. 캔 외부의 압력은 대기압의 상태를 유지하지만 내부는 대기압보다 훨씬 작아지게 되어, 내부와 외부와의 사이에 많은 압력차이가 발생하게 되어 캔은 순식간에 찌그러들게 된다. 물론 물을 넣지 않고 가열한 후, 재빨리 캔을 뒤집어서 찬물에 넣으면 내부 공기가 식으면서 캔 내부의 압력이 감소하지만 캔을 찌그러뜨리는 효과를 보기는 어렵다. 그리고 얼음을 물에 넣어 물의 온도를 가능한 낮추어 실험하면 보다 효율적으로 실험을 수행할 수 있으며, 아래의 참고자료가 있는 사이트에 들어가면 이와 관련된 동영상을 볼 수 있다. [참고자료 35]

[그림 4.28] 물을 조금 넣고 가열 중인 캔

Q37 중력이 거의 없는 상태에서 유체(공기 또는 물과 같은 액체)들은 어떤 운동을 할까?

유체는 가해준 힘에 반응하여 움직이는 임의의 물질로 정의되는 데, 물과 같은 액체, 공기와 가스들도 유체의 한 종류이다. 물이 끓고 있는 항아리를 생각하여 보면, 대부분의 학생들은 물이 끓는 과정을 형상화하여 볼 수 있으리라 판단된다. 이처럼 액체가 끓는 과정에서 중력이 어떠한 역할을 하는 지에 대하여 생각하여 보자. 물을 가열하면, 중력에 의해 액체의 좀 더 뜨거운 부분이 위쪽으로 올라오는데 이는 일반적으로 대류로 알려져 있고 대류에 의하여 열이 물 전체에 균일하게 분포하게 된다. 따라서 이때에 액체는 열을 액체 전체에 균일하게 전달하는 기능을 수행하게 된다. 일단 물이 끓는점에 도달하면, 중력에 기인한 부력이 공기방울을 위쪽으로 올려 보내면서 펄펄 끓게 된다. 이처럼 잘 알려진 현상들은 중력이 거의 작용하지 않는 환경에서는 중력에 의해 대류와 부력은 존재하지 않게 되어 근본적으로 변하게 된다.

중력이 존재하는 경우에 증기방울들은 액체가 접하고 있는 히터의 표면에서 발생하여 부력 때문에 빠르게 액체의 표면으로 올라오게 된다. 하지만, 중력이 거의 "0"에 가까운 환경에서는 부력이 존재하지 않으므로 방울들은 히터의 표면에 붙어 있으면서 점점 더 커지게 된다. 이러한 방울들이 커짐에 따라 액체는 히터의 표면과 더 이상 접촉하지 않고 냉각되므로 액체는 열전달을 하는 기구로 쓸모가 없게 되는 것이다.

그림 4.29와 4.30은 중력이 존재하는 곳과 중력이 거의 "0"인 곳에서의 물의 끓는 모습과 촛불의 모양을 나타낸 것이다. [참고자료 36]

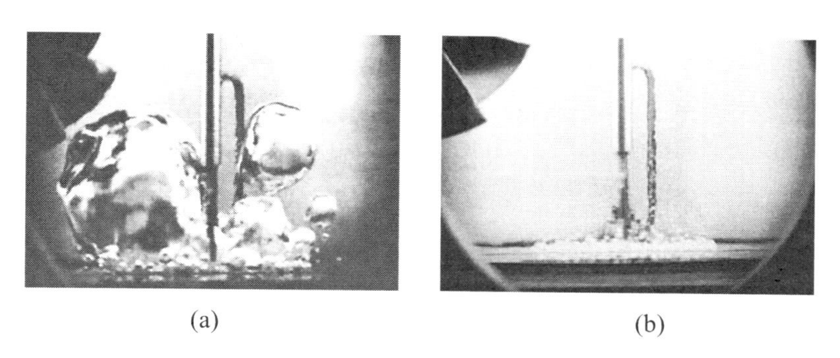

(a) (b)

[그림 4.29] 중력이 존재하는 곳(a)과 중력이 거의 "0"인 곳(b)에서의 물이 끓는 모습 (사진자료: NASA)

(a) (b)

[그림 4.30] 지구에서의 촛불의 모습(a)과 중력이 거의 "0"인 곳에서의 촛불의 모습(b) (사진자료: NASA)

Q38 현재 지구의 인구가 약 70 억이라고 가정하자. 올해에 9000만명의 아이가 태어나, 20년 후에 성인이 되어 이들의 평균 몸무게가 70 kg 이라면 20년 뒤에 지구의 질량은 얼마가 될까?

지구의 질량은 약 6×10^{24} kg 이다. 9000만 명의 평균 몸무게가 70 kg 이라고 하면, 이들의 총질량은 6.3×10^{8} kg 으로 지구의 질량의 약 0.00000000000000105% 이다. 또한 지구상에 있는 모든 식물과 동물들이 차지하는 총 생물체 질량(biomass)은 지구질량의 약 0.00000003%로서, 생물체 질량의 대부분은 숲이 차지한다.

인구가 증가한다고 하더라도 지구의 질량은 변하지 않는다. 사람이 태어나 성장한다는 것은 몸무게(보다 엄밀하게는 질량)의 변화를 의미하게 된다. 한 예로서 아이가 어머니의 뱃속에서 자라게 되는 경우에 몸무게의 증가는 단지 다른 물질의 무게 감소가 아이의 몸무게의 증가로 전환되는 것이다. 즉, 아이가 성장하기 위해서는 어머니로부터 에너지의 공급이 필요하며, 어머니는 이러한 에너지를 음식을 통하여 얻게 되는 것이다. 우리가 햄버거를 먹게 되면, 우리의 신체는 음식을 원자나 분자 수준으로 분해하여 몸무게의 증가에 필요한 영양분으로 전환되어 몸무게가 증가하는 것이다.

유명한 화학자인 Antoine Laurent Lavoisier는 1780년대에 화학반응에 있어서 질량은 창조되거나 사라지지 않는다는 것을 실험적으로 증명하였다. 나무를 태우면 재와 함께 연기가 발생한다. 이때에 타고 난 후에 남은 재와 발생된 연기 속에 포함된 성분들의 질량을 모두 합하면, 원래 나무토막의 질량과 같아지게 된다. 사람이 먹는 음식이 몸속에 축적되는 과정은 매우 복잡하겠지만, 사람들의 몸무게가 증가한다고 하여 지구의 질량이 변하지는 않는다.

지구의 질량이 변하는 경우는 지구가 아닌 외부로부터 물질을 가져온다거나 외부로 반출하는 경우이다. 아폴로 우주 비행사들은 달에 달표면 작업차(lunar rover)를 설치하였는데, 이는 지구에서 달로 가져간 것이다. 이 경우에 지구의 질량은 달표면 작업차의 질량만큼 감소하게 된다. 또한 우주 비행사들이 달에서 채취한 흙을 지구로 가져오면, 가져온 흙의 질량만큼 지구의 질량은 증가하게 된다. 물론 지구로 떨어지는 운석 등도 지구의 질량을 증가시키는 한 요인이 된다. 유명한 물리법칙 중의 하나인 $E = mc^2$ 은 물질은 에너지로의 변환이 가능하지만 에너지도 역시 물질로의 변환이 가능하다는 것을 의미한다. 태양은 엄청난 양의 빛 에너지를 지속적으로 외부로 방출하고 있기 때문에 태양의 질량은 점진적으로 감소하고 있다고 생각할 수 있다. [참고자료 37]

Q39 차거운 얼음덩어리가 피부 또는 손가락에 달라붙는 이유는 무엇인가?

차가운 얼음덩어리가 여러분의 피부에 달라붙느냐 아니냐는 얼음의 온도와 피부에 존재하는 수분에 의존한다. 얼음의 온도는 물이 어는 온도인 0 °C로부터 냉동고의 온도에 따라 0 °C보다 훨씬 낮다. 또한 피부에는 작지만 어느 정도의 수분을 함유하고 있다. 따라서 0 °C보다 매우 낮은 얼음조각이 피부에 닿으면, 피부에 있는 수분을 얼리면서 피부에 달라 붙는다. 하지만, 얼음의 온도가 매우 차갑지 않다면, 피부의 수분을 얼리지 못하기 때문에 피부에 달라붙지 않게 된다. 피부에 달라붙은 얼음을 떼기 위해서는 얼음과 피부사이에 따스한 물을 부으면 쉽게 떨어진다. 혀는 피부보다 훨씬 더 많은 수분을 함유하고 있기 때문에 피부보다도 훨씬 더 잘 달라붙지만 혀를 이용한 실험은 하지 않기 바란다. 매우 추운 겨울에 금속성 물질을 수분이 있는 손으로 잡는 경우에, 손이 금속성 물질에 달라붙는 이유도 이와 같은 원리이다. [참고자료 38]

Q40 물이 끓는 온도보다 높은 물체의 표면에 물을 살짝 부으면 공과 같은 모양으로 이리저리 튕구는 현상을 쉽게 관찰할 수 있으며, 액체 질소에서도 이러한 현상을 쉽게 관찰이 가능한테 이의 원인은 무엇인가?

액체질소는 매우 차가우며, 끓는점이 약 -196 ℃이다. 일반적으로 실험실 또는 실내 바닥의 온도는 약 27 ℃이므로 실험실 또는 실내 바닥의 온도가 액체질소의 끓는 온도보다 상당히 더 뜨겁다는 것을 의미한다. 실험실 바닥의 온도가 액체질소의 끓는 온도보다 훨씬 더 뜨겁기 때문에 액체질소가 실험실 또는 실내 바닥과 접촉하게 되면, 라이덴프로스트(Leidenfrost)라는 효과가 일어나게 된다. 이러한 효과로 인하여 액체질소가 바닥에 떨어지면, 바닥과의 마찰이 거의 없거나 또는 마찰 없이 표면을 스케이팅 하거나 미끄러지는 것처럼 운동하게 된다.

실험실 바닥이 액체질소의 끓는점보다 훨씬 더 뜨겁기 때문에, 액체질소 방울이 바닥에 닿자마자 순간적으로 끓게 된다. 이러한 일이 일어나면, 액체질소 방울과 바닥사이에 얇은 질소기체 층이 발생하게 되어 호버크래프트(hovercraft)의 운동과 비슷한 운동을 일으키게 된다(그림 4.31 참조). 액체질소방울이 끓어 없어질 때까지 어느 정도의 시간동안 액체질소 방울은 이처럼 기체쿠션 위에서 주위를 스케이트 타는 것과 같은 운동을 하게 된다. 이러한 현상은 표면온도가 액체의 끓는 온도보다 매우 높은 경우에 발생하며, 작은 양의 물을 매우 뜨거운 프라이팬 위에 떨어뜨릴 때에도 이러한 현상이 일어나는 것을 일상생활에서 쉽게 관찰할 수 있다. [참고자료 39~40]

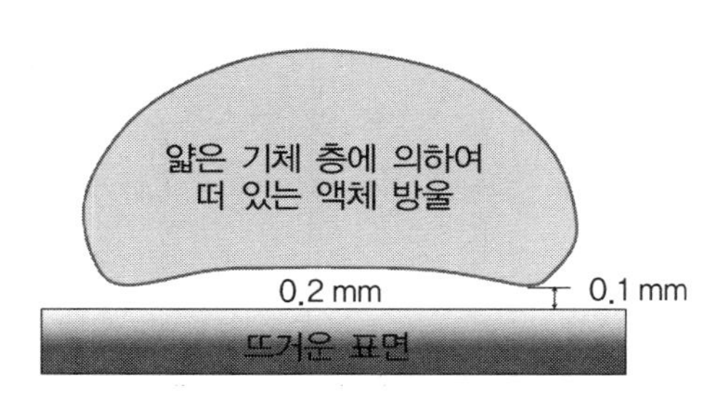

[그림 4.31] 라이덴프로스트 효과

주의사항
- 액체질소를 사용하는 경우에 보호안경을 사용하고, 몸에 닿거나 옷 등에 닿지 않도록 주의한다.
- 액체질소는 매우 빨리 퍼져 나가므로, 액체질소를 붓는 곳 가까이에 사람들이 있지 않도록 주의한다.
- 액체질소를 한 곳에 많이 붓지 말아야 한다. 너무 많이 부으면 바닥에 균열과 같은 영향을 줄 수 있다.

Q41 작은 목화 솜 조각을 그림 4.32에서와 같이 플라스틱 관의 바닥에 넣은 후에, 갑자기 압축하면 어떤 일이 일어날까? 압축 중에 공기는 외부로 빠지지 않는다고 가정한다.

갑자기 압축하면 플라스틱관 내부의 온도가 급격히 상승하면서 목화솜에 불이 붙게 된다. 여기서 갑자기 압축한다는 의미는 플라스틱관의 내부와 외부와의 열적인 교류가 없다는 것으로 이를 전문용어로는 단열압축이라고 한다. 목화솜에 불이 붙는데 필요한 온도는 약 240 °C이므로 가급적 빨리 압축시킬 필요가 있다.

이러한 단열압축에 의한 온도상승을 이용한 것이 디젤자동차이다. 디젤연료가

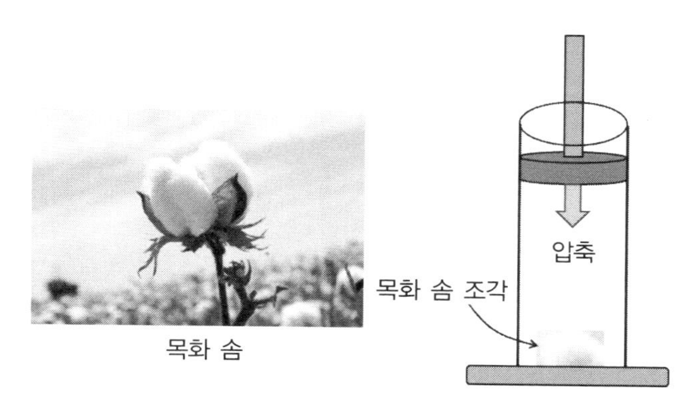

[그림 4.32] 압축 중인 용기 안에 들어있는 목화 솜

분사된 엔진실린더를 급속히 압축시키면 단열압축에 의해 실린더 내부의 온도가 급격히 상승한다. 급격한 온도상승에 따라 분사된 디젤연료가 점화되면서 폭발하여 자동차가 큰 출력을 얻게 된다. 따라서 디젤 자동차의 엔진실린더에는 점화플러그가 없다. [참고자료 41]

Q42 일상생활의 경험을 통하여 소금이 물에 잘 녹는다는 것을 알고 있다. 물에 소금이 잘 녹는 이유는 무엇일까?

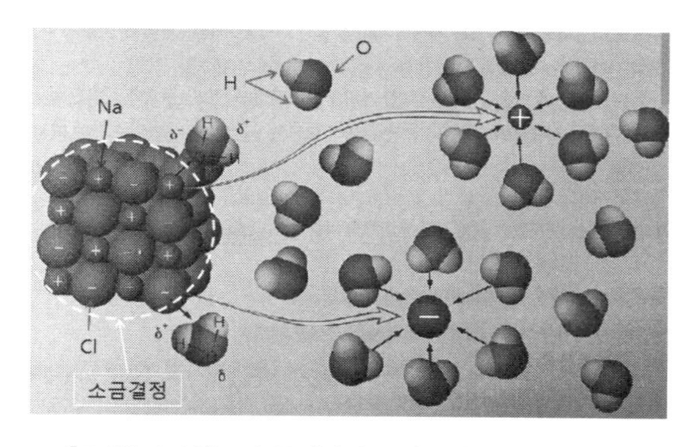

[그림 4.33] 소금이 녹는 과정 [참고자료 42]

소금결정은 Na^{+} 양이온과 Cl^{-} 음이온이 결합되어 형성된 결정체이다. 한편 수소원자 2개와 산소원자 1개가 결합하면 H_2O인 하나의 물 분자를 형성하게 되는데, 물 분자에서의 전하들의 분포를 보면 수소원자가 있는 부분은 양(+)의 전하들이 많이 분포하고, 산소원자가 있는 부분은 상대적으로 음(−)의 전하들이 많이 분

포하게 된다. 이처럼 하나의 분자에서 양의 전하와 음의 전하들이 서로 분리되어 있는 것을 전기쌍극자라고 한다. 물 분자는 대표적인 전극쌍극자를 가지는 분자들 중의 하나이다.

이러한 물 분자가 소금결정을 둘러싸게 되면 물 분자의 양극(수소 원자들이 있는 부분)이 소금결정의 음이온(Cl^-)을 향하도록 배열된다. 반면에 물 분자의 음극(산소 원자가 있는 부분)은 소금결정의 양이온(Na^+)을 향하도록 배열한다. 물 분자의 전기쌍극자와 소금결정의 이온(Na^+ 또는 Cl^- 이온)과의 인력이 Na^+와 Cl^- 이온사이에 작용하는 인력처럼 강하지는 않으나 Na^+ 또는 Cl^- 이온을 몇 개의 물 분자가 둘러싸고 있어서 소금이온과 물분자의 전기쌍극자 상호작용이 Na^+와 Cl^- 사이에 작용하는 이온결합을 극복하게 되면서 물에 녹게 된다(그림 4.33 참조). 즉, 물은 수소 쪽으로 음전하를 띤 염소이온을 둘러싸고 산소 쪽으로는 양전하를 띤 나트륨 이온을 둘러싸면서 소금이 물에 녹는 것이다.

이처럼 소금은 이온성 고체로서 극성분자인 물에는 잘 녹지만, 비극성 물질인 헥산에는 녹지 않는다. 고체상태의 소금은 양이온(Na^+)과 음이온(Cl^-)이 잘 배열된 결정구조 안에서 강력한 결합을 하지만, 용액상태에서는 그림 4.33에서와 같이 양이온과 음이온이 용매인 물 분자들에 갇힌 채로 다소 독립적으로 움직이게 된다. [참고자료42]

참고자료

1. http://www.physics.umd.edu/lecdem/outreach/QOTW/arch1/q010.htm.
2. http://www.physics.umd.edu/lecdem/services/demos/demosf2/f2-21.htm.
3. http://www.physics.umd.edu/lecdem/outreach/QOTW/arch4/q078.htm.
4. http://www.physics.umd.edu/lecdem/outreach/QOTW/arch16/a305.htm.
5. http://en.wikipedia.org/wiki/Pythagorean_cup.
6. http://www.empowernetwork.com/jamescraig/files/2013/08/pythagorean-cup.png.
7. http://www.physics.umd.edu/lecdem/outreach/QOTW/arch1/q003.htm.
8. http://ap.smu.ca/demos/index.php?option=com_content&view=article&id=111&Itemid=85.
9. 장기완, 선생님과 함께하는 영재물리 실험, 북스힐, 2012.
10. http://www.physicscentral.org/experiment/askaphysicist/physics-answer.cfm?uid=20080509040714.
11. http://www.youtube.com/watch?v=S8lBzCQQu5A.
12. http://scienceline.ucsb.edu/getkey.php?key=1322.
13. http://www.pa.msu.edu/sciencet/ask_st/052092.html.
14. Meiners, Physics Demonstration Experiments, 38-5.1, p. 1176.
15. Sutton, Demonstration Experiments in Physics, H-156, p. 239.
16. http://www.physics.umd.edu/lecdem/outreach/QOTW/arch9/q180.htm.
17. http://math.ucr.edu/home/baez/physics/General/hot_water.html.
18. http://www.physics.umd.edu/lecdem/outreach/QOTW/arch18/a347.htm.
19. http://scienceline.ucsb.edu/getkey.php?key=1804.
20. http://www.kayelaby.npl.co.uk/general_physics/2_7 /2_7_9.html.
21. http://www.swri.org/10light/water.htm.
22. http://en.wikipedia.org/wiki/Properties_of_water.
23. http://sprott.physics.wisc.edu/demobook/chapter2.htm.

24. http://physics.kenyon.edu/EarlyApparatus/Thermodynamics/Heros_Engine/Heros_Engine.html.
25. http://chemmovies.unl.edu/chemistry/beckerdemos/BD053.html.
26. http://sprott.physics.wisc.edu/demobook/CHAPTER2.HTM.
27. L. Hirsch, Am. Journ. Phys. 46, 773 (1978).
28. http://scienceline.ucsb.edu/getkey.php?key=2024.
29. http://www.ccmr.cornell.edu/education/ask/?quid=850.
30. http://science.nasa.gov/media/medialibrary/2002/08/21/21aug_flameballs_resources/comparison.jpg.
31. http://www.ccmr.cornell.edu/education/ask/index.html?quid=513.
32. http://www.ap.smu.ca/demos/index.php?option=com_content&view=article&id=177&Itemid=85.
33. http://www.physicscentral.org/experiment/askaphysicist/physics-answer.cfm?uid=20080919040021.
34. http://spaceflightsystems.grc.nasa.gov/WaterBalloon/images/sphere1.jpg.
35. http://www.ap.smu.ca/demos/index.php?option=com_content&view=article&id=131&Itemid=85.
36. http://www.physicscentral.org/explore/action/fluids.cfm.
37. http://www.ccmr.cornell.edu/education/ask/index.html?quid=733.
38. http://www.physicscentral.org/experiment/askaphysicist/physics-answer.cfm?uid=20100223042820.
39. http://www.ap.smu.ca/demos/index.php?option=com_content&view=article&id=176&Itemid=85.
40. http://en.wikipedia.org/wiki/File:Leidenfrost_droplet.svg.
41. http://www.physics.umd.edu/lecdem/outreach/QOTW/arch18/q356.htm.
42. 화학의 세계(화학이 좋아지는 책), 12판, 라이프사이언스, 12판, p.131.

CHAPTER

05 전기와 자기는 어떤 특성을 가지고 있을까?

인류의 발명 중에서 일상생활에 가장 영향을 끼친 것 중의 하나는 아마도 전기일 것이다. 전기의 성질을 인류가 처음으로 인지한 것은 희랍의 한 보석상이 호박을 윤이 나게 닦다가 작은 물체를 잡아당기는 현상을 발견하면서부터라고 알려져 있다. 하지만, 인간이 전기를 일상생활에 직접 사용하게 된 것은 19세기부터라고 할 수 있는데 오늘날 전기는 실내조명은 물론 조리, 식품저장, 실내온도 조절 등을 비롯하여 문화시설인 라디오, TV 등 전기 없는 일상생활을 생각하기란 쉽지 않다.

전기를 다루면서 제일 먼저 생각나는 것은 전류, 전압 및 저항일 것이다. 물이 높은 곳에서 낮은 곳으로 흐르는 이유를 전문용어로 설명하면 "높은 곳에서의 물의 중력 위치에너지는 크고, 낮은 곳에서는 중력 위치에너지가 작기 때문에 두 지점사이에 발생하는 중력위치에너지의 차이 때문이다"라고 이야기한다. 같은 원리로서 전류도 전기 위치에너지가 높은 곳에서 낮은 곳으로 흐르게 되며, 이러한 두 지점사이의 전기 위치에너지의 차이가 우리가 일상생활에서 이야기하는 "전압"이다. 즉, 가정의 벽에 붙어 있는 콘센트를 보면 2개의 전극이 있는데, 전압 "220 V"는 이 2개의 전극 사이의 전기 위치에너지의 차이가 220 V 임을 의미한다.

전기가 없는 일상생활을 생각하기도 어렵고 전기와 관련된 물건들이 일상생활에서 많이 활용되지만, 상대적으로 전기에 대한 지식은 많지 않다. 따라서 여기서는 우리가 잘못 알고 있는 전기상식이나 실생활에서 많이 활용되는 전기제품들의 원리 및 특성에 대해서 간단히 알아보고자 한다.

5.1 전기에 대한 기초개념

Q1 전류계는 회로에 흐르는 전류의 크기를 측정하는 계기이며, 전압계는 저항 양끝의 전위차를 측정하는 계기이다. 이상적인 전류계와 전압계의 내부저항의 크기는 각각 얼마일까?

그림 5.1(a)에서와 같이 전압이 V인 직류전원에 저항 값이 R인 저항이 직렬로 연결되어 있을 때, 회로에 흐르는 전류(I)는 $I=\frac{V}{R}$이다. 이러한 전류의 크기를 측정하기 위하여 전류계 자체의 저항(내부저항)이 r인 전류계를 저항 R과 직렬로 연결하면, 회로의 전체저항은 $R+r$이 된다. 따라서 전류계 A가 가리키는 값(I_m)은 $I_m=\frac{V}{R+r}$으로, 전류계를 연결하기 전의 원래 회로에 흐르는 값보다 작은 값을 나타낸다. 따라서 전류계의 내부저항 r의 값이 "0"에 가까울수록 전류계는 참값($I=V/R$)에 가까운 측정값을 나타내게 되므로 전류계의 내부저항은 작을수록 좋다. 참고로 그림 5.1(b)에 나타낸 "A"는 전류계를 의미하고, "r"은 전류계의 내부저항을 의미한다.

한편, 그림 5.2(a)에서와 같이 전압이 V인 직류전원에 저항 값이 R인 저항이 직렬로 연결되어 있는 경우에, 저항 양끝 사이의 전위차는 $V=IR$로서 직류전원의 전압 "V"와 같다. 하지만, 전압계를 이용하여 저항 양끝사이의 전위차를 측정하기 위하여 내부저항이 "r"인 전압계를 저항 R과 병렬로 연결하면, 전압계가 가리키는 전위차(V)는 $V=I_1R=(I-I_m)R=IR-I_mR$ 이 되어 원래의 값보다 I_mR만큼 작은 값을 가리킨다. 따라서 전압계를 이용하여 저항 양끝사이의 전위차를 올바로 측정하기 위해서는 전압계를 통하여 흐르는 전류(I_m)가 "0"에 가까워야 된다. 이는 전압계의 내부저항 r이 거의 무한대로 커야 됨을 의미한다.

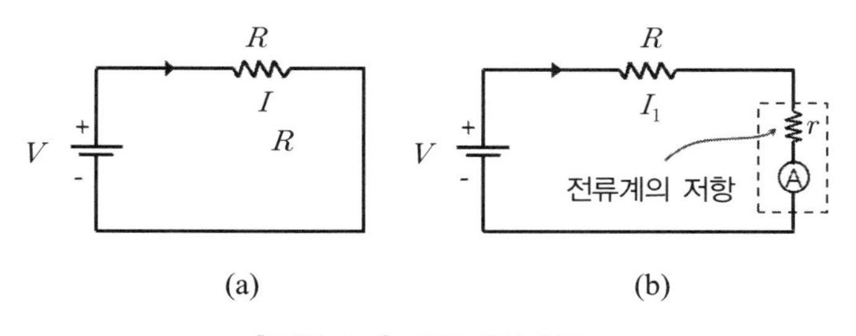

[그림 5.1] 전류계의 연결

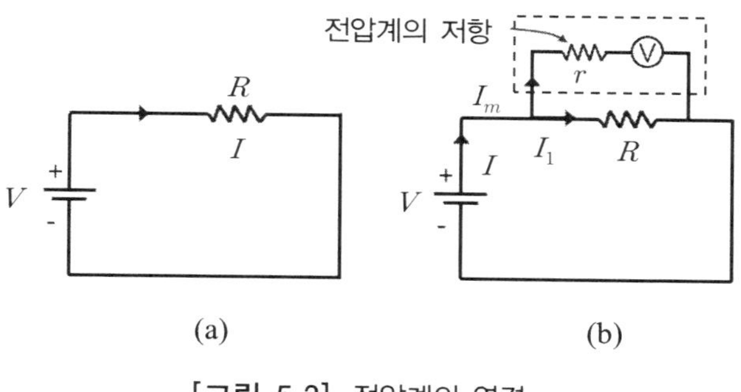

[그림 5.2] 전압계의 연결

참고로 그림 5.2(b)에서 I는 회로에 흐르는 전체 전류, I_1은 저항 R에 흐르는 전류, I_m은 전압계를 통하여 흐르는 전류, “V”는 전압계, 그리고 “r”은 전압계의 내부저항을 의미한다.

위의 내용을 정리하여 보면, 내부저항이 “0”인 전류계가 이상적인 전류계이며, 내부저항이 무한대로 큰 전압계가 이상적인 전압계이다.

Q2 **기전력이 서로 다른 건전지(예를 들어 1.5 V 인 건전지와 3.0 V)를 병렬로 연결하면 어떻게 될까?**

이상적인 전기회로에서 기전력이 각각 3 V와 1.5 V 인 2개의 건전지를 병렬로 연결하면 3 $V \neq 1.5$ V와 같이 이론적으로 성립되지 않는 결과를 가져온다. 하지만, 실제의 회로에서는 건전지는 내부저항이 전혀 없는 이상적인 전원이 아니다. 즉, 건전지는 제한된 전류만을 회로에 공급하고, 건전지 양단의 전압은 흐르는 전류에 의존하게 되는데 이러한 현상은 건전지의 내부저항에 의해 결정된다. 병렬로 연결된 2개 건전지에 대한 회로는 건전지의 내부저항을 포함하여 고려해야 하며, 내부저항에 의하여 병렬로 연결된 2개 건전지 양단의 전압이 결정된다. 이처럼 기전력이 서로 다른 2개의 건전지를 병렬로 연결하는 경우에 2개 건전지 중에 하나는 다른 건전지에 전력을 공급하게 되며, 2개 건전지중의 1개 또는 2개 모두가 손상을 입게 되어 파괴되므로 기전력이 서로 다른 건전지를 병렬로 연결하면 안된다.

기전력이 각각 3 V와 1.5 V 건전지를 병렬로 연결하면 기전력이 3 V 인 건전지는 기전력이 1.5 V가 될 때까지 기전력이 1.5 V 인 건전지를 통하여 방전하면서 최종적으로는 1.5 V 로 서로의 기전력이 같아진다. 만약에 기전력이 1.5 V 인 건전지가 충전형 건전지라면, 이와 병렬로 연결된 기전력이 3 V 인 건전지에 의해서 기전력이 1.5 V 인 건전지를 충전하여 2개 건전지의 전압이 $\frac{1.5+3}{2}=2.25$로 같아지게 된다. 이러한 과정 중에서 건전지들 사이에 흐르는 전류는 비교적 매우 크며, 각 건전지의 내부저항이 R_1, R_2 그리고 기전력이 V_1, V_2라고 할 때에 흐르는 전류는 $I=\frac{V_1-V_2}{R_1+R_2}$가 되는 데, 앞에서 지적하였듯이 이러한 크기의 전류는 2개 건전지중의 하나 또는 2개 모두에 손상을 줄 수 있다.

한 예로서 9 V 의 건전지와 1.2 V 건전지가 병렬로 연결된 경우를 생각하여 보자. 이 경우에 $V_1-V_2=7.8\,V$ 이다. 두 건전지의 내부저항이 1.0 Ω으로 같다고 하면, 흐르는 전류는 3.9 A 가 된다. 한편, 실온에서의 내부저항은 일반적으로 0.1 Ω 정도로 알려져 있는데, 이 경우에 흐르는 전류는 39 A 가 된다. 따라서 병렬로 연결된 2개의 건전지 사이에 흐르는 전류는 3.9~39 A 정도가 되며, 이를 1초당 발생된 에너지로 계산하면 30.42 W 또는 304.2 W 로 매우 크다는 것을 알 수 있다. [참고자료 1~2]

Q3 **정격전압이 220 V 이며 출력이 각각 30 W 및 100 W 인 2개의 백열전구가 있다. 이러한 2개의 백열전구를 220 V 의 전원에 직렬로 연결하는 경우와 병렬로 연결하는 경우에 각 전구의 밝기는 어느 것이 더 밝으며, 그 이유는 무엇인가?**

출력이 각각 30 W(와트) 및 100 W인 2개의 전구를 220 V의 전원에 병렬로 연결하면, 각각의 전구에 가해주는 전압이 서로 같다. 즉, 전압이 서로 같으므로 100 와트의 전구가 더 밝은 것은 당연하다. 정격전압이 220 V 이며, 30 W 인 전구의 필라멘트 저항은 약 1,613 Ω 이며, 100 W 전구의 저항은 484 Ω 이다 따라서 그림 5.3(a)에서와 같이 병렬로 연결된 경우에는 30 W의 전구에는 0.136 A 의 전류가 흐르며, 100 W의 전구에는 약 0.455 A 의 전류가 흐르게 된다. 이처럼 두개의 전구에 가해준 전압은 같으므로 100 W의 전구에 더 많은 전류가 흐르므로 100 W의 전구가 더 밝게 빛나는 것이다.

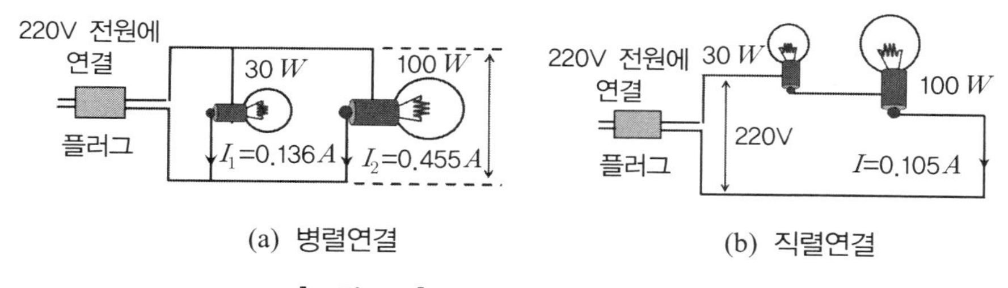

[그림 5.3] 전구의 직렬 및 병렬연결

하지만, 이들을 220 V의 전원에 직렬로 연결하면 어떻게 될까? 전구의 출력(P), 전구에 가해주는 전압(V), 전구에 흐르는 전류(I) 그리고 필라멘트의 저항(R)사이에는 다음과 같은 관계가 있다. 즉, $P = VI = V^2/R$ 또는 $P = VI = I^2R$이다. 전구의 정격전압이 220 V이므로 30 W인 전구에 대하여 $30 = 220^2/R$ 을 사용하여 필라멘트의 저항을 구하면 1,613 Ω의 값을 가진다. 한편, 100 W인 전구의 저항은 약 484 Ω이다. 이러한 2개의 전구를 직렬로 연결한 그림 5.4(b)와 같은 회로의 전체저항은 2,097 Ω이 되며, 두 전구에 흐르는 전류(I)는 0.105A로 서로 같다. 따라서 같은 크기의 전류가 흐르는 경우에, 이들 전구의 출력은 저항에 비례하게 된다. 30 W의 전구의 저항이 100 W전구에 비하여 더 크므로, 30 W의 전구가 더 밝게 된다. [참고자료 3]

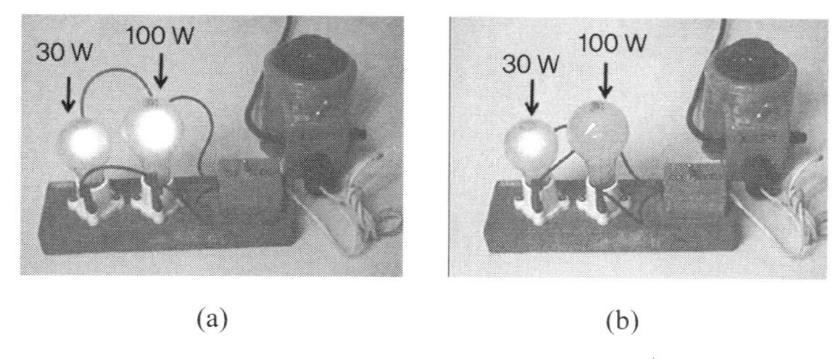

(a) (b)

[그림 5.4] 병렬로 연결된 100 W 및 30 W 전구(a)와 직렬로 연결된 100 W 및 30 W 전구(b)

Q4 전기적으로 중성이며 똑같은 2개의 금속 구가 서로 떨어져 있다. 이들을 서로 접촉시킨 후에, 근처에 +로 대전된 대전막대를 가까이 가져다 놓았다. 대전체를 금속구 근처에 놓아둔 상태에서 서로 접촉되었던 2개의 금속 구를 서로 떨어뜨렸다. 2개의 금속 구를 떨어뜨린 후에. 대전체를 없애면 금속 구에는 어떤 전하들이 생기게 될까?

금속은 전기가 통하지 않는 부도체와는 달리 자유전자(금속 내에 존재하지만, 외부로부터 받는 전기장 또는 에너지 등에 의하여 자신의 원래 궤도에서 떨어져 나온 전자)가 많은 물질로서 전체적으로 볼 때에 전기적으로 중성이다. 전기적으로 중성이라는 말은 양전하(+)와 음전하(−)들이 같은 양만큼 존재한다는 의미이다. 따라서 이러한 자유전자들은 외부에서 작은 크기의 전기장을 가해주면 전기장의 방향과 반대로 움직이게 된다.

그림 5.5(a)는 전기적으로 중성인 두 개의 금속구가 서로 떨어져 있는 것을 나타낸 것이다. 이러한 두 개의 금속 구를 서로 접촉시킨 상태에서 (+)로 대전된 막대를 금속구 가까이 가져가면 금속구에 있던 자유전자들이 대전체 쪽으로 이동하게 되어 자유전자들은 왼쪽 표면에 모이게 된다. 하지만, 오른쪽에 있던 금속구는 전기적으로 중성인 상태에서 자유전자들을 잃게 되므로 상대적으로 양전하(+)가 많이 존재하게 된다. 이러한 전하들의 이동은 대전체의 전하, 왼쪽 금속구에 모인 음전하, 그리고 오른쪽 금속구에 있는 양전하에 기인한 3종류의 전하들 사이에 작용하는 전기력이 서로 평형을 이룰 때까지 진행된다(그림 5.5(b) 참조). 두 개의 금속구를 조금 떼어 놓으면 대전체와 전하들 사이에 작용하는 힘들이 작아지므로 음전하(−)와 양전하(+)들이 금속구에 보다 넓은 영역에 걸쳐 존재하게 된다(그림 5.5(c) 참조). 하지만, 대전체를 제거하면서 2개의 금속구를 아주 멀리 떨어뜨리면 2개의 금속구들 사이에 대전된 양전하(+)와 음전하(−) 사이에 작용하는 힘이 없어지므로 금속 구 전체에 균일하게 분포하게 된다(그림 5.5(d) 참조).

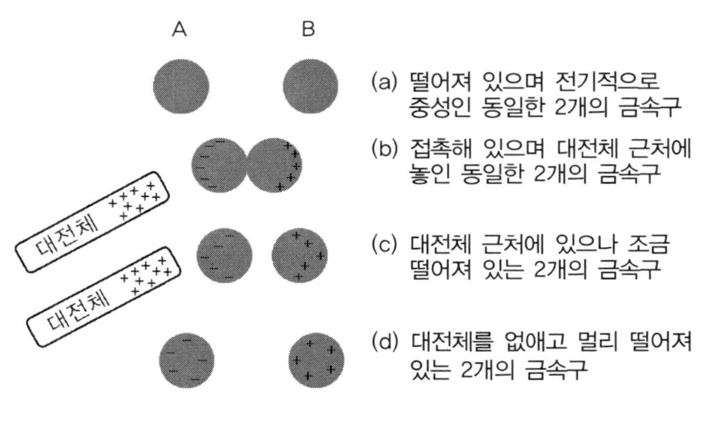

[그림 5.5] 유도에 의한 금속구의 대전

Q5 **플라스틱 또는 유리막대를 모피에 문지른 후, 작은 종이조각 또는 머리카락 근처에 가져가면 이들이 달라붙는 현상을 볼 수 있다. 물을 가지고 이러한 현상을 보기 위해서는 어떻게 하면 가능할까?**

물 분자는 수소원자 2개와 산소원자 1개가 결합하여 구성되어 있는데, 양전하(+)의 중심과 음전하(−)의 중심이 서로 일치하지 않는다. 즉, 그림 5.6에서와 같이 수소원자들이 있는 쪽에는 상대적으로 양전하가 많고 반대편에는 음전하가 보다 많이 분포된 모양을 하고 있다. 이처럼 양전하의 중심과 음전하의 중심이 일치하지 않는 분자를 비극성 분자라고 하며, 물 분자가 대표적인 비극성 분자의 한 예이다.

이러한 특성을 가지는 물을 그림 5.7에서와 같이 (+)로 대전된 금속판 a와 (−)로 대전된 금속판 b사이에서 얼리는 경우를 생각하여 보자. 두 금속판 사이의 물이 있는 부분은 금속판 a에서 금속판 b로 향하는 전기장이 형성되어 있다. 전기장의 세기가 강하다면, 극성 분자인 물 분자들은 그림 5.7(b)에서와 같이 배열하게 되며, 이러한 배열상태에서 물을 얼리게 되면, 얼음조각의 윗면은 (−)로 대전되고 얼음조각의 밑면은 (+)로 대전하게 된다. 물론 두 금속판 사이의 전기장의 세기가 강하다하더라도 그림 5.7(b)에서와 같이 모든 물 분자들이 배열되지는 않고 임의의 방향으로 배열되는 물 분자들이 일부 존재한다. 이처럼 얼음의 윗면은 (−)로 대전되고 밑면이 (+)로 대전되면, 풍선을 머리에 문질러 풍선을 대전시킨 결과와 비슷한 결과를 가져오게 된다. 물론 풍선의 경우에는 전체적으로 같은 종류의 전하들로 대전되는데 비하여, 얼린 얼음의 경우에는 양쪽 면에 서로 반대부호의 전하들로 대전된다는 점이 다르다.

그림 5.7(a)에서와 같은 방법으로 얼린 얼음조각을 머리카락에 문지른 고무풍선 가까이 가져가면 얼음조각의 방향에 따라 고무풍선을 당기거나 밀어내는 현상을 볼 수 있다. 또는 작은 종이조각에 가까이 가져가면 종이조각들이 달라붙는 현상을 관찰할 수 있다. [참고자료 4]

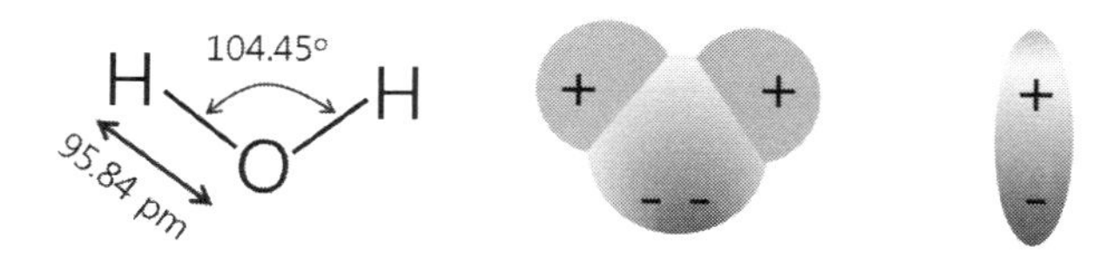

[그림 5.6] 물 분자의 구조

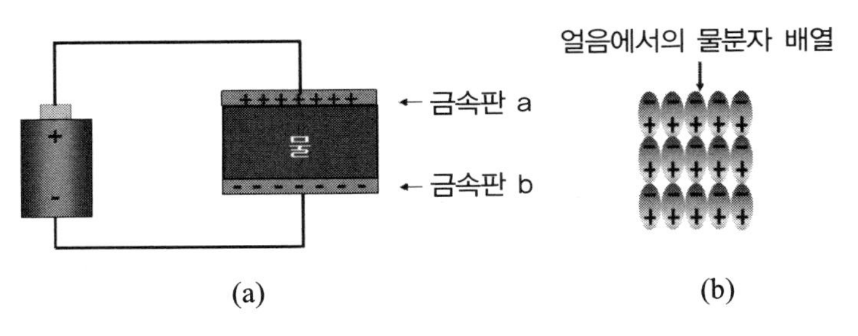

[그림 5.7] 전기장 내에서 물 얼리기

Q6 자석을 나침판 근처에 가져가면 나침판의 바늘이 움직이는 것을 쉽게 볼 수 있다. 그런데 풍선을 털옷에 문지름 다음에 나침판 바늘 근처에 가져가면 어떤 일이 발생할까?

나침반의 자침은 금속으로 되어 있으며 금속 내에는 외부에서 가해주는 전기장 또는 열에너지에 의해서 쉽게 이동하는 자유전자들이 많다. 따라서 풍선을 털옷에 문지르면, 풍선은 음(−)의 전기 또는 양(+)의 전기를 띤 하나의 대전체가 된다. 풍선을 어떤 물질에 문지르냐에 따라 대전되는 전하의 부호가 결정된다.

예를 들어서 풍선이 양(+)의 전하들로 대전되어 있다고 가정하고, 풍선을 나침반 근처에 가져가는 경우에 나침반의 자침에 어떤 변화가 일어나는 지를 생각하여 보자. 풍선을 자침 가까이 가져가면 풍선에 가까운 자침 끝에는 음(−)의 자유전하들이 모이게 되고 반대쪽 끝에는 상대적으로 같은 크기의 양(+)의 전하들이 모이게 된다. 물론 자침 전체는 양(+)의 전하량과 음(−)의 전하량은 같기 때문에 전기적으로 중성이다. 따라서 풍선의 전하와 풍선에 가까운 자침 끝의 전하는 서로 반대부호를 가지며, 반대부호를 가지는 전하들 사이에는 서로 잡아당기는 인력이 작용하므로 대전된 풍선을 따라 나침반의 자침이 회전하게 된다. [참고자료 5]

Q7 그림 5.8과 같이 전하 1, 2사이에는 서로 잡아당기는 힘이 작용하지만 전하 1과 3사이에는 서로 밀어내는 힘이 작용한다. 이러한 3개 전하들은 서로 어떤 관계에 있을까?

그림 5.8에서 전하 1과 전하 2가 서로 잡아당기므로 두 전하의 부호는 서로 반대이다. 따라서 전하 1이 양전하(+)라고 가정하면, 전하 2는 음전하(−)가 된다. 전하

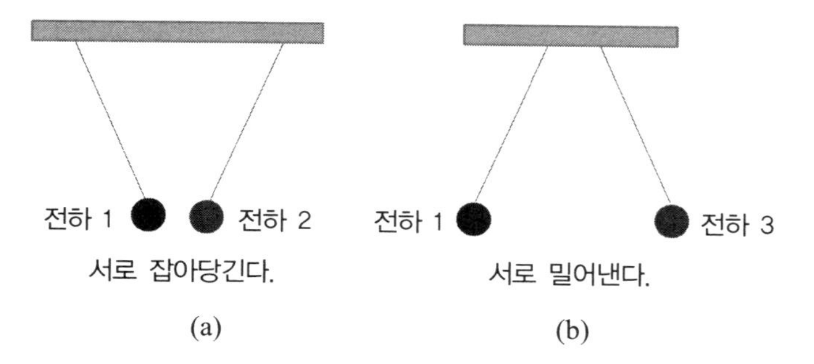

[그림 5.8] 인력이 작용하는 전하 1, 2 (a)와 척력이 작용하는 전하 1, 3(b)

1과 전하 3은 서로 밀어내는 힘이 작용하므로 서로 같은 부호의 전하들이다. 전하 1이 양전하(+)라고 하면 전하 3도 양전하이다. 이를 종합하여 보면 전하 1과 3은 같은 부호의 전하이고 전하는 2는 다른 부호의 전하이다.

Q8 그림 5.9와 같이 전하량이 각각 Q, $2Q$이며, 질량이 각각 m, $2m$인 전하가 서로 r만큼 떨어져 있다고 할 때에 두 전하에 작용하는 힘의 크기와 두 전하의 초기 가속도의 크기는 얼마일까?

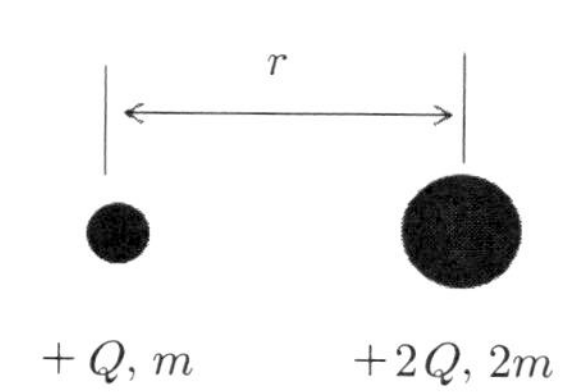

[그림 5.9] 전하량과 질량이 다른 2개의 전하

그림 5.9에서 두 전하는 크기는 다르지만 같은 부호의 전하들이다. 따라서 두 전하사이에는 반발력이 작용하며, 이러한 반발력의 크기는 작용과 반작용의 원리에 의하여 크기는 서로 같고 방향만 반대이다(그림 5.10 참조).

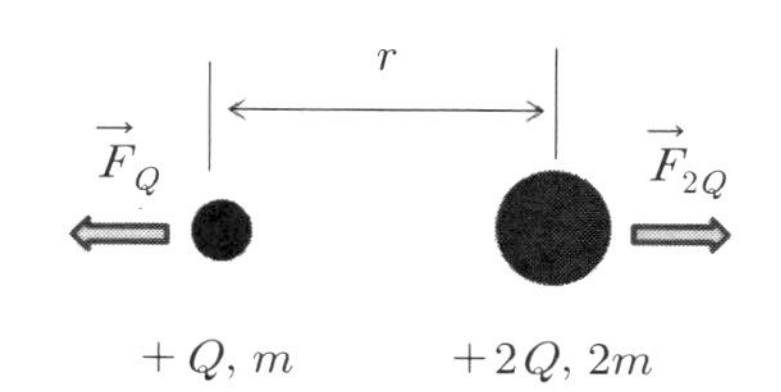

[그림 5.10] 두 전하사이에 작용하는 힘

하지만, 두 전하에 작용하는 초기 가속도는 질량에 반례하므로, 전하량이 $+Q$, 질량이 m 인 전하에 대한 가속도의 크기는 전하량이 $+Q$ 질량이 $2m$ 인 전하에 작용하는 가속도 크기의 2배이다.

Q9 **전위와 전위차(전압)이란 무엇이며, 일반가정에서 사용하는 교류전압이 220 V 인데 이의 기준은 어디인가?**

질량이 m 인 물체가 기준점으로부터 h 만큼 높은 곳에 있을 때, 이 물체는 기준점에 대하여 중력위치에너지 mgh 를 가지고 있다고 이야기한다. 이러한 크기의 중력위치에너지를 물체의 질량 m 으로 나누면, gh 의 값을 얻게 되는데 이것이 바로 단위 질량당 중력위치 에너지이다.

전기에서도 마찬가지로 특정 기준점에 대해 전기 위치에너지가 높은 곳도 있고 낮은 곳도 있다. 물체의 위치에너지를 다루는 경우에는 물체의 질량에 따라 위치에너지의 크기를 정의하는데 비하여 전기에서는 전하의 크기(q)를 가지고 전기위치에너지를 정의한다. 단위질량당 중력위치에너지와 비슷한 개념으로 단위 전하당 전기 위치에너지를 전위라고 하고, 두 지점사이의 단위 전하당 전기위치에너지의 차이를 전위차 또는 전압이라고 한다. 우리나라의 경우에 가정에서 일반적으로 사용하는 전압(실효전압)은 교류 220 V 이다. 교류에서 사용하는 실효전압 220 V 이라는 의미는 똑같은 저항체에 직류 220 V 를 연결했을 때와 같은 크기의 열을 발생한다는 의미이다. 교류 220 V 는 어떤 기준점에 대하여 전기 위치에너지가 220 V 만큼 커졌다가 작아졌다를 반복한다는 의미이다.

그렇다면 기준점은 어디인가? 기준점은 우리가 매일 딛고 다니는 지면(땅)이다. 즉, 지면에 대하여 단위 전하당 전기위치에너지가 220 V 만큼 커졌다가 작아졌다를 반복한다는 의미이다. 따라서 운동장에 박아놓은 쇠막대애 연결된 전선을 전구에 연결하고, 나머지 하나의 전선은 콘센트에서 뽑아서 전구에 연결하면 전구에 불이 켜지게 된다. 물론 콘센트를 보면 2개의 구멍(접지가 있는 경우에는 3개의 구멍)이 있는데, 이중의 한곳에 전구를 연결하면 불이 켜지지만, 나머지 반대쪽에 연결하면 불이 켜지지 않는다. 그 이유는 반대쪽 구멍의 전기위치에너지가 지면과 같은 전기위치에너지를 가지고 있어 전위차(전압)이 "0"이 되기 때문이다.

여러분이 학교나 가정에서 실험을 수행하면 전선을 전구에 연결하는 동시에 전구가 순간적으로 켜졌다가 꺼지게 되면서 전기가 모두 나가버리는 일이 발생하게 되는데, 이는 모든 건물에 설치된 누전차단기가 작동하기 때문이다. 따라서 이러한 실험을 위해서는 전기 전문가가 누전차단기를 제거한 상태에서 실험을 수행하고 실험이 끝난 다음, 누전차단기를 원상태로 복구시켜야 한다.

여러분이 비교적 자주 이용하는 지하철이나 전철을 보면, 선로 위쪽에 하나의 전기선이 있지만, 전철이나 지하철은 전기로 움직인다는 것을 모두 잘 알고 있다. 전철이나 지하철의 경우에 나머지 하나의 전선은 바로 땅과 접촉되어 있는 기차선로이다.

Q10 **정전평형상태에 있는 도체를 대전시키는 경우에, 대전된 전하들은 왜 도체의 표면에만 존재하는가?**

도체 내에서 전하들의 알짜이동이 일어나지 않을 때 도체는 정전기적 평형상태에 있다고 하며, 고립된 도체는 다음과 같은 성질을 가진다. 참고로 도체는 자유전하들이 많은 물질을 말한다.

(1) 도체 내의 전기장은 어디에서나 "0"이다.

도체 내부에 전기장이 존재하게 되면, 자유전하들이 힘을 받아 움직이게 되면서 전하들의 흐름이 있게 된다. 이러한 전하들의 운동이 존재하면, 도체는 정전기적 평형상태로 존재하는 것이 아니다.

(2) 고립된 도체에서의 과잉전하는 모두 도체의 표면에만 존재한다.

같은 종류의 전하는 두 전하사이 거리의 제곱에 반비례하는 반발력이 작용한다. 물론 서로 다른 종류의 전하들 사이에는 거리의 제곱에 반비례하는 인력이 작용한다. 과잉전하라고 하면 부호가 같은 종류의 전하를 말한다. 따라서 과잉전하가 도체내부에 존재하면, 이들 사이에 작용하는 반발력이 전하들을 가능한 멀리 떨어지도록 밀어내면서 도체의 표면까지 이동시킨다. 도체의 표면에 도달하면 더 이상 멀어질 수 있는 방법이 없으므로 과잉전하는 도체의 표면에만 존재하게 된다.

(3) 대전된 도체의 바깥표면근처에서의 전기장은 도체표면에 수직이다.

대전된 도체 바깥표면 근처에서의 전기장이 도체표면에 수직이 아니라면 도체의 표면에 나란한 전기장의 성분이 존재한다는 의미이다. 이는 도체의 표면을 따라 도체표면에 있는 전하에 힘을 미처 도체의 표면을 따라 전하가 이동하게 되므로 도체가 정전기적 평형상태로 존재하는 것이 아니다.

(4) 불규칙한 모양을 하고 있는 도체의 경우에 전하는 표면의 곡률반경이 가장 작은 곳(즉, 뾰족한 부분)에 많이 쌓인다.

Q11 그림 5.11과 같이 반경이 $R_1 = 4\ \mathrm{cm}$, $R_2 = 1\ \mathrm{cm}$ 이며, 전하량이 Q_1, Q_2로 대전된 두 금속구가 도선으로 연결되어 있다고 할 때에, 각 금속구에 대전된 두 전하량의 비($Q_1 : Q_2$)는 얼마인가?

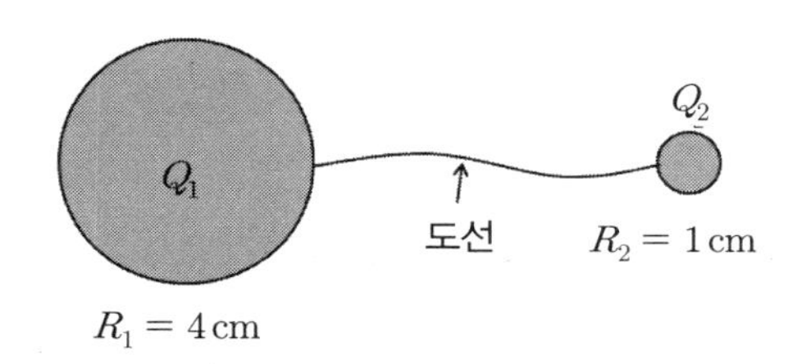

[그림 5.11] 도선으로 연결된 2개의 대전된 금속구

그림 5.12와 같이 2개의 물통이 가느다란 관을 통하여 서로 연결되어 있으나, 가느다란 관이 막혀 있으면 용기 1과 2사이의 물통에 들어 있는 물표면의 높이는 h 만큼 차이가 난다.

하지만, 2개의 용기를 연결하여 놓은 관의 밸브를 열면 용기 1에 있던 물이 관

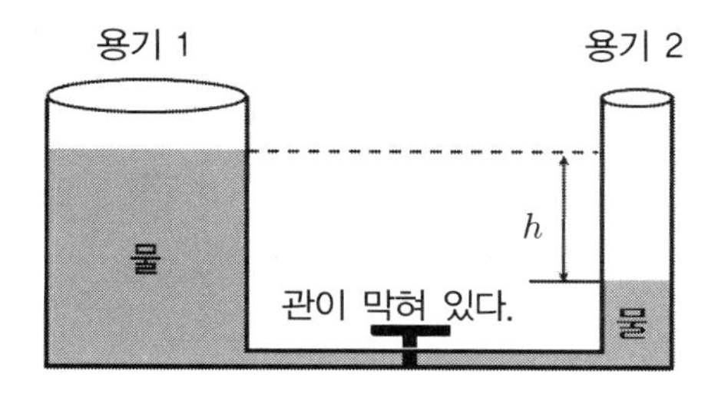

[그림 5.12] 물 높이가 서로 다른 2개의 용기

을 통하여 용기 2로 흐르면서, 시간이 충분히 지나면 2개의 물통에 들어있는 물의 높이가 서로 같아진다(그림 5.13 참조). 두 용기 내에 들어있는 물 표면의 높이가 같아지면 2개의 용기 사이에 물의 흐름은 없어지게 되는데 그 이유는 물 표면에서의 물 분자들의 중력위치에너지가 서로 같아지기 때문이다. 즉, 두 지점사이에 중력위치 에너지의 차이가 있을 때 물은 중력위치에너지가 높은 곳에서 낮은 곳으로 흐르게 된다. 물론 용기 1과 2의 크기가 서로 다르므로 두 용기에 들어있는 물의 양은 서로 다르지만 물의 높이는 서로 같다(두 용기 내에 들어있는 물 표면에서의 물 분자들의 중력위치에너지는 서로 같다).

이와 똑같은 원리로 대전된 두 물체사이에 전기위치 에너지(줄여서 "전위"라고 함)의 차이가 있으면 두 물체사이의 전기 위치에너지의 차이가 "0"이 될 때까지 전기위치에너지가 높은 곳에서 낮은 곳으로 전하들이 이동한다. 문제에서 2개의 금속구가 도선으로 연결되어 있다는 것은 물이 들어있는 2개 물통을 관으로 서로 연결하여 두 물통 사이의 물높이가 같아질 때까지 물이 흘러서 두 물통에 들어있는 물의 중력위치에너지가 서로 같아지는 것과 같은 의미를 가진다. 즉, 두 금속구가 도선으로 연결되어 있어 두 금속의 전기 위치에너지는 서로 같다. Q의 전하량이 반경 r인 금속구에 균일하게 분포되어 있을 때에 금속구 표면에서의 전기위치에너지(V)는 다음과 같이 표현된다.

$$V = \frac{1}{4\pi\epsilon_0}\frac{Q}{r} = k\frac{Q}{r}\left(k = \frac{1}{4\pi\epsilon_0}\right) \tag{5.1}$$

반경이 각각 $R_1 = 4\ \text{cm}$, $R_2 = 1\ \text{cm}$이며, 전하량이 Q_1, Q_2로 대전된 금속구가 도선으로 연결되어 있으므로 두 금속구 표면에서의 전위는 서로 같으며 이를 수식으로 표현하면 다음과 같다.

$$k\frac{Q_1}{0.04} = k\frac{Q_2}{0.01} \quad \Rightarrow \quad Q_1 = 4\,Q_2 \tag{5.2}$$

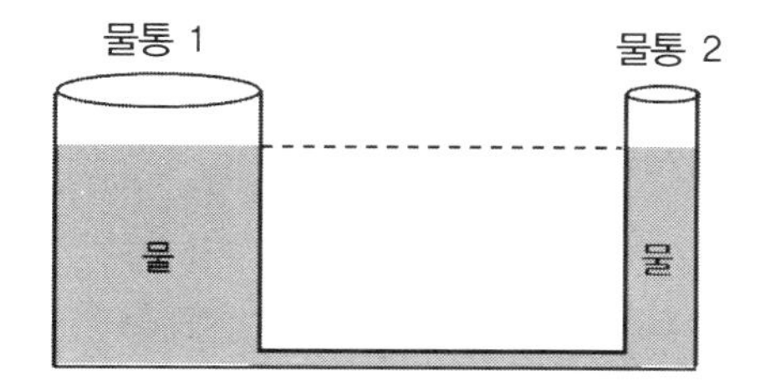

[그림 5.13] 물높이가 같고 서로 연결된 2개의 물통

따라서 반경이 4 cm인 금속구 표면에 분포된 전하량(Q_1)이 반경이 1 cm인 금속구 표면에 분포된 전하량의 4배가 됨을 알 수 있다.

Q12 그림 5.14와 같이 속이 비어 있고 일정한 두께를 가진 금속의 중심에 전하량이 +Q인 전하가 놓여 있다고 할 때에, 구 내부 ($r < R_1$), 금속 내($R_1 < r < R_2$) 그리고 구 바깥($r > R_2$)인 영역에서의 전기장을 그림(전기력선)으로 나타내면 어떤 모양일까?

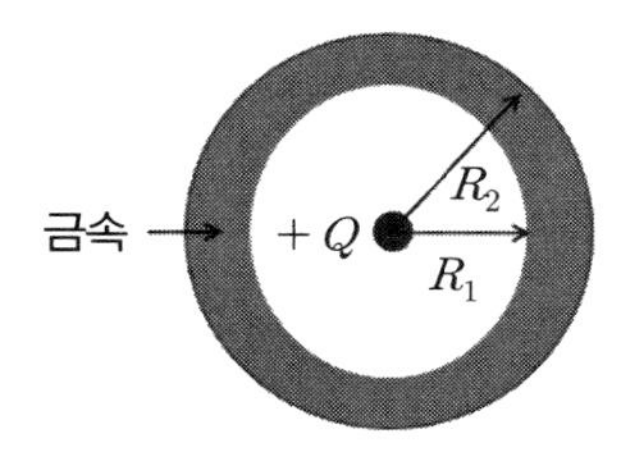

[그림 5.14] 속이 비어있는 금속구 안에 들어있는 전하 Q

질량을 가진 지구는 질량을 가진 다른 물체를 항상 잡아당기며, 지구 주위에 이러한 힘이 미치는 공간을 중력장이라고 한다. 마찬가지로 (+)전하 또는 (−)전하를 가진 물체들은 주위에 전기력을 미치게 되는 데, 이러한 전기력이 미치는 공간을 전기장이라 한다. 질량을 가진 물체들 사이에는 항상 인력만이 작용하지만, 같은 종류의 전기를 띤 물체들 사이에는 반발력이 작용하고, 다른 부호의 전기를 띤 물체들 사이에는 인력이 작용한다. 전기장은 눈에 보이지 않으므로 화살표를 사용하여 전기장의 세기와 방향을 나타내고 있는데, 이러한 화살표를 전기력선이라고 한다.

전기력선은 항상 (+)전기를 가진 물체에서 시작하여 (−)전기를 가진 물체에서 끝난다. 참고서나 교재를 보면 이러한 전기력선들은 (+)전기를 띤 작은 물체로부터 화살표가 퍼져나가는 방향을 향하도록 그려져 있으며, (−)전기를 띤 작은 물체의 경우에는 화살표가 물체 쪽으로 향하도록 그려져 있다(그림 5.15 참조).

그렇다면 이들 화살표의 시작과 끝은 어디인가? 그림 5.15(a)의 경우는 (+)전하로부터 무한히 멀리 떨어진 곳에 존재하는 (−)전하에서 화살표가 끝난다는 의미이고, 그림 5.15(b)의 경우는 (−)전하로부터 무한히 멀리 떨어진 곳에 존재하는 (+)전하에서 시작한 화살표가 (−)전하에서 끝난다는 의미이다.

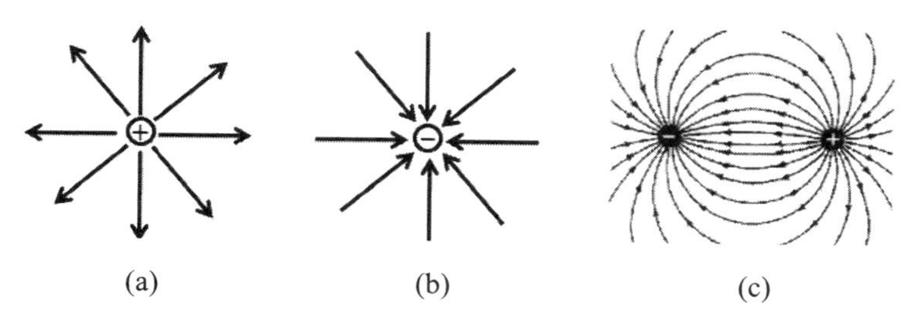

[그림 5.15] 전하들에 의한 전기력선

전기장(E)내에 전하량이 q인 전하가 있으면, 전하는 qE라는 전기력을 받아 가속운동을 하게 된다. 한편, 금속이란 무엇인가? 금속은 자유전자가 많은 물질을 의미하며, 자유전자가 전기장 내에 놓이게 되면 전기력을 받게 되어 움직이게 된다. 전자는 (−)전기량을 가지고 있기 때문에 전기장과 반대방향으로 가속운동을 하게 된다.

속이 비어 있고 일정한 두께를 가진 금속물체의 중앙에 놓인 전하량이 $+Q$인 전하는 $+Q$로부터 퍼져나가는 전기력선(전기장)을 형성하게 된다. 따라서 구 내부 ($r < R_1$)에서의 전기력선의 방향(또는 전기장의 방향)은 그림 5.16에 화살표로 표시한 것과 같다. 한편 금속내부($R_1 < r < R_2$)에는 알짜 전기장이 존재하지 않는데, 이는 $+Q$인 전하가 만드는 전기장에 의하여 금속 내부에 있던 자유전자들이 이동하여 금속의 안쪽 표면에 위치하게 되고 금속의 바깥 면에는 자유전자들이 빠져 나간만큼 상대적으로 (+)전하들이 존재하게 된다. 이때, 금속의 안쪽표면($r = R_1$)에 있는 자유전자들을 모두 더한 전하량의 크기는 $-Q$와 같다.

금속성 물체의 바깥표면($r = R_2$)에 있는 (+)전하(바깥표면에 존재하는 (+)전하들을 모두 모으면 크기는 $+Q$와 같다.)에서 시작하여 안쪽 표면에 존재하는 전자들에서 끝나는 전기력선(그림 5.16에서 흰색 화살표로 표시함)은 금속물체의 중앙에 존재하는 $+Q$가 만드는 전기장과 정확히 크기가 같고 방향이 반대이므로 금속내부에는 알짜 전기장이 존재하지 않는다. 하지만 금속물체 바깥($r > R_2$)영역에서는 전자들이 금속안쪽표면으로 이동함으로서 상대적으로 더 많이 금속표면에 존재하는 (+)전하들에서 시작하여 무한대에 있는 $-Q$의 전하에서 끝나는 전기장이 존재한다(그림 5.16 참조).

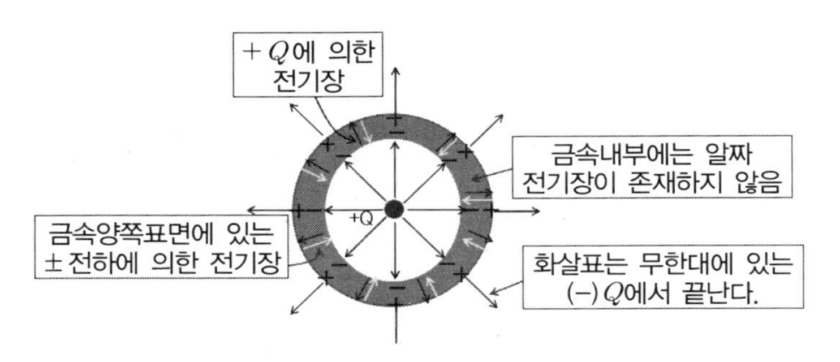

[그림 5.16] 전기장의 분포

문제에서 $+Q$로부터 무한히 떨어진 곳에 $-Q$인 전하가 주어지지 않았다고 할 수 있는데, 우주는 전기적으로 중성이므로, 어느 한 지점에 $+Q$가 있으면 이에 대응하는 $-Q$가 반드시 존재하게 되어 있다.

Q13 그림 5.17과 같이 한쪽은 뭉뚝하고 반대쪽은 비교적 뾰족한 모양의 금속성 물체가 있다. 에보나이트 막대를 양모에 문질려 대전시킨 후에 금속성 물체에 대어 금속을 대전시키면, 에보나이트 막대에서 금속으로 이동한 전하들은 금속표면에 어떻게 분포하겠는가? 즉, 금속성 물체에 전체적으로 균일하게 분포하는가? 아니면 위치에 따라 분포되는 전하량이 다를까?

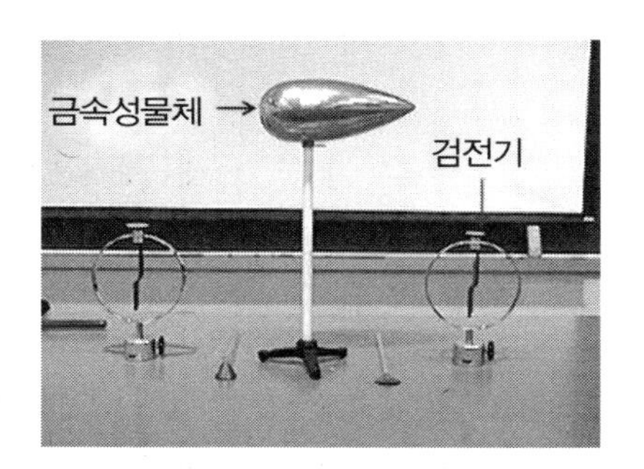

[그림 5.17] 물체의 위치에 따른 전하분포

이 문제를 풀기 위해서는 우선 도체 및 전류에 대한 정확한 개념을 이해할 필요가 있다. 전류는 전기적 위치 에너지가 높은 곳과 낮은 곳을 도선(도체)으로 연결하면 전하들이 흐르는 현상을 말한다. 도체에는 자유전자들이 많이 존재하므로 도체의 두 지점사이에 전위차(전기적 위치에너지의 차이)가 발생하면 자유전자들이 이동하게 되며, 이러한 이동은 두 지점사이의 전위차가 “0”이 될 때까지 지속된다. 전

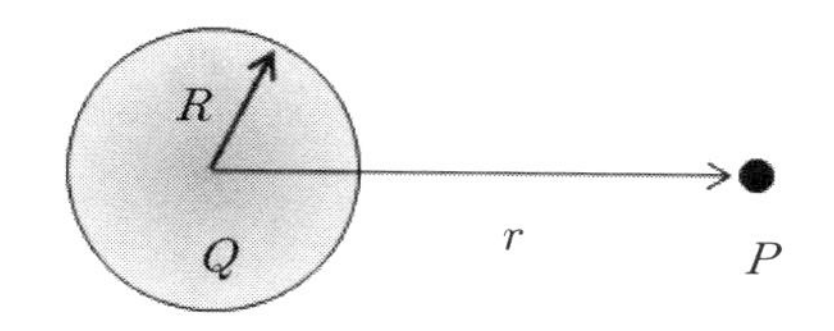

[그림 5.18] 반경이 R이며 전하량 Q로 대전된 도체구

원에 연결되지 않고 고립되어 있는 도체의 모든 부분은 항상 같은 전위로 존재하게 되므로 도체의 모든 부분은 등전위("모든 부분의 전위가 같다"는 의미)에 있다고 말한다.

그림 5.18에서와 같이 반경이 R인 금속구의 표면에 전하량 Q가 균일하게 분포되어 있는 경우에, 금속구의 중심에서 r만큼 떨어진 관측점 P에서의 전위(V)는 다음과 같이 표현된다.

$$V = \frac{1}{4\pi\epsilon_0}\frac{Q}{r} \tag{5.3}$$

로 표현된다. 따라서 관측점이 금속구의 표면에 있는 경우에, 금속구 표면에서의 전위(V)는

$$V = \frac{1}{4\pi\epsilon_0}\frac{Q}{R} \tag{5.4}$$

와 같다. 한편, 금속구의 표면에 분포된 총 전하(Q)는

$$Q = 4\pi R^2\sigma(\sigma\text{: 단위면적당 전하량, } 4\pi R^2\text{: 금속구의 표면적}) \tag{5.5}$$

와 같이 표현이 가능하므로 식(5.4)는

$$V = \frac{1}{4\pi\epsilon_0}\frac{Q}{R} = \frac{1}{4\pi\epsilon_0}\frac{4\pi R^2\sigma}{R} = \frac{R\sigma}{\epsilon_0} \tag{5.6}$$

와 같이 표현이 가능하다. 식(5.6)으로부터

$$\sigma = \frac{V\epsilon_0}{R} \tag{5.7}$$

와 같은 관계를 얻을 수 있다.

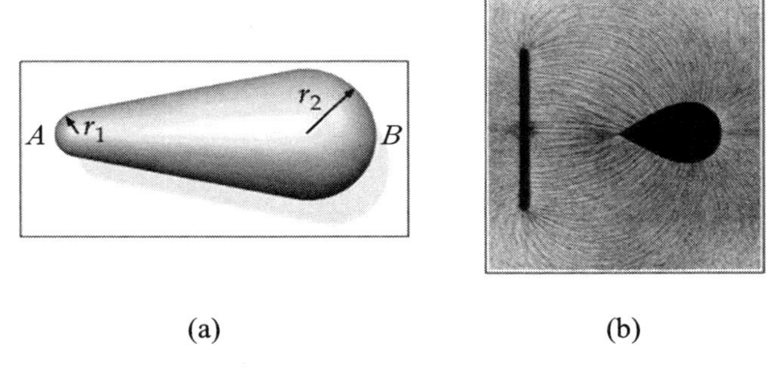

(a) (b)

[그림 5.19] 곡률반경이 r_1, r_2인 금속물체(a)와 전기장 세기(b)

식 (5.7)를 이용하면 그림 5.19(a)에서 뾰족한 부분의 반경을 r_1, 뭉툭한 부분의 반경을 r_2라고 할 때에 뾰족한 부분의 단위면적당 전하량(σ_1)과 뭉툭한 부분의 단위면적당 전하량(σ_2) 사이의 관계는 다음과 같다.

$$\sigma_1 = \frac{V\epsilon_0}{r_1}, \quad \sigma_2 = \frac{V\epsilon_0}{r_2} \tag{5.8}$$

도체는 모든 부분에서 전위가 항상 같으므로 식 (5.8)에서 전위를 의미하는 " V" 는 같다. 그림 5.19(a)로부터 $r_1 < r_2$임을 알 수 있으며, 이를 식(5.8)에 적용하면 $\sigma_1 > \sigma_2$임을 쉽게 알 수 있다. 따라서 뾰족한 부분에 단위면적당 더 많은 전하들이 분포됨을 알 수 있으며, 그림 5.19(b)에서 뾰족한 부분에 전기력선의 밀도가 더 강함을 볼 수 있다. 따라서 도체의 경우에 뾰족한 부분에 단위면적당 더 많은 전하들이 모이게 된다.

이러한 사실은 실험을 통하여 쉽게 검증된다. 그림 5.19(a)의 뾰족한 부분(곡률반경: r_1)과 뭉툭한 부분(곡률반경: r_2)에 각각 잘 들어맞는 작은 도체를 2개를 준비하여 이들을 동시에 뭉툭한 부분과 뾰족한 부분에 접촉시킨다. 접촉시킨 2개의 도체를 각각 2개의 검전기에 접촉시켜 검전기의 움직임을 관찰하여 보면, 뾰족한 부분에 접촉시켰던 도체를 검전기에 접촉시킨 경우에 검전기의 바늘(또는 얇은 금속막)이 더 많이 움직임을 볼 수 있다. 이로부터 뾰족한 부분에 전하들이 더 많이 모여 있음을 실험적으로 알 수 있다. [참고자료 6~7]

Q14 그림 5.20과 같이 안쪽이 비어있는 금속구가 있다. PVC 막대를 양모에 문질려 대전시킨 후에 금속구의 표면에 접촉시켜 금속구를 대전시키면, 대전된 전하들은 금속구에 어떤 형태로 분포하겠는가?

[그림 5.20] 속이 비어있는 금속구와 검전기

이 문제를 실험적으로 증명하기 위해서는 그림 5.21과 같이 간단한 실험을 수행하여 보면 결과를 알 수 있다. 검전구를 금속구의 안쪽표면에 접촉시킨 후에, 검전기에 접촉시켜 보면 검전기의 바늘(또는 얇은 금속막)이 움직이지 않는다는 것을 알 수 있다.

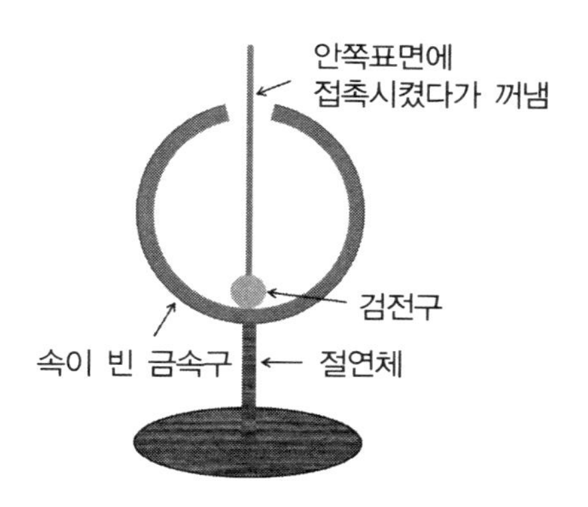

[그림 5.21] 속이 빈 금속구 내부의 전하분포를 알아보기 위한 도구

만약에 금속구의 안쪽표면에 대전된 전하들이 분포되어 있다면, 검전구를 안쪽표면에 접촉시키는 순간에 안쪽표면에 있던 전하들의 일부가 검전구로 이동하여 검전구가 대전된다. 대전된 검전구를 검전기에 접촉하면 검전기의 지시침이 움직여야 한다. 하지만, 검전기의 지시침이 움직이지 않았다는 이유는 대전된 전하들이 속이 빈 금속구의 안쪽표면에 분포되지 않았다는 것을 의미한다. 다시 말해서,

PVC 막대를 양모에 문질러 대전시킨 후에 금속구의 표면에 접촉시켜 금속구를 대전시키면, 대전된 전하들이 금속구의 바깥표면에만 분포됨을 알 수 있다. [참고자료 8]

주의 검전구를 속이 빈 금속구의 안쪽표면에 접촉시켰다가 꺼내는 과정에서 검전구가 금속구의 입구에 접촉되지 않도록 주의해야 한다.

Q15 전류의 속력은 빛의 속력과 같다. 이는 길이가 300,000 km 인 전선의 한쪽 끝에 전구를 연결하고, 반대쪽 끝에 연결된 플러그를 콘센트에 연결하면, 1초 뒤에 전구가 켜진다는 것을 의미한다. 그렇다면 전선 내의 전자들의 이동속력은 얼마인가?

전류(I)란 그림 5.22에서와 같이 도선의 횡단면적 A 를 통과한 전하량($\triangle Q$)을 시간($\triangle t$)으로 나눈 값, 즉, 횡단면적 A 를 단위 시간당 통과한 전하량으로 정의된다. 이를 수식으로 표현하면 다음과 같다.

$$I = \frac{\triangle Q}{\triangle t} \tag{5.9}$$

이러한 전류가 도선을 따라 흐르는 속력은 빛의 속력과 같은 1초당 300,000 km 를 진행한다. 도선에 흐르는 전하는 실질적으로 전자들이므로 전자가 1초 동안에 300,000 km 를 이동하느냐를 생각하여 보아야 한다. 전류의 흐름은 1초에 300,000 km 를 이동하지만 직류인 경우에 전자들은 1초에 몇 cm 만을 이동하게 되며, 교류인 경우에는 실질적으로 이보다 더 작다.

따라서 이러한 현상을 이해하기 위해서는 수백명의 사람이 서로 어깨를 잡고 일렬로 정렬된 상태를 생각하여 보면 이해가 쉬울 것이다(그림 5.23 참조). 그림 5.23 에서와 같이 앞의 사람을 앞-뒤로 흔들어 주면, 흔들림의 현상은 맨 뒤의 사람까지 전달되는데 이처럼 흔들림의 현상이 전달되는 현상이 전류의 흐름이다. 하지만 맨 앞의 사람이 앞에서 뒤로 이동한 것은 아니다.

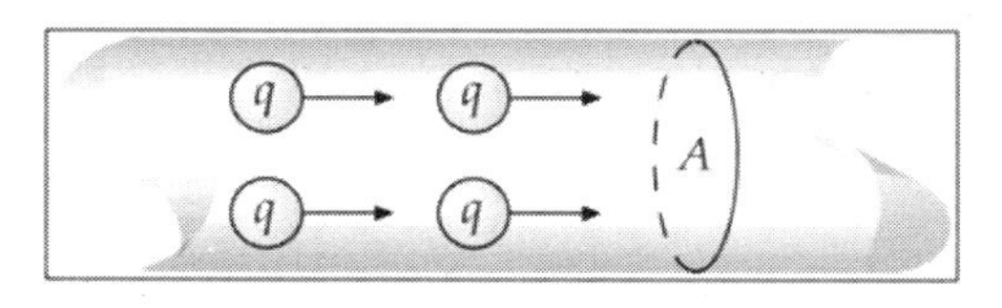

[그림 5.22] 횡단면적 A 를 통과하는 전하들

[그림 5.23] 일렬로 어깨를 잡고 앞뒤로 운동하는 모습

다시 말해서 전자는 1초에 몇 cm 만을 이동하지만, 전류는 1초에 300,000 km 를 흐르는 것이 가능하다. 전자의 이동속도가 작은 이유는 전자가 움직이면서 도체를 구성하고 있는 원자들과 지속적으로 충돌을 일으키기 때문이다.

Q16 **발전기는 전기를 발생시키는 장치이다. 발전기 속에 들어있는 코일이 회전하면서 전기를 발생시키는 동안에 발전기에서 발생되는 전기를 사용하기 위하여 전기히터 또는 기타 전기용품을 발전기에 연결하면, 순간적으로 발전기의 회전이 느려지는 현상을 볼 수 있는데 그 이유는 무엇인가?**

그림 5.24는 발전기의 발전원리를 설명하기 위해 그린 발전기의 개략적인 구조이다.

자석의 N극과 S극이 만들어내는 자기력선의 방향은 그림 5.24의 오른쪽에 나타낸 바와 같이 일정하므로, 자석의 N극과 S극 사이에 들어있는 코일이 회전하면, 코일내부를 통과하는 자기력선의 수가 변하게 된다. 즉, θ가 “0”인 경우에 코일을 통과하는 자기력선의 수가 가장 많으며, θ가 90°인 경우에 코일내부를 통과하는 자기력선의 수는 “0”이다. 자속밀도 B는 단위면적당 자기력선의 수를 의미하므로, 코일의 단면적을 “A”라고 하면, θ가 “0”인 경우에 코일내부를 통과하는 자기력선의 수는 “BA”로 가장 크게 된다.

이처럼 코일이 회전하면서 코일내부를 통과하는 자기력선의 수가 시간에 따라

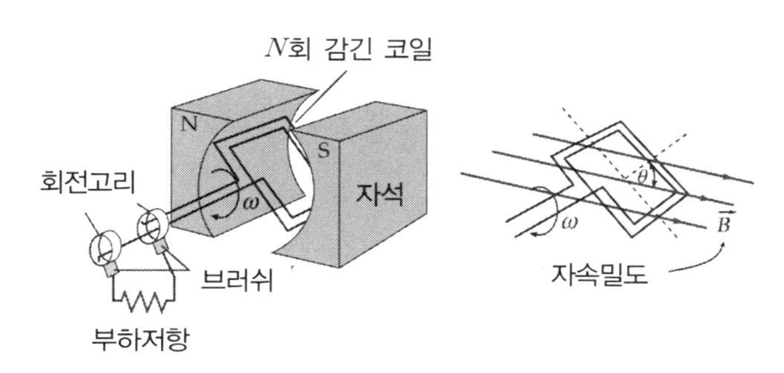

[그림 5.24] 발전기의 구조

변하면 코일 내에 전기장이 만들어진다. 이러한 전기장에 의해 코일에 있는 전하(예를 들면 자유전자)들이 힘을 받아 코일을 따라 그림 5.24의 회전고리까지 이동하게 된다. 하지만, 그림 5.24에 나타낸 부하저항이 연결되지 않으면 더 이상 전하들이 이동할 경로가 없으므로, 코일에 흐르는 전류는 없게 된다.

자, 이제 그림 5.24의 회전고리에 부하저항을 연결하면 어떤 일이 벌어질까? 부하저항이 연결되면, 코일에 전류가 흐르게 된다. 우리는 도선에 전류가 흐르면, 도선 주위로 자기장이 형성된다는 사실을 알고 있다. 따라서 코일에 흐르는 전류는 코일주위로 새로운 자기장을 만들게 되는데, 코일이 만드는 자기장의 N극은 영구자석의 S극을 향하는 방향으로 만들어진다. 따라서 영구자석의 S극과 코일자석(그림 5.25 참조)의 N극 사이에는 서로 인력이 작용하여 영구자석의 S극과 코일자석의 N극이 서로 마주보는 상태가 되면, 이들 사이에 서로 잡아당기는 인력이 발생하여 코일이 잘 회전하지 못하게 된다.

이러한 이유로 인하여 발전기가 작동하는 중에 선풍기, 냉장고, 에어컨과 같은 부항저항을 연결하면 순간적으로 발전기의 회전이 느려지게 된다. 따라서 이러한 회전을 지속하려면 외부에서 코일의 회전에 필요한 에너지를 공급하여 주어야 하는데, 이러한 에너지는 주로 수력, 원자력 또는 풍력 등을 이용하게 된다. 그림 5.25에서 코일자석이라 함은 코일에 전류가 흐르면 코일내부에 자기장을 만들게 되는데, 코일내부에 형성되는 자기장을 보다 이해하기 쉽게 하나의 막대자석으로 표시한 것이다. [참고자료 9]

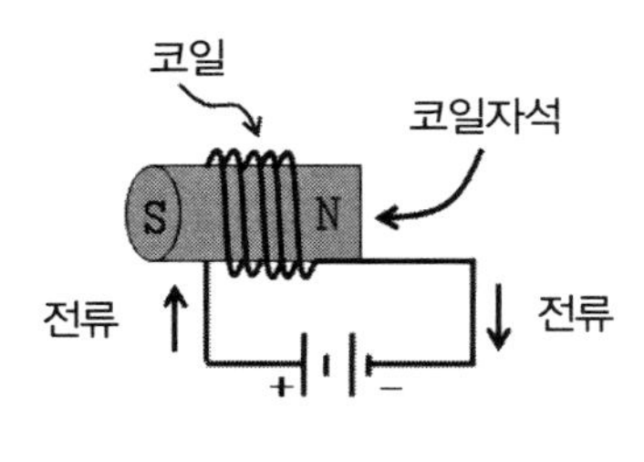

[그림 5.25] 코일자석

Q17 그림 5.26과 같이 새들이 전깃줄에 앉아 있어도 감전사가 일어나지 않는 이유는 무엇인가?

[그림 5.26] 전깃줄에 앉은 새

전건지에 꼬마전구를 연결하면 건전지의 (+)극으로부터 꼬마전구의 필라멘트를 거쳐 (−)극으로 전류가 흐르기 때문에 꼬마전구가 켜지게 된다(그림 5.27(a) 참조). 여기서 건전지의 (+)극이란 전기위치에너지가 높은 곳을 의미하고 (−)극은 전기위치에너지가 낮은 곳이라는 것을 의미한다. 이처럼 전류가 흐르기 위해서는 전기 위치에너지가 높은 곳과 낮은 곳을 전선처럼 전기가 잘 통하는 도체로 연결해 주어야 한다. 전류가 흐른다는 것은 위치가 높은 곳에서 낮은 곳으로 중력위치에너지의 차이 때문에 물이 흐르는 것과 같은 원리이다.

전기위치에너지가 높은 곳과 낮은 곳이 서로 연결되어 두 지점사이의 전기위치에너지의 차가 발생하는 경우에 전류가 흐르는 데, 그림 5.27(b)는 전구가 전기위치에너지가 높은 곳에만 연결되어 있고, 그림 5.27(c)는 전기위치에너지가 낮은 곳에만 연결되어 있기 때문에 전류가 흐르지 못하여 전구에 불이 켜지지 않는 것이다.

그림 5.28에서 전봇대사이에 연결되어 있는 전깃줄 “A”는 전기에너지가 “0” 보다 높거나 낮은 곳이며, 전깃줄 “B”는 전기위치에너지가 “0”인 전선으로 우리가 닫고

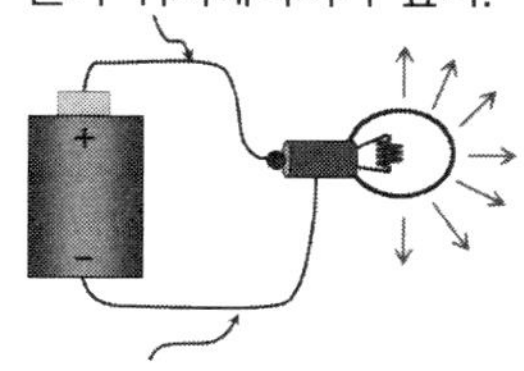

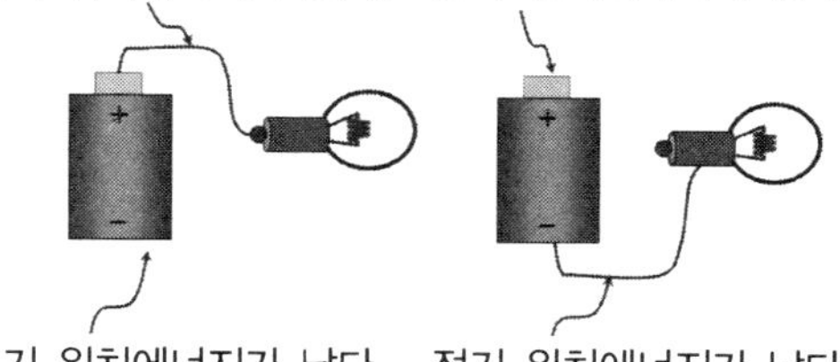

(a) 전기 위치에너지가 높은 곳과 낮은 곳 사이에 연결된 전구 (b) 전기 위치에너지가 높은 곳에 연결된 전구 (c) 전기 위치에너지가 낮은 곳에 연결된 전구

[그림 5.27] 건전지에 연결된 꼬마전구

다니는 땅과 서로 연결이 되어 있으며, 이를 전문용어로는 "접지"되어 있다고 말한다. 따라서 땅 위에 서 있을 때, 잡고 있던 쇠막대가 전깃줄 "A"에 닿게 되면 전기위치에너지가 높거나 낮은 곳(전기줄 A)과 전기 위치에너지지가 "0"인 땅 사이를 연결한 결과를 가져오므로 사람을 통하여 전기가 흐르게 되어 감전사고를 당하게 된다.

하지만, 새들의 경우에 전기위치에너지가 "0"보다 높거나 낮은 곳에 앉아 있기만 하였지(그림 5.28에서 전깃줄 "A"에 앉은 새), 전기 위치에너지가 "0"인 곳(땅)과 연결되어 있지 않으므로 전류가 흐를 수 없는 것이다. 이는 그림 5.27(b)에서와 같이 꼬마전구의 한쪽이 건전지의 (+)극에만 연결되고, 나머지가 연결되어 있지 않아 전류가 흐르지 못하는 상황과 같은 것이다. 그림 5.28에서 전깃줄 "B"에 앉은 새는 접지되어 있는 전선에 앉아 있는 경우로 전기적으로 볼 때에 땅위에 앉아 있는 경우와 같다. 물론 새의 날개가 매우 커서 전깃줄 A에 앉아 있으면서 날개가 땅에 닿으면, 전기위치에너지가 높거나 낮은 전깃줄 A-다리-몸통-날개-땅을 통하여 전기가 흐르게 되어 감전사고를 당하게 된다.

또는 두 전깃줄 "A"와 "B"사이에 두 날개가 동시에 닿으면 역시 감전사고를 당하게 된다. 하지만, 전깃줄 "B"에 앉아있으면서 날개가 땅에 닿으면 감전사고를 당하지 않는데, 이는 전깃줄 B와 땅은 전기위치에너지가 서로 같기 때문이다. 또한 쇠막대를 가지고 놀다가 쇠막대가 고압선(땅과 전기위치에너지의 차이가 매우 큰 전깃줄 A)을 건드리게 되면, 고압선-쇠막대-사람 손-몸통-다리-땅으로 전류가 흐르게 되어 감고사고를 당하게 된다(그림 5.29 참조).

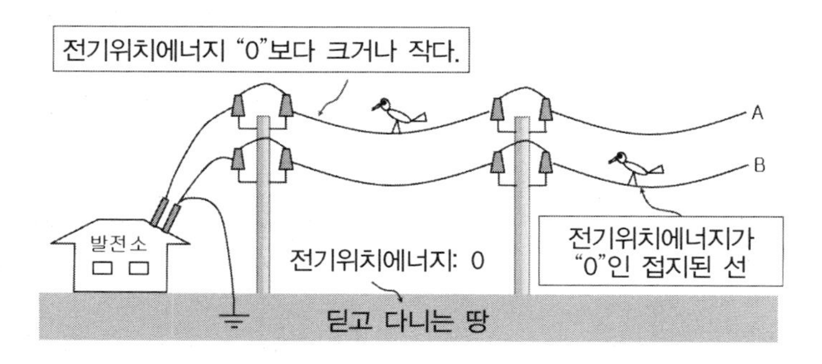

[그림 5.28] 전깃줄에 앉은 새

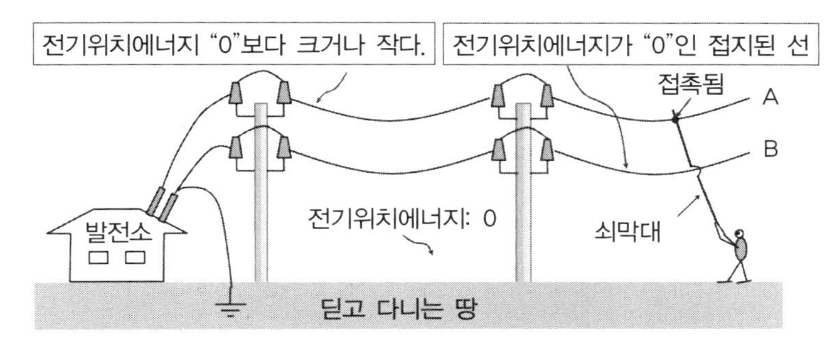

[그림 5.29] 전깃줄과 땅이 연결된 경우

참고 전기를 송전하는 고압선들을 보면, 위의 그림들과는 달리 전깃줄이 여러 개인데 이는 전기를 송전하는 방식에 따라서 결정된다. 하지만, 기본 원리는 위에서 설명한 바와 같다. 한 가지 예로서 전철의 경우에는 전깃줄이 기차선로 중앙 위에 1개뿐이며, 나머지 1개는 바로 땅과 연결된 선로자체이다. [참고자료 10]

Q18 220V의 전원에 연결된 100 W의 전구와 60 W의 백열전구가 있다. 이 두 백열전구 중에서 필라멘트의 저항은 어느 전구가 더 크며, 어느 전구가 더 많은 열을 발생하겠는가?

전구에 전류가 흐르면 필라멘트에서 열이 발생되는데, 1초 동안에 발생되는 열에너지를 전력(P)이라고 하며 단위로는 와트(W)를 사용한다. 이러한 전력은 전구에 가해준 전압(V)과 전구에 흐르는 전류(I)를 곱한 값으로 다음과 같이 표현한다.

$$P = VI = \frac{V^2}{R} \;(R\text{: 필라멘트의 저항}) \tag{5.10}$$

따라서 220 V의 전원에 연결된 100 W 전구의 필라멘트 저항(R_1)은

$$100 = \frac{220^2}{R_1} \quad \Rightarrow \quad R_1 = 484\,\Omega \tag{5.11}$$

이다. 같은 원리에 의해 220 V의 전원에 연결된 60 W 전구의 경우에, 필라멘트의 저항(R_2)은 $R_2 \fallingdotseq 807\Omega$이 된다. 따라서 60 W 전구의 필라멘트 저항이 더 크며, 발생되는 열은 100 W 전구가 더 많이 발생한다. 한편, 전구를 켜지 않았을 때의 필라멘트의 저항은 전구를 켰을 때의 저항에 비하여 적다. 즉, 필라멘트의 온도가

상승하면, 필라멘트의 저항은 증가한다.

Q19 **교류 220 V 와 직류 220 V 의 공통점과 차이점은 무엇인가? 또한 같은 종류의 저항을 연결하면 어떻게 되겠는가?**

우선 직류에 대해서 생각하여 보자. 그림 5.30(a)와 같이 저항의 크기가 $R = 100\,\Omega$인 저항체 양 끝에 220 V의 직류전원을 연결하면 저항에 전류 $I = 2.2\,A$가 흐르게 되면서 저항체에서 $VI = I^2R = 484\,W$(1 W는 1초 동안에 발생되는 열에너지가 1 $Joule$ 임을 의미한다.)의 열이 발생하게 된다. 이때 저항체의 저항이 일정하다고 가정하면 발생되는 열은 항상 일정하다.

한편 교류전압을 가해주면, 그림 5.31(b)에서 보는 바와 같이 $t = t_0$와 $t = t_2$인 순간에 가장 많은 전류($I = 3.11\,A$)가 흐르고, $t = t_1$과 $t = t_3$인 순간에 전류($I = 0$)가 흐르지 않는다. 물론 $t = t_0$와 $t = t_2$인 순간에 전류의 방향은 서로 반대이다. 따라서 저항체에서 발생되는 열은 $t = t_0$와 $t = t_2$인 순간에 가장 많이 발생되고, $t = t_1$과 $t = t_3$인 순간에는 전류가 흐르지 않으므로 열이 발생되지 않는다. 다시 말해서, $t = t_0$와 $t = t_2$인 순간에는 $P = I^2R = 967.21\,W$가 발생되며, $t = t_1$과 $t = t_3$인 순간에는 열이 발생되지 않는다. 따라서 직류전압 220 V를 가해준 경우와 같은 양의 열을 발생시키기 위해서는 교류에서는 최대 311 ($= 220 \times 1.414$) V의 전압을 가해주어야 한다.

위의 사실을 고려할 경우에 교류 220 V와 직류 220 V의 공통점은 같은 저항체를 직류 및 교류전원에 연결하였을 경우에 단위시간당 발생되는 열의 양이 같다는 점이다.

다른 점은 직류는 항상 220 V의 일정한 전압이 저항 양단에 가해지나, 교류인 경우에 직류전원을 연결했을 때와 같은 양의 열을 발생시키기 위해서는 최대 약

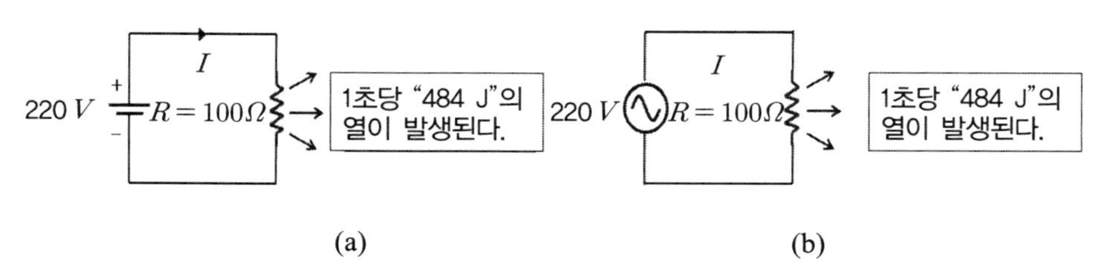

[그림 5.30] 직류(a)와 교류(b)전원에 연결된 저항 R

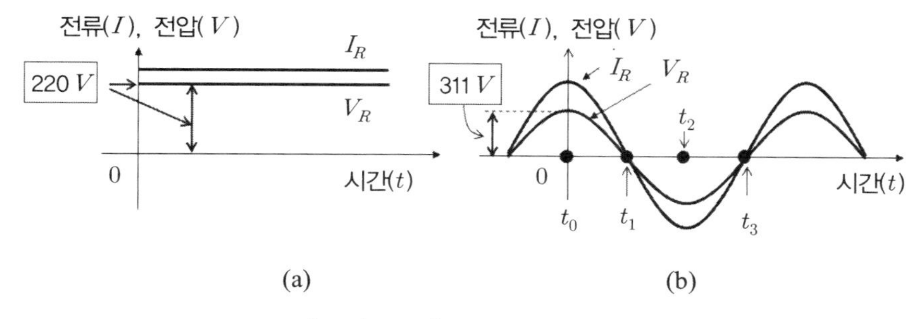

[그림 5.31] 직류(a)와 교류(b)

311 V의 전압을 가해 주어야 한다는 점이다. 참고로 가정에 공급되는 교류 220 V의 최대전압은 약 311 V이다.

위에서 교류를 직류와 비교하기 위하여 $220 \times 1.414 = 311\,V$가 되도록 1.414를 곱해준 이유는 다음과 같다. 주기적으로 크기가 변하는 교류전압 또는 교류전류는 일반적으로 사인함수나 코사인 함수로 표현된다(그림 5.31(b) 참조). 따라서 저항체에서 발생되는 열의 양이 시간에 따라서 변하기 때문에 1주기 동안에 발생된 열의 양을 평균하여 얻어지는 평균값이 직류를 가했을 때 발생되는 열에너지와 같게 두면 $\sqrt{2} \fallingdotseq 1.414$가 나오기 때문이다. 일상생활에서 사용되는 교류전압이 220 V라는 의미는 똑같은 저항체에 직류 220 V를 연결했을 때와 같은 양의 열이 발생된다는 의미이다.

회로에 있어서 직류와 교류는 회로에 연결되어 있는 저항체에서 발생한 열에너지를 사용하여 비교한다. 교류에 있어서는 유효값으로 표시하는데, 교류전류의 유효값 (I_e)을 구하는 과정은 다음과 같다. 그림 5.32와 같은 회로에

$$i \;=\; I_P \sin\omega t \qquad (5.12)$$

와 같은 교류전류가 흐른다고 가정하자.

이러한 교류전류에 의하여 한 주기(T)동안 저항의 크기가 R인 저항체에서 발

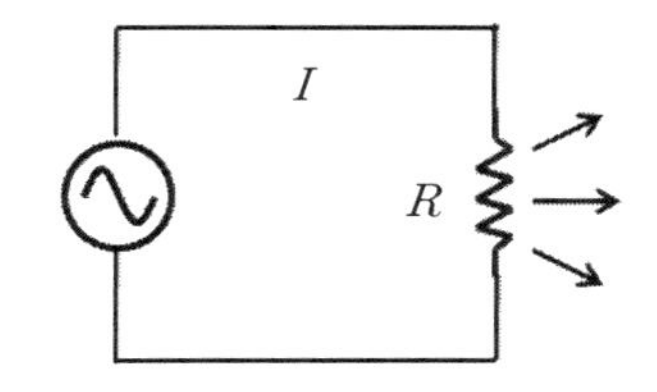

[그림 5.32] 제곱 평균값의 계산

생된 에너지에 대한 일률(P)은 다음과 같다.

$$P = \frac{1}{T}\int_0^T i^2 R\ dt = \frac{{I_P}^2 R}{T}\int_0^T \sin^2 \omega t\ dt \tag{5.13}$$

위의 적분을 삼각함수에 대한 성질들 중에

$$\cos(\alpha+\beta) = \cos\alpha\cos\beta - \sin\alpha\sin\beta$$

$$\Rightarrow \cos(2\theta) = \cos\theta\cos\theta - \sin\theta\sin\theta$$

$$\cos^2\theta - \sin^2\theta = 1 - \sin^2\theta - \sin^2\theta = 1 - 2\sin^2\theta$$

$$\therefore \sin^2\theta = \frac{1}{2}[\ 1\ -\ \cos 2\theta\ ]$$

을 이용하면 아래와 같이 쓸 수 있고 적분을 수행하면 식 (5.14)와 같다.

$$P = \frac{{I_P}^2 R}{T}\int_0^T \frac{1}{2}[1-\cos 2\omega t]\ dt = \frac{{I_P}^2 R}{T}\left[\frac{t}{2} - \frac{\sin 2\omega t}{4\omega}\right]_0^T$$

$$= \frac{I_P^2 R}{T}\cdot\frac{T}{2} - \frac{I_P^2 R}{T}\frac{1}{4\omega}\sin 2\omega T = \frac{I_P^2 R}{2} \tag{5.14}$$

직류에 의해서 발생된 열은 $I^2 R$ 이므로, 이를 식(5.14)의 결과와 같게 하면 식 (5.15)와 같은 결과를 얻는다.

$$I_e^2 R = \frac{{I_P}^2\ R}{2} \qquad \Rightarrow \qquad I_e = \frac{I_P}{\sqrt{2}} \tag{5.15}$$

여기서 I_e 는 유효전류를 의미하며, I_P 는 최대전류를 의미한다.

① $I_e = \dfrac{I_p}{\sqrt{2}}$ ⇒ 교류에서의 유효값은 최대값에 $\dfrac{1}{\sqrt{2}}$ 을 곱한 값이다. 즉 $\dfrac{1}{\sqrt{2}}$ 을 곱한 값을 제곱평균값(root mean square 또는 rms)이라 한다.

② 교류 전류계, 교류 전압계의 눈금 값은 이러한 제곱 평균값으로 조정된 값이다. 따라서 가정에서 전압이 220 V 라고 하는 것은 진폭이 $220 \cdot \sqrt{2} = 311.1$ 인 교류가 입력된다는 것을 의미한다.

Q20 **극성분자와 비극성 분자의 차이점은 무엇인가? 극성분자와 비극성 분자에 대하여 생각하여 보고, 물이 극성분자가 아니라면 음식을 데우기 위하여 마이크로웨이브를 사용할 수 없는 이유는 무엇인가?**

2개의 수소원자와 1개의 산소원자가 결합하여 1개의 물 분자(그림 5.33(a) 참조)를 구성하는데 수소원자에 의한 (+)전하들과 산소원자에 의한 (−)전하들의 중심이 서로 틀리므로 그림 5.33(b)에서와 같이 한쪽에는 (+), 반대쪽에는 상대적으로 (−) 전하들이 많이 분포하게 되고 이러한 상태를 간단하게 표현하면 그림 5.33(c)와 같다 (전문용어로는 서로 다른 종류의 전하들이 양쪽으로 나눠있다고 하여 전기 쌍극자라고 한다.). 이처럼 (+)전하의 중심과 (−)전하들의 중심이 일치하지 않은 분자를 극성분자라고 하는데 물이 대표적인 극성분자의 하나이다. 기체분자들로는 암모니아(NH_3), 이산화황(SO_2) 및 황화수소(H_2S)가 있다.

이와는 반대로 (+)전하들의 중심과 (−)전하들의 중심이 일치하는 분자를 비극성 분자라고 한다. 한 예로서 이산화탄소의 경우에 (+)전하들의 중심과 원자핵 주위를 돌고 있는 전자들의 중심이 일치하므로 어느 한쪽으로 전하들의 분포가 집중되어 있지 않아 비극성 분자가 되는 것이다. 비극성 분자의 예로서 액체로는 톨루엔, 가솔린 등이 있으며, 기체로는 헬륨, 네온 등과 같은 불활성 기체가 있다. 그리고 수소(H_2), 질소(N_2), 산소(O_2), 이산화탄소(CO_2), 메탄(CH_4) 및 에틸렌 (C_2H_4) 분자들이 비극성 분자에 속한다. 참고로 이산화탄소 분자를 그림 5.34에 나타내었다.

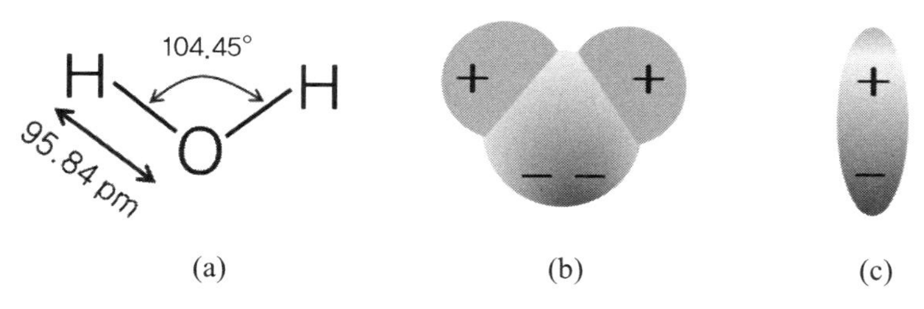

[그림 5.33] 물 분자의 구조(a), (전하분포(b) 그리고 전하분포 모형(c)

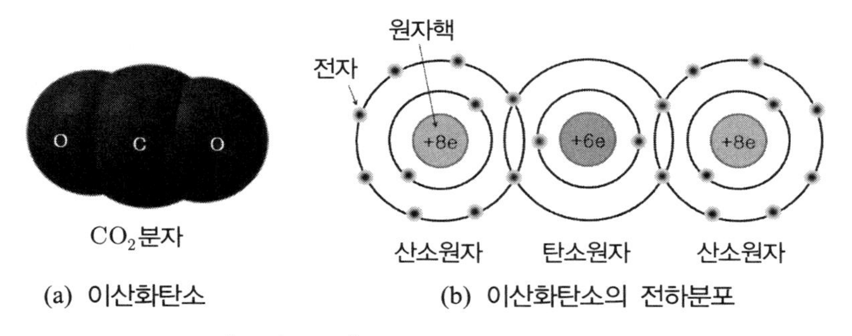

(a) 이산화탄소 (b) 이산화탄소의 전하분포

[그림 5.34] 이산화탄소의 분자구조

Q21 전기장과 자기장의 근원은 무엇인가?

지구의 중력장은 지구에 의한 만유인력이 미치는 공간을 말한다. 이처럼 질량을 가진 물체에 의해 만유인력이 미치는 공간을 일반적으로 중력장이라 한다. 이와 유사하게 전하가 있으면 주위에 전기력을 미치게 되는데 전기력이 미치는 공간을 전기장이라 한다. 질량을 가진 물체들 사이에는 인력만이 작용하는 데 비하여 전기력은 같은 종류의 전하들 사이에는 반발력이 작용하고 다른 종류의 전하들 사이에는 인력이 작용한다.

그림 5.35와 같이 $+Q$의 전하가 있고, 전하로부터 r만큼 떨어진 지점에 관측점 P가 있다고 하자. 이때에 관측점 P에서 관측되는 전기장의 크기와 방향은 전하와 관측점이 움직이지 않으면 시간에 따라 변하지 않고 항상 일정하므로, 점 P에서 관측되는 전기장을 정전기장이라고 한다.

한편 그림 5.36과 같이 영구자석에서 일정한 거리만큼 떨어진 곳에 관측점 P가 있다고 할 때, 관측점 P에서 관측되는 자기장의 세기와 방향도 시간에 관계없이 항상 일정하다.

위에서와 같이 전기장과 자기장이 시간에 관계없이 크기와 방향이 일정한 경우는 전기장과 자기장을 따로 분리하여 생각할 수 있다. 즉, 전기장의 근원은 "전하"이고 자기장의 근원은 "전류"라는 것을 알 수 있다. 그림 5.36에서 영구자석이

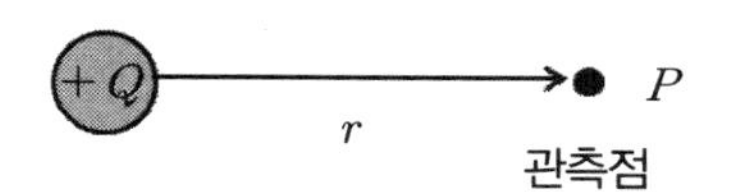

[그림 5.35] 정전기장

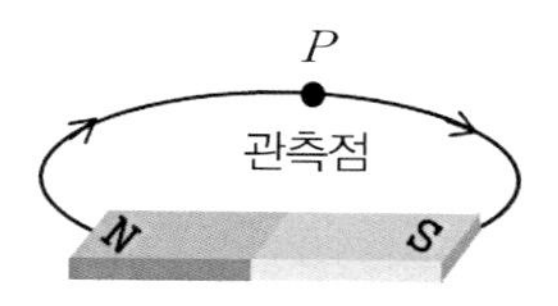

[그림 5.36] 정자기장

있고, 영구자석에 의해서 자기장이 만들어진다고 생각하였는데 자기장의 근원이 전류라고 하면 이해가 어려울 것이다.

전류가 흐르는 도선 근처에 나침판을 가져가면 나침반의 자침이 회전하는 것을 볼 수 있는데, 이는 전류가 자기장을 만든다는 것을 의미한다. 그렇다면 영구자석의 경우에 전류가 어디에 흐르느냐고 질문하게 된다. 영구자석의 경우에 영구자석을 구성하고 있는 원자나 분자들에 속해있는 전자들이 만드는 전류에 의해서 영구자석이 만들어진다. 따라서 자기장의 근원은 "전류"이다.

자, 이제 그림 5.37과 같이 전하들(대전체의 (+)전하들)이 좌우로 진동하면 어떤 일이 일어나는 지에 대해서 생각하여 보자.

그림 5.37에서와 같이 대전체가 좌-우 또는 상-하로 진동하고 관측점이 움직이지 않으면 전하들과 관측점 사이의 거리 r 이 변하므로 관측점에서의 전기장의 크기와 방향이 시간에 따라 변하게 된다. 또한 대전체가 좌-우 또는 상-하로 움직인다는 의미는 전하들이 가속운동을 한다는 의미이다. 이처럼 관측점에서 전기장의 크기와 방향이 변하게 되면, 자동적으로 자기장이 관측점 P에 유도된다. 다시 말해서, 어느 한 관측점에서 전기장이 시간에 따라서 변하면(전기장이 시간에 따라서 변하는 것을 전파라고 한다.)반드시 자기장이 생긴다는 것이다. 마찬가지로 어느 한 관측점에서 자기장이 시간에 따라서 변하면(자기장이 시간에 따라서 변하는 것을 자파라고 한다), 반드시 전기장이 생긴다. 그러므로 전파가 있으면 반드시 자파

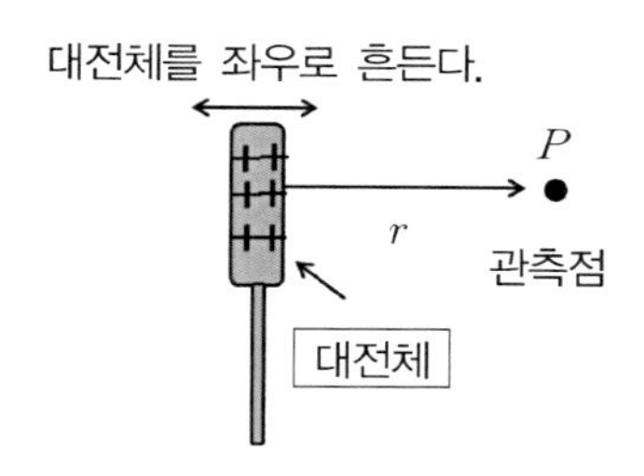

[그림 5.37] 시간에 따라 변하는 전기장

가 같이 따라 다니므로, 이를 줄여서 전자기파라 한다. 빛은 대표적인 전자기파의 한 종류이며, 전자기파는 전하의 가속운동에 의해서 발생된다.

위의 내용을 정리하여 보면, 전기장의 근원은 ① 전하, ② 시간에 따라 변하는 자기장(자파)이며, 자기장의 근원은 ① 전류, ② 시간에 따라 변하는 전기장임을 알 수 있다.

Q22 마이크로웨이브는 어떤 원리에 의하여 음식을 데우는가?

전기장 내에서 전하들은 힘을 받는다. 즉, 전기장의 크기를 E, 전하의 크기를 q 라고 할 때, 전하가 받는 힘(F)은 $F = qE$ 이다. 한편, 물 분자처럼 (+)전하의 중심과 (−)전하의 중심이 일치하지 않는 극성분자가 외부에서 가해준 정전기장 내에 있게 되면, 돌림힘을 받아서 전기장의 방향과 나란하게 배열하게 된다. 따라서 전기장의 방향을 반대로 가해주면, 물 분자는 반대방향의 돌림힘을 받아 180°회전하게 되는데, 이 과정에서 다른 물 분자들과의 충돌이 일어나게 된다. 따라서 물 분자와 같은 극성물질에 시간에 따라 크기와 방향이 바뀌는 전기장을 가해주면, 그림 5.38에서와 같이 물분자들의 방향이 전기장의 방향에 따라 변하게 된다. 전기장의 방향 변화에 따라 물 분자들이 회전하면서 옆에 있는 물 분자들과의 충돌이 매우 급격하게 일어나 분자들 사이의 마찰이 생기면서 열이 발생하게 된다.

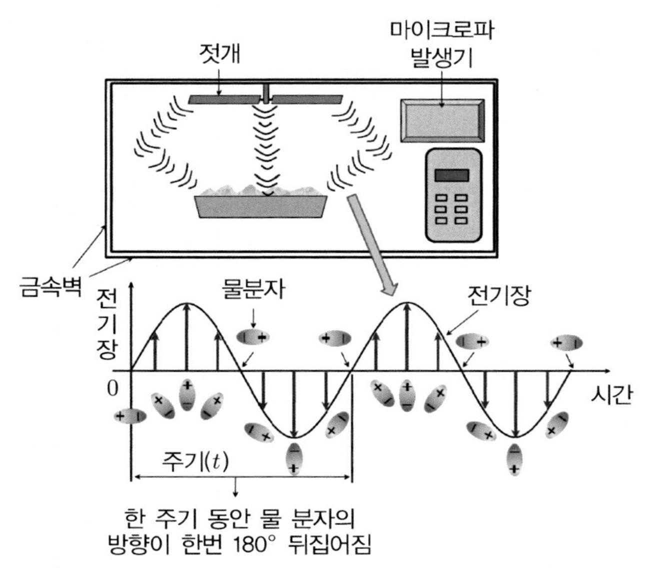

[그림 5.38] 작동 중인 전자레인지 안에 있는 물 분자의 운동

전자레인지의 경우에 1초에 24억 5천만번(진동수: 2,450 MHz , 파장: 12.2 cm) 씩 전기장의 방향을 바꿔주므로, 물 분자들도 이와 같은 빠르기로 방향이 변하기 때문에 물 분자들 사이에 매우 급격한 충돌이 발생하면서 분자들 사이에 마찰에 기인한 열이 발생하게 된다. 따라서 물을 전자레인지 안에 넣고 전자레인지를 작동시키면 물이 데워지게 된다. 만약에 물 분자들이 극성분자가 아니라면 전자레인지를 사용하여 물을 데울 수는 없다. 예를 들어 비극성 분자인 헥산같은 액체는 데워지지 않는다.

Q23 알루미늄 호일을 마이크로웨이브 안에 넣고 작동시키면 왜 스파크가 발생하는가?

전자레이지가 작동하는 동안에 전자레인지 내부는 파장이 12.2 cm 이며 주파수가 2.45 GHz 인 강한 마이크로파들로 가득 차 있다. 주파수가 2.45 GHz 인 이유는 이 주파수에서 물을 가장 효과적으로 데울 수 있기 때문이다. 보다 전문적인 용어로 주파수 2.45 GHz 는 물의 공명주파수이기 때문이다. 이러한 마이크로파는 다른 전자기파들과 마찬가지로 전기장과 자기장으로 구성되어 있다. 이러한 강한 마이크로파가 금속인 알루미늄 호일을 만나면, 마이크로파의 전기장이 알루미늄 금속 내에 있는 자유전자들에 전기력을 미치게 되며, 이러한 전기력에 의하여 전자들이 호일의 뾰족한 곳에 쌓이게 된다.

뾰족한 부분에 쌓인 전자들의 양이 많아지면, 뾰족한 부분에 강한 전기장이 형성되면서 코로나 방전을 일으켜 공기 중으로 튀어나오게 된다. 즉 전자들이 뾰족한 부분에 쌓이면서 알루미늄 호일의 뾰족한 끝 부분에 있는 공기분자들이 이온화를 일으키게 되고, 스파크가 일어나는 것과 같이 전류가 공기를 통하여 흐르게 된다. 이처럼 알루미늄 호일의 뾰족한 부분에서 일어나는 스파크 때문에 전자레인지 안에 금속성 물체를 넣으면 안 된다. 또한 금속조각을 전자레인지 안에 넣으면 금속 내 전류가 흐르면서 과열되어 화재를 일으킬 위험성이 있기 때문에 금속성 물체를 전자레인지 안에 넣으면 안 된다. 물론 금속성 물체가 항상 위험한 것은 아니다. 두꺼우면서 둥근 모양을 한 양질의 스테인리스 스푼은 마이크로파의 분포를 약간 변경은 시키지만, 스파크나 과열은 되지 않는다. [참고자료 11]

Q24 CD를 전자레인지 안에 넣고 전자레인지를 작동시키면, 어떤 일이 일어날까?

전자레인지 안에 CD를 넣고 작동시키면, 스파크가 발생된다는 것을 쉽게 관찰할 수 있는 데 그 이유는 CD의 재질과 관련이 있다. 전자레인지에서 사용되는 마이크로파를 포함하여 모든 전자기파는 진행방향에 수직방향으로 진동하는 전기장과 자기장을 포함하고 있다. 겉으로 보기에 CD는 플라스틱같이 보이지만, 순수플라스틱으로 만들어진 것은 아니다. CD에 포함된 음악이나 영상과 같은 정보를 읽어내기 위한 방법으로 레이저를 이용하는데, 정보를 읽어내기 위해서는 정보가 저장된 CD표면으로부터 어느 정도 크기 이상의 세기로 반사되는 빛이 있어야 한다. 따라서 빛의 반사를 높이기 위하여 얇은 금속막을 CD 표면에 코팅해 주는데, 금속막의 재료로는 알루미늄, 은 또는 금을 사용한다. 물론 이들 금속들은 매우 좋은 도체이다.

전자레인지에서 발생된 마이크로파가 CD의 표면을 휩쓸고 지나감에 따라, 금속성의 도체 표면에 전위차가 형성된다. 이렇게 형성된 전위차는 매우 크기 때문에, 전류의 형태로 도체표면을 가로지르는 스파크(스파크는 일종의 전류로서 전하들이 순간적으로 이동하는 현상을 말한다.)가 발생되면서 CD의 표면에 많은 열을 발생하게 된다. 따라서 실험을 수행한 후에 전자레인지의 문을 열면 플라스틱이 타는 냄새가 발생하게 된다.

참고자료 12의 사이트에 접속하면 관련 동영상을 볼 수 있으며, 그림 5.39는 참고자료 12에서 인용한 것이다.

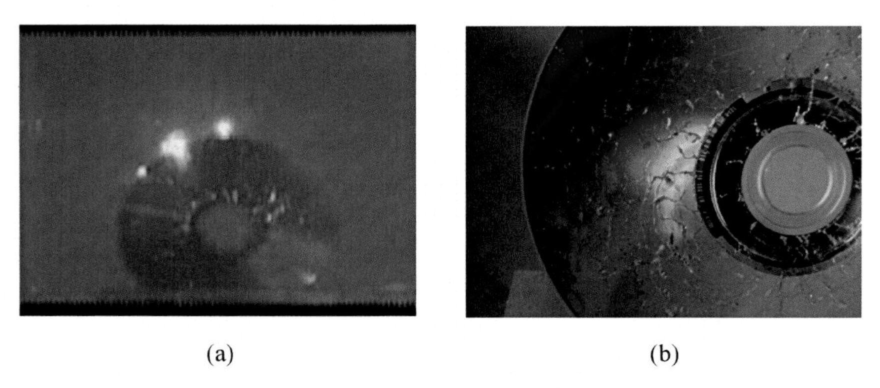

(a) (b)

[그림 5.39] 작동 중인 전자레인지 안에 들어있는 CD(a)와 꺼낸 CD에 가시광을 비춰준 CD(b)

Q25 도체란 무엇이며, 도체가 정전기적 평형상태에 있다는 의미는 무엇인가?

(1) 도체란 금속과 같이 전기를 띤 입자(예를 들면 전자나 양전하)들이 쉽게 이동이 가능한 물질을 말한다. 정전기적 평형상태에 있을 때, 전기력선은 반드시 도체의 표면에서 시작하거나 끝나야 한다. 다시 말해서 도체의 내부에는 전기장이 존재하지 않는다. 만약에 전기장이 도체내부에 존재하게 되면, 도체내부에 있는 자유전자들이 힘을 받아 가속운동을 하게 되므로, 도체는 정전기적 상태에 있는 것이 아니다. 한 예로서 반경이 R이면서 (+)로 대전된 도체구가 있는 경우에 도체구에 의한 전기장은 그림 5.40과 같으며, $r < R$인 영역에서 전기장이 "0"이 됨을 보여주고 있다.

(2) 도체가 정전기적 평형상태에 있는 경우, 전기력선은 도체의 표면에 대해 항상 수직이다. 만약에 수직이 아니라면, 도체의 표면과 평행한 전기력선이 존재한다는 의미가 된다. 전기력선의 일부가 도체의 표면과 평행이면, 도체에 있는 자유전자들이 전기장의 영향을 받아 도체의 표면을 따라 가속운동을 하게 되므로, 이는 도체가 정전기적 평형상태에 있지 않다는 의미가 된다.

(3) 도체가 정전기적 평형상태에 있게 되면, 모든 자유전하들은 정지상태로 있어야 한다. 또한 도체의 모든 부분은 같은 전위에 있게 된다. 만약에 도체의 모든 부분의 전위가 같지 않으면, 전위가 높은 곳에서 낮은 곳으로 전하들이 이동하게 되며, 이는 도체가 정전기적 평형상태에 있지 않다는 것을 의미한다. 이러한 현상은 그림 5.41과 같이 표현되며, $r < R$인 영역에서도 전위가 표면에서의 전위와 같음을 보여주고 있다.

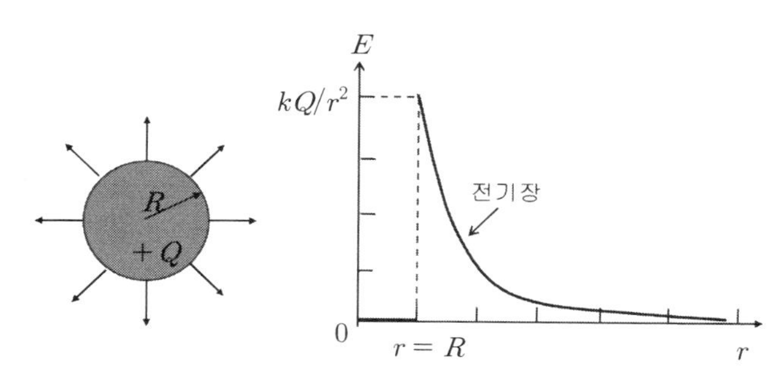

(a) $+Q$로 대전된 도체구 (b) 구의 중심으로부터 거리(r)에 대한 전기장

[그림 5.40] 대전된 도체구와 전기장의 세기

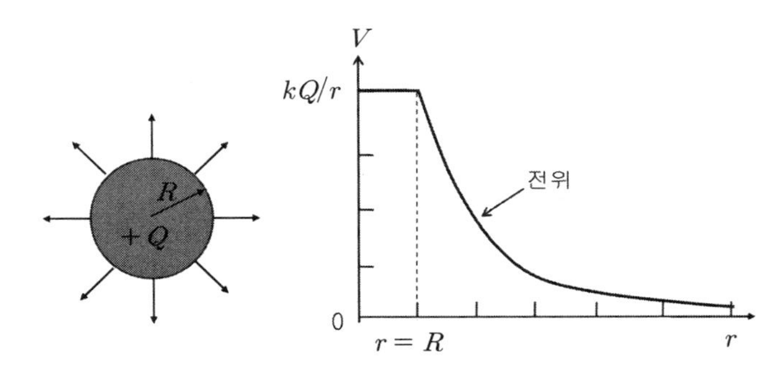

(a) $+Q$로 대전된 도체구 (b) 구의 중심으로부터 거리(r)에 대한 전위

[그림 5.41] 대전된 도체구와 전위

Q26 그림 5.42와 같이 양(+)으로 대전된 물체를 속이 비어있고 검전기와 전선으로 연결된 금속그릇의 안쪽으로 가져가면 검전기의 날개들은 어떻게 반응할까?

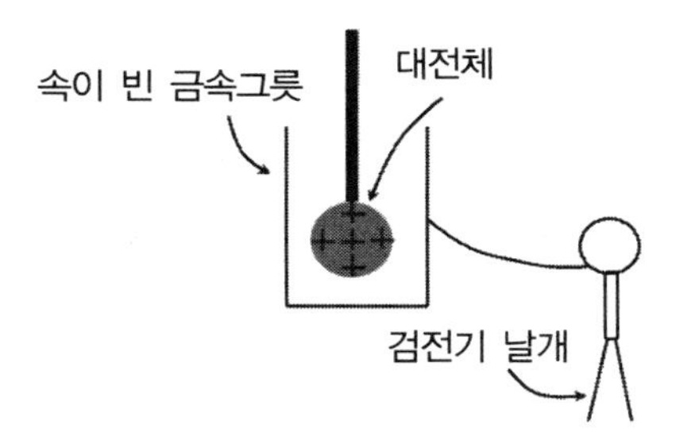

[그림 5.42] 금속그릇에 전선으로 연결된 검전기

(1) 그림 5.43(a)와 같이 전기적으로 중성인 속이 빈 금속성 그릇과 대전되지 않은 검전기를 준비한다.

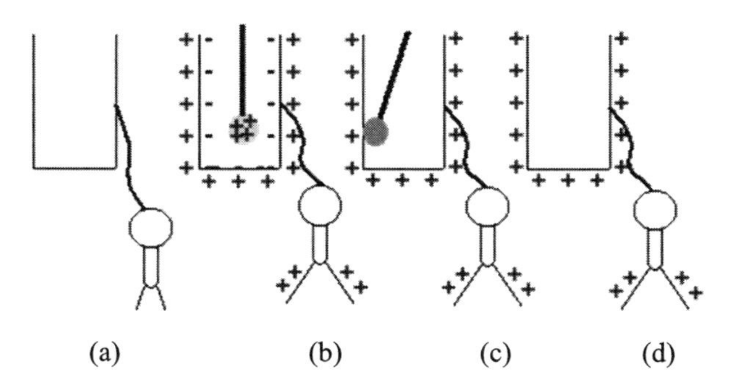

[그림 5.43] 패러데이 아이스 그릇의 대전 [참고자료 14]

(2) 양(+)으로 대전된 금속구를 그림 5.43(b)와 같이 금속성 그릇의 안쪽으로 가져가되, 그릇과 접촉이 되지 않도록 주의한다. 이 과정에서 검전기의 날개를 보면 양옆으로 벌어짐을 알 수 있는데 벌어지는 정도가 금속성 그릇의 안쪽에 위치한 대전체의 위치와는 무관하다. 물론 양(+)으로 대전된 금속구를 그릇 밖으로 꺼내면 검전기의 날개는 원래의 위치로 오무라 든다. 이는 양(+)으로 대전된 금속구를 그릇의 안쪽에 넣으면, 금속구와 같은 부호를 가지는 같은 크기의 양(+)전하를 금속구의 바깥면으로 밀어냄으로서 처음에 중성이었던 그릇의 안쪽에는 대전된 금속구와 크기는 같으나 반대부호의 음전하(−)가 유도된다.

(3) 그림 5.43(c)와 같이 양(+)으로 대전된 금속구를 그릇의 안쪽면에 접촉시키면, 검전기의 날개는 원래의 위치로 돌아오지 않고 벌어진 상태를 유지한다. 물론 그릇의 안쪽 면에 접촉시킨 금속구를 그릇에서 완전히 제거하여도 검전기의 날개는 벌어진 상태를 유지하게 된다. 이때 양(+)으로 대전된 금속구를 그릇의 안쪽 면에 접촉시키면, 금속성 그릇의 안쪽 면에 유도되었던 (−)전하에 의하여 양(+)으로 대전되었던 금속구는 전기적으로 중성이 된다.

(4) 양(+)으로 대전된 금속구를 그릇의 안쪽표면에 접촉시키더라도 금속구의 바깥면에 연결된 검전기의 날개가 벌어진 상태를 유지한다는 의미는 과잉의 전하들이 금속성 그릇의 바깥면에만 존재한다는 것을 의미한다.

(5) 여기서는 양(+)으로 대전된 금속구를 사용하였는데 반드시 양으로 대전시킨 금속구를 사용할 필요는 없으며, 음(−)으로 대전된 금속구를 사용하게 되더라도 같은 실험결과를 얻으며, 다른 점은 금속성 그릇의 바깥면에 (−)전하가 유도된다는 점이다.

(6) 전하들이 그릇의 바깥표면에만 존재하더라도 그릇 안쪽 면에서의 전위는 바깥쪽 면 위에서의 전위와 같다. 만약에 안쪽 면과 바깥쪽 면 사이에 전위차가 있으면 전하들은 전기위치에너지가 높은 데에서 낮은 곳으로 이동하기 때문이다. [참고자료 13~14]

Q27 그림 5.44와 같은 정전기 바람개비가 회전하는 원리는 무엇인가?

정전기 바람개비는 스프링클러와 같이 비슷하게 회전하지만, 동작원리는 전혀 다르다. 일부 설명을 보면, 정전기 바람개비의 끝에서 전자들이 튀어 나오면서 이에 대한 반작용으로 회전한다고 설명하고 있으나, 이는 잘못된 설명이다.

정전기 바람개비의 날개 끝에서 튀어나온 전자들은 주위에 있는 공기분자들에 모아지면서 공기분자들은 대전하게 된다. 주위의 공기분자들은 정전기 바람개비의 끝과 같은 부호를 가지는 전하들로 대전되고, 대전된 공기분자들은 무수히 많으므로 일종의 대전된 기체구름을 만들게 된다. 정전기 바람개비의 끝과 대전된 기체구름은 서로 같은 부호의 전하들을 가지므로 이들 사이에는 척력이 발생하여 바람개비의 날개가 회전하게 된다. 정전기 바람개비의 회전방향을 잘 관찰하여 보면, 끝이 뾰족한 방향과 반대임을 알 수 있으며, 끝을 뾰족하게 만든 이유는 전하들의 밀도를 크게 만들기 위함이다.

정전기 바람개비를 반데그래프 장치(Van de Graff)와 연결한 후, 반데그라프 장치를 작동시키면 반데그라프 장치는 높은 전압으로 대전되면서 반데그라프장치의 금속구로부터 전하가 금속성의 정전기 바람개비의 날개로 이동한다. 정전기 바람개비의 날개는 반데그라프 장치의 금속구로부터 이동된 전하들을 주위의 공기분자들에게 뿌려주면서, 음으로 대전된 기체구름을 형성하게 된다. 이러한 음이온 기체구름과 정전기 바람개비사이에 척력이 발생하여 정전기 바람개비는 회전하게 된다.

이러한 정전기 바람개비 회전은 바람개비 날개와 고전압이 걸린 반대 전극사이의 방전에 의하여 회전하기도 하는데, 바로 이러한 방전에 따른 회전현상은 아래

[그림 5.44] 전자 바람개비

의 참고자료 16의 동영상 주소를 클릭하면 잘 관찰할 수 있다. 참고로 그림 5.45의 정전기 바람개비 사진은 인터넷에서 수집하여 이해를 돕기 위하여 사진에 그림을 보충하여 그려놓았다. [참고자료 15~20]

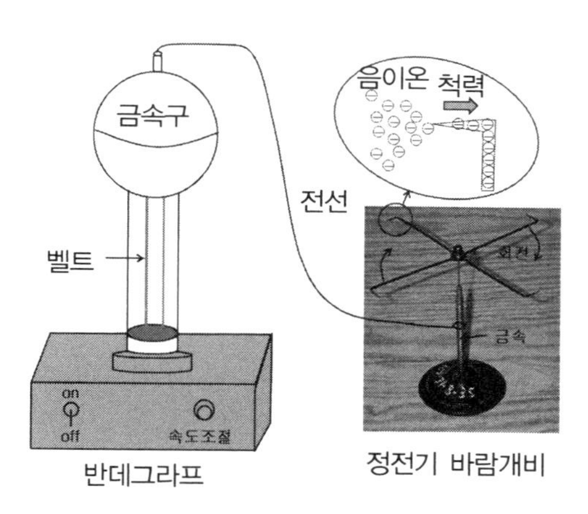

[그림 5.45] 정전기 바람개비 실험

Q28 축전지란 무엇이며, 컴퓨터의 키보드는 어떤 원리에 의해서 작동하는가?

축전지는 서로 평행한 2개의 금속판이 일정간격 떨어져 있는 구조를 하고 있다(그림 5.46(a)참조). 2개의 금속판에 직류전원을 그림 5.46(c)와 같이 연결하면 위쪽의 금속판에는 (+)의 전하들이 쌓이고 아래쪽 금속판에는 (−)의 전하들이 쌓이게 된다. 전하들이 모두 쌓인 후에 연결하였던 스위치를 끊는다고 하더라도 쌓였던 전하들이 없어지는 것이 아니고 그림 5.46(d)와 같이 쌓인 상태가 유지된다. 두 금속판에 쌓인 서로 반대 부호인 같은 양의 전하들에 의하여 두 금속판사이에 전기장이 형성된다. 두 금속판 사이에 형성된 전기장의 형태로 전기에너지를 저장하였다가 필요할 때에 다시 사용할 수 있는 전자소자를 축전지라 한다. 즉, 전기 에너지가 저장되는 공간은 두 금속판 사이의 공간이다. 한쪽의 금속판에 저장할 수 있는 전하량(Q)은 가해준 전압(V)과 축전지 고유의 특성인 전기용량(C)에 의해서 결정되는데 이들 사이에는 다음과 같은 관계가 있다.

$$C = \frac{Q}{V} \tag{5.16}$$

한편, 축전지 고유의 특성인 전기용량(C)은 도체판의 면적(A)에 비례하고 두

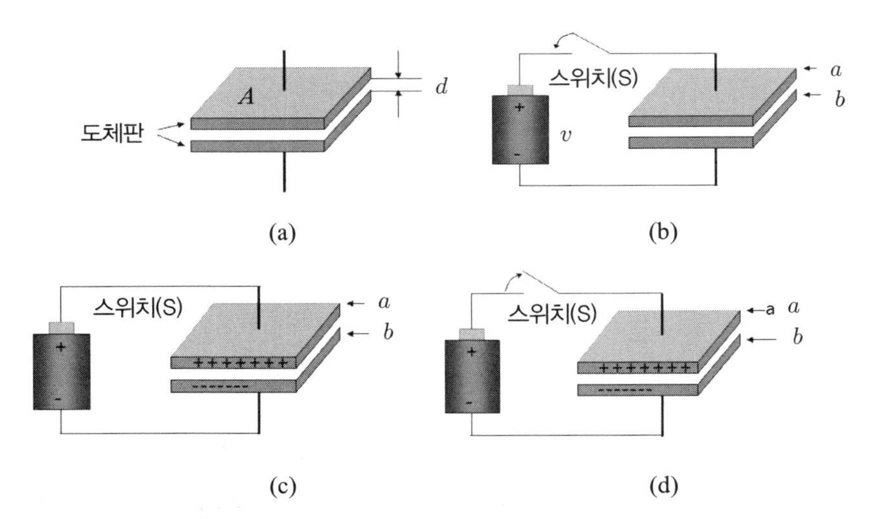

[그림 5.46] 축전기의 구조(a), 스위치 연결 전(b), 스위치 연결 후(c) 및 스위치 연결을 끊은 후(d)

도체판 사이의 간격(d)에 반비례한다. 즉,

$$C = \epsilon \frac{A}{d} \tag{5.17}$$

와 같이 주어지며, ε은 두 도체판 사이에 있는 유전체의 유전율이다.

우리들은 거의 매일 컴퓨터를 사용하는데 컴퓨터를 작동시키기 위하여 키보드를 손가락으로 누르게 된다. 이는 축전지의 두 도체판 사이의 간격(d)을 작게 만들어 축전지의 전기용량(C)의 변화를 가져 옴으로서 컴퓨터와 정보를 주고 받게 되는 것이다. 즉, 키보드를 손가락으로 치면 키보드 밑에 있는 축전기의 전기용량의 변화를 일으키게 되고, 이러한 변화를 컴퓨터가 인지함으로서 컴퓨터와 정보를 주고받게 되는 것이다(그림 5.47 참조).

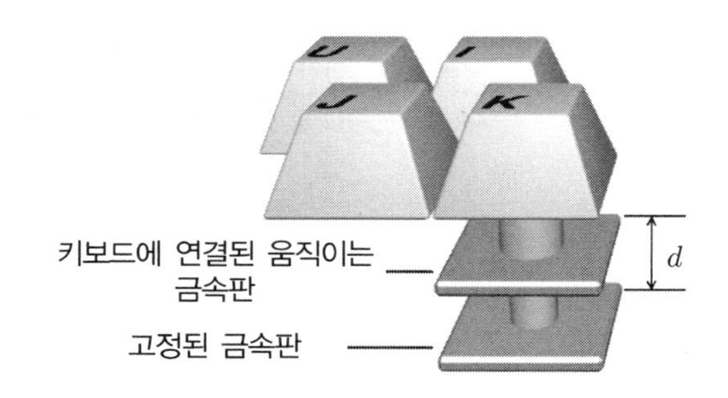

[그림 5.47] 컴퓨터의 키보드

Q29 그림 5.48(a)에서와 같이 스위치를 연결하여 축전기의 양극을 9V의 직류전원에 연결하여 완전 충전하였다. 축전기가 완전히 충전된 후, 스위치를 그림 5.48(b)와 같이 연결한 후, 두 금속판 사이의 거리(d)를 "D"($D > d$)로 증가시키면 두 금속판 사이의 전압은 건전지의 전압 9V와 비교하여 어떻게 되겠는가?

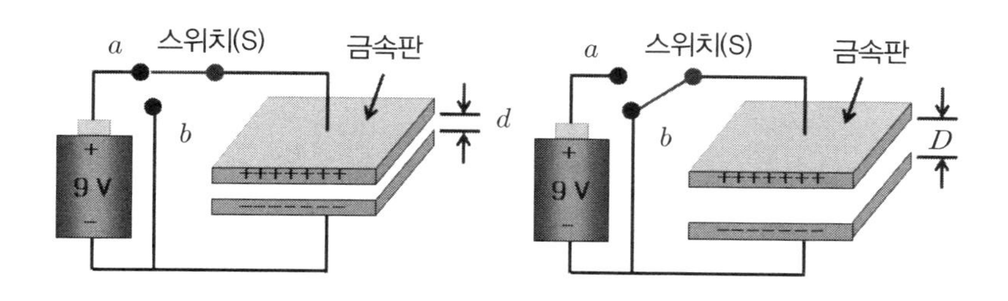

(a) 스위치를 "a"에 연결 (b) 스위치를 "b"에 연결

[그림 5.48] 축전기 두 금속판사이의 전압

축전기는 전기에너지를 저장하는 장치로서, 축전기에 충전된 전하량(Q), 축전지의 두 금속판 사이의 전압(V), 그리고 축전기의 전기용량(C)사이에는 $Q = CV$와 같은 관계가 있다. 한편, 축전기의 전기용량은 금속판의 면적(A)에 비례하고 두 금속판 사이의 간격(d)에 반비례한다. 즉, $C = \frac{\epsilon_0 A}{d}$ 와 같은 관계가 있으며, ϵ_0 는 진공 중에서의 유전율이다.

축전기의 두 금속판을 그림 5.48(a)에서와 같이 $9\,V$의 전원에 연결하여 축전기가 완전히 충전된 경우, 두 금속판사이의 전압은 $9\,V$를 가리키게 되며 축전기의 두 금속판에 일정량의 전하(Q_0)가 충전된다. 이 상태에서 두 금속판의 거리를 증가시키면, 축전기의 전기용량이 감소한다. 축전기의 두 금속판에 저장된 전하량은 일정한데, 전기용량 C가 감소하면, 두 금속판사이의 전압이 증가해야 한다. 따라서 $9\,V$의 직류전원을 이용하여 축전기를 완전 충전한 다음에 두 금속판 사이의 거리를 증가시키면, 두 금속판 사이의 전압은 $9\,V$보다 커지게 된다. [참고자료 21]

Q30 그림 5.49(a)에서와 같이 스위치를 연결하여 축전기의 양극을 9 V의 직류전원으로 완전 충전하였다. 완전 충전된 상태에서 그림 5.49(b)에서와 같이 두 금속판 사이에 유전체 판을 끼워 넣으면, 두 금속판 사이의 전압은 건전지의 전압 9 V와 비교하여 어떻게 되겠는가? 참고로 유전체는 유리와 같이 전기가 통하지 않는 물질을 말한다.

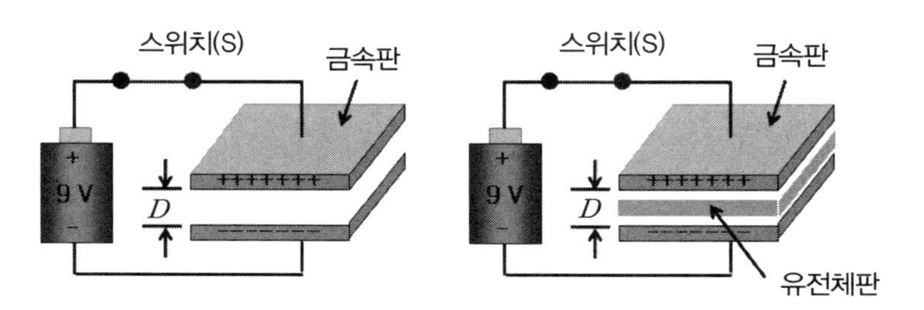

(a) 스위치를 9V 전원에 연결 (b) 두 금속판 사이에 유전체를 넣음

[그림 5.49] 축전기의 두 금속판사이 전압

두 금속판 사이에 유전체를 넣으면 두 금속판사이의 전압은 감소한다. 축전기의 경우에, 금속판에 저장되는 전하량(Q), 축전기의 전기용량(C) 및 두 금속판 사이의 전압(V)사이에는 "$Q = CV$"라는 관계식이 성립한다. 두 금속판 사이가 공기로 채워진 경우에 축전기의 전기용량을 C_0, 유전체의 유전상수가 k일 때, 두 금속판 사이에 유전체를 넣으면 축전기의 전기용량(C_d)은 k배 만큼 증가하여 축전기의 전기용량은 $C_d = kC_0$가 된다. 이러한 결과는 두 금속판 사이에 삽입된 유전체의 분극에 기인한다(그림 5.50 참조). 9 V의 직류전원에 의해 두 금속판에 충전된 전하량은 일정하지만, 유전체를 넣으면 축전기의 전기용량이 증가하기 때문에 전압은 감소하게 되어 9 V보다 작은 값을 가리킨다.

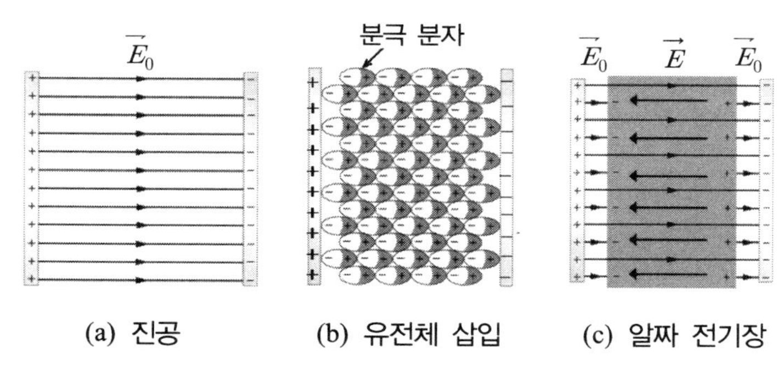

(a) 진공 (b) 유전체 삽입 (c) 알짜 전기장

[그림 5.50] 유전체가 삽입된 축전기 내에서의 전기장

이는 그림 5.50에서 보여주는 바와 같이 축전기의 두 금속판 사이에 유전체를 삽입하면, 유전체의 분극분자들이 만드는 전기장(그림 5.50(c)에서 왼쪽으로 향하는 화살표)에 의하여 두 금속판사이의 알짜 전기장은 그림 5.50(c)에서와 같이 감소한다. 전기장(E)과 전압(V)사이의 관계는 $V = Ed$ (d: 두 금속판 사이의 간격)와 같다. 따라서 두 금속판사이의 알짜 전기장이 유전체의 삽입에 의하여 감소하지만 두 금속판 사이의 간격이 일정하므로, 두 금속판 사이의 전압도 감소하게 된다.

축전기에 저장되는 에너지(E)는 $E = \frac{1}{2}QV = \frac{1}{2}CV^2$으로 주어지므로, 이는 유전체를 축전기의 두 금속판 사이에 삽입하면 같은 크기의 전압을 사용하여 좀 더 많은 전하를 충전할 수 있다는 것을 의미한다. 다시 말해서 유전체를 삽입하는 경우에, 같은 크기의 전하를 저장하는데 필요한 에너지의 양이 감소한다는 것을 뜻한다. 따라서 유전체를 두 금속판 사이에 삽입하면, 축전기에 저장되는 전하의 양이 증가하게 되므로 유전체의 분극을 이용하여 좀 더 많은 에너지를 저장하는 또 다른 에너지 저장법이라 할 수 있다. [참고자료 22]

Q31 **2개의 평행 금속판을 고전압의 직류전원장치에 연결하여 대전시킨 두 금속판 사이의 전압은 "A"를 가리켰다. 그림 5.51과 같이 성냥불을 켜서 성냥불의 불꽃을 두 금속판 사이에 위치시키면, 두 금속판 사이의 전압은 "A"보다 커지겠는가 아니면 더 작아지겠는가? 또한 불꽃의 모양에는 어떤 영향을 미치겠는가?**

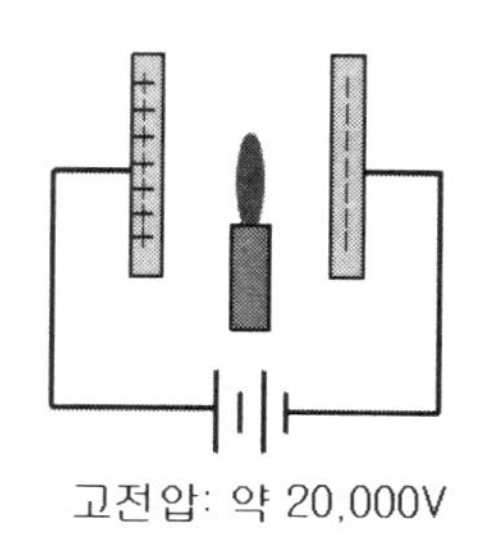

[그림 5.51] 대전된 축전기의 두 금속판 사이에 놓인 불꽃

성냥불의 불꽃은 많은 양의 전자 및 양이온들을 발생시키므로, 불꽃 내에는 많은 자유전자들과 함께 양이온들이 포함되어 있는 것으로 알려져 있다. 양초의 불꽃에는 양전하들이 많이 있기 때문에, 양초 불꽃을 고압으로 대전된 두 금속판 사

이에 가까이 가면 두 금속판 사이에 형성된 전기장의 방향으로 양전하들이 힘을 받아 휘어지는 것을 알 수 있다(그림 5.52 참조).

일반적으로 불꽃 안에는 비교적 많은 양이온들과 전자들이 존재하는데 이들이 서로 반대 부호의 전하들로 대전된 축전기의 두 금속판에 이끌리어 이동하여 두 금속판 사이에 전류가 흐르게 되므로 두 금속판 사이의 전압은 급격히 감소한다. 우리가 성냥불의 불꽃을 볼 수 있는 이유는 불꽃 플라즈마에 존재하는 자유전자들이 플라즈마 내의 양이온들에 지속적으로 이끌리어 서로 결합하기 때문으로 알려져 있다.

물질들이 탈 때에 불빛의 색은 물질의 특성에 의존한다. 한 예로서 천연가스는 타면서 청색을 내며, 소금은 노랑색의 빛을 발생시킨다. 이러한 성질을 이용하여 물질을 구별하는 방법 중의 하나가 물질을 태워서 발생되는 불꽃의 색을 분석하는 방법이다. [참고자료 23~26]

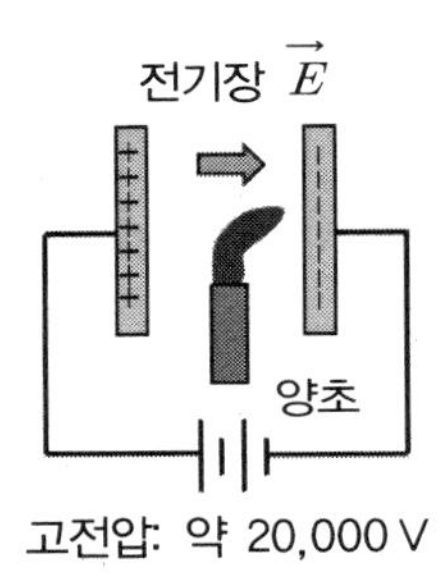

[그림 5.52] 축전기의 두 금속판 사이에 있는 불꽃의 모양

Q32 축전지, 꼬마전구 및 스위치가 그림 5.53과 같이 직류전원(예를 들면 건전지)과 직렬로 연결되어 있다. 스위치를 연결하면 꼬마전구에는 전기적으로 어떠한 일이 벌어질까? 만약에 전원이 직류가 아닌 교류전원이라면 꼬마전구는 어떻게 될까?

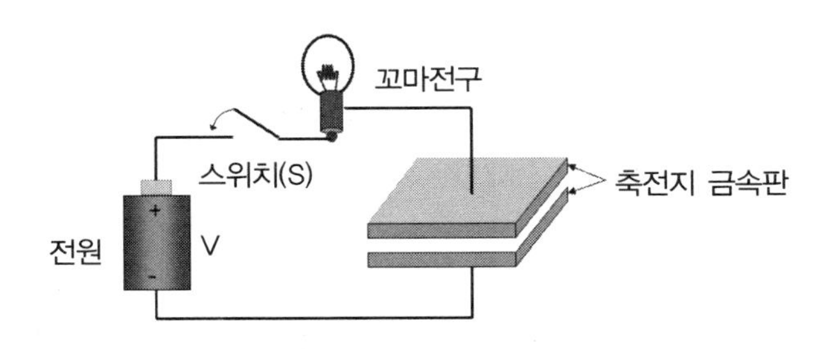

[그림 5.53] 직류전원에 직렬로 연결된 꼬마전구와 축전기

스위치를 연결하기 전에 축전지의 금속판은 전기적으로 중성이다. 다시 말해서, 양(+)의 전하들과 음(−)전하들이 같은 양으로 존재한다. 하지만 스위치를 연결하면, 위쪽 금속판에 있던 자유전자들이 꼬마전구를 통과하면서 아래쪽 금속판으로 이동하게 되므로 회로에 전류가 흐르는 것과 같게 된다. 따라서 꼬마전구에 불이 켜진다(그림 5.54 참조).

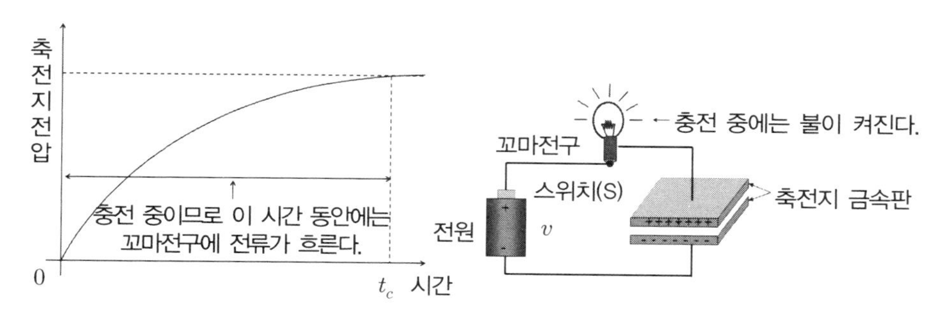

[그림 5.54] 축전기가 충전되는 과정

하지만, 위쪽 금속판에 있던 자유전자들이 계속하여 아래쪽의 금속판으로 이동하는 것이 아니고, 어느 정도 쌓이게 되면 더 이상 쌓이지를 않는데, 이러한 현상을 축전지가 완전 충전되었다고 한다. 축전지가 완전 충전되면 전자들이 더 이상 쌓이지를 못하므로 꼬마전구를 통과하는 전자들이 없게 되어 스위치가 연결되어 있더라도 전류가 흐리지 않으므로 꼬마전구는 꺼지게 된다(그림 5.55 참조).

만약에 전원이 직류가 아닌 교류라면 아래쪽에 쌓였던 전자들은 교류전원의 1/2 주기가 지나면 위쪽의 금속판에 쌓이게 된다. 교류전원 주기의 1/2주기가 다시 지나면 아래쪽 금속판에 전자들이 쌓이는 일이 다시 반복되므로 계속하여 꼬마전구가 켜지게 된다. 이러한 일은 교류전원이 한 주기마다 반복된다. 교류전원이 꼬마전구와 축전지에 직렬로 연결된 경우에, 전자들은 “위쪽 금속판-꼬마전구-교류전

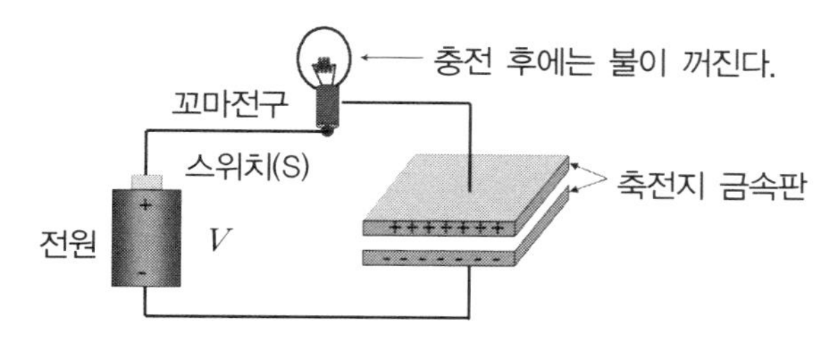

[그림 5.55] 축전기의 충전이 끝난 후

원-아래쪽 금속판” 사이를 왔다갔다하면서 회로에 전류가 흐르게 되어 꼬마전구에 불이 켜지는 것이다. 즉, 전류는 “a-b-c-d-c-b-a-b”와 같은 경로를 따라 흐르는 것이지 “a-b-c-d-a-b-c-d”와 같이 유전체를 통과하여 흐르는 것은 아니다(그림 5.56 참조). 참고로 그림 5.56에서 유전체의 두께는 실제로 매우 얇은데 설명을 위하여 두껍게 그린 것이다.

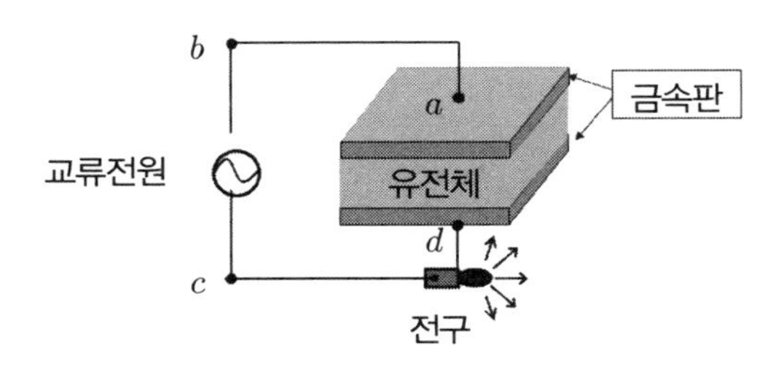

[그림 5.56] 교류전원에 축전기와 꼬마전구가 직렬로 연결된 경우

Q33 수도꼭지에 백열전구를 연결하여 불을 켤 수 있을까?

여러분 학교의 운동장에 쇠막대의 일부를 땅에 박고, 전선을 연결하여 전구의 한쪽에 연결한다. 전구의 나머지 한쪽은 가정의 벽에 설치된 콘센트에 연결하면 전구에 불이 켜지는 지에 대한 실험이다. 물론 콘센트를 보면 2개의 구멍이 있는데 2개의 구멍중 하나에 연결하면 전구가 켜지는 데 비하여 반대쪽의 구멍에 연결하면 불이 켜지지 않는다. 이러한 이유를 알기 위해서는 전철을 생각하면 이해가 쉽다. 전철의 선로 위를 보면 선로 위에 설치된 전선이 기차에 연결된 선이 하나임을 알 수 있다. 그런데 기차는 전기를 이용하여 달리는 이유를 생각하면 이해가 될 것이다.

주의 가정에서 이러한 실험을 하면 전구를 연결하는 순간에 전구가 깜빡거리면서 전기가 모두 나간다. 실험을 직접해 보고 싶은 경우에는 전문가와 함께 누전차단기의 작동을 중지시키고 실험을 수행하기 바란다.

Q34 에너지(Joule)와 출력(또는 전력: W)은 서로 어떻게 다른가?

출력은 초당 생산되거나 소모되는 에너지의 비율로서 단위는 와트(watt)를 사용한다. 한 예로서 어떤 엔진의 출력이 1000 W라고 하면, 1초당 1000 주울(Joule)의 에너지를 발생시킬 수 있다는 의미이며 Joule은 에너지의 단위로서 $kg \cdot m/s^2 \cdot m = kg \cdot m^2/s^2$을 말한다. 1,000 W의 엔진을 1시간 가동시킨다면, 발생된 총에너지는 $1{,}000\,J/s \times 3{,}600\,s = 3{,}600{,}000\,J$의 에너지를 발생시킨다는 의미이다. 일상생활에서 많이 사용하는 전기의 경우에 와트보다는 KWh를 많이 사용하는데 이는 1시간동안 사용한 에너지를 W의 1,000배인 KW로 나타낸 것이다. 따라서 사용한 전기량이 10 KWh 함은 1시간동안에 $10{,}000J/s \times 3{,}600s = 36{,}000{,}000\,J$의 에너지를 사용했다는 의미이다. [참고자료 27]

Q35 **발전소에서 발전된 전기를 일반 공장이나 가정으로 송전할 때에, 전압을 매우 높게 하여 전기를 사용하는 지역으로 보낸 후, 다시 공장이나 가정에서 사용하는 전압인 220 V로 낮춘다. 이처럼 전기를 발전소에서 발전된 전기를 먼 지역으로 송전하는 경우에 고전압을 사용하는 이유는 무엇일까?**

전압이 12 V이면서 12 W의 에너지를 공급할 수 있는 전원이 있다고 하자. 이러한 전원에 저항이 12Ω인 전구를 연결하면 1A의 전류가 흘려 전구는 12 W의 전력을 소모하게 된다(그림 5.57(a) 참조). 하지만, 전원으로부터 전구를 연결하여 주는 전선의 길이를 매우 길게 하면 어떻게 될까?(그림 5.57(b) 참조).

물론 이 경우에도 전구에는 불이 들어오게 되며, 전선에 흐르는 전류는 전구에 흐르는 전류와 같다. 그러나 전선의 길이가 길어지면, 길이에 비례하여 증가하는 저항의 특성 때문에 전선에서 많은 열이 발생하게 되어 전구의 전력이 감소하게 된다. 또한 전구가 밝게 빛나는 이유는 전구의 필라멘트에 흐르는 전류에 의해서 결정되는 것이지 전압에 의해서 결정되는 것이 아니다. 따라서 전구에 12 W의 전력을 공급하기 위하여 전원의 전압을 높이는 대신에 전선에 흐르는 전류의 크기를 1A보다 작게 하면 어떻게 될까? (그림 5.58 참조)

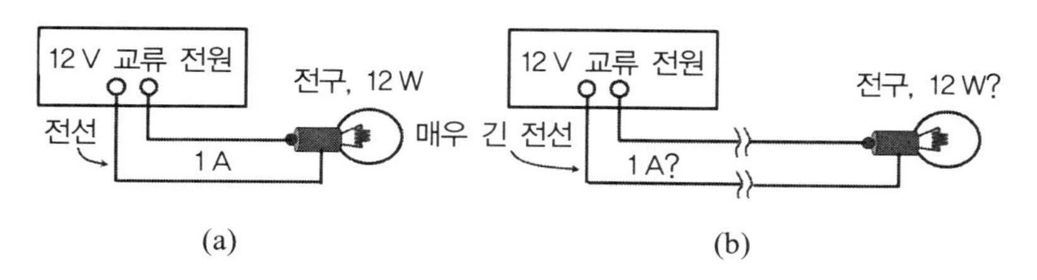

그림 5.57 낮은 전압의 전원에 연결한 경우

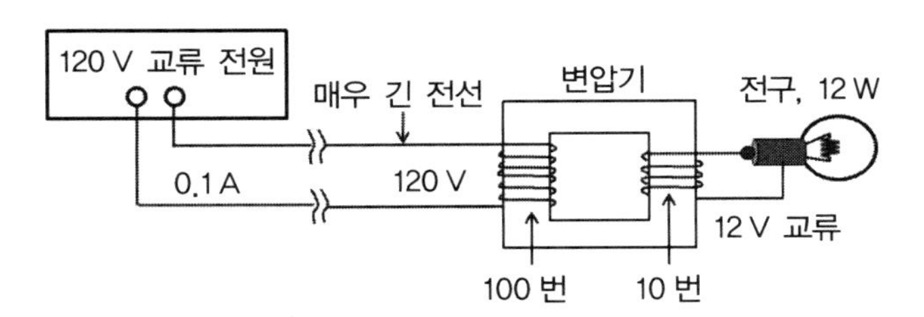

[그림 5.58] 높은 전압의 전원에 연결한 경우

즉, 그림 5.58에서와 같이 전압을 120 *V* 로 올리는 대신에 전선에 흐르는 전류를 0.1 *A* 로 작게 흐르게 하더라도 전구에는 12 *W* 의 에너지를 공급하게 된다. 전류가 흐르는 전선에서 발생되는 열은 전류의 제곱에 비례하므로, 이처럼 전선에 작은 전류가 흐르도록 하면 전선에서 발생되는 열로 인한 전력손실을 크게 줄일 수 있다. 따라서 전원의 전압을 120 *V* 로 올려서 전기를 공급한 다음, 변압기를 사용하여 전압을 12 *V* 로 낮추어 전구를 연결하면 전구에는 1 *A* 의 전류가 흐르면서 12 *W* 의 열을 발생하게 된다.

이처럼 전원과 전구를 연결하여주는 전선에서의 열 손실에 의한 전력의 낭비를 막기 위하여 높은 전압이면서 낮은 전류를 보내는 방법과 같은 원리로 발전소에서 발전된 전기를 먼 거리에 있는 공장이나 가정에 송전할 때에는 고전압을 사용한다. 다시 말해서, 발전소에서 발전된 전기를 먼 거리까지 송전하는 경우에는 고전압이면서 낮은 전류로 수송하며, 그 이유는 전선에서 발생되는 열 때문에 발생되는 에너지 손실을 줄이기 위함이다.

Q36 그림 5.59와 같이 전구안의 필라멘트를 지지하고 있는 지지대가 작은 힘에도 잘 휘어진다고 가정할 때, 어떻게 하면 전구안의 필라멘트를 주기적으로 흔들어 줄 수 있을까? 교류전원은 전구를 밝게 밝히기에 충분한 전류를 공급한다.

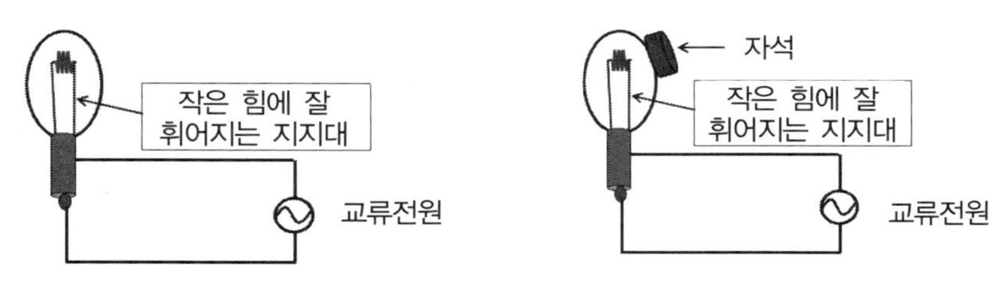

[그림 5.59] 필라멘트 흔들어주기 **[그림 5.60]** 교류 전원에 연결된 전구의 필라멘트

도선에 전류가 흐르면 주위에 자기장이 발생한다. 그런데 전구에 흐르는 전류가 교류이므로, 교류전류가 만드는 자기장은 크기와 방향이 시간에 따라 연속적으로 변하게 된다. 따라서 그림 5.60과 같이 전구의 바깥쪽 표면에 자석을 붙이면, 전구에 흐르는 교류전류와의 상호작용에 의해서 전구의 필라멘트는 흔들리게 된다. 가정에서 사용하는 60Hz 를 흘러주면 눈으로 관측하기가 어려우므로, 눈으로 관측이 비교적 쉬운 10Hz 정도의 교류를 사용하면 비교적 쉽게 관찰된다.

5.2 자기에 대한 기초개념

Q37 우리가 일상적으로 접하는 막대자석을 그림 5.61과 같이 나타내었다. 이러한 막대자석을 1/2로 자르면, 잘려진 각각의 조각은 N극과 S극이 분리되지 않고, N극과 S극을 가진 2개의 자석이 된다. 계속 막대자석을 자르면, N극과 S극을 분리할 수 있을까?

그림 5.61은 막대자석을 1/2의 크기로 잘라가는 과정을 나타낸 것으로, 자석을 길이방향으로 1/2로 자른다고 하더라도 자석의 N극과 S극은 서로 분리되지 않음을 보여주고 있다.

또한 그림 5.62는 나침반 근처로 막대자석을 가까이 가져가는 경우에 나침반의 자침이 회전한 경우를 찍은 사진이다. 그림 5.63은 도선에 전류가 흐르면 나침반의 자침이 회전하는 모습을 보여주고 있다. 이로부터 도선에 전류가 흐르면 주위에 자기장이 형성된다는 사실을 알 수 있다. 따라서 자기장은 막대자석과 같은 자석에 의해서도 발생되며, 도선에 흐르는 전류에 이해 발생된다는 사실을 알 수 있다.

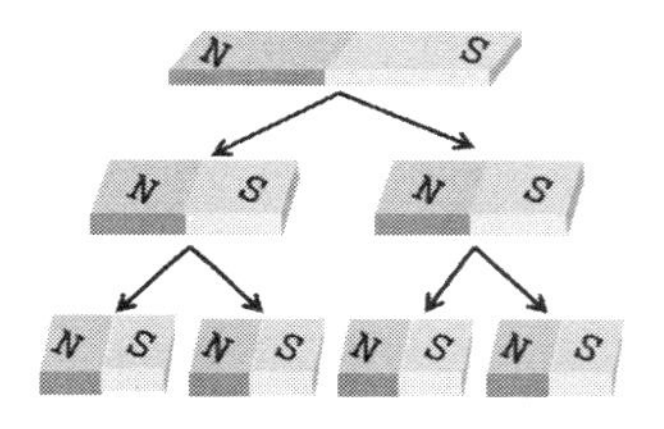

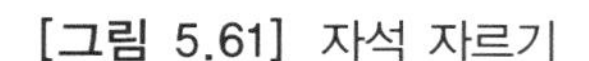
[그림 5.61] 자석 자르기

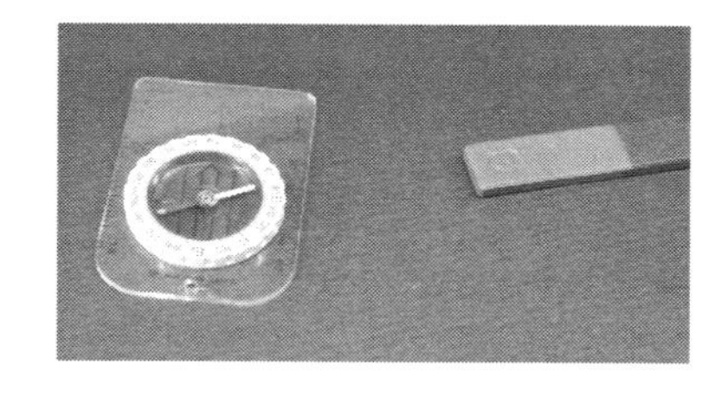
[그림 5.62] 자석에 의한 나침반 자침의 회전

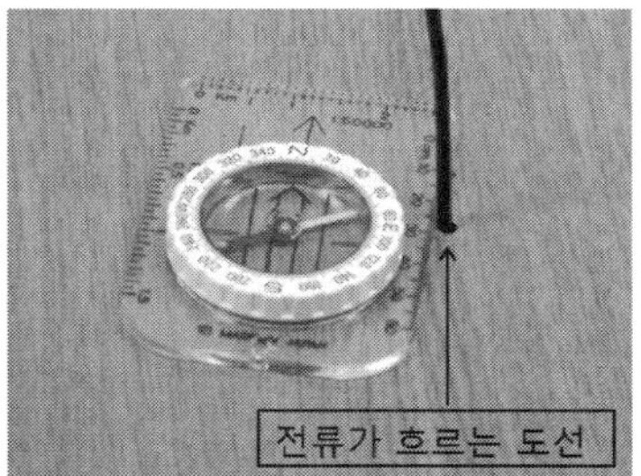

[그림 5.63] 도선에 흐르는 전류에 의한 자기장

그림 5.63은 자기장을 만드는 근원이 전류라는 사실을 알려주고 있다. 그렇다면, 막대자석의 경우에는 전류가 흐르지 않는데도 불구하고 막대자석 주위에 자기장을 만들어주는데, 이 경우에 자기장의 근원은 무엇인가? 물론 이 경우에도 자기장의 근원은 전류이다.

막대자석을 아주 작게 쪼개어 원자(또는 분자)크기까지 쪼갰다고 생각하여 보자. 원자의 경우에 중심에 원자핵이 있고, 핵 주위를 전자가 회전하고 있다. 전자는 (−)전기를 띠고 있는 작은 알갱이므로, 원자핵 주위로 회전운동을 한다는 것은 전류를 만들어내고 있다는 의미이다. 일반적으로 전류의 방향은 전자의 운동방향과 반대로 정하고 있으므로, 그림 5.64에서 전자들이 시계방향으로 운동하는 경우에, 전류는 반시계방향으로 흐른다고 생각할 수 있다.

전류가 반시계방향으로 흐르므로, 이들이 만드는 자기장의 방향은 그림 5.64의 원자자석으로 나타낸 것과 같은 방향을 가리키게 된다.

그렇다면 모든 물질은 원자나 분자들로 구성되어 있는데, 어떤 물질은 자석의 특성을 보이고 어떤 물질은 안 보이는 이유는 무엇일까? 이는 각각의 원자나 분자들이 만든 자기장의 방향이 특정방향으로 정렬되면 영구자석의 특성을 보이지만, 대부분의 물질들은 특정방향으로 배열되지 않고 임의의 방향을 향하고 있기 때문

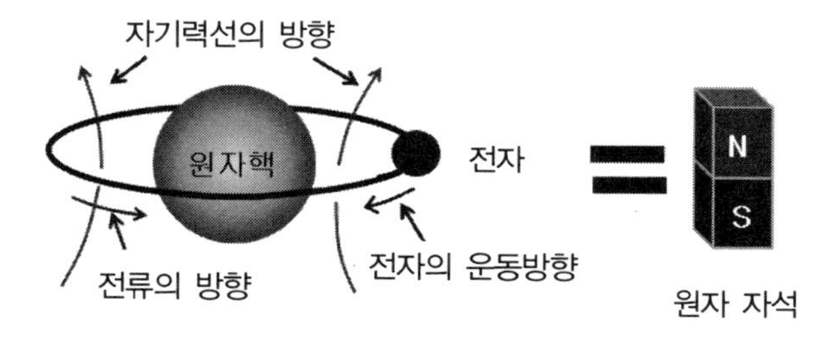

[그림 5.64] 원자자석의 원리

에 각각의 원자자석들이 만드는 자기장이 서로 상쇄되기 때문에 영구자석의 특성을 보이지 않는 것이다. 한편 원자핵 주위를 회전하고 있는 전자는 자전운동을 한다. 이러한 자전운동에 의해서도 자기장이 만들어진다. 따라서 1개의 원자가 만드는 자기장은 전자가 원자핵 주위를 회전하면서 생기는 자기장과 전자의 자전에 의한 자기장을 벡터적으로 합한 자기장을 형성하게 된다.

Q38 철과 같은 금속성 물질은 왜 자석에 붙는가?

집안에 있는 모든 금속성 물체를 자석에 붙여보면, 모든 금속이 자석에 붙지 않는다는 사실과 함께, 자석에 붙는 금속들은 거의 모두 철로 만들어졌다는 것을 알 수 있다. 강철은 합금이라고도 하는데 합금이라고 부르는 이유는 여러 가지의 재료들이 합쳐 만들어졌기 때문이지만, 주로 철로 만들어졌다.

조금은 복잡하겠지만, 자석이 어떻게 작용되는지 알아보면 다음과 같다. 자석의 한쪽 끝에는 N극이 있고, 반대쪽에는 S극이 있다고 생각할 수 있다. 자석의 N이 다른 자석의 S극이랑 가까워지면 서로 잡아당기는 힘이 작용하여 붙게 되지만, 같은 N극끼리 마주치게 되면 서로 밀어내게 된다. 만약 자석이 두개 있어 실험하여 보면 한쪽 방향으로는 강하게 붙지만, 반대로는 서로 밀어낸다는 것을 쉽게 알 수 있으며, 이미 경험을 통하여 잘 알고 있다. 철은 수십억 개의 조금만한 자석(철 원자 하나하나가 자석으로 "원자자석"으로 생각할 수 있다.)들로 구성되어 있으며, 각각은 매우 작은 나침판의 바늘과 같다.

철 조각을 큰 자석의 N극 쪽으로 가까이 가져가면, 큰 자석의 N극과 철 조각내의 원자자석의 N극 사이에 반발력이 작용하게 된다. 그러므로 철 조각 안에 들어있는 수많은 원자자석들은 이러한 반발력에 의하여 큰 자석의 N극과 최대한 멀어지도록 회전하여 원자자석들의 S극이 큰 자석의 N극과 가까워짐으로서 큰 자석에 붙게 된다. 물론 구리나 알루미늄 같은 금속에서도 구리원자나 알루미늄 원자는 하나의 원자자석이다. 그러나 구리금속이 자석에 붙지 않는 이유는 구리조각을 큰 자석의 N극 쪽으로 가까이 가져간다고 하더라도 철에서와 같이 원자자석이 회전하여 원자자석의 S극이 큰 자석의 N극과 가까워지려는 배열이 일어나지 않는다. 따라서 각각의 원자자석들의 방향이 임의의 모든 방향을 향하기 때문에 큰 자석과 원자자석들 사이에 작용하는 알짜 자기력이 "0"이 되기 때문이다. 철이 자석에 붙는 이유는 자석의 S극과 N극 사이에 인력이 작용하는 것과 같은 원리로 자석에 붙게 된다. [참고자료 28]

Q39 그림 5.65는 우리가 일상생활에서 자주 접하는 얇은 고무판모양의 자석으로 광고지 뒷면에 주로 많이 붙어있다. 이러한 고무판모양인 자석의 S극과 N극은 어떻게 구성되어 있을까?

[그림 5.65] 광고용 스티커에 사용되는 평판 자석

냉장고 및 금속성 물체에 붙이는 고무판모양의 자석은 우리가 일상적으로 접하는 막대자석이나 말굽형 자석과는 달리 얇고 평편한 모양으로 한쪽 면은 금속성 물체에 붙으나, 반대쪽 면은 붙지 않는다. 이러한 얇은 고무판 모양의 자석은 그림 5.66과 같이 얇은 띠 모양으로 N극과 S극이 반복되는 형태로 되어있다.

그림 5.67은 이러한 얇은 고무판 모양의 자석을 옆에서 본 모습을 확대하여 나타낸 것이다. 따라서 N극과 S극이 번갈아가면서 형성되어 있어, 광고용지 뒤에 붙은 얇은 고무판 모양의 자석을 겹쳐 놓은 상태에서 조금씩 옆으로 밀면, 일정한 간격으로 서로 인력 또는 척력이 작용한다는 것을 느낄 수 있다. 즉, 자석중의 하나인 띠 모양의 S극이 바로 옆 자석의 띠 모양의 N극과는 인력이 작용하게 되고, 좀

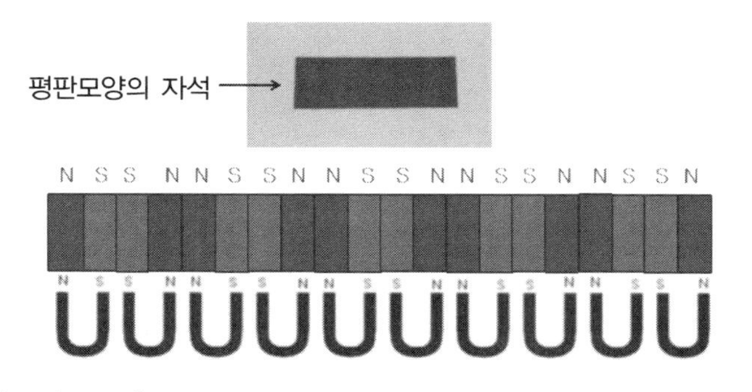

[그림 5.66] 광고용 스티커에 사용되는 평판자석의 구조 및 모양

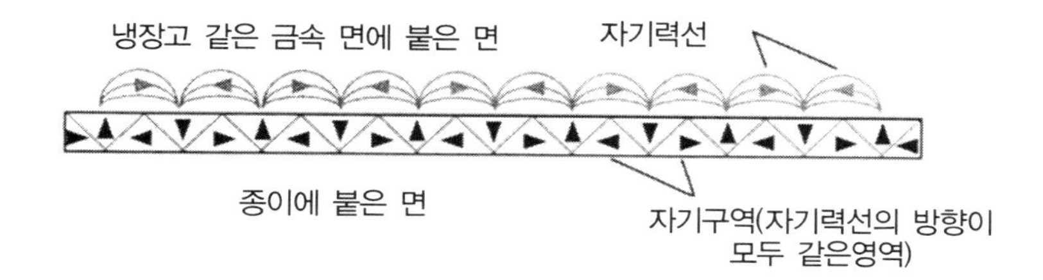

[그림 5.67] 평판 자석을 측면에서 본 구조

더 밀면 띠 모양의 S극을 만나면 서로 척력이 작용한다는 것을 알 수 있다. 이러한 N극과 S극은 약 2 mm 간격으로 서로 떨어져 있으며, 자석의 뒷면을 자세히 들여다보면 그림 5.66에서와 같은 띠모양의 자석들이 모여 있다는 것을 알 수 있다. 또한 자석 주위로 철가루를 뿌려서 철가루의 분포를 보면 띠 모양의 자석들이 서로 연결되어 있다는 것을 알 수 있다 (그림 5.68 참조). [참고자료 29~30]

[그림 5.68] 평판 자석 위에 철가루를 뿌린 모습

Q40 **1달러 (5, 10 및 20달러 지폐 또는 50,000원권 지폐) 지폐가 자석에 붙는 이유는 무엇인가?**

미국 연방준비은행이 달러 지폐를 인쇄할 때, 산화철(FeO) 또는 자화가 가능한 물질을 사용한다고 한다. 이처럼 자기적 성질을 가지는 잉크를 사용하는 이유는 벤딩기계 등에서 자성 패턴을 인식하여 위조지폐의 사용을 방지하려는 이유도 있으며, 이러한 기술은 자석잉크특성인식 기술(Magnetic Ink Character Recognition: MICR)이라고 불린다.

어떤 물질이 자석에 붙는 이유는 물질을 구성하고 있는 원자나 분자들의 자기쌍극자(자석의 N극과 S극을 합하여 자기쌍극자라고 한다.)의 배열 때문이다. 다시

말해서 원자나 분자들은 하나의 아주 작은 하나의 자석(원자자석 또는 분자자석)으로 생각할 수 있다. 일반적으로 자석은 같은 극끼리는 서로 반발하고 반대 극끼리는 서로 잡아당기게 된다. 따라서 물질을 구성하고 있는 원자나 분자들이 만드는 원자자석 또는 분자자석의 배열이 외부에서 가해주는 자석의 극과 반대방향으로 배열되면 자석에 붙게 된다. 이러한 조건을 만족하는 물질 중의 하나가 산화철(그림 5.69(a)참조)이다. 하지만, 자석에 붙지 않는 금속은 금속을 구성하는 원자 또는 분자들이 만드는 원자자석 또는 분자자석의 배열이 외부에서 가해주는 자석의 극과 상관없이 임의의 방향을 향하므로 자석에 붙지 않게 된다(그림 5.69(b)참조). 그림 5.69에서 타원 내에 "N과 S"로 나타낸 것은 각각의 원자 또는 분자자석의 극을 나타낸 것이다.

위에서 설명한 원리에 의해서 산화철 또는 자화가 가능한 물질을 포함한 잉크를 사용하여 인쇄된 1달러 지폐 또는 5만원권 지폐는 자석에 붙게 되는 것이다. 이들 지폐의 경우에 잉크가 많이 사용된 곳으로 자석을 가까이 가져가면 지폐들이 더 잘 달라붙는 것을 확인할 수 있다. [참고자료 31]

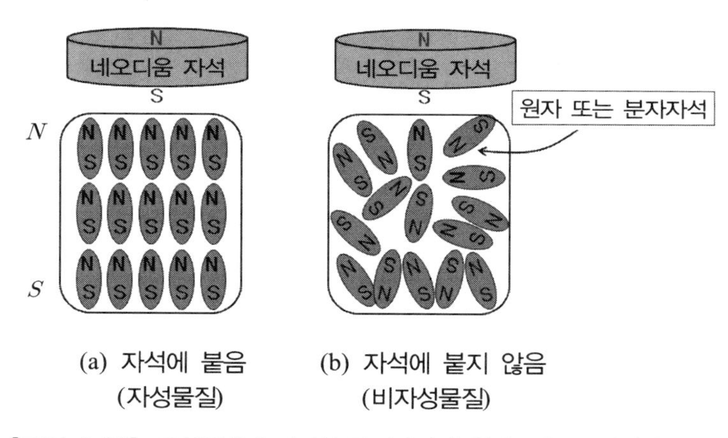

[그림 5.69] 자성물질과 비자성 물질에서의 원자 또는 분자자석 배열

Q41 알루미늄 금속을 강한 자석근처로 가져가면 어떤 반응을 보일까?

외부에서 가해준 자기장에 대한 물질의 반응에 따라 물질은 크게 반자성, 상자성 및 강자성 물질로 분류된다. 이중에 알루미늄, 마그네슘 및 텅스텐 같은 물질은 상자성 물질, 비스무스, 구리, 다이아몬드 및 물 같은 물질은 반자성 물질 그리고 강철과 같은 물질은 강자성 물질이라 한다. 알루미늄과 같은 상자성 물체에 강력한 자석을 가까이 접근시키면 상자성 물체는 약하게 자화가 된다, 즉 아주 약하게 자석이 되면서 강력한 자석 쪽으로 끌리게 된다. 하지만 일상적으로 이러한 관찰이 어려운 이유는 알루미늄 금속에 작용하는 중력 또는 마찰력이 자기력에 비하여 워낙 크기 때문이다. 따라서 중력 등에 의한 효과를 없애고 자기력에 의한 효과만을 관찰하기 위하여 그림 5.70과 같이 알루미늄 막대를 실에 매달고 강력한 자석을 알루미늄 막대에 가까이 가져가면 알루미늄 막대가 자석에 이끌리는 현상을 관찰할 수 있다.

같은 모양의 강철막대에 작용하는 자기력은 알루미늄 막대에 작용하는 힘의 약 1,000배 정도 크므로 똑같은 자석을 가지고 실험하면, 강철막대는 쉽게 자석에 끌려오는 것이 관찰되지만 알루미늄 막대는 마찰력 등에 의하여 거의 움직이지 않으므로 일반적으로 자석에 반응하지 않는 것처럼 보인다. 이에 대한 동영상을 보려면 참고자료 32의 사이트에 접속하던지 아니면 인터넷에서 “Diamagnetism and Paramagnetism”으로 검색하면 관련 동영상을 비교적 쉽게 찾을 수 있다.

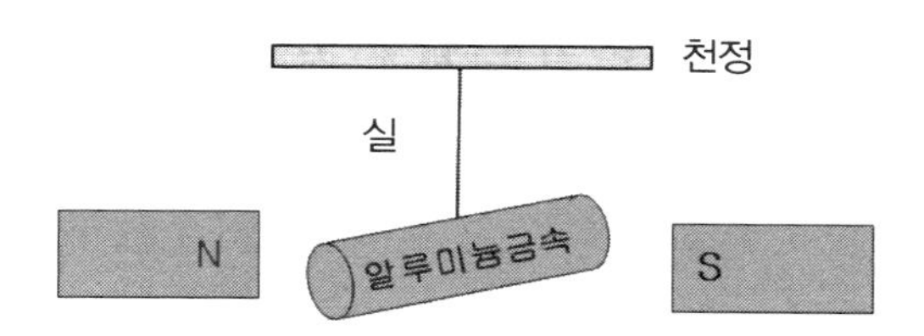

[그림 5.70] 자석에 이끌리는 알루미늄 금속

Q42 그림 5.71과 같이 자유로이 회전할 수 있는 막대의 양 끝에 포도를 고정시키고 강한 네오디움 자석을 포도 가까이 가져가면 어떤 일이 일어날까?

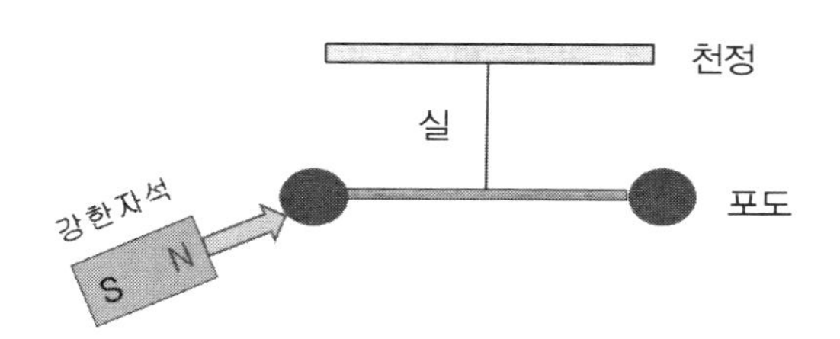

[그림 5.71] 자석에 반응하는 과일포도

자석에 반응하는 물질은 물질의 반응에 따라 반자성, 상자성 그리고 강자성물질로 분류된다. 앞에서 설명하였듯이 알루미늄, 마그네슘 및 텅스텐 같은 물질은 상자성 물질, 헬륨, 비스무스, 구리, 다이아몬드 및 물 같은 물질은 반자성 물질 그리고 철과 같은 물질은 강자성 물질이라 한다.

포도의 주성분은 반자성물질인 물을 포함하고 있기 때문에 네오디움 자석같이 강한 자석의 N극 또는 S극을 포도 가까이 접근시키면 자석의 극에 관계없이 자석으로부터 멀어지는 방향으로 힘을 받아 움직이게 된다(그림 5.71 참조). 물론 자석이 이러한 반자성 물질에 미치는 힘은 똑같은 자석이 철과 같은 강자성 물질에 미치는 힘의 $\sim10^{-5}$ 정도로 매우 미약하다. 물을 많이 포함하고 있는 수박조각을 이용해도 같은 결과를 얻게 된다.

실험을 위하여 그림 5.71과 같은 장치를 만들지 않아도 물속에 네오디움 자석을 두고 약간 옆 방향에서 물 표면을 관찰하면, 자석이 놓인 부분의 물 표면이 다른 곳에 비하여 약간 옴폭 파인모양을 보이는데 이러한 현상도 물이 반자성이기 때문에 생기는 현상이다. 이때에 물의 깊이는 자석의 표면에서 약 1~2 mm 이내로 얕아야 쉽게 관찰할 수 있다. 또한 흑연도 반자성 물질의 한 예이다. 따라서 샤프심을 종이 위에 올려놓고 네오디음 자석을 샤프심 근처로 가져가면 샤프심이 자석으로부터 멀어지는 방향으로 굴러가는 것을 쉽게 관찰할 수 있다.

물질의 자기적 성질을 간단히 정리하면, 자석 쪽으로 아주 약하게 끌리는 성질을 가진 상자성 물질, 자석과 반대로 멀어지는 방향으로 움직이는 반자성 물질, 그리고 자석에 아주 강하게 이끌리는 성질을 가진 강자성 물질로 분류된다. [참고자료 33~34]

Q43 **직선 도선에 직류를 흘려주면, 도선 주위로 자기장이 생긴다는 것을 잘 알고 있다. 이러한 직선 도선에 교류를 흘려주면 도선 주위로 자기장이 생길까?**

교류 전압을 오실로스코프로 관찰하면 그림 5.72와 같이 전압의 크기가 시간에 따라 변한다. 그림 5.72에서 가로축은 시간의 변화, 세로축은 전압의 크기를 나타내며, (+)로 표시한 부분과 (−)로 표시한 부분은 도선에 흐르는 전류의 방향이 서로 반대임을 의미한다. 따라서 교류를 도선에 흘려주면 전류의 방향이 시간에 따라 주기적으로 변하며, 이러한 교류에 의해서 생기는 자기장도 교류와 같은 주기를

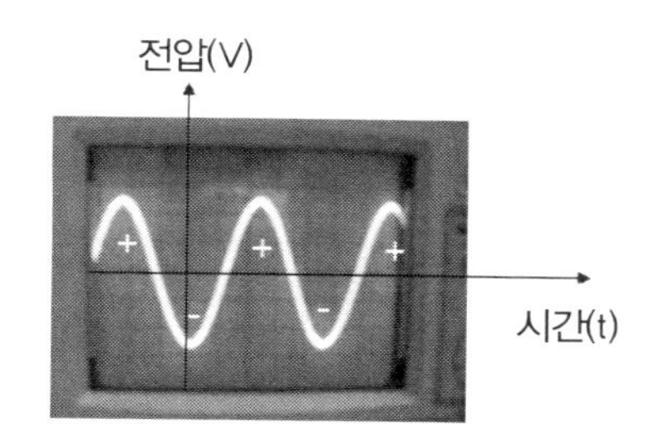

[그림 5.72] 오실로스코프로 관찰한 교류파형

가지고 방향이 바뀌게 된다.

교류를 직선모양의 도선에 흘려주었을 경우에 나침반의 움직임에 대하여 생각하여보자. 그림 5.73에서 $t=0$ 인 순간에 도선에 전류가 흐르지 않으므로 자침은 움직이지 않는다. 하지만, $t=t_1$ 인 경우에 가장 큰 $(-)$의 전류가 흐르게 되어 직선 도선으로부터 일정한 거리만큼 떨어져 있는 자침의 회전각이 가장 커진다. 그러다가 다시 $t=t_2$ 인 경우에 전류의 크기가 “0”이 되어 자침은 원래의 위치로 되돌아온다. 전류는 다시 “0”에서 증가하기 시작하여 $t=t_3$ 인 경우에 가장 많이 흐르게 되며 이때 전류의 방향은 $t=t_1$ 인 경우와 비교하여 반대방향이므로, 전류가 만드는 자기장은 $t=t_1$ 일 때에 만드는 자기장의 방향과 반대가 되어 자침의 방향도 반대가 된다. $t=t_3$ 에서 전류는 다시 감소하기 시작하여 $t=t_4$ 에서 “0”이 되므로 이 순간에 전류가 만드는 자기장도 “0”이 되어 자침은 다시 원래의 위치로 되돌아온다.

위에서 설명한 과정에 따라 교류가 흐르는 도선 근처에 생성되는 자기장은 시간에 따라 크기와 방향이 주기적으로 변하므로 자침의 움직임도 주기적으로 좌-우를 번갈아가며 움직인다.

가정에서 사용하는 전류도 교류인데 전류가 흐르는 도선근처에 나침반을 놓아도

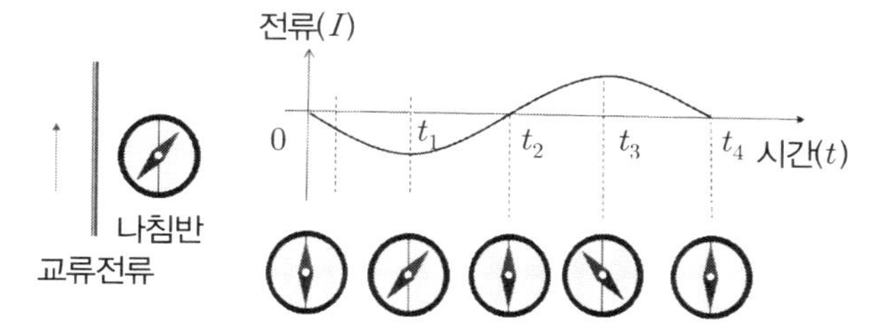

[그림 5.73] 직선도선에 흐르는 교류전류와 자침의 움직임

자침의 움직임을 관찰할 수 없는 이유는 전선의 2가락이 서로 아주 가까이 있어 전류가 흘러들어가고 나오는 전류에 의해 만들어지는 자기장이 서로 상쇄되는 효과로 관측이 어려운 면도 있으나, 주된 이유는 주파수가 60 Hz 로 매우 빨리 변하여 자침의 움직임이 이를 따라가지 못하여 마치 교류에 의해 자기장이 만들어지지 않아 정지하여 있는 것처럼 보이는 것이다.

교류에 의해서도 자기장이 만들어진다는 현상을 보다 쉽게 관찰하기 위해서 주파수는 1 Hz 로 작게 하여 나침반의 자침이 천천히 움직이도록 하면 쉽게 관찰된다. "Hz "는 주기적인 운동을 나타내는 단위 중의 하나로 "1 Hz"는 1초에 한 번씩 똑같은 운동이 반복된다는 것을 의미한다. 따라서 "1 Hz "와 1초 사이에는 1 Hz = 1/1 sec와 같은 관계가 있다.

Q44 미세한 전류를 측정할 수 있는 검류계의 두 단자에 긴 도선의 양끝을 연결한 후에, 그림 5.74와 같이 줄넘기를 하듯이 긴 도선을 회전시키면 도선에 어떤 현상이 일어날까?

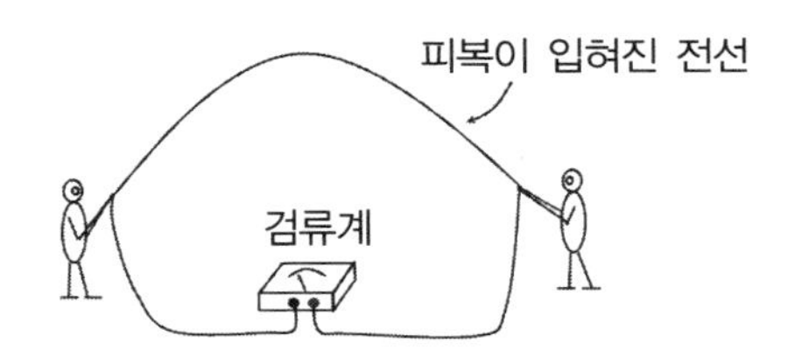

[그림 5.74] 검류계가 연결된 전선 돌리기

우리가 알고 있듯이 지구는 하나의 거대한 자석이며, 지구 자기장의 축은 지구의 회전축에 비하여 약 11.3° 기울어져 있다 (그림 5.75 참조). 자기력선은 일반적으로 N극에서 나와 S극으로 들어가는 모양으로 나타내므로, 지구의 북극은 자석의 S극, 남극은 N극인 모양을 한 하나의 거대한 자석이다. 따라서 우리는 거대한 크기의 지구자석이 만드는 자기장 안에 살고 있다고 볼 수 있다. 이러한 지구자석이 만드는 자기장의 세기는 지역에 따라 차이가 있는데 남아프리카와 남미지역의 경우에는 0.3 Gauss (Gauss : 자기장의 세기를 나타내는 단위)보다 작고 캐나다, 오스트레일리아 남부 및 시베리아 부분은 0.6 Gauss 정도이다.

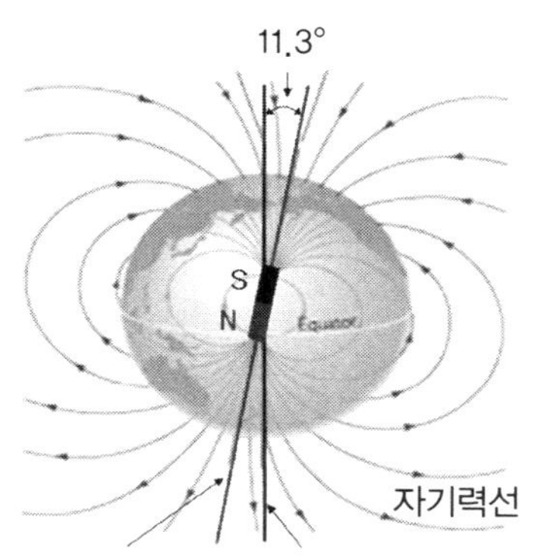

[그림 5.75] 지구에 의한 자기력선

그림 5.74에서와 같이 전선의 양끝을 검류계에 연결하면 하나의 폐회로가 형성되며, 두 사람이 전선을 회전시키면 폐회로를 통과하는 자기력선의 수가 시간에 따라 변하게 된다. 폐회로를 통과하는 자기력선의 수가 변하므로 폐회로에 유도기전력이 발생되어 전선에 전류가 흐르게 되는데 이러한 전류를 유도전류라 한다. 이러한 유도전류의 크기는 폐회로를 통과하는 자기력선의 수가 시간에 따라 얼마나 빨리 변하느냐에 의해서 결정되므로 전선을 빨리 회전시키면 더 큰 유도 기전력이 발생하여 검류계에 더 많은 전류가 흐르게 된다.

검류계는 아주 작은 크기의 전류를 측정할 수 있는 일종의 직류전류계이다. 하지만 그림 5.74에서 폐회로를 이루고 있는 전선에 흐르는 전류는 교류이므로, 전선을 너무 빨리 회전시키면 검류계의 바늘이 교류의 시간에 따른 변화율을 따라가지 못하는 경우가 발생할 수 있기 때문에 전선의 회전속도에 비례하는 전류가 검류계로 관측되지 않는 경우도 있다. 따라서 회전속도의 크기에 따른 유도전류의 크기를 알아보기 위해서는 미세한 크기의 교류전류 측정이 가능하도록 멀티미터의 측정범위를 설정하여 실험하면 회전속도의 변화에 따른 유도전류의 크기를 측정할 수 있다.

Q45 **가느다란 줄에 매달린 작은 금속구가 충전된 축전기의 두 금속판 사이에 놓이면, 어떤 일이 발생할까?**

작은 금속구(또는 전류가 잘 흐르는 전도성 물질로 코팅이 된 유전체 구)를 그림 5.76에서와 같이 2개의 금속판으로 구성된 축전기사이에 위치시키면, 금속판 A,

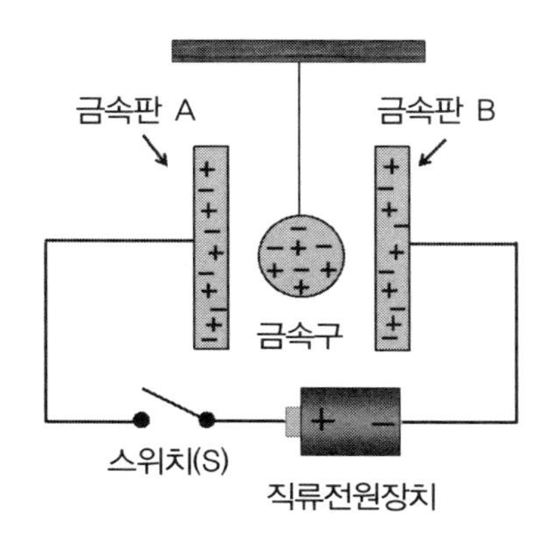

[그림 5.76] 대전되지 않은 축전기와 금속구

금속판 B 그리고 작은 금속구는 전기적으로 중성이기 때문에 이들 사이에 작용하는 전기력이 없어 아무런 움직임이 일어나지 않는다.

하지만 그림 5.77과 같이 스위치를 연결하면 금속판 A는 (+)로, 금속판 B는 (−)로 대전된다. 이처럼 축전기의 두 금속판이 대전되면 두 금속판 사이에는 전기장이 형성되고 이러한 전기장의 영향을 받아 전기적으로 중성인 금속구에 원래 존재하던 양(+)의 전하들은 음(−)으로 대전된 금속판 B쪽으로 이끌리며, 음(−)의 전하들은 양(+)으로 대전된 금속판 A쪽으로 이끌리게 되므로 도체구의 표면에서 양전하와 음전하의 분리가 일어난다(그림 5.77 참조).

이러한 양전하와 음전하의 분리에 의하여 금속구의 표면에 존재하는 (−)전하들은 왼쪽으로 향하는 힘을 받고, 금속구의 표면에 존재하는 (+)전하들은 오른쪽으로 향하는 전기력을 받게 된다. 금속구가 완전한 구형이고 정확히 두 금속판 사이의 중앙에 위치하면 왼쪽으로 향하는 전기력과 오른쪽 방향으로 작용하는 전기력

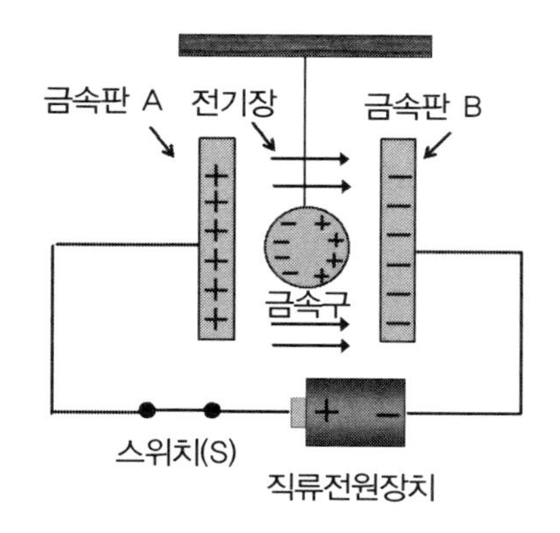

[그림 5.77] 충전된 축전기와 금속구

의 크기가 서로 같아 금속구에 작용하는 알짜 전기력은 "0"이 되어 움직이지 않는다.

하지만, 금속구가 완전구형이 아니던지 또는 축전기의 두 금속판사이의 정확히 1/2되는 지점이 아닌 위치에 위치하게 되면, 어느 한쪽으로 작용하는 인력이 반대편으로 작용하는 인력보다 크다. 이 경우에 금속구에 작용하는 알짜 전기력은 "0"이 아니므로 금속구는 가속운동을 하게 되면서 인력이 보다 크게 작용하는 쪽으로 운동하다가 결국에는 대전된 금속판에 부딪치게 된다(그림 5.78 참조).

그림 5.77과 같이 전하분리가 일어난 금속구가 대전된 금속판과 부딪치면 대전된 금속판과 금속구 사이에 전하들의 이동이 발생하면서 금속구는 부딪치는 금속판이 가지고 있던 전하와 같은 종류의 전하로 대전된다. 이렇게 축전기의 금속판과 같은 종류의 전하로 대전된 금속구는 금속판과 금속구 사이에 생기는 반발력에 의하여 반대편의 금속판 쪽으로 이동하게 된다. 다시 반대편의 금속판과 부딪치게 되면, 금속구와 금속판 사이에 전하의 이동이 발생하면서 금속구는 반대부호의 전하로 다시 대전된다(그림 5.79 참조). 따라서 이번에는 다시 반대쪽의 금속판

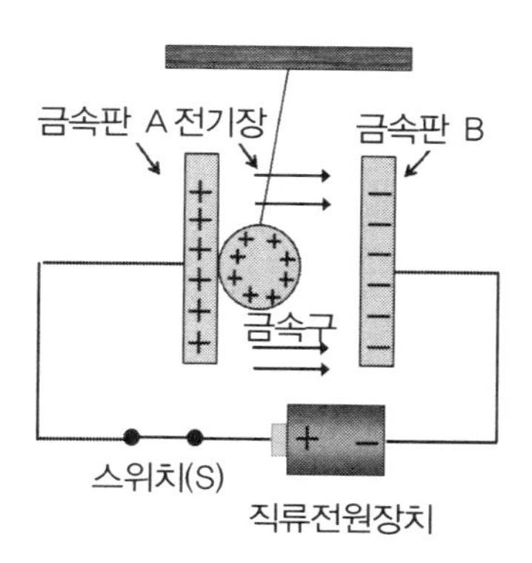

[그림 5.78] 접촉에 의해 (+)로 대전된 금속구

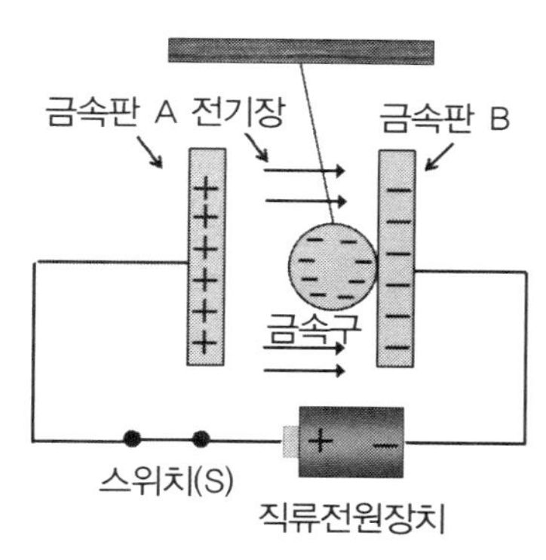

[그림 5.79] 접촉에 의해 (−)로 대전된 금속구

을 향하여 운동하게 되면서 두 금속판 사이를 왔다갔다하는 운동을 반복하게 된다.

물론 금속구가 아닌 전기 전도도가 작은 물질(저항이 큰 물질)로 만들어진 구모양의 물체가 대전된 축전기의 두 금속판 사이에 위치하게 되면, 구형물체와 축전기의 금속판사이에 전하의 이동이 전혀 일어나지 않거나(전기전도도가 "0"인 완전한 절연체) 매우 느려지게 되면서(전기전도도가 매우 작은 물질) 구형물체는 매우 느리게 2개의 금속판 사이를 오가거나 아니면 어느 한쪽의 금속판에 붙어버리게 된다. [참고자료 35~36]

Q46 그림 5.80과 같이 회전하는 말굽자석 위에 알루미늄 캔이 자석과 접촉하지 않을 정도로 실에 의하여 자석 가까이에 매달려 있다. 위에서 보았을 때에, 말굽자석이 시계방향으로 회전하는 경우에 알루미늄 캔에는 어떤 변화가 일어날까?

알루미늄 캔은 좋은 도체이지만, 자석에 잘 달라붙는 자성물질은 아니다. 말굽자석이 시계방향으로 회전하는 경우에 알루미늄캔도 같이 시계방향으로 회전한다. 물론 자석은 알루미늄 캔의 밑면에 가까이 위치하고 있지만, 캔 속에 들어있지는 않다.

말굽자석이 회전하면, 패러데이의 법칙에 따라 캔에 맴돌이 전류가 발생한다. 렌즈의 법칙에 따라 캔에 발생된 맴돌이 전류의 방향은 말굽자석의 회전을 방해하는 방향으로 유도되며, 이러한 맴돌이 전류 또한 자기장을 형성하게 된다. 맴돌이 전류가 만드는 자기장의 방향은 말굽자석의 방향과 같은 방향으로 형성되어 말굽자석의 회전을 방해하게 된다. 즉, 자석이 시계방향으로 회전하므로, 회전을 방해하기 위해서는 반시계 방향으로 힘을 가하는 것이다. 좀 더 정확하게 표현하면, 회전에 관계된 토크(회전력)가 반시계 방향으로 작용해야 한다. 즉, 알루미늄 캔이 말굽자석에 미치는 힘은 반시계 방향으로 작용해야 한다.

운동의 제3법칙인 작용과 반작용의 법칙에 의하면, 자석에 미치는 캔의 힘이 반시계방향이라면, 캔에 미치는 자석의 힘은 시계방향임을 의미한다. 캔은 자유롭게 회전이 가능하므로 이러한 반작용력이 관측되며, 이러한 반작용력은 시계방향으로 회전하는 캔을 관찰함으로서 알 수 있다.

여기서 주목할 것은 알루미늄 캔과 말굽자석의 회전속력의 차이다. 이러한 회전속력의 차이로 인하여 알루미늄 캔과 말굽자석은 서로 상대적으로 회전하게 된다. 이러한 상대운동이 없으면, 자기력선의 변화가 없게 되어 알루미늄 캔은 회전하지

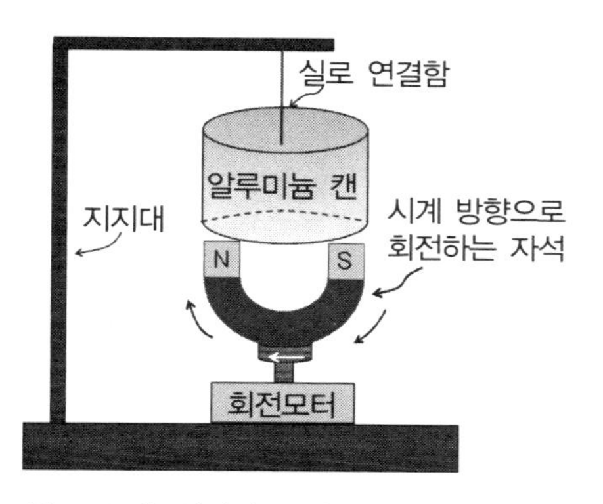

[그림 5.80] 회전하는 말굽자석과 알루미늄 캔

않는다. [참고자료 37]

Q47 초전도체는 어떠한 물질인가?

물질의 전기적 성질은 크게 도체, 부도체 및 반도체 3가지로 분류한다. 즉 전기저항이 작아 전류가 잘 흐르는 도체로서 구리, 알루미늄, 철과 같은 대부분의 금속이 도체이다. 흑연은 금속은 아니지만, 저항이 작아 도체로 분류된다. 하지만 나무막대, 고무 또는 유리와 같은 물질은 저항이 매우 커서 전류가 거의 흐르지 못하므로 부도체 또는 유전체라고 한다. 전기저항이 도체와 부도체의 중간정도인 물질을 반도체라고 한다.

도체도 길이에 비례하고 단면적에 반비례하는 저항을 가지므로 도체에 전류가 흐르면 열이 발생하는데 실생활에서 이러한 현상을 이용한 것이 전기난로이다. 물론 전기난로에 사용되는 열선은 순수한 구리도선과 같은 금속에 비하여 전기저항이 약 100배정도 더 크다.

만약에 저항이 "0"이라면 어떤 일이 발생할까? 전류의 흐름을 방해하는 저항이 "0"인 물질을 초전도체라고 한다. 저항이 "0"이므로 많은 전류가 흘러도 열이 발생하지 않기 때문에 열 발생에 따른 에너지의 손실이 발생하지 않는다. 또한 도선에 전류가 흐르면 도선 주위에 자기장이 발생되는데, 일반도선인 경우에 전류를 흘리면 열이 발생하게 되므로, 많은 전류를 흘릴 수 없다. 아주 강한 자기장이 필요한 경우에 도선에 많은 전류를 흘려주어야 강한 자기장을 만들 수 있는데, 그것이 불가능하다는 이야기가 된다. 하지만, 초전도체를 이용하는 경우에는 많은 전류를 흘려도 열이 발생하지 않으므로 아주 강한 자기장을 만들 수 있다.

초전도 현상은 액체헬륨을 만든 네덜란드 과학자 오네스에 의해서 1911년 처음 발견되었다. 오네스는 금속인 수은의 전기저항이 온도에 따라 어떻게 변하는 지를 알아보기 위하여 수은의 온도를 내려가면서 저항을 측정하다가 4.2 K (−268.8 °C)에서 저항이 "0"이 되는 현상을 발견하였으며 이에 대한 업적으로 1913년 노벨상을 수상하였고, 이를 계기로 초전도현상에 대한 연구가 시작되었다.

Q48 자석을 초전도체 위로 가져가면 자석이 뜨는 이유는 무엇인가?

일반자석의 경우에 같은 극끼리는 서로 밀어내고 반대 극 사이에는 서로 잡아당기는 성질이 있다. 초전도체는 외부의 영구자석에 의한 자기장이 전혀 통과하지 못하도록 하는 성질이 있다. 그림 5.81에서와 같이 영구자석에 의한 자기장이 초전도체 고리에 접근하면 초전도체는 이를 배척하려고 한다. 우리가 알고 있듯이 자기장은 전류에 의해서 만들어진다. 외부에서 들어오는 자기장이 초전도체 고리 안으로 들어오지 못하도록 하기 위해서는 자신이 외부 자기장과 크기는 같고 반대방향의 자기장을 발생시켜야 고리안쪽의 알짜자기장이 "0"이 된다.

따라서 이러한 자기장을 만들기 위하여 초전도체 고리에 유도전류가 생성되며, 이러한 유도전류에 의해 발생된 자기장은 외부 자기장이 초전도체 내부로 들어오는 것을 차단하게 된다.

초전도체에 유도된 전류에 의해서 생성된 자기장은 외부의 영구자석에 의한 자

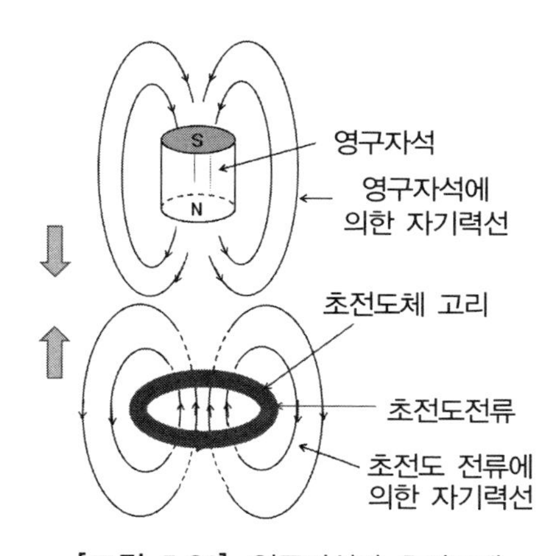

[그림 5.81] 영구자석과 초전도체

기장과 크기는 같고 방향이 반대이므로 초전도체 고리 안쪽에서의 알짜자기장은 "0"이 된다. 물론 그림 5.81에서와 같이 고리모양이 아닌 일반모양의 초전도체인 경우에도 영구자석에 의한 자기장이 초전도체 내부에 침투할 수 없으므로, 영구자석을 초전도체 가까이로 가져가면 초전도체 내부에 유도전류가 발생하여 흐르게 된다. 이때에 영구자석을 초전도체 가까이 가져감으로서 초전도체 고리에 유도되는 전류는 초전도체가 저항이 없으므로, 초전도체에 가까이 가져갔던 영구자석을 제거하더라도 초전도체 내부에서 반영구적으로 흐르게 된다. 물론 초전도체의 온도를 올려서 초전도성질을 잃게 되면, 유도전류도 저항에 의한 열손실에 의하여 손실되면서 사라지게 된다.

자기장이 일반 금속을 침투한다는 사실은 알루미늄 판과 같은 얇은 금속판 위에 자석을 올려놓더라도, 금속판 밑에 철가루와 같은 작은 금속성 물질이 달라붙는 현상을 통하여 자기력선이 일반금속을 통과한다는 것을 알 수 있다. 하지만, 초전도체의 경우에는 그림 5.82에서와 같이 자기력선이 통과하지 못한다. 즉, 초전도체는 외부로부터의 자기장이 들어오지 못하게 배척하는 성질을 가지며, 이러한 물질을 전문용어로 반자성체라고 한다.

여러분들이 인터넷에서 초전도체에 대한 동영상을 검색하여 보면, 바닥에 놓인 영구자석 위로 초전도체를 가까이 가져가면 초전도체가 공중에 떠 있는 것을 볼 수 있다. 또는 바닥에 놓인 초전도체 위로 영구자석을 가까이 가져가면 영구자석이 초전도체 위에 떠 있는 것을 볼 수 있는데, 이는 영구자석으로부터 나오는 자기력선이 초전도체 내부를 통과하지 못하도록 초전도체 내부에 유도전류가 흐르고, 이 유도전류에 의한 자기장이 영구자석을 밀쳐내기 때문이다. 즉, 초전도체와 영구자석사이에는 서로 척력이 작용하기 때문에 영구자석이 초전도체 위에 떠 있거나 아니면, 초전도체가 영구자석 위에 떠 있는 것이다.

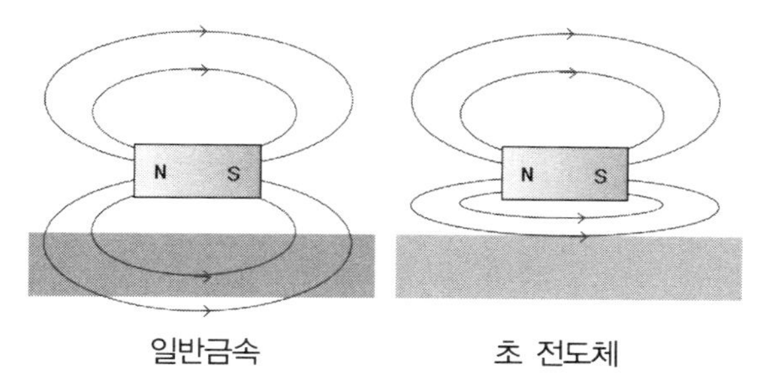

[그림 5.82] 자기장에 대한 일반금속과 초전도체의 반응

그렇다면 영구자석이 붙은 판을 공중에서 손으로 붙잡고, 영구자석 밑에 초전도체를 가까이 가져가는 경우를 생각하여 보자. 초전도체와 영구자석사이에 항상 반발력만 작용한다면, 초전도체가 바닥으로 떨어져야 되는데도 불구하고 영구자석과 일정한 거리를 두고 붙어 있는 것을 볼 수 있다.

이를 이해하기 위해서는 초전도체에 대한 또 다른 성질로서 초전도체를 영구자석 위의 특정 위치에 붙잡아 두는 성질인 자기력선 고정효과(Flux pinning effect)에 대한 이해가 필요하다. 외부에서 가해주는 자기장의 세기가 약한 경우에는 영구자석에 기인한 자기장이 초전도체 내부로 침투할 수 없는데 이러한 초전도체를 유형 1의 초전도체라고 한다. 하지만, 온도가 높아지는 경우에 자속튜브(flux tube)라고 불리는 초전도체의 특정 위치를 통하여 자기력선이 통과하는 현상이 발생하는데, 이러한 초전도체를 유형 2의 초전도체라고 한다. 직경이 약 7.5 cm, 두께가 1 μm, 자화세기가 350 Oe (에르스테드)인 경우에 약 천 억개의 자속튜브가 있는 것으로 알려져 있으며(그림 5.83 참조), 이는 초전도체 무게의 70,000배의 무게를 지탱할 수 있는 것으로 알려져 있다. 이러한 효과 때문에 막대에 고정된 영구자석이 공중에서 아랫방향으로 향하도록 하고, 영구자석 밑으로 초전도체를 가까이 가져가는 경우에도 초전도체와 영구자석사이의 반발에 의하여 초전도체가 바닥으로 떨어지지 않고 영구자석과 일정한 거리를 유지하면서 붙어 있게 되는 것이다. [참고자료 38]

[그림 5.83] 자기력선 고정효과 [참고자료 38]

Q49 초전도 현상은 어디에 이용될까?

앞에서 설명하였듯이 도선에 전류가 흐르면 도선 주위에 자기장이 발생하는데 실험실에서도 쉽게 발견할 수 있는 것이 솔레노이드 코일이다. 네오디움 자석같은 영구자석을 이용하여 얻을 수 있는 최대 자기장의 세기는 약 2 T(테슬라)이므로 보다 큰 세기의 자기장이 필요한 경우에는 전자석을 사용한다. 전자석의 경우에는 코일에 전류를 흘려주어 자기장을 얻는데, 보다 큰 자기장을 얻기 위해서는 보다 많은 전류를 코일에 흘려주거나 코일의 감은 수를 증가시켜야 한다. 일반 도선은 고유의 저항을 가지고 있어 전류를 많이 흘려주면, 전류의 제곱과 저항의 곱에 비례하는 열이 발생하므로 흘려주는 전류의 양이 제한되어 있다. 또한 코일의 감은 수를 증가시키게 되면, 도선의 길이에 비례하여 저항이 커져 열이 발생하는 문제로 인하여 코일을 이용하여 큰 자기장을 얻는 데에는 한계가 발생하게 된다.

하지만 초전도 물질은 저항이 "0"이므로 큰 전류를 흘려주어도 열이 발생하지 않아 소형이면서도 아주 강한 세기의 자기장을 만들 수 있다. 즉, 초전도 물질에 일단 한번 큰 전류를 흘려주면, 저항이 "0"이므로 열 발생에 의한 에너지 손실이 없어 외부에서 지속적으로 전류를 흘려주지 않아도 초전도 현상을 유지되는 동안에는 계속해서 강한 자기장을 가지는 일종의 전자석을 만들 수 있는 것이다.

또한 초전도 코일의 강한 자기장을 이용하는 것으로 차세대 교통수단인 초전도 자기부상열차를 생각하여 볼 수 있다. 레일에는 전자석이, 열차바닥에는 초전도 코일이 들어있어 초전도 코일을 통해 강한 자기장을 얻어 레일과 열차바닥이 서로 밀고 당기면서 공중에 뜬 상태로 진행하게 된다. 레일 위에 떠서 진행하므로 레일과 바퀴사이의 저항이 없어 소음이 발생하지 않는 동시에 고속으로 달릴 수 있다.

Q50 어느 온도에서 초전도 현상이 일어나는가?

오네스가 금속물질인 수은에서 초전도 현상을 처음 발견한 온도는 4.2 K였다. 이처럼 초전도현상을 보이기 시작하는 온도를 임계온도(T_c)라고 한다. 즉, 임계온도보다 낮은 온도에서는 초전도 현상을 보이지만 임계온도 이상에서는 초전도 현상이 사라지게 된다. 1986년 전에 가장 높은 임계온도는 니오비움과 게르마늄의 혼합물에서 발견된 23.2 K인데, 이처럼 낮은 온도는 매우 비싼 액체 헬륨을 사용하여 얻게 되므로, 초전도 현상을 실용화하는 데에는 매우 어려움이 있다.

하지만, 1987년 임계온도가 94 K인 $(Y_{0.6}Ba_{0.4})_2CuO_4$ 물질이 발견되었는데, 94 K는 액체질소의 온도(77 K)보다 높은 온도이다. 1988년에는 $Tl_2Ba_2Ca_2Cu_3O_{10}$ (TBCCO-2223)의 임계온도가 127 K이라는 사실이 알려지게 되었다. 수은을 포함하는 아말감의 경우에 임계온도는 134 K인데 압력을 높이면 임계온도는 164 K까지 올라간다. [참고자료 39~40]

참고자료

1. http://data.energizer.com/PDFs/BatteryIR.pdf.
2. http://cset.nsu.edu/elt111/lecture_notes/6.ppt.
3. http://www.physics.umd.edu/lecdem/outreach/QOTW/arch2/q027.htm.
4. http://www.physicscentral.org/experiment/askaphysicist/physics-answer.cfm?uid=20120210095446.
5. http://www.youtube.com/watch?v=tEebq5t2R9w.
6. Paul A. Tipler, Gene Mosca, 물리학 Physics for scientists and engineers, 청문각, 2006.
7. http://groups.physics.umn.edu/demo/electricity/5B3020.html.
8. http://groups.physics.umn.edu/demo/electricity/movies/5B2010.mov.
9. http://www.physicscentral.org/experiment/askaphysicist/physics-answer.cfm?uid=20080506025126.
10. 장기완, 선생님과 함께하는 영재물리 실험, 북스힐, 2012.
11. http://physicscentral.com/experiment/askaphysicist/physics-answer.cfm?uid=20080512102742.
12. http://www.physics.umd.edu/lecdem/outreach/QOTW/arch18/a350.htm.
13. Principles of Physics, Frederick Beuche, McGraw-Hill Book Company, New York, New York. 330-331(1988).
14. http://dev.physicslab.org/Document.aspx?doctype=3&filename=Electrostatics_ShellsConductors.xml.
15. http://tv.unsw.edu.au/E6CC9920-57F0-11DF-AC4A0050568336DC.
16. http://www.youtube.com/watch?v=8c3Uhyyu4gI&feature=youtube_gdata_player.
17. http://berkeleyphysicsdemos.net/node/430.
18. http://www.physicsdemos.com/upload/415_en_pdf.pdf.
19. Sutton, Demonstration Experiments in Physics, Demonstration E-38, Electric Reaction Wheel.

20. Freier and Anderson, A Demonstration Handbook for Physics, Demonstration Eb-10, Electrostatic Pinwheel.
21. http://www.physics.umd.edu/lecdem/outreach/QOTW/arch7/a125.htm.
22. http://www.physics.umd.edu/lecdem/outreach/QOTW/arch6/a110.htm.
23. http://www.physics.umd.edu/lecdem/outreach/QOTW/arch10/q183.htm.
24. https://sites.google.com/site/drjensprager/ions-in-flames.
25. http://www.plasmacoalition.org/plasma_writeups/flame.pdf.
26. http://www.youtube.com/watch?v=a7_8Gc_Llr8.
27. http://www.real-world-physics-problems.com/.
28. http://scienceline.ucsb.edu/getkey.php?key=934.
29. http://physicscentral.com/experiment/physicsathome/zipmagnets.cfm.
30. http://www.mrsec.wisc.edu/Edetc/reprints/JCE_1999_p1205.pdf.
31. http://www.physicscentral.org/experiment/physicsathome/movemoney.cfm.
32. http://www.youtube.com/watch?v=2RRX8xmLR8E.
33. http://www.exploratorium.edu/snacks/diamagnetism_www/.
34. http://www.youtube.com/watch?v=2RRX8xmLR8E.
35. http://www.physics.usyd.edu.au/super/physics_tut/activities/Electricity_and_Magnetism/Ball_in_a_Capacitor.pdf.
36. https://ucscphysicsdemo.wordpress.com/physics-5c6c-demos/parallel-plate-capacitor.
37. http://www.physics.umd.edu/lecdem/outreach/QOTW/active/q349.htm.
38. http://en.wikipedia.org/wiki/Flux_pinning.
39. http://en.wikipedia.org/wiki/Thallium_barium_calcium_copper_oxide.
40. http://www.cefa.fsu.edu/content/download/47254/327961/file/Superconductivity%20for%20Teachers%20Aug%209%20Final.ppt.

CHAPTER

06 일상생활에서 관측되는 빛의 특성과 활용

빛은 일상생활에서 가장 많이 접하는 것 중의 하나로서 아침에 일어나면서 빛을 보게 되고 세수하고 거울 보는 일도 모두 빛의 특성과 관계가 깊다. 우리가 경험하는 빛의 특성들은 수 없이 많지만 그중에 대표적인 것이 빛의 반사, 굴절 및 투과 등이 있다. 이처럼 일상생활을 통하여 가장 많이 접하므로 빛의 특성에 대해서 많이 알고 있는 듯하나, 실제로는 이해하지 못하고 생활 속에서 일어나는 현상만을 받아들이는 경향이 있는 것 같다.

따라서 여기서는 빛의 특성 중의 일부를 이해하고 활용하는데 도움이 되는 몇 가지 예들을 들어가면서 빛의 특성에 대해 설명하고자 한다.

6.1 빛의 기본특성

Q1 빛의 기본 성질은 어떤 것이 있는가?

빛은 전기장의 진동을 의미하는 전파와 자기장의 진동을 의미하는 자파로 구성된 전자기파로서 알려져 있으며, 전파의 진동방향과 빛의 진행방향이 서로 직각을 이루므로 빛은 횡파이다. 또한 전파와 자파가 같은 주기를 가지면서 전기장의 크기가 최대인 순간에 자기장의 크기도 최대이고 전기장이 “0”인 순간에 자기장도 “0”이므로 전파와 자파는 같은 위상에 있다고 이야기 한다(그림 6.1 참조).

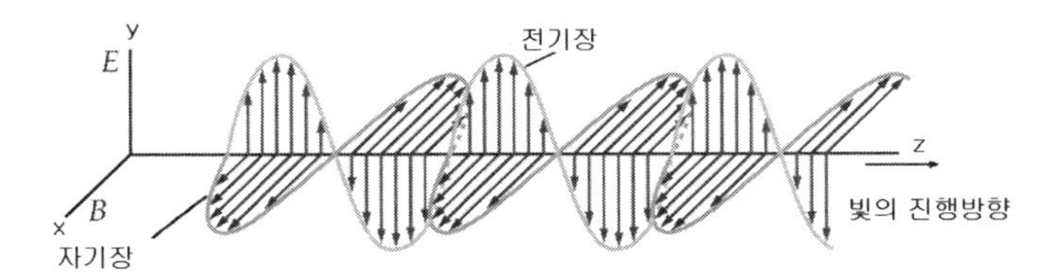

[그림 6.1] 전자기파인 빛의 진행 특성

이러한 빛은 직진하는 직진성(또는 입자성이라고 함)과 간섭과 회절을 일으키는 파동성을 동시에 가지고 있기 때문에 이를 빛의 이중성이라고 한다. 학교에서 배우는 거울에 의한 빛의 반사 및 렌즈에 의한 굴절현상 등은 모두 빛의 직진성에 기인한 빛의 입자성을 의미한다. 하지만, 두 빛이 만나서 간섭을 일으키는 영의 간섭현상 및 빛이 작은 구멍을 통하여 지나갈 때 퍼지는 회절현상은 빛의 파동성을 의미한다.

진공에서 빛이 진행하는 경우에 전파의 진폭(E_0)과 자파의 진폭(B_0)은 $E_0 = cB_0$, 진행속력이 v 인 매질에서는 $E_0 = vB_0$ 와 같은 관계가 있다. 빛의 총에너지는 전파의 에너지와 자파의 에너지를 합한 것으로, 전파의 에너지와 자파의 에너지는 크기가 서로 같다. 따라서 빛의 총에너지는 전파 에너지의 2배 또는 자파 에너지의 2배이다.

그림 6.1에서 전기장은 yz-평면에서 진동하며, 자기장은 xz-평면에서 진동하는데 빛의 진동을 이야기할 때에는 전기장의 진동면을 기준으로 한다. 전기장의 진동면이 항상 일정한 경우에 빛이 편광되어 있다고 말한다. 햇빛과 같은 빛은 햇빛을 바라보고 있을 때에 전기장의 진동면이 모든 방향에 대하여 동일한 분포를 가지고 있으므로 편광되지 않은 빛이라고 이야기하지만, 레이저와 같은 빛은 전기장의 진동면이 특정방향으로 고정되어 있어 편광된 빛이라고 말한다.

Q2

금속표면에 일함수이상의 에너지를 가지는 빛이 입사하면 금속표면으로부터 전자가 튀어나오는 데 이러한 현상을 광전효과라고 한다. 이를 바탕으로 검전기의 금속표면에 일함수이상의 에너지를 가지는 빛을 쪼이면 광전효과에 의한 대전현상을 관찰할 수 있을까?

(1) 대전되지 않은 검전기의 금속표면에 빛을 쪼여주는 경우

광전효과는 금속에 금속이 가지는 일함수 이상의 에너지를 가지는 빛을 쪼여주면 금속표면으로부터 전자가 튀어나오는 현상을 말한다. 따라서 검전기에 부착된 아연 금속판에 파장이 254 nm 인 UV를 쪼여주면 전자가 튀어나온다. 전기적으로 중성인 상태에서 전자(−)가 튀어나오면서 검전기는 (+)로 대전된 효과를 가져와 검전기의 얇은 금속막이 벌어지리라고 예상되나, 그러한 현상은 쉽게 관찰되지 않는 데 그 원인은 다음과 같다.

아연 금속판에 UV를 쪼여주면 전자는 튀어나온다. 하지만 전기적으로 중성인 아연 금속판의 표면에서 광전효과에 의하여 전자가 튀어나오면 아연 금속판은 양(+)으로 대전되므로, 튀어나온 전자는 아연 금속판 쪽으로 작용하는 전기적 인력에 의하여 원래의 자리로 되돌아가게 된다(그림 6.2 참조). 따라서 튀어나왔다가 원래의 자리로 되돌아가는 일이 반복적으로 일어나므로 눈으로 관찰하면, 마치 광전효과가 일어나지 않는 것처럼 보이게 된다. 따라서 대전되지 않은 검전기로 광전효과를 시각적으로 관측하기가 어려운 것이다.

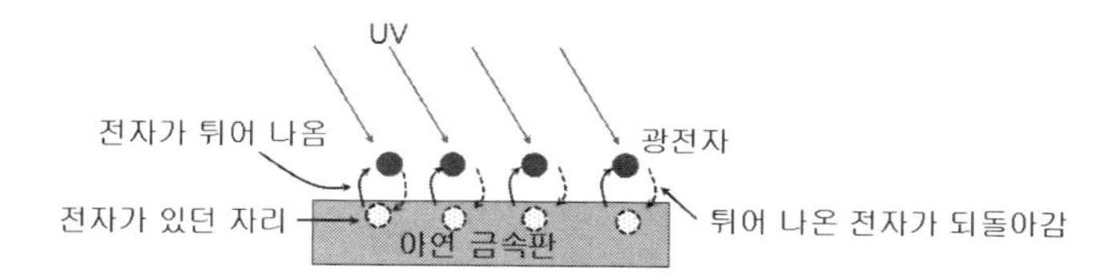

[그림 6.2] 중성인 아연금속 표면에 UV가 입사한 경우

(2) (−)로 대전된 검전기의 금속표면에 빛을 쪼여주는 경우

음(−)으로 대전된 아연 금속판에 높은 에너지를 가지는 UV를 쪼여주면 아연 금속판에 있던 전자가 튀어나오는데, 이때 튀어나온 전자를 광전자라고 하며 그림 6.3에 속이 찬 원형 점으로 표시하였다.

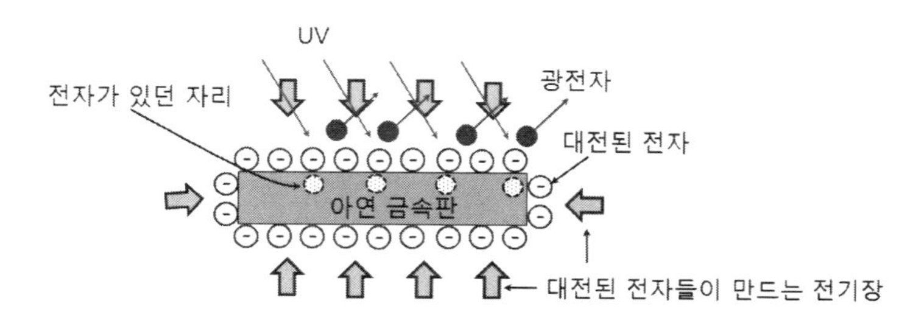

[그림 6.3] 음(−)으로 대전된 아연금속 표면에 UV가 입사한 경우

UV를 아연 금속표면에 쪼여줌으로서 아연금속판으로부터 튀어 나온 광전자는 아연 금속판에 존재하는 과잉의 대전된 전자들이 만드는 전기장에 의하여 가속되어 금속판으로부터 멀어지게 된다. 한편, 광전효과에 의하여 튀어나온 전자가 있던 자리에는 전기적으로 양(+)의 전하를 가지게 되므로 아연금속판의 표면에 대전되어 있던 전자가 튀어나온 전자의 자리를 메우게 된다. 따라서 대전된 전하량이 감소하면서 대전된 금속판은 전기적으로 중성이 되어 검전기의 금속박은 오므라들게 된다.

(3) (+)로 대전된 검전기의 금속표면에 빛을 쪼여주는 경우

검전기의 금속판을 양(+)으로 대전시킨 경우에, 대전된 전하들이 만드는 전기장은 그림 6.4에서와 같이 아연 금속판으로부터 멀어지는 방향을 향하게 된다.

광전효과에 의해 아연 금속판으로부터 전자가 튀어나온다고 하더라도 튀어나온 전자는 일반적으로 큰 운동에너지를 가지고 있지 않아 아연 금속판의 표면으로부터 멀리 달아나지 못한다. 이는 아연 금속판의 표면근처에 있던 광전자는 양(+)으로 대전된 전하들이 만드는 전기장에 의하여 아연 금속판 쪽으로 향하는 전기력을 받아 금속에서 튀어나온 대부분의 광전자들이 원래의 자리로 되돌아가게 된다. 이러한 과정이 반복되므로 실제로 광전효과가 일어난다고 하더라도 양(+)으로 대전되어 벌어져 있던 검전기의 금속박은 오므라들지 않게 되어 검전기를 이용한 광전효과의 관찰은 어렵게 된다.

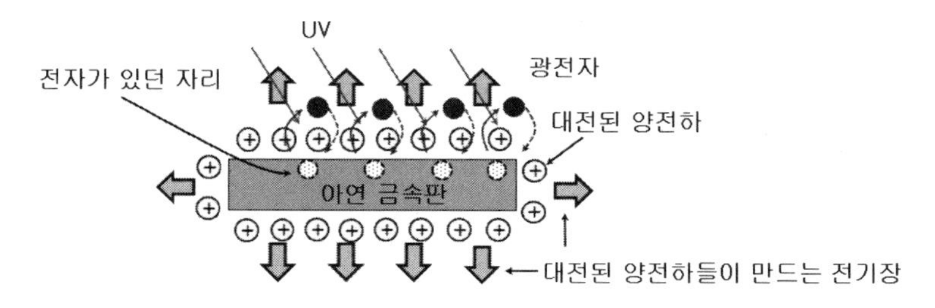

[그림 6.4] 양(+)으로 대전된 아연금속 표면에 UV가 입사한 경우

Q3 빛은 아무것도 존재하지 않는 진공 중에서 영원히 진행할 수 있을까?

이를 이해하기 위해서는 소리가 영원히 멀리 전달되지 않는 이유에 대해 생각하여 볼 필요가 있다. 소리는 공기, 철, 물 등과 같은 매질 내에서 진동(압력의 변화)에 의해서 전달되기 때문에, 소리가 전달되기 위해서는 공기, 철, 물 등의 매질이 필요하다. 즉, 소리는 매질 내의 입자(공기인 경우에는 공기분자)들이 진동하기 때문에 소리의 에너지가 열 및 분자의 운동 등으로 소모되므로, 매질을 통하여 전달되면서 점점 더 작아지다가 완전 소멸된다.

반면에, 빛이 진행하기 위해서는 매질이 필요 없기 때문에 진공 속에서도 전달된다. 빛이 진공 중에서 진행하는 경우에 어떤 물질과 상호작용을 일으키면서 전달되는 것이 아니기 때문에 진행거리에 관계없이 에너지를 소모하지 않으므로 수십 광년 떨어진 별에서 출발한 빛이 지구상에 있는 우리들에게도 도달하는 것이다. 빛은 투명유리 또는 물과 같은 물질 내에서도 전달이 가능하다. 물 또는 대기를 통하여 빛이 진행하는 경우에 물질을 구성하고 있는 원자 또는 분자들과 상호작용하면서 진행하므로 진행거리에 따라 에너지를 소모하게 되어 물질 내에서는 일정한 거리만을 진행하게 된다. 다시 말해서 같은 세기의 빛이 진공이 아닌 어떤 물질 속을 통과하는 경우에는 빛이 통과하는 물질의 특성에 따라서 빛의 진행거리가 결정된다. 하지만, 진공 내에서는 빛은 영원히 진행하게 된다.

한편, 음파와 빛의 공통점은 점 음원(점 모양의 음원) 또는 점광원(점 모양의 광원)으로부터 나온 소리 또는 빛은 모든 방향으로 균일하게 퍼져나가므로 반경이 일정한 구의 표면으로 둘러싸인 공간 내에 음파 또는 빛들이 채워지게 된다. 구의 표면적은 음원(또는 광원)으로부터의 거리(R)의 제곱에 비례하여 증가하므로, 소리나 빛이 퍼져나가면서 흡수되지 않는다면 에너지 보존법칙에 의해 소리(또는 빛)의 세기는 R^2에 반비례하면서 감소한다. 소리(또는 빛)의 에너지는 진폭의 제곱에 비례하므로, 음원(또는 광원)으로부터 거리가 멀어짐에 따라 소리(또는 빛)의 진폭은 진행거리에 따라 $1/R$로 감소한다. 따라서 음원에서 발생된 소리가 매우 강하더라도 멀리 떨어진 거리에서 들으면 소리(또는 빛)가 매우 약하게 들리게(또는 보이게)되며, 이러한 이유로 인하여 아주 밝은 별들로부터 오는 빛을 똑바로 바라보더라도 실명되지 않는다. [참고자료 1]

Q4 **빛은 광자로 구성되어 있으며, 광자의 질량은 "0"이다. 이러한 광자가 중력장이 매우 강한 블랙홀에 빨려 들어가는 이유는 무엇인가?**

광자의 질량은 "0"이지만, 광자는 에너지를 가지므로 블랙홀의 중력은 광자들을 빨아들이게 된다(그림 6.5 참조). 즉, 아인슈타인의 중력이론에 의하면 중력을 느끼는 것은 에너지이지 질량이 아니라는 점이다. 에너지와 질량사이의 관계를 나타내는 아인슈타인의 관계식인 $E = mc^2$ 은 질량과 에너지가 본질적으로 동일하다는 것을 뜻하므로 중력은 질량과 에너지의 차이점을 구별하지 못하게 된다. 따라서 질량을 가진 물체가 중력에 의하여 이끌리는 힘을 받는 것과 마찬가지로 에너지도 중력에 의하여 이끌리는 힘을 받는다는 것이다.

따라서 광자가 에너지를 가지므로 블랙홀의 강력한 중력장에 이끌리는 힘을 받아 블랙홀에 갇히게 된다. 한편, $E = mc^2$ 의 의미는 질량 m 을 가진 물체는 이와 관련된 에너지 mc^2 을 갖는다는 것을 의미한다. 광자는 정지질량이 "0"이므로 정지질량 에너지는 가지지 않지만, 항상 빛의 속도로 운동하므로 운동에너지만을 가지게 된다. 참고자료 2를 참조하면 보다 정확한 설명을 알 수 있다.

[그림 6.5] 블랙홀 사진 [참고자료 2]

Q5

에너지(E)가 $E = m_0c^2$ (m_0: 물체의 정지질량, c: 진공 중에서의 빛의 진행속력)과 같이 표현되는 경우를 흔히 보게 된다. 광자(빛 알갱이)는 질량이 "0"로 알려져 있다. 그렇다면 광자는 어떻게 에너지를 가질 수 있을까?

$E = m_0c^2$ 은 정지질량을 가진 물체들에 대해서만 성립하며, m_0은 정지질량, c는 진공 내에서 빛의 진행속력을 의미한다. 즉, $E = m_0c^2$ 은 물체의 정지질량 에너지를 의미하지 총에너지를 의미하는 것은 아니다. 한편 어떤 물체가 가지는 총에

너지(E)에 대한 표현식은 $E = \sqrt{m_0^2c^4 + p^2c^2}$ 와 같이 표현되며, p 는 물체의 운동량을 의미한다. 물체(또는 아주 작은 알갱이인 입자)가 정지하고 있는 경우에 물체가 가지는 총에너지는 정지질량에너지로서 $E = m_0c^2$ 와 같이 표현된다.

만약에 입자의 정지질량이 "0"이라면, 총 에너지는 운동에너지만 가지게 되며 이러한 유형의 입자가 바로 진공 중에서 빛의 속력으로 움직이는 광자(빛 알갱이)다. 따라서 빛 알갱이인 광자가 가지는 에너지는 $E = pc$ 로 표현되며, 광자의 운동량(p)은 $p = \frac{h}{\lambda}$ (λ는 빛의 색깔에 따라 결정되는 파장)로 표현된다. 빛에 대한 에너지는 $E = hf = h\frac{c}{\lambda} = pc$ 와 같이 표현이 가능하며, f 는 빛의 진동수, h 는 플랑크 상수로서 $6.62606957 \times 10^{-34} m^2 kg/s$ 의 크기를 가진다. 또한 빛의 진동수(f), 파장(λ) 및 진공 중에서 진행속력(c)사이에는 $c = f\lambda$와 같은 관계가 있다.

광자의 정지질량은 "0"이며, 정지질량이 "0"인 물체만이 진공 중에서 빛의 속력(c)으로 움직일 수 있고, 정지질량이 "0"이 아닌 물체는 아무리 빠르게 운동한다고 하더라도 "c"의 속력에 도달할 수 없다. [참고자료 3]

Q6 터널의 조명등은 왜 오렌지색일까?

푸른빛 계통의 빛은 빨강색 계통의 빛에 비하여 보다 많이 산란되며 붉은빛 계통의 빛이 더 멀리까지 전달되는 특징이 있다. 그래서 교통 신호의 정지신호도 빨강색이다. 터널 안에는 안개나 자동차의 배기가스 등에 의하여 빛이 많이 산란되므로, 산란이 다른 파장의 빛에 비하여 덜 일어나는 빨강색 계통의 빛이 더 효과적이지만 눈에 피로를 줄 수 있으므로 그 다음으로 산란이 잘 안 되는 오렌지색을 선택한 것이다.

6.2 빛의 반사와 굴절

빛이 한 매질에서 다른 종류의 매질로 입사하는 경우에 경계면에서 원래의 진행 방향으로부터 빛의 진행 방향이 바뀌는 현상을 굴절이라 한다. 이러한 굴절현상은 각 매질에서의 빛의 진행속력이 다르기 때문에 일어난다. 경계면에 대해 수직으로 그은 직선(법선)과 입사광선이 이루는 각을 입사각(θ_i)이라 하고 경계면을 지나 진행하는 굴절광선이 법선과 이루는 각을 굴절각(θ_r)이라 한다(그림 6.6 참조).

입사각과 굴절각 사이에는

$$n_i \sin\theta_i = n_t \sin\theta_t \quad \Rightarrow \quad \frac{\sin\theta_i}{\sin\theta_t} = \frac{n_t}{n_i} = n \quad (n : \text{상대굴절률}) \tag{6.1}$$

와 같은 관계가 있으며 이를 굴절의 법칙 또는 스넬의 법칙이라 한다. 여기서 n_i는 입사매질의 굴절률, n_t는 투과매질의 굴절률이라 한다.

빛이 경계면에서 굴절되는 정도는 입사하는 빛의 파장과 관련되며, 비가 온 뒤에 생기는 무지개는 빛의 색(또는 파장)에 따라 굴절되는 정도가 달라 생기는 것이다. 그림 6.6에서 v_i, λ_i는 입사매질에서의 빛의 진행속력 및 파장, v_t, λ_t는 투과매질에서의 빛의 진행속력 및 파장을 의미한다.

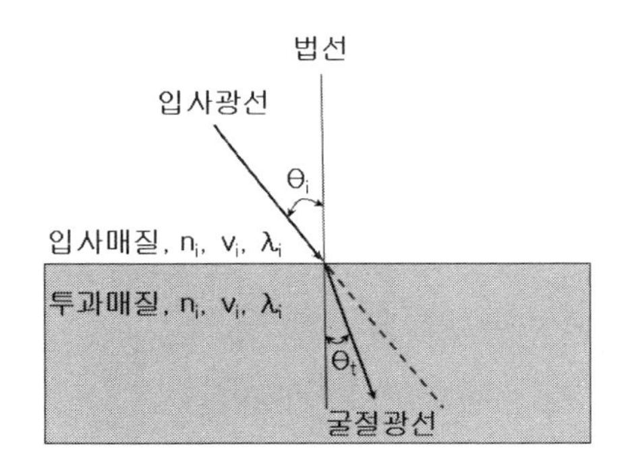

[그림 6.6] 두 매질 경계면에서의 빛의 굴절

Q7 음파 및 전자기파와 같은 파의 운동에서 파의 진행속력(v), 파장(λ) 및 진동수(f) 사이에는 $v = f\lambda$의 관계가 있는데. 이의 물리적 의미는 무엇인가?

파의 진행속력(v), 파장(λ) 및 진동수(f)사이에는 $v = f\lambda$의 관계가 성립한다. 이의 물리적 의미를 알아보기 위하여 진동수가 f인 음파가 공기 중에서 물속으로 진행하는 경우를 생각하여 보자. 일반적으로 온도가 20 °C인 공기 중에서 음파의 속력은 약 343 m/s로 알려져 있으며, 물속에서의 속력은 약 1,484 m/s로 공기 중에서의 속력에 비하여 약 4.3배 더 빠르다. 하지만, 음파가 전달되는 중에도 음파의 진동수는 변하지 않으므로 물속에서의 음파의 파장은 공기 중에서보다 약 4.3배 더 길다.

그렇다면 빛의 경우에는 어떨까? 공기 중에서의 빛은 1초에 3.0×10^8 m/s 의 속력으로 진행한다. 하지만, 굴절률이 1.5인 투명유리에서의 빛의 진행속력은 이보다 느린 2.0×10^8 m/s 이다. 진행하는 빛의 진동수는 변함이 없지만, 파장은 공기 중에서 보다 더 짧아진다. 공기 중에서 빛의 파장이 600 nm 인 오렌지색의 빛이 굴절률이 1.5인 투명유리 속을 진행하는 경우에 빛의 파장은 400 nm 이 되므로 관찰자가 투명유리 내에서 지나가는 빛을 관찰하게 되면 청보라색으로 관찰하게 된다.

위의 내용을 종합하여 보면 공기 중에서 파장의 5배에 해당하는 길이를 진행하는 데 걸리는 시간은 물속에서나 투명유리 내에서 파장의 5배에 해당하는 길이를 진행하는 데 걸리는 시간과 똑같이 걸린다. 예를 들어 공기 중에서 진동수가 343 Hz 인 소리가 100 m (파장의 100배)를 진행하는 데 걸린 시간은 물속에서 약 432.7 m 를 진행하는데 걸린 시간과 같은 시간이 걸린다. 이러한 원리가 스넬의 굴절의 법칙을 설명하여 준다. 즉, 그림 6.7에서 특정개수의 파장만큼 떨어진 거리(그림 6.7에서 $\overline{BD}$와 $\overline{AC}$거리는 4개의 파장만큼 떨어진 거리)를 이동하는 데 걸리는 시간(Δt)은 속력과 파장이 같은 인자만큼 변하기 때문에 매질에 상관없이 일정하다.

그림 6.7에서 $\overline{AD}\sin\theta_i = \overline{BD}$, $\overline{AD}\sin\theta_t = \overline{AC}$이므로 $\overline{BD}/\sin\theta_i = \overline{AC}/\sin\theta_t$의 관계가 성립한다. $\overline{BD} = v_i \Delta t = \dfrac{c}{n_i}\Delta t$, $\overline{AC} = v_t \Delta t = \dfrac{c}{n_t}\Delta t$이다. 따라서 $\dfrac{c\Delta t/n_i}{\sin\theta_i} = \dfrac{c\Delta t/n_t}{\sin\theta_t}$인 관계가 성립하며, 이로부터 $n_i \sin\theta_i = n_t \sin\theta_t$인 스넬의 법칙이 유도된다.

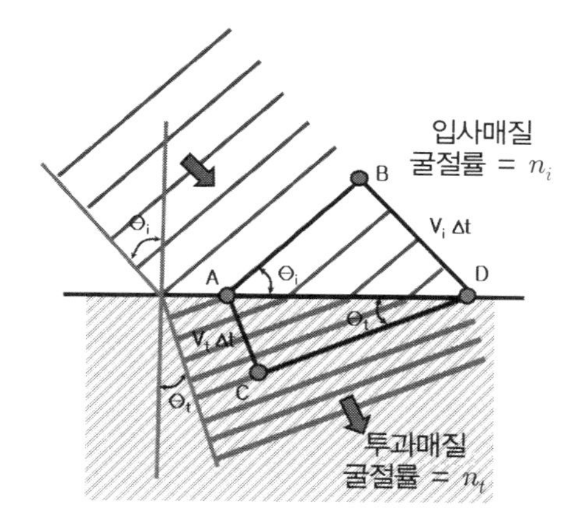

[그림 6.7] 스넬의 법칙을 설명하기 위한 그림

거울을 향하여 입사하는 빛은 거울의 반사면에서 진행 방향만 바뀌게 된다. 거울의 반사면에 수직으로 그은 직선(법선)과 입사광선이 이루는 각을 입사각(θ_i)이라 하고, 거울의 반사면으로부터 반사된 빛이 법선과 이루는 각을 반사각(θ_r)이라 한다(그림 6.8 참조).

입사각과 반사각 사이에는

$$\theta_i = \theta_r \tag{6.2}$$

와 같은 관계가 있으며 이를 반사의 법칙이라 한다.

이러한 반사의 법칙에 대해서 생각해 보자. 많은 교재에서 빛이 진행하다가 다른 매질을 만나면 두 매질의 경계면에서 반사와 굴절이 일어나는 것으로 설명하고 있다. 또한 밀한매질에서 소한매질로 빛이 진행하는 경우에 입사각이 임계각보다 크게 되면 전반사가 일어나는 것으로 알려져 있다.

그림 6.9에서와 같이 입사각(θ_i)이 임계각(θ_c)보다 큰 각도($\theta_i \geq \theta_c$)로 밀한매질인 매질 1에서 소한매질인 매질 2로 진행하던 빛이 경계면에서 전반사가 일어나는 경우에 소한매질에는 전혀 빛이 도달하지 않느냐하는 문제를 생각하여 볼 필요가 있다.

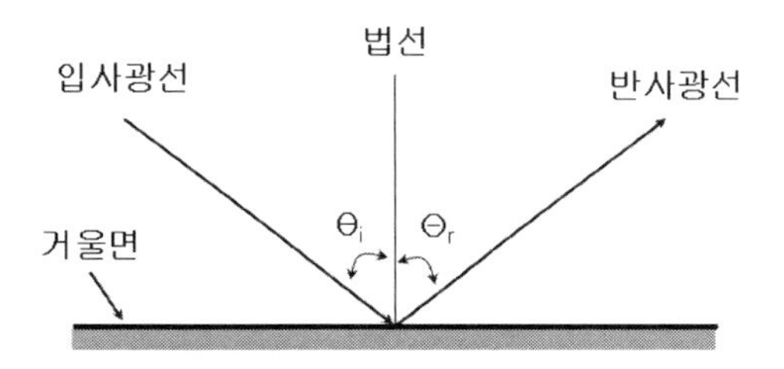

[그림 6.8] 거울 면에서의 빛의 반사

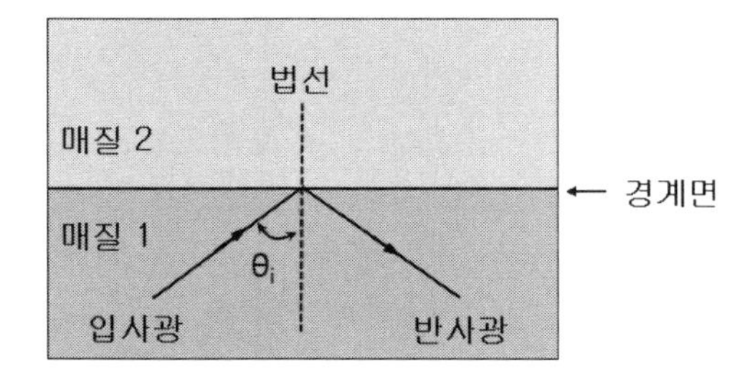

[그림 6.9] 두 매질의 경계면에서 일어나는 전반사

그림 6.9에서와 같이 빛이 밀한매질에서 소한매질을 향하여 진행하다가 두 매질의 경계면에서 전반사가 일어나는 경우에 경계면을 조금 벗어난 매질 2의 영역에도 빛은 존재하는데 이러한 파를 표면파라고 한다. 이러한 표면파의 존재는 실험을 통해서도 증명되었고 실생활에서도 이용되고 있다. 표면파의 존재를 설명해주는 한 예를 그림 6.10에 나타내었다.

그림 6.10은 두 개의 45−90−45°의 유리프리즘을 대각선 방향으로 서로 마주보되 접촉되지 않게 배치된 것을 나타낸 것이다. 프리즘 1과 2사이에 있는 소한매질인 공기층을 통과한 빛은 두 프리즘 사이의 간격에 의존하는 것으로 알려졌으며 이는 표면파의 존재를 설명해 주는 한 예이다.

소한매질 내에서의 매질의 특성을 변화시키는 다른 요인들이 없다면, 표면파는 밀한매질로 되돌아간다. 그림 6.10에서 빛이 입사하는 프리즘 1은 밀한매질의 역할을 하며, 프리즘 1과 2사이에 있는 공기가 소한매질의 역할을 한다. 따라서 소한매질에 있는 프리즘 2가 없다면 경계면(프리즘1의 대각선 면)을 통과한 표면파는 프리즘 1로 되돌아가지만, 프리즘 2 때문에 프리즘 2를 통과하는 투과파가 존재한다. 이는 표면파가 존재하는 하나의 증거로서 프리즘 1과 프리즘 2사이의 간격은 입사하는 빛의 파장의 수배정도로 작아야 한다. 이것이 실험실에서 사용되는 정사각형 빛살가르개의 기본원리이다.

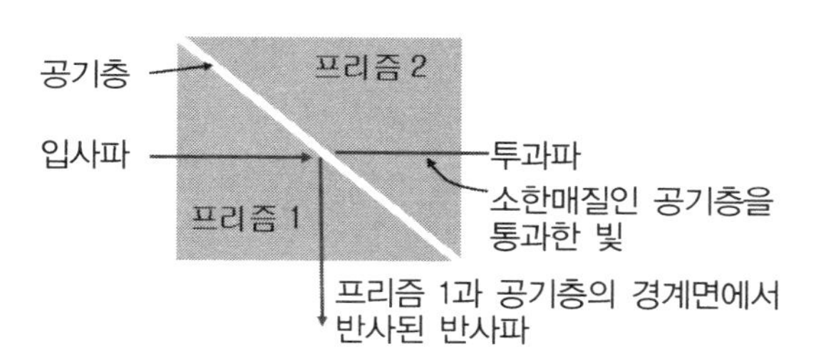

[그림 6.10] 표면파의 존재를 입증하는 빛살가르개

Q8 **동사무소 또는 개인정보와 관련된 주민등록 등본 같은 서류를 기기를 이용하여 발급받는 경우에 본인임을 증명하는 지문인식기를 사용하게 된다. 이처럼 빛을 이용한 지문인식기는 어떤 원리에 의해서 작동할까?**

표면파의 존재는 레이저를 이용한 지문인식기의 그림 6.11을 보면 보다 명확해진다. 그림 6.11에서 지문인식기의 레이저 광원에서 나온 빛은 사람의 눈에 도달하지 않고 프리즘의 빗면에서 전반사되어 디지털 카메라로 입사한다. 하지만 지문을 찍기 위하여 손가락을 유리면에 접촉시키면, 전반사를 일으키는 부분(광선 ①)과 일으키지 않는 부분(광선 ②)이 생기게 된다. 이러한 현상들은 표면파에 의해서 생기므로 지문인식기의 원리는 기본적으로 표면파를 이용한 것이다.

지문은 손가락 표면에 울퉁불퉁한 면으로 구성되어 있다. 즉, 그림 6.11에서와 같이 지문의 들어간 부분(광선 ①이 만나는 부분)은 전반사를 일으키지만, 튀어나온 부분(광선 ②가 만나는 부분)은 실제로 프리즘과 접촉에 의해 전반사가 일어남을 방해한다. 따라서 지문에서 튀어나온 부분은 전반사가 일어나지 못하고 살짝 들어간 부분에서는 전반사가 일어나 카메라에 도달하는 빛의 세기의 차이에 의해서 지문을 인식하게 된다.

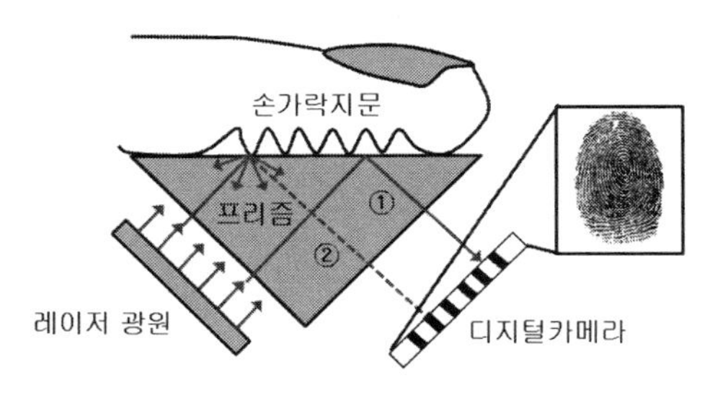

[그림 6.11] 지문 인식기

굴절률이 큰 매질에서 굴절률이 작은 매질로 빛이 진행하는 경우, 입사각이 임계각보다 크면 전반사가 일어난다. 전반사가 일어난다고 하더라도 두 매질의 경계면을 지나서 경계면 근처의 굴절률이 작은 매질 내에 표면파(Evanescent wave: 참조로 물리학용어집에는 에버네센트파라고 번역되어 있다.)라고 불리는 빛이 존재한다(그림 6.12 참조).

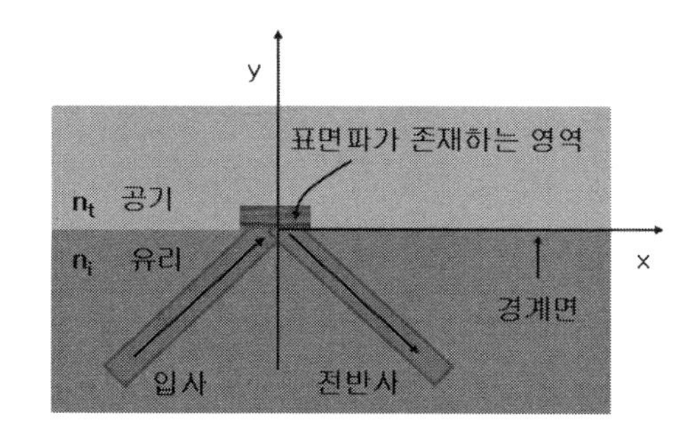

[그림 6.12] 전반사되는 경우에 생기는 표면파

표면파는 지문을 인식하는 지문인식기에 사용되며, 원리는 그림 6.11과 같다. 즉, 손가락이 유리표면에 접촉하고 있는 동안, 프리즘과 손가락 사이의 공기층에 존재하는 표면파가 손가락 지문에 따라 반사된 후, 디지털 검출기에 검출됨으로서 지문을 기록하게 된다. 공항 또는 기타 장소에 설치된 지문인식기를 보면 손가락을 놓는 위치에 붉은 색의 빛이 보이지만 눈에 직접 도달하지 않는 현상은 바로 손가락을 놓는 부분에만 표면파가 존재하기 때문이다. 이러한 표면파는 위에서 설명한 지문 인식기 외에도 전반사형광현미경(total internal reflection fluorescence microscopy: TIRF)을 활용한 세포의 형광측정에 활용되고 있다.

Q9 빛이 투명매질 A속을 진행하다가 매질 B를 만나면 두 매질의 경계면에서 항상 반사가 일어나는가?

앞에서 설명하였듯이 빛이 "A"라는 투명매질 속을 진행하다가 "B"라는 투명매질을 만나면 두 매질의 경계면에서 반사와 굴절이 발생하는 것으로 알려져 있다. 하지만, 여기서 주의해야 할 것은 매질이 다르다고 하여 두 매질의 경계면에서 항상 반사와 굴절이 일어나는 것은 아니다. 두 매질의 물질은 서로 달라도 광학적 성질이 같은 경우에는 두 매질의 경계면에서 반사와 굴절이 일어나지 않는다.

광학적 성질이 같다는 의미는 두 매질 내에서의 빛의 진행속력이 같다는 의미로서, 굴절률이 같다는 의미이기도 하다. 예를 들어서 시중의 마트에서 파는 식물성 옥수수기름 속에 옥수수기름과 굴절률이 거의 같은 파이렉스 유리를 넣으면 눈이 잘 보이지 않는다. 물론 옥수수기름과 굴절률이 완전히 동일한 고체시료 막대를 옥수수기름 속에 넣으면 막대는 전혀 보이지 않는다(그림 6.13 참조).

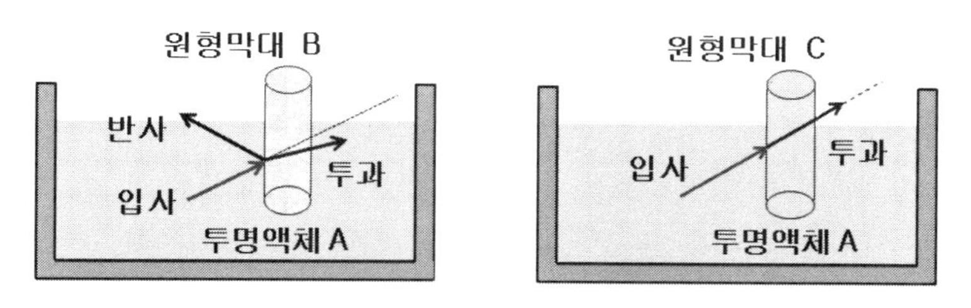

[그림 6.13] 투명액체 잠긴 원형 막대 B와 C

Q10 햇빛을 받으면, 금속은 왜 반짝일까?

금속에는 금속을 구성하고 있는 원자들에 속박되지 않은 자유전자들이 많이 존재한다. 따라서 빛이 금속표면에 부딪치면, 전자기파인 빛의 전기장에 의해서 자유전자들이 진동하면서 가시영역의 빛을 다시 방출하기 때문에 햇빛을 받으면 반짝이게 된다.

자유전자들의 진동에 의해 빛이 방출되므로 금속을 구성하고 있는 원자에서 원자로의 에너지 전달이 일어나지 않는다, 반면에 유리와 같은 투명매질에서는 전자들이 유리를 이루고 있는 특정원자들에 속박되어 있으므로, 빛이 입사하면 속박된 전자들이 진동하면서 에너지가 원자에서 원자로 전달되면서 투명유리를 통과하게 된다.

Q11 해변가에서 편광선글라스를 쓰는 이유는?

젖어 있는 포장 도로상에서 반사되는 아지랭이 비슷한 빛을 볼 수 있는데 이것이 반사에 의해 생긴 선형편광된 빛이다. 젖어 있는 포장도로상에서 반사된 빛이 선형편광되어 있다는 것은 편광자를 회전시키면서 반사된 빛을 보았을 때에 반사된 빛의 세기가 편광자의 회전방향에 따라 변한다는 사실을 통하여 알 수 있다.

햇빛이 매우 뜨거운 여름에 해변에 가면 눈에 피로를 쉽게 느끼는데 그 이유는 바닷물에 의해 반사된 많은 양의 빛이 눈에 들어오기 때문이다. 바닷물의 표면으로부터 반사된 빛은 일종의 편광된 빛이므로 편광선글라스를 사용하면 물 표면으로부터 반사된 빛이 눈에 들어오는 것을 방지할 수 있어 눈의 피로를 줄일 수 있다.

일상생활에서 우리는 빛의 굴절과 반사를 거의 매일 이용하고 있다. 예를 들어서 안경은 빛의 굴절을 이용한 것이고 거울은 빛의 반사 특성을 이용한 것이다. 공기 중에서 평행광선의 빛이 지나가는 경로에 볼록렌즈를 놓으면 빛이 한 점에 모아지는 반면에, 오목렌즈를 놓으면 빛이 렌즈를 지나면서 퍼지는 현상을 많이 보았을 것이다. 이러한 현상은 공기 중에서의 빛의 진행속력이 투명유리나 플라스틱에서의 빛의 진행속력보다 빠르기 때문에 일어나는 현상이다.

그렇다면 생각을 달리하여 그림 6.14와 같이 볼록렌즈나 오목렌즈가 렌즈의 굴절률보다 굴절률이 큰 투명오일 속에 잠기어 있다고 가정하고 왼쪽으로부터 오른쪽으로 진행하는 평행광선을 비춰주면 어떤 일이 일어나는 지에 대해서 생각하여 보자. 투명오일의 굴절률이 볼록렌즈와 오목렌즈의 굴절률보다 크기 때문에 투명오일 속에 들어 있는 볼록렌즈는 투명오일로 하여금 오목렌즈의 역할을 하도록 만들어 볼록렌즈를 향하여 진행하는 평행광선은 볼록렌즈를 통과하면서 퍼지게 된다.

하지만, 이와 반대로 투명오일 속에 오목렌즈가 들어있는 경우에는 오목렌즈가 투명오일로 하여금 볼록렌즈의 역할을 하도록 만들어 빛은 오목렌즈를 통과하면서 하나의 점으로 모아지게 된다(그림 6.15 참조).

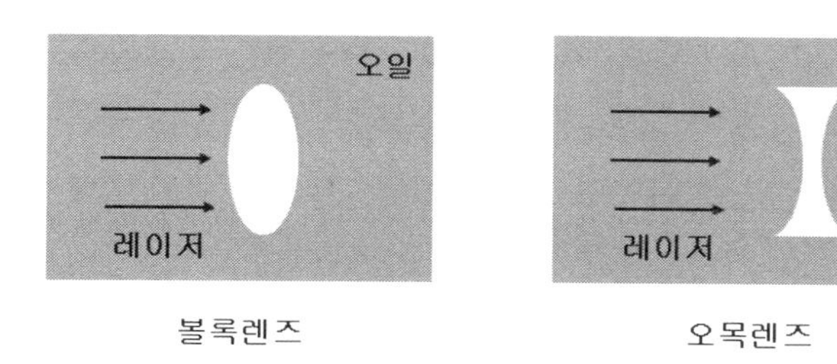

[그림 6.14] 투명오일 속에서의 빛의 진행

Q12 **렌즈를 물속에 넣으면 초점거리는 어떻게 변하며, 볼록렌즈를 물속에 넣을 경우에 오목렌즈로 변할 수 있는 조건은 무엇인가? 그리고 오목거울을 물속에 넣으면 초점거리는 어떻게 될까? 물론 렌즈나 거울에 입사하는 빛은 평행광이라고 가정한다.**

렌즈는 빛이 굴절하는 현상을 이용한 광학부품으로, 빛이 굴절되는 정도는 렌즈에서의 빛의 진행속력과 렌즈 주위 매질에서의 빛의 진행속력의 차이에 의해서 결정된다. 따라서 이러한 렌즈를 물에 넣으면 초점거리가 변하게 된다. 예를 들어 굴절률이 1.5인 투명재료로 만들어진 볼록렌즈를 굴절률이 1.3인 물속에 넣으면 초점거리가 길어진다. 또한 물의 굴절률과 똑같은 투명물질로 만들어진 볼록렌즈를 물속에 넣으면, 렌즈에서의 빛의 진행속력과 물속에서의 빛의 진행속력이 같아지므로 렌즈의 역할을 하지 못하게 되어 빛이 어느 한 점에 모아지지 않는다. 또한 물의 굴절률보다 작은 굴절률을 가지는 물질로 제작된 볼록렌즈를 물속에 넣으면, 볼록렌즈는 2개의 평면 오목렌즈의 역할을 하게 된다(그림 6.15 참조).

반면에 거울은 빛의 반사를 이용하므로, 오목거울을 물 속에 넣어도 초점거리는 변하지 않는다.

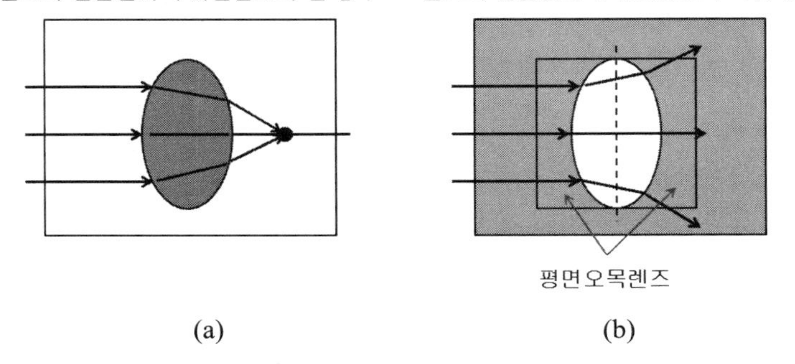

[그림 6.15] 렌즈의 굴절률이 주위 매질의 굴절률보다 큰 경우(a)와 작은 경우(b)

Q13 그림 6.16과 같이 빛이 3 종류의 매질을 통하여 진행한다고 할 때에, 이들 매질의 특성에 대해 어떠한 결론을 얻을 수 있을까? 단, 광선 ⓐ와 ⓑ는 서로 평행하며, $\theta_1 > \theta_2$ 이다.

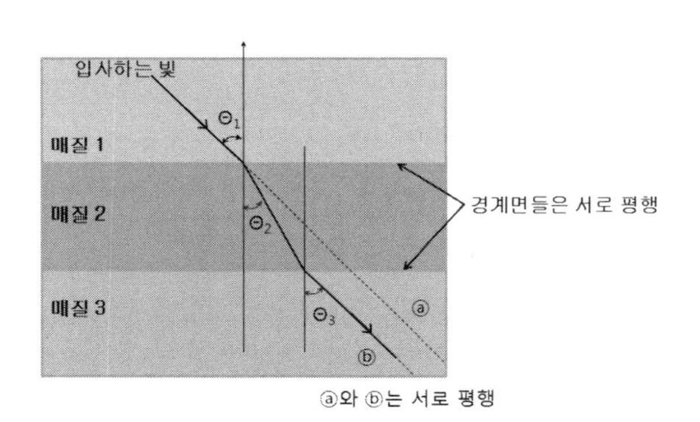

[그림 6.16] 3 종류의 매질을 통한 빛의 진행

빛이 서로 다른 매질의 경계면을 지나는 경우에 굴절되는 이유는 두 매질에서의 빛의 진행속력이 다르기 때문이다. 그림 6.16에서 매질 1과 매질 2의 경계면을 지나면서 입사각 θ_1이 굴절각 θ_2보다 크다. 스넬의 굴절의 법칙을 보면, $n_1\sin\theta_1 = n_2\sin\theta_2$와 같다. 여기서 n_1은 매질 1의 굴절률, n_2는 매질 2의 굴절률이다. 그림 6.16에서 $\theta_1 > \theta_2$ 이라는 의미는 $\sin\theta_1 > \sin\theta_2$ 임을 의미하므로 스넬의 법칙이 성립하기 위해서는 $n_2 > n_1$ 이어야 한다. 굴절률은 진공 중에서의 빛의 속력(c)을 매질 내에서의 빛의 속력(v)으로 나눈 값으로 정의되므로, $n_2 > n_1$ 은

$\frac{c}{v_2} > \frac{c}{v_1}$ 임을 의미한다. 한편, $\frac{c}{v_2} > \frac{c}{v_1}$ 은 $v_2 < v_1$ 임을 의미하므로, 매질 1에서의 빛의 진행속력이 매질 2에서의 빛의 진행속력보다 크다는 것을 의미한다. 또한, 매질 3에서의 빛의 진행방향은 매질 1에서의 빛의 진행방향과 평행이므로 매질 3에서의 빛의 진행속력은 매질 1에서의 진행속력과 같다는 것을 의미한다. 참고로, 매질은 서로 다르지만 빛의 진행속력은 서로 같을 수가 있다.

Q14 **같은 종류의 투명유리를 사용하여 하나는 두께가 일정하고 양면이 평행한 유리판 모양으로 만들고, 하나는 프리즘 모양으로 만들었다. 백색광이 유리판을 통과하면 색깔별로 분리되지 않는데 비하여 프리즘을 통과하면 분리되는 이유는 무엇인가?**

그림 6.17에서 백색광이 두께가 일정하고 양면이 평행한 유리판에 입사한다고 가정하고, 공기의 굴절률을 1.0 그리고 유리의 굴절률을 1.5168이라고 하자. 유리 성분이 BK-7으로 알려진 유리의 굴절률은 파장이 587.6 nm(노랑색)인 경우에 1.5168로 알려져 있다.

그림 6.17에서 입사광이 경계면 1을 통과하면 파장에 따라서 굴절률이 달라지므로 색깔별로 분리가 일어난다. 일반적으로 빨강색의 굴절률이 청색이나 보라색보다 굴절률이 작다. 노랑색의 진행에 대해서 생각하여 보자. 제1경계면에 스넬의 법칙을 적용하면,

$$n_{공기}\sin\theta_1 = n_{유리}\sin\theta_2 \quad \Rightarrow \quad 1.0\times\sin\theta_1 = 1.5168\times\sin\theta_2 \qquad (6.3)$$

의 관계가 성립한다. 또한 유리 내부를 통과하여 제2경계면에 도달하는 빛에 대

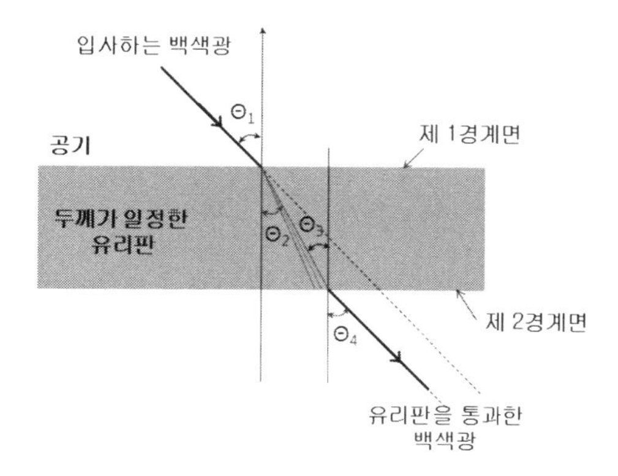

[그림 6.17] 양면이 서로 평행하고 투명한 유리판을 통한 빛의 진행

하여 스넬의 법칙을 적용하면

$$1.5168 \times \sin\theta_3 = 1.0 \times \sin\theta_4 \tag{6.4}$$

의 관계가 성립한다. $\theta_2 = \theta_3$ 의 관계와 식(6.3)과 (6.4)에 의하여 θ_1과 θ_4사이에는 $\theta_1 = \theta_4$이 됨을 의미한다. 따라서 제1경계면을 통과하여 유리 내부를 통과하는 동안에는 색깔별로 굴절률이 달라서 서로 분리되지만, 제2경계면을 지나면서는 다시 원래의 방향으로 복귀되면서 모든 색이 합쳐지게 되어 색깔별로 분리되지 않고 진행하게 된다.

하지만, 프리즘과 같이 제2경계면이 제1경계면과 나란하지 않은 경우에는 제2경계면을 통과하면서 원래의 진행방향으로 완전 복귀되지 못하므로 파장에 따라 분리된 무지개 색으로 분리가 일어난다. 따라서 프리즘의 두 면(제1경계면과 제2경계면)은 서로 평행하지 않다.

오목거울 또는 일반거울은 거울의 표면에 입사는 빛의 반사각이 입사각과 같다는 반사법칙을 이용한다. 반사법칙은 빛이 진행하는 매질에 의하여 영향을 받지 않으므로, 오목거울을 물속에 넣는다고 하더라도 거울의 초점거리는 변하지 않는다. 정리하여 보면, 렌즈는 빛의 굴절을, 그리고 거울은 빛의 반사를 이용하여 빛을 한 점에 모으거나 퍼뜨리는 역할을 한다.

프리즘에 백색광을 쪼이면 무지개와 같이 색깔별로 분류되는 현상을 쉽게 볼 수 있으며, 비가 온 뒤에 하늘에 반원형의 아름다운 무지개가 생기는 현상을 본 기억이 있을 것이다. 우리가 백색광이라 함은 빨강, 주황, 노랑 등 가시영역의 빛들이 모두 섞여 있는 경우를 말한다. 이러한 빛들이 진행하다가 프리즘이나 공기 중의 물방울을 만나면 색깔별로 분리되는 현상을 목격하게 된다. 이처럼 빛이 색깔별로 분리되는 현상을 전문 용어로 표현하면, “파장별로 분리된다”라고 말하며, 이러한 현상을 빛의 분산이라고 말한다(그림 6.18 참조).

프리즘에 의해서 빛이 파장별로 분리되는 이유는 파장에 따라 빛의 진행속력이 다르기 때문이며, 진공 중에서의 빛의 진행속력에 비하여 특정 매질에서의 진행속력이 느릴수록 많이 굴절된다. 다시 말해서, 그림 6.18에서 빨강색이 프리즘 속에서 진행하는 속력은 보라색이 프리즘 내를 통과하는 속력보다 빠르다.

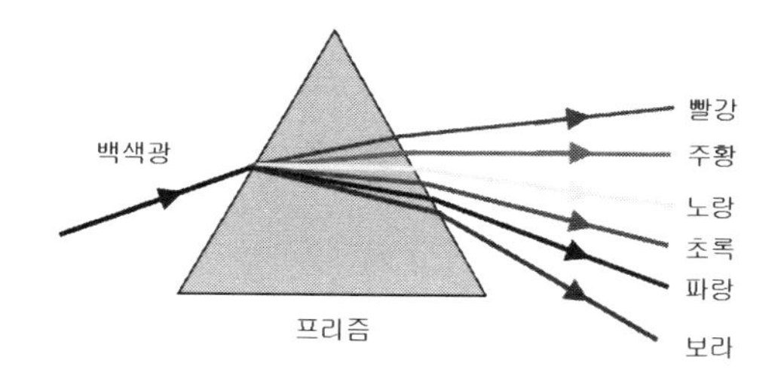

[그림 6.18] 프리즘에 의한 빛의 분류

Q15 무지개는 왜 반원모양이며, 원형 무지개는 어떤 경우에 관측이 가능한가?

무지개는 태양으로부터 오는 빛이 공중에 떠 있는 작은 물방울에 의해 굴절되고 굴절되는 정도는 빛의 색깔(전문용어로는 파장)에 따라서 다르기 때문에 생기는 것이다. 간단히 설명하기 위하여 물방울이 반경이 일정한 공 모양을 하고 있다고 가정하자. 태양으로부터 오는 백색광(다양한 색깔의 빛이 섞여 있는 빛)이 물방울에 입사하면, 파장에 따라 굴절되는 정도가 다르므로 그림 6.19에 나타낸 바와 같이 "굴절 1"이라고 표시된 곳에서 색깔별로 1차 분리가 일어난다. 이처럼 분리된 빛들이 물방울의 안쪽 면에서 내부 반사를 한 뒤, "굴절 2"라고 표시된 부분에서 다시 굴절된 후, 우리의 눈에 도달하여 무지개 색으로 보이게 된다.

땅위에 서 있는 우리가 무지개를 관찰하는 경우에 반원형으로 보이는 이유는 그림 6.19(a)에서 표시한 바와 같이 태양으로부터 물방울로 진행하는 원래의 방향과 눈에 도달하는 빛 사이에, 청색의 경우에는 약 40° 그리고 빨강색의 경우에는 약 42°의 각을 이루기 때문이다. 물론 무지개가 생기지 않는 곳에 있는 물방울들에서도 굴절과 내부 반사가 일어나지만, 눈에 들어오지 않고 무지개가 생기는 곳에 있

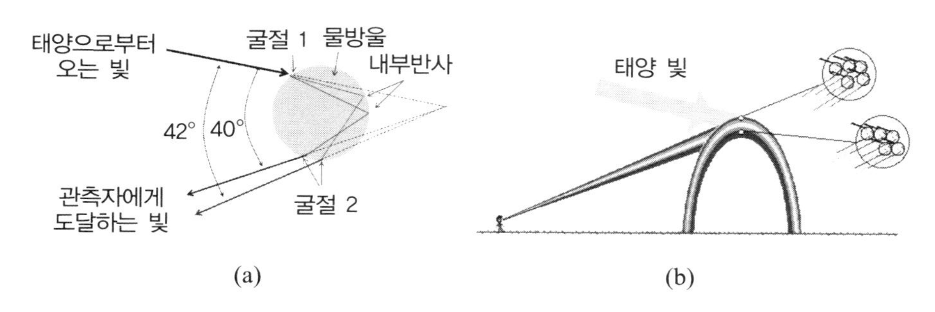

[그림 6.19] 공기 중의 물방울에 의해 생긴 무지개 [참고자료 4]

는 물방울들에 의하여 굴절 및 반사된 빛들이 우리의 눈에 도달하기 때문에 반원형으로 보이게 된다.

그림 6.19(b)를 보면 위로부터 아래 방향으로 빨강, 주황, 노랑, 초록, 파랑, 보라색의 순서로 보인다. 하지만, 태양으로부터 오는 빛이 물방울의 안쪽 면에서 2번의 내부 전반사를 일으킨 후에 우리의 눈에 도달하게 되면 보라, 파랑, 초록, 노랑, 주황, 빨강색의 순서로 분리된 빛이 관측된다. 이는 2개의 무지개가 동시에 형성된 2중 무지개의 색을 비교하여 보면 색깔이 분리된 순서가 서로 바뀌어 있음을 볼 수 있는데 이는 내부반사가 한번, 또는 두 번 일어났느냐에 의해서 결정된다(그림 6.20 참조). 무지개를 지면이 아닌 높은 하늘에서 관찰하면 반원형이 아닌 원형모양으로 관찰이 가능하다(그림 6.21 참조).

[그림 6.20] 이중 무지개 [참고자료 5]

[그림 6.21] 원형 무지개 [참고자료 6]

Q16 빛이 유리와 같이 투명한 물체를 통과하는 속력은 진공 중에서의 빛의 진행속력에 비하여 느린 이유는 무엇인가?

빛이 어떤 물질에 입사할 때, 물질이 어떻게 반응하는 가는 빛의 진동수와 물질을 구성하고 있는 전자의 고유진동수에 의존한다. 가시광선은 1초에 100조($\sim 10^{14}$ Hz)이상의 빠른 속도로 진동하는 데, 대전된 물체가 이렇게 빠른 진동에 반응하기 위해서는 대전된 물체의 관성이 매우 작아야 한다. 전자는 (−)전기로 대전된 물체로서 1초에 100조번 이상의 빠른 속도($\sim 10^{14}$ Hz)로 진동할 수 있을 정도로 관성이 매우 작은 물체이다.

빛은 시간에 따라서 크기가 변하는 전기장과 자기장으로 이뤄져 있는데, 이러한 빛이 전자들과 부딪치면 빛의 진동수에 따라 전자들은 진동하게 된다. 전기를 띤 작은 알갱이가 진동하면 빛을 발생하는 것처럼 (−)전기를 띤 전자가 진동하면, 전자의 진동에너지는 빛으로 다시 방출된다. 투명매질내로 빛이 입사하면, 투명매질을 구성하고 있는 원자에 속박되어 있던 전자가 진동하게 되고, 이러한 진동으로 인하여 방출된 빛이 옆에 있는 원자에 속박된 전자를 다시 진동시키고, 진동하는 전자의 진동에너지는 빛으로 다시 방출된다. 즉, 그림 6.22에서 원자 1이 입사하는 빛을 흡수하여, 원자 1에 속박되어 있는 전자가 진동하게 되고, 전자의 진동으로 인하여 빛을 방출하게 된다. 원자 1에서 방출된 빛을 원자 2가 흡수하였다가 다시 방출하고, 원자 2에서 방출된 빛을 원자 3이 흡수하고 방출하는 과정을 반복하게 된다. 물질 속에는 무수히 많은 원자나 분자들이 있으며, 이에 구속된 전자들이 무수히 많다. 그림 6.22에는 설명을 위하여 수많은 원자들 중에서 3개의 원자만을 나타내었다.

한 원자에서 다른 원자로 다시 방출되는 빛의 진동수는 처음 진동을 일으킨 빛의 진동수와 동일하다. 차이점은 빛을 흡수하고 다시 방출하는데 생기는 약간의 시간적인 지연이 생긴다는 것이다. 이러한 시간지연으로 인하여 투명매질을 통과하는 빛의 진행속도는 진공 또는 공기 중에서의 빛의 진행속도에 비하여 느리게 된다. 대부분의 유리는 가시광선에 대해서는 투명하지만, 자외선 영역에 대해서는 불투명하다.

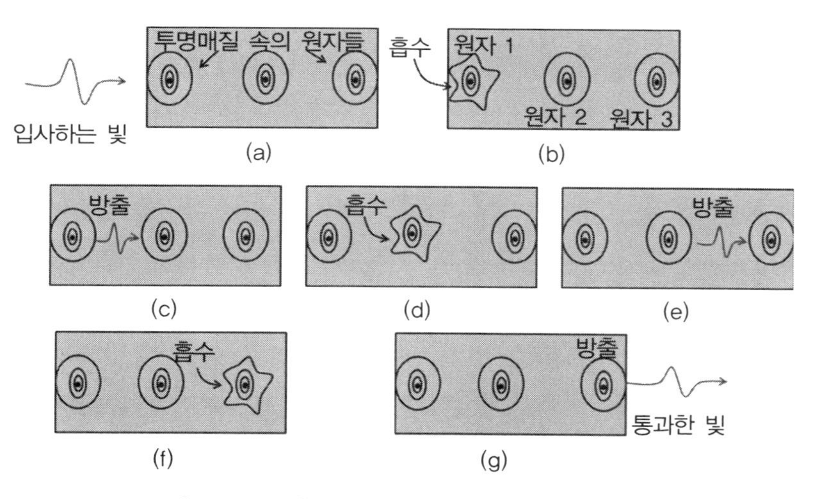

[그림 6.22] 투명 매질 속을 통과하는 빛

Q17 푸른색의 빛과 빨강색의 빛이 같은 두께의 투명유리를 통과한다고 할 때에, 어느 빛이 더 빨리 통과를 하겠는가?

그림 6.22에서와 같이 빛이 투명매질에 부딪치면, 투명매질을 구성하고 있는 원자나 분자가 입사하는 빛을 흡수하였다가 다시 빛을 방출하는 과정을 반복하게 된다. 그림 6.22에서는 투명매질을 구성하고 있는 원자나 분자들을 3개만 표시하였는데 실제로는 수도 없이 많다. 투명매질 내에 푸른색의 빛과 빨강색의 빛이 동시에 입사하면, 푸른색 빛의 파장이 빨강색의 파장에 비하여 짧다. 따라서 두께가 같은 투명매질을 통과하는 경우에, 푸른색의 빛을 흡수하였다가 방출하는 과정이 빨강색에 비하여 더 많이 일어나게 되므로, 푸른색의 빛이 빨강색에 비하여 느리게 진행된다.

6.3 빛의 복굴절

빛이 진행하다가 광학적 성질이 다른 매질로 입사하는 경우에 경계면에서 원래의 진행 방향으로부터 빛의 진행 방향이 바뀌는 굴절이 일어난다. 이러한 굴절은 모든 방향에 따라 매질의 광학적 특성이 같은 경우에 한 방향으로만 일어나지만, 매질 내에서 빛의 진행속력이 진행하는 빛의 편광에 의존하다면 굴절이 2번 또는 3번 일어나게 된다. 굴절이 2번 일어나는 물질을 복굴절 물질이라 하는데 대표적인 물질이 방해석이다. 방해석 결정을 통하여 하나의 점 또는 글자를 보면 그림 6.23(b)에서와 같이 2개로 보이게 된다.

Q18 방해석 결정을 통하여 점 또는 글자를 보면 2개로 보이는 복굴절 현상을 나타낸다. 이러한 복굴절의 광학적 특징의 원인은 무엇인가?

복굴절은 방해석 결정 또는 압력을 받는 셀로판 같은 플라스틱에서 일어나는 복잡한 현상으로서 같은 결정 내에서도 빛의 진행속력이 빛의 편광상태에 따라 차이가 나기 때문에 생기는 현상이다. 등방성물질은 유리와 같이 빛의 진행방향이 바뀌어도 빛의 진행특성이 변하지 않는 물질을 말한다. 대부분의 물질은 등방성이고, 등방성물질을 통과하는 빛의 속력은 모든 방향에 대해서 같다.

한편, 물질을 구성하고 있는 원자나 분자들의 배열 때문에 복굴절매질은 비등방성이고 빛의 진행속력은 편광면과 빛의 진행방향에 의존하게 된다. 이러한 비등방성 복굴절 물질에 빛이 입사하면, 정상광선과 이상광선이라 불리는 2개의 광선으로 분리된다. 이러한 정상광선과 이상광선의 편광방향은 서로 수직이며, 복굴절 매질 내에서 서로 다른 속력을 가지고 진행한다. 빛의 굴절은 광속의 차이에 의해서 생기게 되므로, 복굴절 매질에 입사한 빛은 그림 6.23에서 보는 바와 같이 두 개의 경로를 따라 진행하게 된다. 이처럼 빛이 굴절되는 방향이 2개 존재한다고 해서 이러한 물질을 복굴절 물질이라고 한다. 참고로 그림 6.23에서 원형으로 표시한 정상광선의 편광은 광축에 수직인데 비하여, 양쪽화살표로 표시한 이상광선의 편광은 광축에 나란하다.

복굴절 물질에서 이상광선과 정상광선의 진행속력이 같은 방향이 존재하는데 이 방향을 결정의 광축이라고 한다. 빛이 광축방향으로 진행하는 경우에, 정상광선과 이상광선에 대한 빛의 속력이 같기 때문에 정상광선과 이상광선으로 나눠지는 일이 발생하지 않으나, 광축방향에 대하여 임의의 각으로 입사한 빛은 광속의 차이로 인하여 서로 다른 방향으로 분리된다(그림 6.23 참조).

전기장의 진동방향(즉, 빛의 편광방향)이 광축에 대해 수직한 정상광선에 대한 굴절률을 n_o, 수평한 이상광선에 대한 굴절률을 n_e라고 했을 때, 두 광선에 대한 굴절률의 차이는

$$\Delta n = n_e - n_o \tag{6.3}$$

와 같이 정의한다. $\Delta n > 0$ 인 경우를 양의 복굴절, $\Delta n < 0$ 인 경우를 음의 복굴절이라 하며 방해석은 대표적인 음의 복굴절 물질 중의 하나이다.

점 위에 방해석 결정을 올려놓고, 방해석 결정을 통하여 점을 관찰하면 한 개의 점이 2개로 관찰될 것이다(그림 6.23(b) 참조). 이는 1개의 점으로부터 나온 빛이

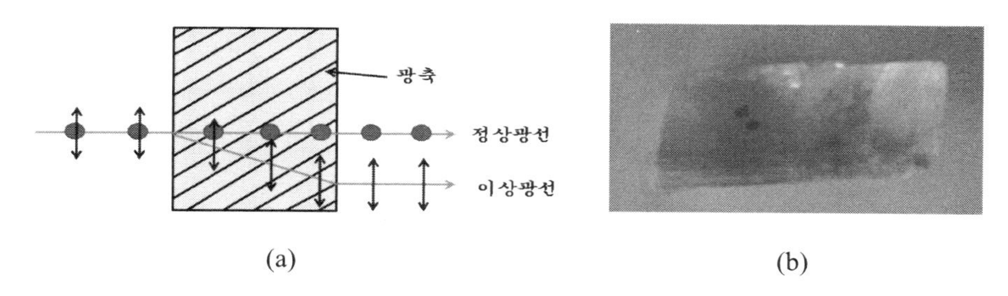

(a) (b)

[그림 6.23] 복굴절 물질에 입사한 빛의 분리와 방해석 결정을 통하여 관찰한 1개의 점

방해석 결정을 통과하면서 서로 다른 2개의 경로를 통해 진행하여 눈에 들어오기 때문이다. 이러한 2개의 점을 편광자를 회전시키면서 관찰하면, 한 점이 선명하게 보이다가 안 보이는 대신에 다른 점이 선명하게 보이게 됨을 알 수 있고, 이때에 편광자의 회전각은 서로 90°차이가 남을 알 수 있다. 이로부터 1개의 점이 2개의 점으로 보이면서 2개의 점을 형성하는 빛의 편광이 서로 90°차이가 남을 알 수 있다. 따라서 방해석의 두께가 약간 두꺼우면, 2개의 점을 완전히 분리할 수가 있으므로 편광되지 않은 빛을 편광된 빛으로 바꾸는데 사용할 수 있다.

6.4 빛의 산란과 흡수

빛이 입사하는 면이 아주 매끄럽지 않으면, 반사된 빛은 여러 방향으로 반사되는 데, 이러한 현상을 산란이라 한다. 이것은 빛이 입사하는 지점의 면들의 방향이 서로 방향이 다르기 때문에 나타나는 현상이지만, 빛이 반사되는 지점만을 생각하면 정확하게 반사의 법칙이 성립한다. 그림 6.24는 평행광선이 매끄럽지 못한 면에 입사하여 여러 방향으로 반사되는 것을 나타낸 것으로 면에 입사하는 하나하나의 광선은 반사지점에서 반사의 법칙을 만족하지만 전체적으로 보았을 때에는 평행광선이 입사하였다가 흐트러져서 반사되게 되는 것이다.

생활주변에 있는 물체들은 대부분이 스스로 빛을 발하는 물체가 아니지만, 이러한 물체들을 볼 수 있는 이유는 외부로부터 받은 빛을 반사시킴으로서 반사된 빛이 우리의 눈에 들어와 물체를 인식하게 되는 것이다. 예를 들어 새벽에 떠오르는 태양을 보면 붉은 빛을 띠면서 주위가 밝은 이유는 지구 주위에 존재하는 공기들에 의하여 태양으로부터 오는 빛이 산란 또는 반사된 후에 우리의 눈에 도달하기 때문이다.

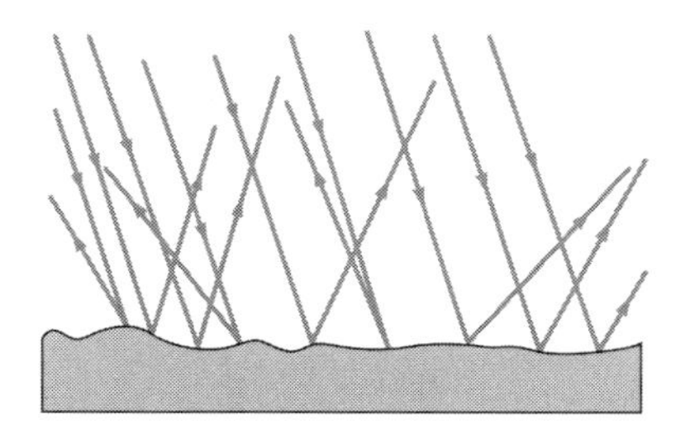

[그림 6.24] 매끄럽지 못한 면으로부터의 반사

만약에 빛을 반사시키는 물체가 없다면 빛이 존재하더라도 어둡게 보이게 된다. 그림 6.25는 미국의 우주선 아폴로 8호가 달에서 지구가 떠오르는 모습을 찍은 사진이다. 그림 6.25에서 보듯이 달에서 떠오르는 지구를 보았을 때에 태양에서 온 빛이 지구에 반사되어 지구의 모습은 선명하게 보이는데 비하여 주위는 아주 검은 것을 볼 수 있다. 이는 대기권을 벗어나면 태양으로부터 오는 빛을 반사시키는 공기가 없기 때문에 반사되는 빛이 없어 마치 빛이 없는 것처럼 사진에 나타나게 된다(그림 6.25참조). 또한 달과 별은 스스로 빛을 내지는 못한다. 따라서 밤에 보이는 달빛과 별 빛은 태양에서 받은 빛을 달이나 별들이 반사시키는 것이다.

한편, 물체의 표면이 아주 매끄럽고 입사하는 빛을 모두 반사시킨다면, 우리는 물체(예를 들면 완전반사거울)를 인지하지 못하고 거울에 비치는 물체만 보게 된다. 이러한 이유 때문에 벽에 크고 아주 좋은 거울이 걸려 있으면, 그곳은 마치 벽이 없는 것과 같이 보여서 실수하는 경우가 있게 된다. 한 예로서 새들이 있는 곳에 대형거울을 놓는다면, 새는 물체(거울)의 존재를 인지하지 못하게 되어 거울에 부딪치는 일이 발생되는 이유도 이러한 이유 때문이다.

일반적으로 물체의 표면은 무수히 많은 작은 평면이 모여서 이뤄져 있고 임의의 방향을 향하고 있으므로, 이러한 면에 빛이 입사하면 각 방향으로 반사되어 산란된다. 따라서 그 물체에 비치는 광원 또는 물체의 상이 보이는 것이 아니고 그 물체 자체가 보이게 되는 것이다. 즉, 우리가 물체를 볼 수 있는 이유는 평편하지 않은 물체의 표면으로부터 일어나는 산란현상 때문이다.

물체를 본다는 것은 물체로부터 반사된 빛이 사람의 눈에 도달하여 시신경에 의하여 인지하게 된다. 물체로부터 반사된 빛이 없으면 우리는 물체를 보지 못하게 된다. 가끔 우리는 빛의 흡수, 반사 및 통과에 대하여 혼란을 일으키는 경우가 있

[그림 6.25] 달에서 찍은 지구가 떠오르는 모습(참고자료 7)

다. 밝은 날에 초록색 셀로판지를 통과한 빛을 보면 초록색이라는 것을 쉽게 알 수 있다(그림 6.26 참조).

또한 눈으로 보아도 셀로판지가 초록색임을 알 수 있다. 백색광원인 햇빛으로부터 오는 빛은 빨강, 주황, 노랑, 초록, 파랑, 남색 및 보라색을 비롯하여 우리의 눈에 보이지 않는 적외선 및 자외선 등이 포함되어 있다. 초록색 셀로판지를 통과한 빛을 보아도 초록색이고, 셀로판지를 보아도 초록색으로 보이는 이유는 다음과 같다. 즉, 초록색 셀로판지는 초록색을 잘 통과시키기도 하면서 반사도 잘 시킨다는 것이다. 그렇다면 초록색을 제외한 나머지 빛들은 어디로 갔을까? 가시광 영역만을 생각한다면, 초록색을 제외한 나머지 빛들은 초록색 셀로판지가 흡수를 한 것이다.

모든 물질은 전자기파 스펙트럼의 일부를 흡수하는데, 빛의 파장, 빛의 진행 경로 상에 있는 물질들이 흡수하는 흡수 정도에 의존한다. 가시 영역에 해당하는 빛을 흡수하는 물질은 색깔을 띠게 되는데 이러한 흡수는 전자기파의 전기장이 흡수물질의 원자 또는 분자들의 진동에 의존한다. 따라서 빛이 흡수물질 내를 통과하게 되면, 광자들의 일부가 없어지는 대신에 흡수 물질내의 원자나 분자가 기저(안정)상태에서 여기(흥분)상태로 여기하게 된다. 이러한 과정을 공명과정이라 하고, 공명파장에서만 일어난다. 고체나 액체의 흡수 물질에 있어서 여기 에너지는 대부분 열로서 방출된다. 이러한 이유로 인하여 단지 빛의 흡수를 이용하여 만들어진 색 필터들은 높은 에너지를 가지는 레이저 응용에 적합하지 않으며, 부분적으로 빛을 강하게 쪼아주면 구조적인 손상을 가져오게 된다.

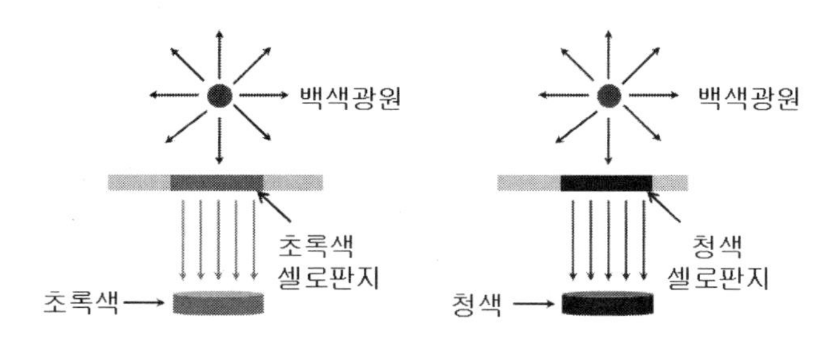

[그림 6.26] 셀로판지를 통과한 빛의 색

Q19 **흰색이 아닌 초록색이나 주황 등의 한 가지 색으로 된 옷의 일부를 적신 후에 보면, 젖어있는 부분이 말라있는 부분에 비하여 약간 어둡게 보이는 데(그림 6.27참조), 그 이유는 무엇인가?**

표면이 매끄럽지 않은 옷, 칠판, 모래 및 도로상에서 물에 젖은 부분과 마른부분이 쉽게 구별이 가능하다는 것을 경험상으로도 잘 알고 있다. 이러한 이유를 알아보기 위하여 옷의 일부가 물에 젖은 경우를 생각하여 보자. 표면이 거칠기 때문에 빛이 마른 옷에 도달하면, 임의의 방향으로 산란을 일으킨다. 하지만, 물에 옷이 젖게 되면 옷 표면에 형성된 물의 얇은 층(수막)이 다음과 같은 변화를 일으킨다.

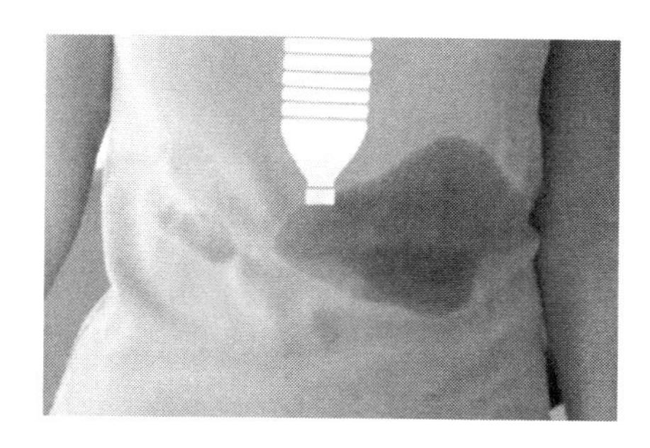

[그림 6.27] 물에 일부가 젖은 옷[참고자료 8]

① 젖은 부분에서는 빛의 산란이 감소하여 좀 더 많은 빛이 옷 속으로 들어가게 된다.

② 옷의 섬유들 사이에 물이 채워진 관계로 반사가 감소하면서 빛이 입사하는 표면과 반대인 면(빛이 옷을 뚫고 나오는 쪽)에 보다 많이 도달하기 쉽게 만든다.

위에서 설명한 과정들에 의해서 젖은 부분에 도달한 빛이 마른 부분에 도달한 빛에 비하여 반사되는 빛의 양이 감소하여 관찰자가 보기에는 더 어두워 보인다. 하지만, 빛이 입사하는 방향과 반대인 쪽에서 보면 젖은 부분을 통하여 보다 많은 빛이 통과하므로 젖은 부분이 마른 부분에 비하여 밝게 보인다. 이러한 것은 표면이 거친 색종이의 일부를 물에 적시어 빛이 입사하는 쪽에서 관찰한 후, 종이를 햇빛 쪽으로 들어 올려 관찰하면 젖은 부분이 좀 더 밝게 보인다는 것을 쉽게 관찰할 수 있다.

하지만, 매우 매끄러운 면과 광택이 있는 금속성의 물질표면에서 이러한 현상이 잘 관찰되지 않는 이유는 수막에 의해서 빛을 표면 안쪽으로 보낼 수 있는 방법이

없기 때문이다. [참고자료 8~9]

Q20 그림 6.28에서와 같이 눈은 왜 흰색인가?

[그림 6.28] 눈 덮인 풍경 [참고자료 11]

깨끗한 물 또는 얼음덩어리를 보면, 투명하며 각각의 눈송이들도 투명하게 보인다(그림 6.29 참조). 각각의 눈송이는 투명하게 보이는데 이들이 모인 눈덩어리는 왜 흰색으로 보일까? 빛의 특성은 일반적으로 파장 또는 색깔로 설명하고 있으며, 우리가 일상적으로 눈으로 보는 색의 빛들은 가시광 영역의 파장을 가진다.

햇빛은 모든 종류의 가시광 외에 자외선 및 적외선 등을 포함하고 있으며, 이처럼 모든 종류의 가시광 영역의 파장을 포함하고 있는 빛을 백색광이라고 한다. 이는 백색광에서 특정색깔(특정파장)의 빛을 제거하게 되면, 원하는 파장(색깔)의 빛이 얻어질 수 있다는 것을 의미하기도 한다. 대부분의 물질은 특정파장의 빛을 흡수하고 나머지는 반사시키는 기능을 가지고 있는데 이처럼 특정파장의 빛을 흡수하는 현상을 빛의 흡수라고 말한다.

[그림 6.29] 눈송이 사진 [참고자료 12]

한 예로서 빨강색 장미를 생각하여 보자. 백색광이 장미에 부딪치면, 빨강색만 반사되어 우리의 눈에 들어오고, 나머지 색깔에 해당하는 빛은 장미가 흡수하게 된다. 따라서 빨강색 장미를 보면 반사된 빨강색의 빛이 우리의 눈에 도달하므로 빨강색으로 보이는 것이다.

깨끗한 물과 얼음조각은 투명하다(그림 6.29 참조). 깨끗한 얼음조각의 표면에 빛이 도달하면, 일부는 경계면에서 반사되고 나머지는 투과하게 된다. 얼음조각 또는 한 개의 눈송이는 빛이 지나가는 경로 상에서 앞면과 뒷면의 두 개의 면(그림 6.30 참조)을 가진 반면에 수없이 많은 눈송이들이 쌓인 눈은 수없이 많은 면들을 가지게 된다.

쌓인 눈은 눈송이들이 서로 느슨하면서도 임의의 방향으로 배열되어 있기 때문에 눈송이 표면은 물론 눈송이들 사이에서 수없이 여러 번 반사된 후에 우리의 눈에 도달하는 것이다. 백색광인 태양빛이 쌓인 눈에 입사하게 되면 가시광 영역에 해당하는 모든 파장의 빛들이 거의 같은 비율로 흡수되고, 나머지 반사되는 빛들도 거의 모든 종류의 가시광 파장을 포함하게 되므로 백색으로 보이는 것이다. 구름, 작게 부서진 유리가루, 소금 및 설탕 등은 위에서 설명한 이유에 의해서 흰색으로 보이는 것이다. [참고 자료 10~12]

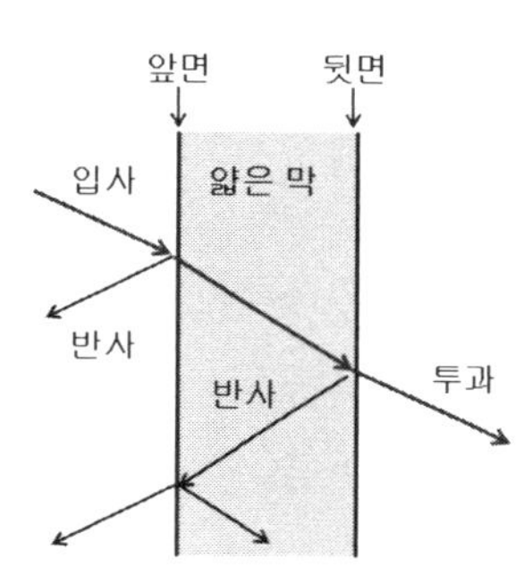

[그림 6.30] 얇고 투명한 막에서의 반사 및 투과

Q21 **맑은 날이나 구름이 낀 여름날에 일광욕을 하면 피부가 타지만, 지붕이 투명유리인 실내에서 빛을 쪼이면 피부가 타지 않는 이유는 무엇일까?**

피부를 타게 만드는 것은 자외선인데, 유리는 자외선을 통과시키지 않는다. 따라서 지붕이 투명유리인 실내에서 빛을 쪼이면 피부가 타지 않게 된다.

Q22 햇빛을 쪼면 적외선보다 자외선에 의하여 피부손상이 일어나는 이유는 무엇인가?

생물학적 피부손상은 피부에 입사하는 광자(빛 알갱이)의 에너지가 클수록 잘 일어난다. 자외선의 파장은 적외선보다 짧으며, 이는 자외선의 광자에너지가 적외선의 광자에너지보다 높음을 의미한다. 따라서 자외선 1개의 광자는 적외선 1개의 광자보다 많은 에너지를 운반하게 되며, 이러한 자외선 광자가 피부에 닿게 되면, 적외선이 피부에 닿는 경우보다 피부세포에 더 많은 손상을 입히게 된다.

Q23 어떻게 하면 풍선 안에 풍선을 넣고 안쪽 풍선만을 터뜨릴 수 있을까?

투명셀로판지를 통하여 태양을 보면 무색으로 보이지만, 초록색 셀로판지를 통과한 빛은 초록색 그리고 청색 셀로판지를 통과한 빛은 청색으로 보인다(그림 6.31 참조). 백색광원의 하나인 태양 빛은 가시광을 비롯하여 눈에 보이지 않는 자외선 및 적외선을 포함하고 있다. 따라서 태양빛을 초록색 셀로판지를 통하여 보면 초록색만 통과시키고 나머지 빛은 거의 모두 흡수하여 버리기 때문에 초록색으로 보이게 된다. 초록색을 제외한 나머지 빛의 대부분을 흡수하여 버리므로 셀로판지는 빛 에너지의 일부를 흡수하게 되는 것이다.

이제 그림 6.32 같이 안쪽에는 초록색 풍선을 넣고 바깥쪽에는 무색의 투명풍선을 두고 빨강색의 레이저를 이들 풍선에 쪼이면 어떤 일이 벌어지겠는가? 그림 6.32(a)와 같이 투명풍선 안에 초록색 풍선이 들어 있는 경우에 He-Ne 레이저에서 나온 빨강 빛은 바깥쪽의 투명풍선을 통과하지만, 안쪽의 초록색 풍선의 두께에 따라 모두 흡수되거나 일부만 통과하게 된다. 따라서 초록색 풍선의 레이저가 닿은 부분은 풍선이 흡수한 빨강색 레이저의 에너지에 의해서 뜨거워지게 되어 풍

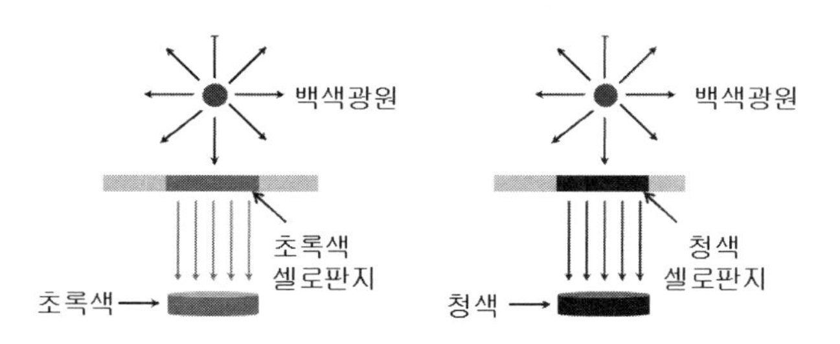

[그림 6.31] 셀로판지를 통과한 빛의 색

선은 터지게 된다. 하지만, 그림 6.32(b)와 같이 투명풍선 안에 빨강색 풍선이 들어 있는 경우에 He-Ne 레이저에서 나온 빨강 빛을 이들 풍선에 쪼이면, 레이저는 바깥의 투명풍선을 통과하여 안쪽의 빨강색 풍선에 도달하지만, 빨강색 풍선도 레이저에서 나오는 빛과 같은 색이므로 풍선에 의해서 흡수되지 않고 빨강색 풍선을 그대로 통과하게 되어 안쪽의 풍선은 터지지 않게 된다. 물론, 바깥쪽에 빨강색 풍선을 놓고 안쪽에 초록색 풍선을 넣고, 빨강색 레이저로 이들 풍선에 비춰면 안쪽의 초록색 풍선만 터지게 되지만 레이저의 파워가 약한 경우에는 터지지 않는다.

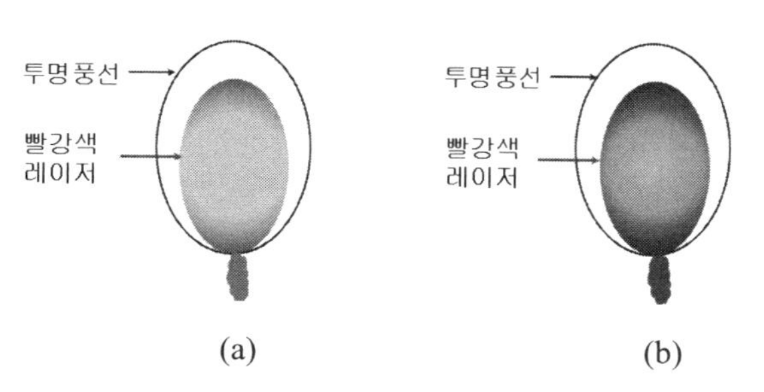

[그림 6.32] 투명풍선 속에 들어있는 초록색 풍선(a)과 빨강색 풍선(b)

Q24 **대부분의 투명유리는 가시광은 통과시키지만, 자외선영역의 빛에 대해서는 불투명하다. 물질이 빛에 대해서 불투명하다는 의미는 무엇인가?**

그네를 타고 있는 사람을 그네의 진동수에 맞추어 밀어줄 때, 그네가 흔들리는 폭은 증가한다. 이는 사람이 그네를 밀어주는 진동수와 그네 고유의 진동수가 서로 일치하기 때문이며, 이러한 현상을 공명이라고 한다. 유리 속에 있는 전자들의 고유진동수는 자외선 영역에 속한다. 따라서 자외선이 유리 속에 입사하면, 원자핵과 전자사이에 큰 진동이 일어나면서 공명현상이 나타난다. 그네가 공명을 일으키면 흔들림의 폭이 매우 커지듯이, 자외선이 유리에 입사하면 공명현상이 일어나면서 전자들의 진폭이 매우 커지게 되면서 이웃한 원자들과 충돌을 일으킨다. 이러한 충돌이 발생하면서 전자들의 진동에너지가 이웃한 원자에게 열에너지로 전달이 되지만, 빛의 형태로 재방출이 일어나지 않는다. 따라서 유리는 자외선에 대하여 투명하지 못하다. 이처럼 자외선을 쪼여주면 열에너지로 유리 내부에 축적되므로 유리는 따듯해진다.

유리에 가시광선의 진동수보다 낮은 진동수인 적외선을 쪼여주면, 전자만이 아니라 유리를 구성하고 있는 원자와 공명을 일으키면서 열을 발생시키므로 유리를 투과하지 못한다. 따라서 투명유리는 자외선과 적외선은 통과시키지 못하지만, 진동수가 적외선보다는 높고, 자외선 보다는 낮은 가시영역의 빛은 통과시키는 특성을 가지고 있다.

요약하면, 물질이 빛을 흡수하여 재방출하지 않으면 빛을 통과시키지 못하는 불투명 물질이 된다.

6.5 파란하늘과 붉은 아침과 저녁노을

태양으로부터 오는 빛은 백색광이지만 실제로는 무지개의 모든 색을 포함하고 있다. 한 예로서 백색광이 프리즘을 통과하면, 무지개의 색으로 분리가 된다(그림 6.33 참조).

태양으로부터 오는 빛은 전자기파로서, 색깔에 따라 파장이 서로 다르다(그림 6.34 참조). 즉, 파랑색은 빨강색보다 파장이 더 짧다. 빛은 진행경로 상에서 빛의 진행속력을 변화시키는 어떤 물질을 만나지 않으면 직선으로 진행하지만, 광학적 특성이 서로 다른 물질을 만나게 되면, ① 반사(거울), ② 굴절(프리즘), ③ 산란(대기 중의 공기 분자들)을 일으킨다.

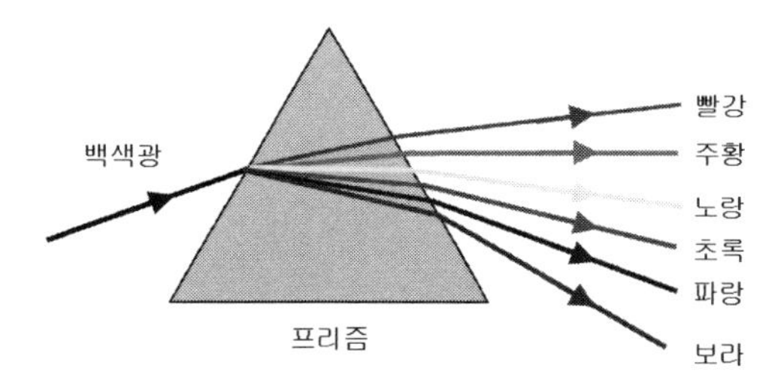

[그림 6.33] 프리즘에 의한 빛의 색 분리

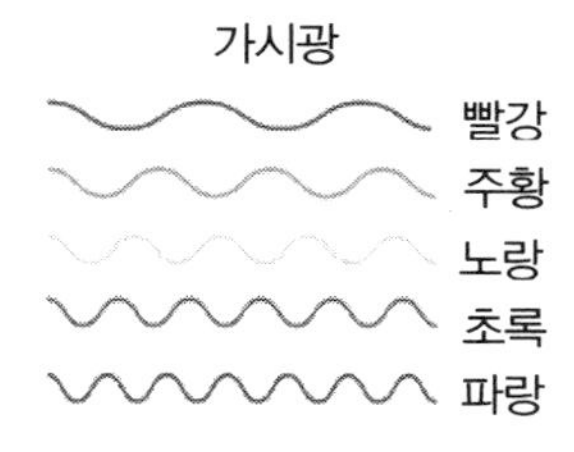

[그림 6.34] 빛의 색깔에 따른 파장의 크기 비교, 청색의 파장이 제일 짧다

태양빛이 지구의 대기권에 도달하면, 대기를 이루고 있는 질소와 산소 등의 분자들 그리고 작은 입자들은 태양 광선에 의한 에너지를 받아 이들을 구성하고 있는 전자들이 격렬하게 진동하면서 빛을 모든 방향으로 다시 방출하게 되는 데, 이러한 과정을 빛의 산란이라고 한다. 청색은 가시광 영역의 다른 빛들에 비하여 파장이 짧으므로 더 많이 산란되는데, 이처럼 청색이 많이 산란된 빛을 우리가 관찰하게 되므로 하늘은 파랗게 보인다. 태양으로부터 오는 자외선의 대부분은 대기권 상층에 있는 오존층에서 흡수되며, 대기를 통하여 들어오는 일부 자외선은 대기 입자들과 분자들에 의해 산란된다. 파랑색 보다 파장이 더 짧은 보라색은 대부분 산란되고, 파랑, 초록, 노랑, 주황, 그리고 빨강의 순으로 산란된다. 보라색이 파랑색보다 더 산란이 잘 일어나지만 우리의 눈은 보라 빛에 별로 민감하지가 않기 때문에 하늘이 파랗다고 느끼는 것이다.

지면으로부터 높지 않은 하늘을 바라보게 되면, 밝은 청색 또는 흰색으로 보이게 되는 데, 지면에서 가까운 낮은 하늘로부터 우리의 눈에 도달하는 태양 빛은 하늘 높은 곳으로부터 눈에 도달하는 태양빛에 비하여 대기 속을 더 많이 통과하게 된다. 태양빛이 이러한 대기를 통과함에 따라 공기분자들은 수많은 방향으로 파랑색의 빛을 산란시키고, 산란된 빛을 다시 산란시키게 된다. 또한 지표면도 태양빛의 일부를 반사시키기도 하고 산란시킨다. 이처럼 반사 및 산란된 빛들이 다시 혼합되기 때문에 높은 하늘을 보았을 때에 비하여, 지면에 가까운 하늘을 바라보게 되면, 좀 더 흰색에 가까우면서 덜 파랗게 보이는 것이다.

낮은 진동수의 빛(파장이 긴 빨강이나 주황)은 대기 중의 질소나 산소에 의해 거의 산란이 일어나지 않는다. 그러므로 빨강, 주황, 그리고 노랑은 보라와 파랑색에 비하여 훨씬 더 쉽게 대기 속으로 전달된다. 산란이 가장 안 되는 빨강 빛은 공

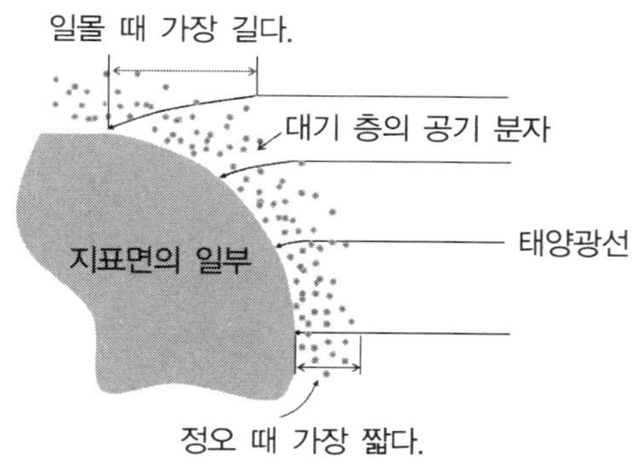

[그림 6.35] 태양광선이 대기를 지나가는 경로

[그림 6.36] 일몰직선의 태양광선

기 분자들과의 상호작용없이 다른 어떤 빛들보다도 더 많이 대기 속을 통과하여 나아갈 수 있다. 그러므로 빛이 두터운 대기 속을 통과한 경우에, 빨강 빛은 투과되지만 파랑색의 빛은 산란된다. 태양광선이 우리의 눈에 도달하기 위해 대기 속을 통과하는 경로는 낮보다는 새벽녘이나 해질 무렵에 더 길어지므로 태양광선 중에서 파랑색의 빛은 더 많이 산란되어 지표면에 도달하는 파랑색의 빛은 더욱 더 작아진다(그림 6.35 참조). 이러한 이유로 인하여 태양은 점차 더 붉게 보이고 노랑색을 거쳐 주황이 되었다가 일몰이 되면, 거의 붉게 보이는 것이다(그림 6.36 참조). [참고자료 10~11]

Q25 바닷물이나 깊은 호수의 물은 왜 청록색일까?

태양으로부터 오는 빛은 자외선, 가시광선 및 적외선 등의 다양한 파장을 가진 빛들로 구성되어 있다. 이러한 빛이 물속으로 들어가는 경우에, 빨강과 오렌지 영역의 파장을 가지는 빛은 표면으로부터 약 10 m 의 깊이에서 거의 완전히 흡수되는 반면에 청색과 초록빛은 약 100 m 깊이까지도 투과된다. 물론 태양빛이 물속으로 투과하여 들어가는 깊이는 빛의 세기와 물의 특성(혼탁한 물에서는 투과깊이가 매우 짧다)에 의존한다. 이러한 차이점은 특정 파장의 빛을 흡수하는 물의 특성에 기인한다.

빨강이나 오렌지 계통의 빛은 물이 잘 흡수하는 반면에 청색이나 초록색 빛은 물속 깊이 투과되는 과정에서 물 분자들이 흡수하였다가, 같은 색깔의 빛을 다시 모든 방향으로 내보내는 산란이 잘 일어나게 한다. 우리 눈에는 이러한 산란된 빛(청색이나 초록색의 빛)이 도달하게 되므로 깊은 바닷물이나 호수의 물이 청색으로 보이는 이유이다. 하지만, 얇은 물에서는 빨강색 계통이나 청색계통의 빛이 물의 깊이에 따른 흡수차이가 인지할 정도로 크지 않으므로 투명하게 보인다.

위에서 설명된 내용을 정리하여 보면 물분자는 적외선의 진동수에 공명하기 때문에 적외선을 흡수하며, 적외선의 에너지는 물분자의 운동에너지로 바뀐다. 따라서 적외선은 호수나 바닷물의 온도를 올리는 중요한 요소이다. 또한 물 분자는 가시광선의 빨강색에 해당하는 진동수에서 어느 정도 공명하므로, 빨강색의 빛이 물속으로 진행함에 따라 점차적으로 흡수된다. 백색광으로부터 빨강이 없어지면 남는 색은 무엇일까? 즉, 빨강색의 보색은 청록이므로 바닷물은 청록색으로 보이게 된다.

깊이가 깊은 바다 속에는 빨강색의 빛이 도달하지 못하므로, 검정이나 빨강색이나 똑같이 눈에 띄지 않는다. 따라서 검은색의 동물이나 빨강색 동물들은 깊은 바다 속에서는 포식자나 식육어들의 눈에 잘 띄지 않게 된다. [참고자료 12~13]

Q26 **6면이 모두 완벽한 거울로 둘러쌓인 방안에 전구가 켜져 있어 실내가 매우 밝다. 외부에서 갑자기 전구와 연결된 스위치를 내려 전구가 꺼지면 방안은 밝은 체로 있을까? 아니면 천천히 어두워질까? 완벽한 거울이란 빛을 100% 반사하는 거울로 거울에 의해 흡수된 빛은 없다는 것을 의미한다.**

광원(예를 들면 켜진 전구)은 수많은 광자를 만들어내는데, 천정과 바닥을 포함한 6면에 설치된 거울들이 완벽하다면 거울에 의해서 흡수되는 광자들이 하나도 없게 된다. 따라서 완벽한 거울들은 광자를 에너지의 손실없이 지속적으로 반사만을 반복함으로 방안은 계속해서 밝음을 유지하게 된다. 에너지의 손실없이 반사를 지속적으로 반사하는 경우(이때에 광자가 거울에 부딪치면서 발생하는 충돌은 탄성충돌)에, 광자들이 가지는 파장은 일정하게 유지된다.

하지만, 거울들이 광자를 반사시키면서 광자가 가지는 에너지의 일부를 흡수하게 되면(이때 광자가 거울에 부딪치는 충돌은 비탄성 충돌이 된다.), 광자의 파장은 충돌할 때마다 길어지게 된다. 따라서 처음에 가시광선이었다 하더라도 충돌을 반복함에 따라, 가시광선의 빛이 적외선의 파장으로 바뀌게 되므로 결국에는 어두워지게 된다. 참고로 우리가 일반적으로 생각하는 입자(작은 알갱이)들은 충돌하면서 에너지를 손실하게 되어 속력이 느려지지만, 광자의 경우에는 속력이 느려지는 것이 아니라 파장이 변하는 것이다. [참고자료 14]

6.6 물체의 크기와 색

Q27 특정물질이 색깔을 띨 수 있는 가장 작은 크기는 어느 정도일까?

질문에 답하기 위해서는 우선 우리 눈이 어떻게 색을 인지하는지를 이해할 필요가 있다. 색은 빛에 대한 사람의 인지를 의미하며, 빛은 파장(또는 진동수)과 세기에 의해서 설명된다. 이중에서 가시광은 파장이 380 nm 에서 740 nm 인 영역의 빛을 의미하며, 초록빛은 파장이 500-565 nm 영역의 빛이다. 여기서 1 nm 는 10^{-9}m 를 의미한다. 초록색을 띠는 불투명한 물질은 다른 색의 빛은 흡수하고 초록색은 반사시킨다. 따라서 물체로부터 산란된 초록색의 빛이 우리 눈에 들어오기 때문에 초록색으로 보이게 된다. 빨강색의 투명물질은 다른 색의 빛은 흡수하는 반면에 빨강색의 빛을 통과시키기 때문에 빨강색으로 보이며, 대표적인 예가 빨강색 셀로판지를 생각할 수 있다.

빛을 발생시키는 또 다른 방법은 형광현상이다. 형광물질은 특정파장의 빛을 흡수하여 흡수한 빛과는 다른 파장의 빛을 방출하는 물질이다. 텔레비전에는 빨강, 초록 및 청색의 형광물질이 사용되며, 3 파장 램프에는 빨강, 초록 및 청색을 내는 형광물질이 형광등의 안쪽에 칠해져 있다. 플라스마 텔레비전의 경우에는 약 157 nm 의 빛을 형광물질에 쪼여주면, 형광물질의 종류에 따라서 빨강, 초록 및 청색의 빛을 발하게 되면서 이들이 결합하여 칼라영상을 만들어내게 된다. 또한 어떤 물질은 열을 흡수하였다가 흡수한 열에너지를 빛으로 방출하는 물질도 있다. 예를 들어 소금을 불속에 넣으면 노랑색의 빛을 발한다.

그렇다면 빛을 흡수하거나 방출하는 가장 작은 물질의 크기는 빛이 만들어지는 방법에 따라 원자, 이온 또는 분자이다. 예를 들어 소금이온 하나가 타면서 내는 불빛은 소금덩어리가 타면서 내는 불빛과 같은 노랑색이다. 하나의 원자 또는 이온의 크기는 직경이 약 0.1 nm 정도 이하인 반면에 단일분자는 수백만 개의 원자들로 구성되어 있는 경우도 있다.

사람의 눈은 한 개의 원자나 분자가 방출하는 빛을 탐지할 정도로 민감하지는 않지만, 과학 기술의 발달로 인하여 기기를 사용하여 단일원자 또는 분자가 방출하는 빛을 탐지하는 것은 가능하다. 예를 들어, 단백질이나 DNA 같은 분자들을 연구하기 위해서는 과학자들은 단일분자 형광 현미경을 사용하고 있다. [참고자료 15]

Q28 LED를 액체질소에 넣으면 어떻게 되는가?

전원을 연결하여 LED를 켠 다음에 이를 액체질소 속에 넣으면, LED에서 발생되는 빛의 색깔이 변함을 볼 수 있다. 이를 이해하기 위해서는 LED가 어떻게 만들어졌는가를 조금은 이해할 필요가 있다. LED의 가장 중요한 부분은 전자들이 흐르면서 빛을 내게 하는 반도체물질로서, 정공(hole)이 많은 P형 반도체와 전자들이 많은 N형 반도체를 결합시켜 제조하게 된다. N형 반도체 쪽에는 전자들이 자유롭게 이동이 가능한 전도대라는 것이 존재하며, P형 반도체 쪽에는 정공들로 채워진 가전자대라는 것이 존재한다.

전자들이 전도대로부터 가전자대로 넘어가면서 정공과 결합하여 빛을 내게 되는데, 이때에 발생되는 빛의 색은 전도대와 가전도대 사이의 에너지 간격(밴드 갭이라고 함)에 결정된다(그림 6.37 참조). 즉, 밴드 갭의 크기가 발생되는 빛의 색을 결정하게 된다.

LED를 액체질소 속에 넣으면, LED를 켜지 않았을 때만이 아니라 LED를 켰을 때에도 전자들은 많은 열에너지를 잃어버리게 된다. 이처럼 전자들이 열에너지를 잃게 되면 밴드갭이 증가되어, 전도대에 있던 전자들이 가전자대로 떨어지면서 보다 높은 에너지의 빛을 방출하게 된다. 높은 에너지의 빛을 방출한다는 의미는 보다 짧은 파장의 빛(진동수가 높은 빛)을 방출한다는 의미이다.

따라서 빨강색의 빛을 발생시키는 LED에 전원을 연결하여 LED를 켠 상태에서 온도가 매우 낮은 액체질소 속에 넣으면, 빨강색보다 파장이 짧은 오렌지 계통의

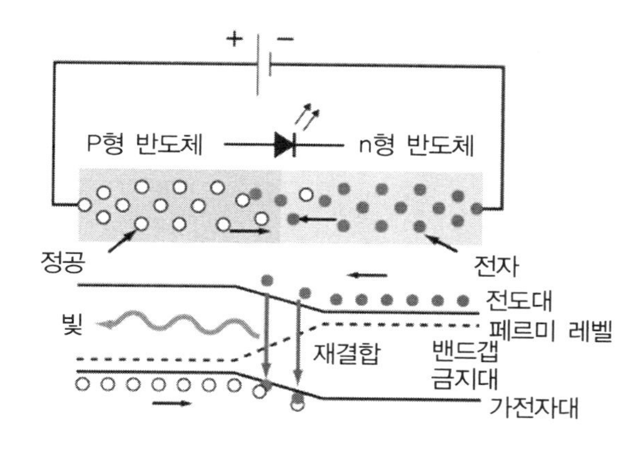

[그림 6.37] LED의 구조와 에너지 레벨

빛을 발생시키는 것을 볼 수 있다. 참고자료 16에 접속하면, 이에 대한 동영상을 볼 수 있다.

Q29 **귀금속으로 알고 있으며, 많은 사람들이 재산의 일부로서 가급적 많이 소유하고 싶은 금은 항상 밝은 황금색을 띠고 있을까?**

금과 은은 모두 귀금속으로 알려진 물질로 금속이라는 면에서는 같지만, 눈에 보이는 금과 은의 색은 전혀 다르다. 우리가 금과 은을 볼 때, 금은 황금색(그림 6.38 참조)을 띠고 있는 반면에 "은"은 거의 백색을 띠고 있는 이유에 대해서 한번쯤은 생각하여 보았을 것이다. 그림 6.39는 파장에 따른 금과 은의 반사율 특성을 나타낸 그래프이다. 금과 구리는 짧은 파장의 빛에 대해서 낮은 반사율을 보이면서 노랑과 빨강색에 대해서 주된 반사를 보여주므로, 우리 눈에는 황금색 및 붉은색 계통의 색으로 인식되고 있다. 반면에 "은"은 빛의 파장에 따라 거의 변화지 않는 반사특성 때문에 은이 백색광과 비슷한 색을 띠는 주된 이유이다.

하지만 "금"의 크기가 매우 작아진다면 어떤 일이 벌어질까에 대해서는 많은 생각을 하지 않았을 수도 있다. 그림 6.40은 "금"의 크기가 수 나노미터에서 수백나노미터(1 nm는 10^{-9} m로 십억 분의 1미터)의 크기로 작아지는 경우에, 쪼여주는 빛에 대한 금의 광학적 특성을 나타낸 것이다. 즉, 그림 6.40(a)는 투명매질 내에 들어 있는 금 나노입자들의 투과특성을 나타낸 것이며 그림 6.40(b)는 그림 6.40(a)와 같은 상황에서 반사된 빛의 특성을 나타낸 것이다.

[그림 6.38] 황금색의 금덩어리

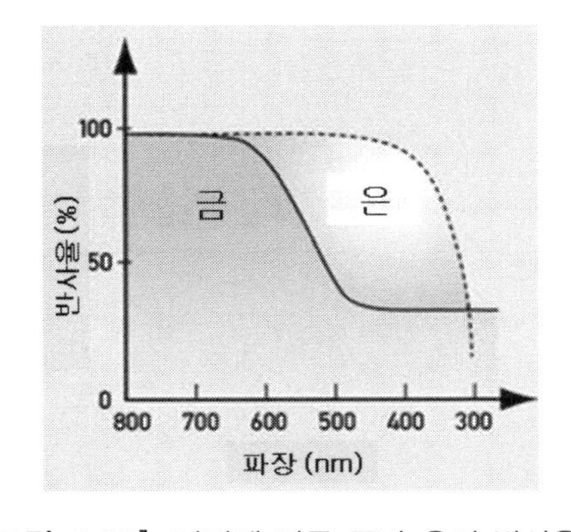

[그림 6.39] 파장에 따른 금과 은의 반사율

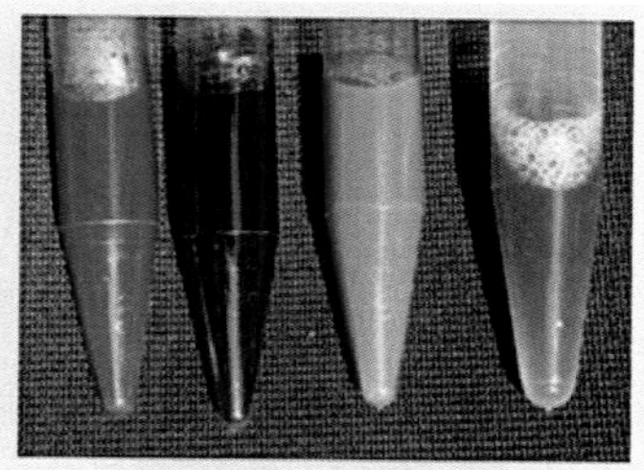

(a) 투과된 빛 (b) 반사된 빛

[그림 6.40] 투명매질 내에 떠 있는 나노크기의 금 입자들에 대한 투과(a) 및 반사(b)된 색깔

그림 6.41은 수용액형태의 투명매질 내에 존재하는 금 나노 입자의 직경에 따른 투과된 빛의 파장을 나타낸 것으로 금 알갱이의 크기에 따라 색이 달라짐을 보여주고 있다.

위의 실험적 결과들을 바탕으로 볼 때, 우리가 일반적으로 생각하는 금 덩어리가 황금색을 띠는 이유는 빛의 반사특성에 기인한 것이다. 하지만 금이 덩어리 크기가 아닌 ~ nm 로 작아지면 크기에 따라서 금의 색이 변한다는 것을 알 수 있다. 즉, 금 색깔은 크기에 의존한다.

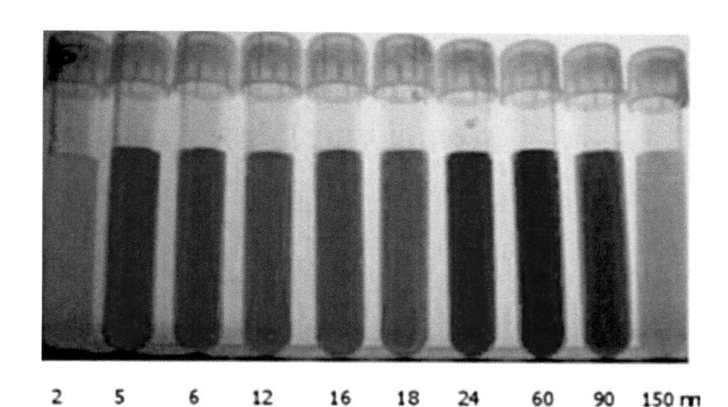

[그림 6.41] 금 나노입자의 크기에 따른 광학적 특성

Q30 초음파 촬영기와 X-선 촬영기의 공통점과 차이점은 무엇인가?

초음파 촬영기와 X-선 촬영기의 공통점은 신체의 일부를 절개하지 않고 신체 내부의 상태를 영상을 통하여 관찰할 수 있다는 점에서는 같다. 하지만, 이들의 원리는 서로 다르다. 초음파는 소리와 같이 진동에 의해 형성된다. 이러한 초음파는 신체내부로 진행하며, 음파와 마찬가지로 진행속력이 변하는 경계에서 반사되는데 이러한 반사파들을 이용하여 영상을 구현하는 것이 초음파 촬영기이다.

X-선은 가시광, 적외선 및 자외선과 같은 전자기파이다. 참고로 뱀은 적외선을 볼 수 있으며, 우리의 피부를 태우는 자외선은 사람은 볼 수 없으나, 벌들은 볼 수 있다. 우리의 눈에 보이지 않는 X-선은 근육과 피부를 비롯하여 신체의 대부분을 통과한다. 하지만, 뼈를 통과하지 못하므로 의사들이 신체 내부에 있는 뼈 또는 뼈와 같은 것을 보기 위하여 X-선을 이용한다. 사진필름은 X-선에 잘 반응한다. 따라서 X-선 촬영을 위하여 신체의 일부에 X-선을 쪼여주면, 뼈는 통과하지 못하고 근육과 피부는 통과하므로 사진필름에는 X-선이 닿은 부분과 닿지 않은 부분으로 나누게 된다. 사진필름은 X-선이 닿은 부분과 닿지 않은 부분에서의 반응이 서로 다르게 나타나므로, 사진건판을 현상하면 신체내부에 있는 뼈의 구조가 사진필름에 나타나는 것이다.

위에서 설명한 바와 같이 초음파 영상은 반사를 이용하는 반면에 X-선은 투과를 이용하여 영상을 만든다는 점과 초음파 영상은 음파의 일종인 높은 진동수의 음파를 이용하는 반면에, X-선 영상은 전파기파의 일종인 X-선을 이용한다는 점이 서로 다르다. [참고자료 17]

6.7 렌즈와 거울

Q31 바늘구멍 사진기의 구멍이 증가하면, 상은 더 밝아지지만 맺어진 상이 선명하지 이유는 무엇인가?

렌즈가 없는 바늘구멍 사진기는 가장 단순한 광학기구로 아직까지도 많은 사람들이 흥미롭게 생각하고 있으며, 실제로 상을 형성하는 결상력도 뛰어나다. 실제로 아주 멀리 떨어진 곳에 있거나, 넓은 각도를 가지는 물체에 대하여 왜곡되지 않는 상을 맺을 수 있다. 바늘구멍의 크기가 작을수록 선명한 상을 얻을 수 있으나, 너무 작으면 회절과 같은 현상에 의하여 선명도가 떨어진다. 하지만 바늘구멍의 크기가 증가하면 필름에 도달하는 빛의 양은 증가하지만 선명도는 떨어지게 되는데 그 이유는 물체 위의 작은 점으로부터 나온 빛이 바늘구멍사진기의 큰 구멍을 통하여 필름에 도달하는 경우에 넓은 면적에 걸쳐 퍼지기 때문이다.

일반적으로 필름으로부터 25 cm 떨어진 물체에 대해 직경이 0.5 mm 의 구멍이 가장 좋은 선명도를 얻는 것으로 알려져 있다. 단점은 노출 시간이 길다는 것이며, 장점으로는 정지된 물체에 대해서는 매우 좋은 사진을 찍을 수 있다는 것이다.

Q32 렌즈나 거울에 의해 맺어지는 물체의 상이 실상이 되기도 하고 허상이 되기도 하는데, 이들의 차이는 무엇인가?

거울이나 렌즈에 의한 물체의 상은 실상과 허상으로 구분되고 있다. 실상은 실제적으로 진행하는 광선에 의해서 형성되는 상을 의미한다. 한 예로서 매우 멀리 떨어진 점 모양의 물체로부터 나온 빛을 한 점에 모으는 볼록렌즈를 생각하여 보자. 볼록렌즈를 통과한 모든 빛은 볼록렌즈의 초점에 모아지게 된다. 렌즈의 초점에 모아진 빛을 바라보는 관측자는 렌즈와 관측자 사이의 초점거리에 나타나는 물체의 상을 보게 되는 것이고, 이것이 실상이다(그림 6.42 참조). 즉, 그림 6.42에서 형성되는 상은 실제로 렌즈를 통과한 광선들에 의해서 형성된 상으로, 이를 실상이라 한다.

평면거울을 통하여 거울에 의하여 반사된 상을 관측하는 경우를 생각하여 보자. 그림 6.43에서와 같이 물체에서 나온 광선이 거울로부터 반사된 후, 관측자의 눈에 도달함으로서 물체를 인지하게 되지만, 물체로부터 나온 빛의 방향은 상을 보기 위하여 눈이 쳐다보는 방향과는 같지 않다. 이렇게 형성된 상은 물체로부터 나온 빛이 실제로 진행하면서 형성된 것이 아니므로, 이러한 상은 허상이라고 한다.

오목거울의 경우에는 오목거울의 초점으로부터 나온 빛은 거울에 의해 광축(거울에 수직이면서 거울을 중심을 지나는 축)과 평행한 방향으로 반사되며, 광축에 평행하게 입사한 빛은 모두 초점에 모아진다(그림 6.44참조).

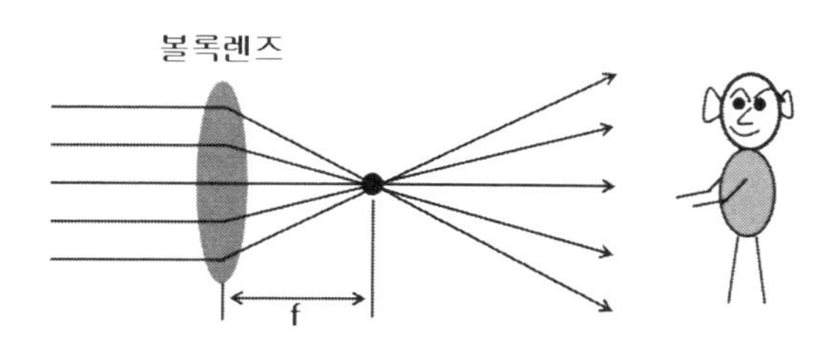

[그림 6.42] 볼록렌즈에 의한 물체의 실상

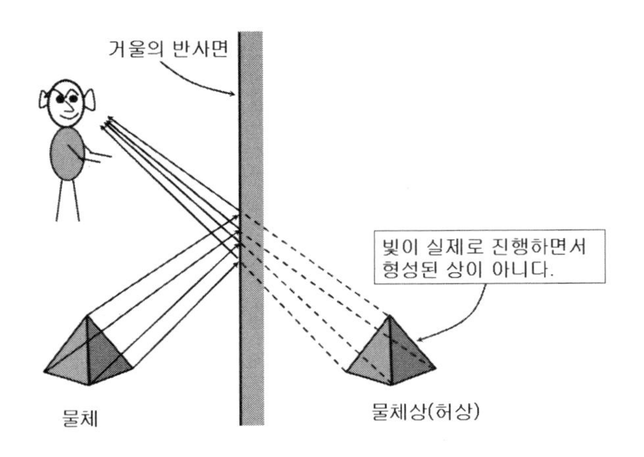

[그림 6.43] 평면거울에 의한 물체의 허상

매직거울은 똑같은 2개의 오목거울을 사용하여 만들어지며, 그림 6.45에서와 같이 오목거울 A는 위를 향하고, 중심에 구멍이 있는 오목거울 B는 아래에 있는 오목거울 A를 마주보도록 되어 있다. 또한 거울 A의 초점거리는 거울 B의 정점에 있는 동시에 거울 B의 초점은 거울 A의 정점에 놓이도록 설계되어 있다. 여기서

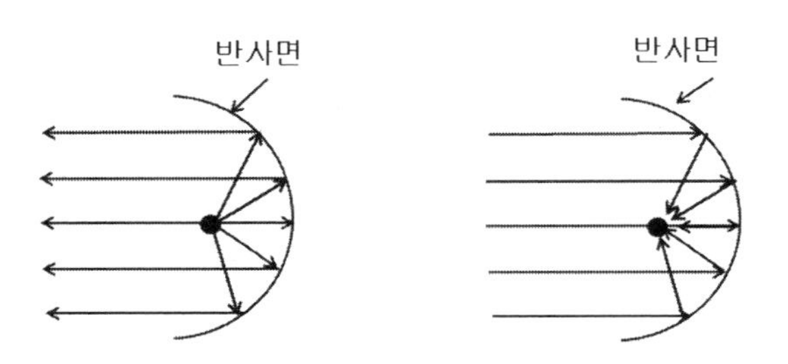

(a) 초점에서 나온 빛의 진행 (b) 초점을 향하는 빛의 진행

[그림 6.44] 오목거울에서의 빛의 진행

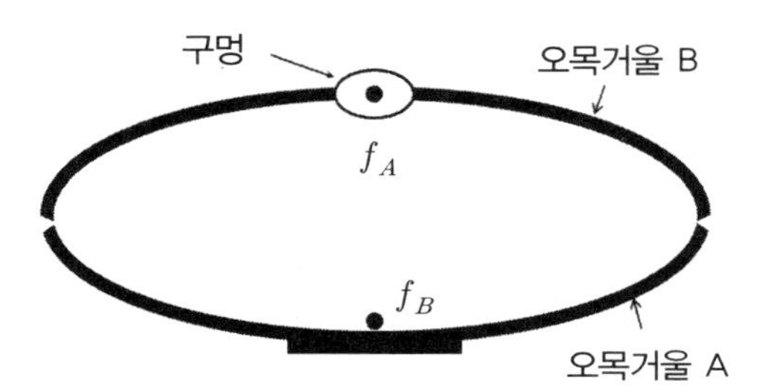

[그림 6.45] 마주보고 있는 2개의 오목거울

정점은 오목거울의 중심으로 가장 깊은 위치를 의미하며, 그림 6.45에 작은 점으로 표시된 위치를 말한다.

오목거울 A의 정점에 놓인 물체의 위치는 오목거울 B의 입장에서 보면, 오목거울 B의 초점에 놓인 경우에 해당된다. 따라서 물체로부터 나오는 빛은 오목거울 B에 의하여 평행광선의 형태로 반사되어 오목거울 A에 도달하게 된다. 오목거울 A를 향하여 들어오는 평행광선들은 오목거울 A에 의해 반사되어 오목거울 A의 초점에 모아지면서 상을 형성하게 된다. 이때에 형성된 상은 실제로 진행하는 광선들에 의해서 형성되므로 실상이다. 관측자의 눈으로 바라보면 마치 물체가 공중에 떠 있는 것처럼 보이게 되는데, 물체가 그곳에 실제로 없기 때문에 손으로 만지려고 하여도 만져지지는 않는다(그림 6.46 참조).

이러한 매직거울은 과학기기를 판매하는 인터넷이나 과학상을 통하여 손쉽게 구입이 가능하다.

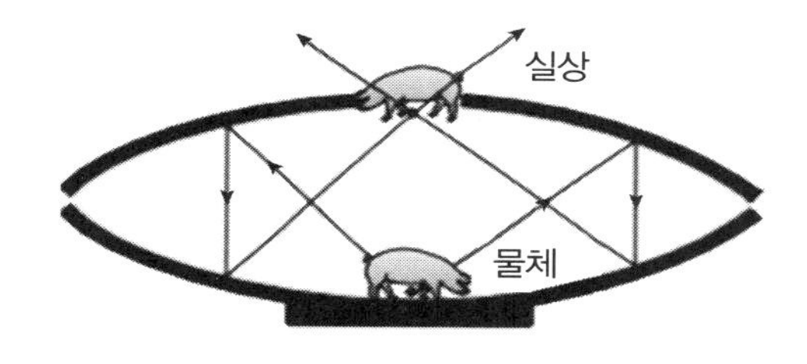

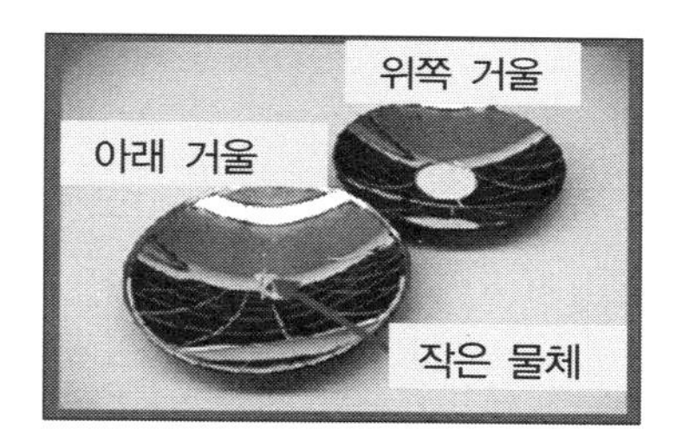

[그림 6.46] 매직거울에 의한 물체의 상과 구조 [참고자료 18]

Q33 공기 중에서 초점거리가 f 인 얇은 렌즈(렌즈의 굴절률은 1.50)가 굴절률이 1.30인 액체 속에 잠기면 렌즈의 초점거리는 어떻게 될까?

빛이 공기 중에서 진행하다가 유리와 같은 투명매질 속을 통과하는 경우에 굴절되는 이유는 공기 중에서의 진행속력과 투명매질 내에서의 진행속력이 서로 다르기 때문이다. 따라서 굴절률이 같은 경우에는 두 매질에서의 빛의 진행속력이 같기 때문에 진행방향이 변할 이유가 없다. 만약에 굴절률이 1.5인 렌즈가 굴절률이 1.5인 액체 속에 잠기게 되면, 렌즈의 굴절률과 액체의 굴절률이 서로 같기 때문에 빛의 진행방향이 변하지 않는다. 즉, 빛의 진행방향이 변하지 않으므로 초점거리는 무한대가 된다. 그러므로 굴절률이 공기보다 큰 액체 속에 렌즈가 잠기게 되면, 공기 중에 있을 때에 비하여 초점거리가 증가한다는 것을 개념적으로 이해할 수 있다.

렌즈의 초점거리(f)는 렌즈양면의 곡률반경(R_1, R_2)에 의존하지만 렌즈자체의 굴절률(n_l)과 주위 매질의 굴절률(n_m)에 의해서도 변하는데 이를 수식으로 표현하면 다음과 같다.

$$\frac{1}{f}=(\frac{n_l}{n_m}-1)(\frac{1}{R_1}-\frac{1}{R_2}) \tag{6.4}$$

굴절률이 1.5인 재질로 만들어진 렌즈가 공기 중에 있을 때에, 공기의 굴절률은 "1"에 가까우므로, 렌즈의 초점거리($f_{공기}$)는

$$\frac{1}{f_{공기}}=(\frac{1.5}{1.0}-1)(\frac{1}{R_1}-\frac{1}{R_2})=(0.5)(\frac{1}{R_1}-\frac{1}{R_2}) \tag{6.5}$$

와 같다. 이러한 렌즈를 굴절률이 1.30인 액체 속에 넣으면, 렌즈의 초점거리($f_{액체}$)에 대한 표현식은

$$\frac{1}{f_{액체}}=(\frac{1.5}{1.3}-1)(\frac{1}{R_1}-\frac{1}{R_2})=(0.154)(\frac{1}{R_1}-\frac{1}{R_2}) \tag{6.6}$$

와 같이 표현된다. 따라서 공기 중에 있을 때와 액체 속에 있을 때의 초점거리의 비를 구해보면 다음과 같다.

$$\frac{f_{액체}}{f_{공기}}=\frac{0.5}{0.154}=3.25 \tag{6.7}$$

따라서 액체 속에 넣으면, 렌즈의 초점거리는 약 3.25배 증가한다는 것을 알 수 있다.

Q34 길이가 1cm인 촛불모양의 물체가 그림 6.47과 같이 위치해 있을 때, 굴절률이 1.5인 1개의 프리즘과 2개의 얇은 렌즈들의 조합에 의해 최종적으로 생기는 상의 위치와 크기는 어떻게 될까?

직각프리즘의 굴절률(n)이 1.5이므로, 프리즘에 의해 전반사가 일어나는 임계각은 $\alpha=\sin^{-1}\left(\frac{1}{n}\right)=42^\circ$ 로서 프리즘 빗변에서의 입사각 45° 보다 작다. 그림 6.47에서 촛불모양의 물체가 프리즘의 빗면에 입사하는 입사각은 45°이므로, 빗면에서 전반사가 일어나게 된다. 프리즘의 빗면에서 전반사가 일어나면서 가상의

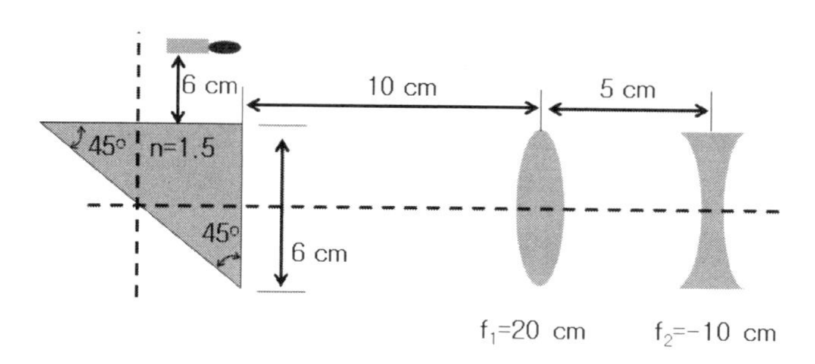

[그림 6.47] 물체에 대한 상의 위치와 크기

이미지를 형성하게 되는데, 이는 촛불모양의 물체와 얇은 볼록렌즈 사이에 두께가 6 cm 이고 굴절률이 1.5인 평행유리판을 놓아 둔 것과 같은 효과를 발생시키므로, 프리즘은 $\Delta L = 6(1 - \frac{1}{n}) = 2\ \mathrm{cm}$ 크기만큼 상(물체인 촛불)의 이동을 가져오게 된다(그림 6.48 참조). 이는 물속에 있는 물체의 깊이가 실제보다 얕아 보이는 것과 같은 현상이다.

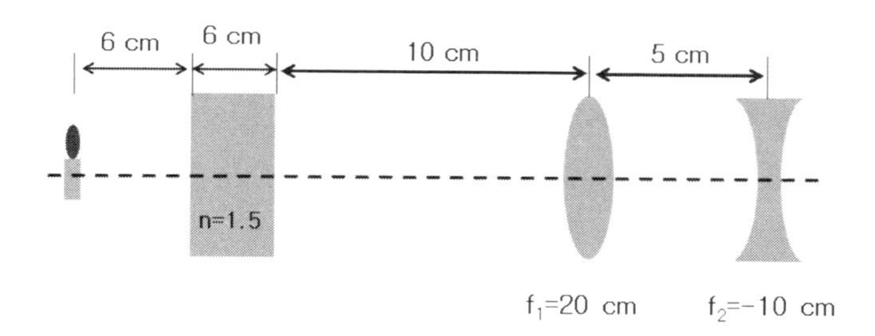

[그림 6.48] 두 렌즈에 의한 상의 형성

따라서 물체로부터 얇은 볼록렌즈까지의 유효거리(s_{o1})는 $s_{o1} = 6 + (6-2) + 10 = 20\ \mathrm{cm}$ 가 되는데, 이는 볼록렌즈의 초점거리(f_1)과 같다. 즉, $s_{o1} = f_1$ 이므로, 볼록렌즈에 의한 상의 위치(s_{i1})는 무한대($s_{i1} = \infty$)가 된다. 얇은 오목렌즈로부터 물체까지의 거리(s_{o2})는 볼록렌즈에 의한 상의 위치가 되므로 $s_{o2} = \infty$ 이 되며, 오목렌즈의 초점거리가 $f_2 = -10\ \mathrm{cm}$ 이므로, $s_{i2} = -10\ \mathrm{cm}$ 이 된다. 따라서 최종적으로 얻어지는 이미지는, 거꾸로 된 허상으로 오목렌즈의 왼쪽 10 cm 되는 지점에 생긴다.

볼록렌즈와 오목렌즈에 의한 총 배율(M)이 $M = \frac{20 \cdot 10}{5(20-20) - 20 \cdot 20} = 0.5$ 와 같으므로 상의 크기는 0.5 cm 이다.

[참고] 얇은 렌즈에 대한 공식은 $\frac{1}{s_o}+\frac{1}{s_i}=\frac{1}{f}$ 와 같으며, s_o 는 물체에서 렌즈까지의 거리, s_i 는 렌즈에서 상까지의 거리 그리고 f 는 렌즈의 초점거리이다. 한편, 두 렌즈에 의한 총 배율은 각각의 렌즈에 의한 배율의 곱으로, $M=\frac{f_1 s_{i2}}{d(s_{o1}-f_1)-s_{o1}f_1}$ 와 주어지며, d 는 두 렌즈사이의 거리, 그리고 아래첨자 $1, 2$ 는 각각 볼록렌즈와 오목렌즈를 나타낸다.

6.8 빛의 간섭과 회절

Q35 두 빛의 전기장 $\overline{E}_1$, $\overline{E}_2$인 두 빛이 관측점 P에서 중첩되는 경우에, 두 빛의 중첩에 의한 빛의 세기는 얼마인가? 단, 두 빛의 전기장은 $E_1=E_0\,\hat{i}\cos(\overline{k}_1\cdot\vec{r}-\omega t+\phi_1)$, $E_2=E_0\,\hat{j}\cos(\overline{k}_2\cdot\vec{r}-\omega t+\phi_2)$와 같이 표현되며, 두 빛의 세기는 각각 I_0로 같다. 또한 두 빛의 상대적인 위상차(δ)는 $\delta=(\vec{k}_1-\vec{k}_2)\cdot r+(\phi_1-\phi_2)=0$로서 시간에 따라 변하지 않는다고 가정하며, 단위 벡터 $\hat{i}$와 $\hat{j}$는 서로 수직이다.

두 빛의 전기장에 대한 표현식과 단위벡터 $\hat{i}$와 $\hat{j}$가 서로 수직이라는 사실을 고려하면, 두 빛의 전기장의 진동방향이 서로 직각임을 알 수 있다. 두 빛의 전기장의 진동방향이 서로 직각이므로 중첩에 의한 보강 또는 소멸간섭이 발생되지 않는다. 따라서 두 빛이 관측점 P에서 중첩되는 경우에 두 빛의 중첩에 의한 빛의 세기는 각각의 세기(I_0)를 더한 $2I_0$가 된다.

Q36 비누막들이 증발에 의하여 점점 얇아져서 터지기 바로 직전에 검게 보이는 이유는 무엇인가?

수직방향으로 형성된 비누막이나 물 위에 뜬 기름 막들을 보면 무지개 색으로 보인다. 또한 공중에 떠 있는 비눗방울의 경우에는 연직방향에 따라 색이 다르게 나타남을 알 수 있는데 이는 비눗방울의 두께가 아랫부분은 두껍고 윗부분은 얇기 때문이다. 백색광(가시영역의 파장을 모두 포함한 빛)이 비누막에 입사하면 앞면과 뒷면으로부터 반사가 일어난다(그림 6.49 참조).

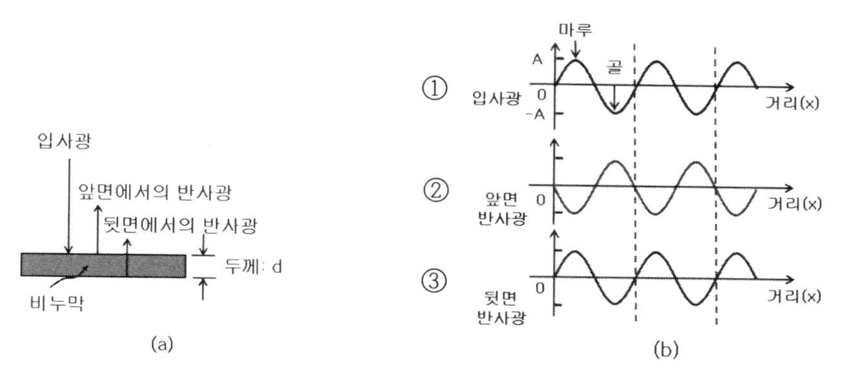

[그림 6.49] 비누막의 앞면과 뒷면에서의 반사에 의한 간섭

그림 6.49(a)에서와 같이 앞면에서 반사된 빛은 공기에서 비누막으로 진행하다가 반사되었으므로 180°만큼의 위상변화가 일어난다(그림 6.49(b)의 그래프 ②로 나타낸 바와 같이, 입사광의 마루인 부분에서 골이 되고, 골인 부분에서 마루가 됨을 알 수 있다). 하지만, 뒷면에서 반사된 빛은 비누막에서 공기로 진행하다가 반사된 빛으로 위상의 변화가 없다(그림 6.49(b)의 그래프 ③ 참조). 따라서 비누막 두께(d)의 2배인 $2d$가 입사하는 빛 파장(λ)의 반파장의 정수배(식 (6.8) 참조)이면 보강간섭이 일어나 눈에 밝게 보이게 된다. 비누막 두께의 2배가 된 이유는 뒷면에서 반사된 빛은 앞면에서 반사된 빛보다 막 두께의 2배의 거리를 진행하였기 때문이다.

$$2d = (n+1)\frac{\lambda}{2} (n: \text{ 정수}) \tag{6.8}$$

비누막의 두께가 위치에 따라서 다르므로, 위치에 따라서 보강간섭이 일어나는 색이 다르게 되어 무지개 색으로 보이게 된다. 하지만, 증발 등에 의하여 비누막이 너무 얇아지면, 앞면에서의 반사된 빛(위상이 180°변화)와 뒷면에서의 반사(위상의 변화가 없는 빛)에 의한 빛이 결합하게 되는데, 모든 가시영역의 파장에 대해서 소멸간섭만이 일어나게 된다. 따라서 비누막에서 반사된 빛이 보이지 않게 된다. 따라서 비누막의 배경이 검정색인 경우에 비누막의 표면은 검게 보인다. [참고자료 20]

Q37 창문을 보면 방충망이 있는 부분과 없는 부분이 있는데, 방충망이 있는 부분과 없는 부분을 통하여 관측한 가로등은 어떤 모양일까?

방충망이 없는 부분을 통하여 가로등을 관찰하면 하나의 원형으로 보인다. 하지만, 방충망이 있는 부분을 통하여 관찰하면 불빛이 십자가 모양으로 퍼지면서 밝은 부분과 어두운 부분으로 형성되어 있음을 관찰하게 되는데 이러한 현상은 방충망을 통과하면서 빛의 회절이 일어나기 때문이다. 이러한 회절현상은 빛의 색, 즉, 빛의 파장에 따라서 다르게 일어나므로, 백색광의 가로등을 방충망을 통하여 관찰하면 십자가 모양으로 퍼지면서 색깔별로 밝은 부분과 어두운 부분으로 보이게 된다.

Q38 간섭무늬와 회절무늬의 차이는 무엇인가?

개념적으로 볼 때에 간섭무늬와 회절무늬는 어느 정도 관련이 있으나, 정확히 같지는 않다. 일반적으로 간섭은 상호작용하는 파들이 결합함으로서 일어나는 현상으로 각 파들의 상대적인 위상차에 따라 보강간섭과 소멸간섭이 일어난다. 회절은 폭이 좁은 슬릿을 통과한 빛이 슬릿의 폭에 비하여 넓게 퍼지면서 밝고 어두운 무늬가 얻어지는 현상으로, 얻어지는 회절패턴은 슬릿 내에 존재하는 무수히 연속적인 파원(그림 6.50(a)에서 원형 점)에 의한 파의 간섭결과로서 설명된다.

호이겐스의 원리는 그림 6.50(a)에서와 같이 평면파(1차파, 물론 원형 또는 구형파도 상관없음)가 슬릿에 입사하면, 슬릿 내의 모든 위치가 2차 구면파를 만드는 파

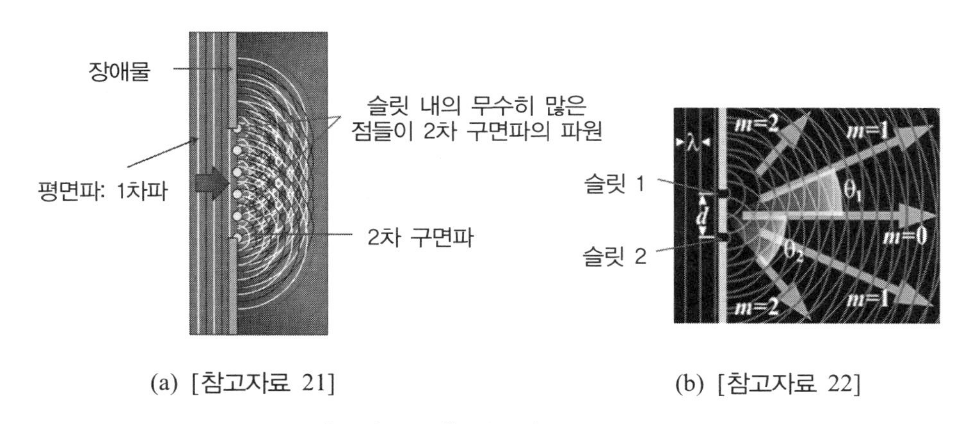

(a) [참고자료 21] (b) [참고자료 22]

[그림 6.50] 회절(a)과 간섭(b)

원의 역할을 한다는 것이다. 따라서 슬릿 내에 존재하는 2차 구면파의 파원은 무수히 많으며, 이러한 무수히 많은 각각의 파원(파원이 연속적으로 분포하여 있는 것으로 생각할 수 있다)으로부터 만들어진 파들에 의하여 형성되는 무늬를 회절무늬라고 한다.

반면에 매우 좁은 슬릿 1과 슬릿 2를 통과한 빛(그림 6.50(b) 참조: 2개의 슬릿이 어느 정도 떨어져 있으므로 슬릿 1에서 오는 빛과 슬릿 2로부터 오는 빛은 불연속적인 빛으로 생각할 수 있다)들이 서로 만나서 얻어지는 현상은 간섭으로 분류된다. 하지만, 슬릿의 폭이 어느 정도 크기를 가지는 2개 이상의 슬릿들을 통과한 빛들이 합쳐지는 경우에 얻어지는 패턴은 각각의 슬릿에 의한 회절과 두개이상의 슬릿에 의한 간섭효과가 동시에 나타나게 된다. 물론 단일슬릿을 통과한 빛에 의해 형성되는 패턴은 회절무늬로 분류된다.

위의 내용을 정리하여 보면, 합쳐지는 파들이 연속적인 파원(그림 6.50(a) 참조)에 의한 파들이 만나서 형성되는 패턴은 회절무늬로, 띄엄띄엄한 불연속적인 파원(그림 6.50(b) 참조)에 의한 파들이 만나서 형성되는 패턴은 간섭무늬로 분류된다. 한 예로서 영의 이중슬릿 실험에서 슬릿의 폭이 매우 작고, 슬릿들 사이의 간격이 유한한 경우에는 얻어지는 패턴은 이중슬릿에 의한 간섭으로 이야기하지만, 슬릿의 폭과 두 슬릿사이의 폭이 어느 정도의 크기를 가지는 경우에는 두 슬릿에 의한 간섭과 함께 각각의 슬릿에 의한 회절무늬도 동시에 관찰되는 것이다.

위의 그림 6.50(a)와 그림 6.50(b)는 참고자료 21, 22로부터의 그림을 수정한 것이다.

6.9 정면경 만들기

거울을 통하여 자신의 모습을 보면 오른 쪽과 왼쪽이 바뀐 모습을 보게 된다. 즉, 오른쪽이 왼쪽에, 왼쪽이 오른쪽으로 거울에 나타나 보인다. 얼굴의 오른쪽과 왼쪽이 서로 바뀌지 않고 원래의 방향에 상이 나타나도록 만든 것이 정면경인데, 이를 한번 만들어보자.

① 2개의 직사각형 거울(가로: 약 15 cm, 세로: 약 23 cm)을 준비한다.
② 거울 2개를 붙여서 나란히 놓은 다음, 넓이가 약 5 cm 되는 테이프를 이용하여 2개의 거울을 서로 붙인다.

③ 테이프로 붙인 거울을 세우고 2개의 거울이 서로 180°를 이룬 상태에서 거울에 비친 자신의 얼굴을 관찰한다.

④ 2개 거울 사이의 각도를 줄여가면서 거울에 비친 자신의 얼굴을 계속 관찰한다. 코를 중심으로 관찰하다보면 2개의 거울이 이루는 특정 각도에서 오른쪽과 왼쪽이 바뀌지 않는 자신의 얼굴 모양이 거울에 비친 것을 발견하게 된다.

⑤ 오른쪽과 왼쪽이 바뀌지 않은 상황에서 2개 거울 사이의 각도를 측정하고, 거울에 비친 모습이 오른쪽과 왼쪽이 바뀌지 않은 이유를 설명하여 본다.

⑥ 답을 얻기 위해서는 어느 정도의 인내와 함께 반사의 법칙을 잘 이해할 필요가 있다. 이해하기가 좀 어려울 수 있으므로 그림을 그려가면서 분석하면 보다 유익하리라 생각한다.

이처럼 물체의 상이 오른쪽과 왼쪽이 바뀌지 않는 정면경의 원리는 각 거울에서의 반사되는 빛들에 대해 반사의 법칙을 적용하면 보다 쉽게 이해할 수 있다.

참고자료

1. http://van.physics.illinois.edu/qa/listing.php?id=21368.
2. https://horizon-magazine.eu/article/robin-hood-black-holes-steal-nebulae-make-new-stars.html.
3. http://physicscentral.com/experiment/askaphysicist/physics-answer.cfm?uid=20121126104249.
4. http://www.physicsclassroom.com/class/refrn/u14l4b.cfm.
5. homes1ck.blogspot.com.
6. rainbows.wikia.com.
7. https://www.nasa.gov/topics/history/features/apollo_8.html.
8. http://wiki.answers.com/Q/Why_do_clothes_get_dark_when_they_get_wet#page1.
9. http://www.trulyscience.com/articles.php?id=14.
10. http://www.trulyscience.com/articles.php?id=13.
11. http://www.prowallpapers.ro/wallpapers/snow_road-1366x768.jpg.
12. http://www.its.caltech.edu/~atomic/book/snowflake1.jpg.
13. http://spaceplace.nasa.gov/blue-sky/.
14. 알기 쉬운 물리학 강의, 감수 소광섭, 역자 공창식, 남철주, 박성식, 차일환, 청범출판사, 1997.
15. http://www3.geosc.psu.edu/~tas11/physics.html.
16. 감수 소광섭, 역자 공창식, 남철주, 박성식, 차일환 알기쉬운 물리학 강의, 청범출판사.
17. http://www.physicscentral.org/experiment/askaphysicist/.
18. http://www.ccmr.cornell.edu/education/ask/?quid=1201.
19. http://www.ap.smu.ca/demos/index.php?option=com_content&view=article&id=181&Itemid=78.
20. http://physicscentral.com/experiment/askaphysicist/physics-answer.cfm?uid=

20121126104249.

21. http://www.ap.smu.ca/demos/index.php?option=com_content&view=article&id=122&Itemid=85.

22. Problems and Solutions on Optics, Lim Yung-kuo, World Scientific, 32(1991).

23. http://www.webexhibits.org/causesofcolor/15E.html.

24. ensiklopediseismik.blogspot.com.

25. http://en.wikipedia.org/wiki/Diffraction.

26. http://dev.physicslab.org/Document.aspx?doctype=3&filename=PhysicalOptics_InterferenceDiffraction.xml.

영재가 바라보는 생활속의 과학

초판 인쇄 | 2020년 04월 05일
초판 발행 | 2020년 04월 10일

지은이 | 장 기 완
펴낸이 | 조 승 식
펴낸곳 | (주)도서출판 북스힐

등 록 | 1998년 7월 28일 제22-457호
주 소 | 서울시 강북구 한천로 153길 17
전 화 | (02) 994-0071
팩 스 | (02) 994-0073

홈페이지 | www.bookshill.com
이메일 | bookshill@bookshill.com

정가 18,000원

ISBN 979-11-5971-254-8

Published by bookshill, Inc. Printed in Korea.